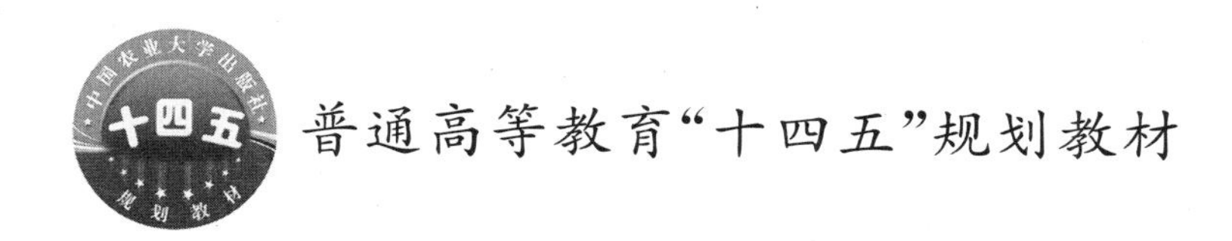

普通高等教育“十四五”规划教材

动物营养学

李梦云　张　成　臧长江　主编

中国农业大学出版社
·北京·

内 容 简 介

本书是按照应用型本科院校动物科学专业本科学生应具备的动物营养学基础理论知识与实践技能编写的教学用书。除绪论外，全书共分十七章。第一章介绍了动植物中的营养物质组成及其生理功能，第二章介绍了动物的采食、消化与吸收的基本方式和过程，第三章至第十章重点介绍了蛋白质、碳水化合物、脂类、矿物质、维生素和水分六大类营养物质的基本组成与功能及其在动物体内的消化吸收过程，还介绍了各类营养物质的相互关系以及能量代谢基本概念，第十一章和第十二章重点介绍了营养与环境、动物健康及畜产品品质的关系，第十三章介绍了动物营养学常用实验技术，第十四章介绍了动物营养需要与饲养标准的基本内容，第十五至十七章分别介绍了动物维持、生长育肥、繁殖、泌乳、产蛋与产毛的营养需要。

本书文字精练，具有科学性、新颖性和实用性，不仅囊括了动物营养学的基本知识，而且介绍了最新的实验技术与研究成果。本书还邀请企业高管参与教材的编写工作，强化生产实际，将理论与实践紧密结合起来，对培养学生的动手能力及解决实际问题的能力大有裨益。另外，本书将课程思政内容融入各个章节中，培养学生的爱国情怀，引导学生以强农兴农为己任，增强学生服务农业农村现代化、服务乡村全面振兴的使命感和责任感。本书既可作为动物科学专业及相近专业本科学生的教学用书，也可作为畜牧兽医科研人员、饲料管理部门人员、饲料和养殖企业技术人员的参考用书。

图书在版编目(CIP)数据

动物营养学/李梦云，张成，臧长江主编．--北京：中国农业大学出版社，2022.7
ISBN 978-7-5655-2821-7

Ⅰ.①动… Ⅱ.①李…②张…③臧… Ⅲ.①动物营养－营养学－教材 Ⅳ.①S816

中国版本图书馆CIP数据核字(2022)第112291号

书　名 动物营养学
作　者 李梦云　张　成　臧长江　主编

策划编辑 康昊婷　　**责任编辑** 康昊婷
封面设计 郑　川
出版发行 中国农业大学出版社
社　址 北京市海淀区圆明园西路2号　　**邮政编码** 100193
电　话 发行部 010-62733489,1190　　读者服务部 010-62732336
编辑部 010-62732617,2618　　出　版　部 010-62733440
网　址 http://www.caupress.cn　　**E-mail** cbsszs@cau.edu.cn
经　销 新华书店
印　刷 北京溢漾印刷有限公司
版　次 2022年10月第1版　2022年10月第1次印刷
规　格 185 mm×260 mm　16开本　18.75印张　480千字
定　价 55.00元

图书如有质量问题本社发行部负责调换

编审人员

主　　编　李梦云（河南牧业经济学院）

张　成（安徽农业大学）

臧长江（新疆农业大学）

副 主 编　霍文颖（河南牧业经济学院）

车　龙（河南牧业经济学院）

田雨佳（天津农学院）

许兰娇（江西农业大学）

编　　者　（以姓氏拼音为序）

常　娟（河南农业大学）

车　龙（河南牧业经济学院）

霍文颖（河南牧业经济学院）

李梦云（河南牧业经济学院）

李晓斌（新疆农业大学）

吕　美（河南河顺自动化设备股份有限公司）

田雨佳（天津农学院）

王彩玲（河南牧业经济学院）

武晓红（河南科技大学）

杨　兵（安徽科技学院）

臧长江（新疆农业大学）

张　成（安徽农业大学）

张海波（江西宜春学院）

主　　审　王志祥（河南农业大学）

前　言

“动物营养学”是普通高等教育动物科学专业的一门专业基础课程。本课程的基本任务是让学生系统掌握动物营养学的基础知识和理论，了解动物采食、消化、吸收代谢过程的特点和规律，了解动物不同生产目的、生产环境、生理阶段等的营养需要，同时具备基本的营养学研究方法和手段。本教材主要为动物科学、动物营养及饲料加工等专业编写，意在引导学生掌握动物生理和营养需要的基本规律，培养满足现代畜牧业发展的应用型专业人才。

近年来，动物营养学研究方法、理论知识不断更新，养殖业和饲料工业新技术不断涌现，我国畜牧业生产发展飞速前进。本书按照思想性、科学性、先进性、实用性的原则，力争做到既能反映学科和生产发展的新成就和实际需求，又能把握好本科层次学生应当具备的专业知识和业务技能。在内容上，本教材涵盖了本行业涉及的新知识、新技术、新方法，具有一定的先进性，同时力求内容全面、完整，逻辑性和可读性强，能较好地激发学生的学习兴趣和积极性。另外，每章内容都很恰当地融入了思政内容，将思想教育有机融入专业课程的教学与改革之中，力求实现知识传授与价值引领有效结合。为便于学生的学习，每章进行了小结，并根据教学内容列出了复习思考题，书后附有参考文献。

教材编写组由河南牧业经济学院、安徽农业大学、新疆农业大学、江西农业大学、河南农业大学、天津农学院、安徽科技学院、河南科技大学、江西宜春学院、河南河顺自动化设备股份有限公司10家单位具有教学及实践经验的高校教师和企业高管共同组成。为了确保教材的质量，编写组多次开会研讨编写提纲和相关内容，并进行了具体分工。初稿完成后，各位编写人员进行了交叉审阅和修改，主编和副主编又进行了第三轮的修改与统稿，最后主编和主审分别进行了第四轮和第五轮修改，前后经历了近一年的时间才最终完稿。

鉴于教材编写难度大，时间仓促和编写人员水平有限，书中错漏在所难免，恳请读者和用书单位及时指正，以便尽早修订完善。

编　者

2022年1月8日

目　录

HAPTER 1

第一章 营养物质及其来源

第一节 饲料中的营养物质

动物为了维持自身的生命活动和生产产品，必须从外界摄取所需要的各种营养物质，以满足自身的需要。饲料是营养物质的载体，来源包括植物、动物、微生物和矿物质元素。因而学习饲料中营养物质的概念、种类和生理功能，并比较不同来源营养物质含量的差异，具有非常重要的意义，并为后面各章节的学习打下基础。

一、营养物质的种类

凡能被动物用以维持生命、生产产品的物质，称为营养物质，简称养分。饲料中的养分可以是简单的化学元素，如 Ca、P、Mg、Na、Cl、K、S、Fe、Cu、Zn、Mn、Se、I、Co 等，也可以是复杂的化合物，如蛋白质、脂肪、碳水化合物及各种维生素等。

(一)概略养分

目前，国际上通用的是德国 Weende 试验站科学家 Hanneberg 等人 1864 年创立的“饲料概略养分分析方案”，将饲料中的营养物质分为水分、粗灰分、粗蛋白质、粗脂肪、粗纤维和无氮浸出物六大类(图 1-1)。尽管这一分析方案还存在某些不足或缺陷，尤其是粗纤维分析尚待改进，但因其概括性强、简单实用，目前在科研和生产中被广泛采用。

1. 水分

在测定饲料水分含量时，概略养分分析将饲料中的总水分又分为初水和吸附水。

(1)初水(primary water)　即自由水、游离水或原始水分。将新鲜饲料样品切短，称重后放置于饲料托盘中，在 60～70 ℃烘箱中烘 3～4 h，取出在室温下冷却 30 min 至室温，称重，再放置烘箱烘 1 h，取出称重，待两次称重相差小于 0.05 g 时，所失质量即为初水质量。各种新鲜的青绿多汁饲料含有较多的初水。

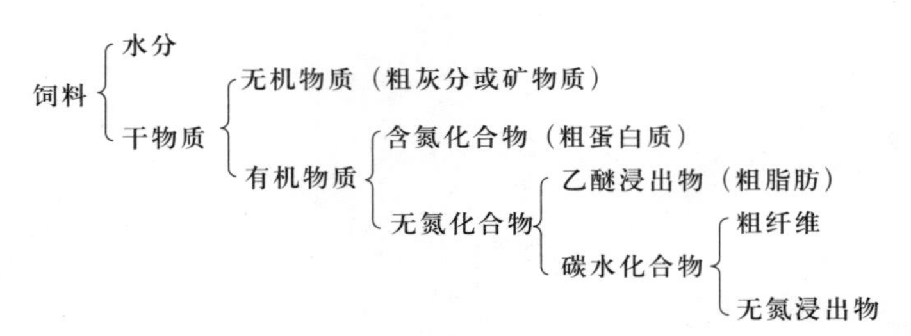

图 1-1　概略养分与饲料组成之间的关系

$$饲料初水含量=\frac{鲜饲料重(g)-风干饲料重(g)}{鲜饲料重(g)}\times100\%$$

(2)吸附水(absorption water)　即束缚水。测定初水后的饲料或经自然风干的饲料，称重后，放置于铝盒中，在 100～105 ℃烘箱中烘 2～3 h 后取出，放置于干燥器中冷却 30 min 至室温，称重，再重复烘 1 h，待两次称重相差小于 0.002 g 时，即为恒重，所失质量即为吸附水质量。

$$饲料吸附水含量=\frac{风干饲料重(g)-烘干后饲料重(g)}{风干饲料重(g)}\times100\%$$

饲料样品在 60～70 ℃烘箱烘至恒重，失去初水，剩余物质为风干物质，其状态叫风干(半干)状态(基础)，在 100～105 ℃烘箱烘至恒重，失去结合水，剩余物质叫全干(绝干)物质，其状态叫全干(绝干)状态(基础)，饲料的绝干物质(dry matter，DM)是比较各种饲料所含养分多少的基础。

2. 粗灰分(ash)

粗灰分是饲料样品、动物组织和动物排泄物称重后，放置于坩埚，在 550～600 ℃马弗炉中将饲料样品所有有机物质全部燃烧氧化后剩余的残渣，主要为矿物质氧化物或盐类等无机物质，有时还含有少量泥沙，故称粗灰分。

$$饲料粗灰分含量=\frac{灰分重(g)}{饲料样品重(g)}\times100\%$$

3. 粗蛋白质(crude protein，CP)

粗蛋白质是指饲料样品中所有含氮物质的总和，包括蛋白质和非蛋白质含氮物两部分(nonprotein nitriogen，NPN)。NPN 包括游离氨基酸、硝酸盐、胺等。概略养分分析测定粗蛋白质是采用凯氏定氮法测出样品中的含氮量后，再乘以 6.25 即为粗蛋白质含量。6.25 为蛋白质的换算系数，代表性饲料样品中粗蛋白质的平均含氮量为 16%(100/16=6.25)。

$$饲料粗蛋白质含量=\frac{饲料样品的含氮量(g)\times6.25}{饲料样品重(g)}\times100\%$$

4. 粗脂肪(ether extract，EE)

粗脂肪是饲料样品中脂溶性物质的总称。概略养分分析时，常采用乙醚来浸提样品中的脂溶性物质，故又称为乙醚浸出物。粗脂肪中除真脂肪外，还含有其他溶于乙醚的有机物质，如叶绿素、胡萝卜素、有机酸、树脂、脂溶性维生素等。

$$\text{饲料粗脂肪含量}=\frac{\text{乙醚浸出物重(g)}}{\text{饲料样品重(g)}}\times 100\%$$

5. 粗纤维 crade fiber(CF)

饲料中的纤维性物质，理论上包括全部纤维素、半纤维素和木质素，而概略分析中的粗纤维是在强制条件下(1.25%碱、1.25%酸、乙醇和高温处理)测出的，其中，部分半纤维素、纤维素和木质素被溶解，测出的 CF 值低于实际纤维物质含量，同时增加了无 N 浸出物的误差。后来提出了多种纤维素含量测定的改进方法，最有影响的是 Van Soest(1976)分析法(图 1-2)。粗饲料中粗纤维含量较高，粗纤维中的木质素对动物没有营养价值。反刍动物能较好地利用粗纤维中的纤维素和半纤维素，非反刍动物借助盲肠和大肠中微生物的发酵作用，也可以利用部分纤维素和半纤维素。

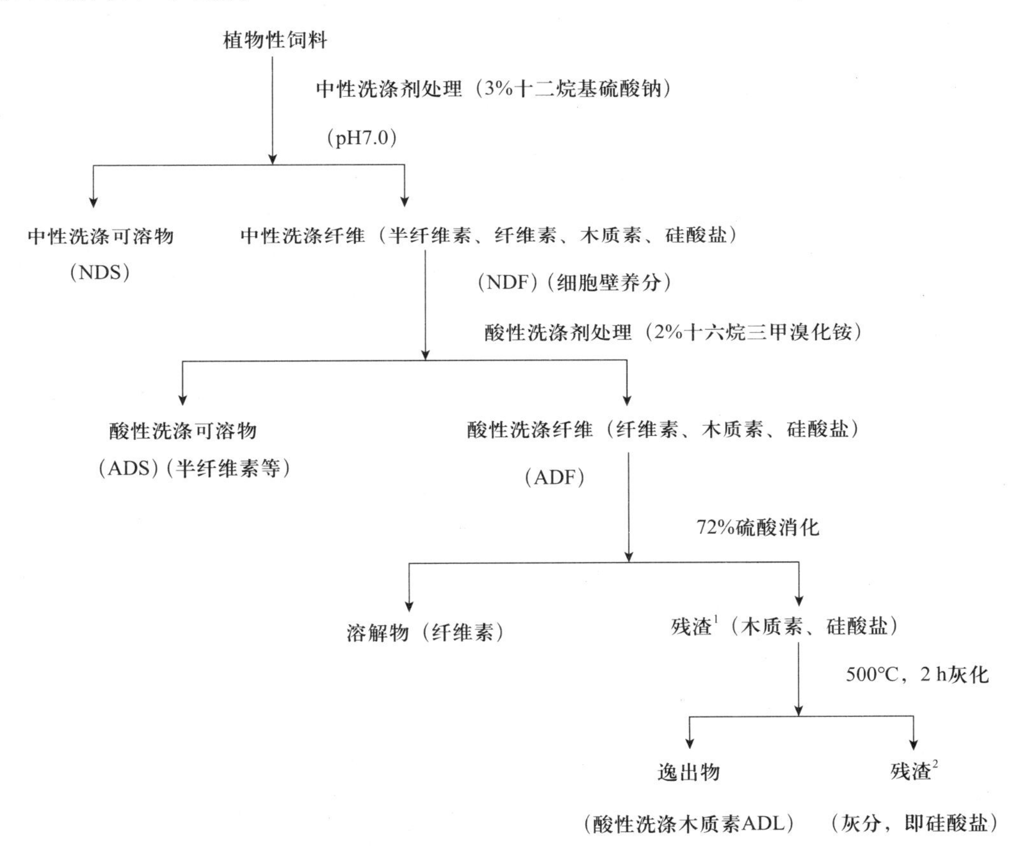

图 1-2　Van Soest 粗纤维分析方案

说明：NDF－ADF＝半纤维素　ADF－残渣[1]＝纤维素　残渣[1]－残渣[2]＝木质素

6. 无氮浸出物(nitrogen free extract，NFE)

无氮浸出物主要包含易被动物利用的淀粉、双糖、单糖等可溶性碳水化合物，此外还有水溶性维生素等物质。

概略养分分析不能直接分析饲料中无氮浸出物含量，而是通过计算求得：

$$\text{无氮浸出物}=100\%-(\text{水分}+\text{灰分}+\text{粗蛋白质}+\text{粗脂肪}+\text{粗纤维})\%$$

常用饲料中无氮浸出物的含量一般在50%以上，特别是植物籽实、块根、块茎中含量高达70%～85%，是动物能量的主要来源。动物性饲料中无氮浸出物含量较少。

(二)纯养分

饲料中最基础的、不可再分的营养物质叫纯养分，包括蛋白质中的氨基酸、脂肪中的脂肪酸、碳水化合物中的各种糖、各种矿物元素和维生素等，测定纯养分的分析方法叫纯养分分析法，需要用更复杂的方法和设备才能进行纯养分分析。纯养分分析比概略养分分析更准确，更能反映饲料的营养价值。

二、营养物质含量的表示方式及换算

(一)养分含量的表示方法

(1)百分比(%)在100 kg(g，mg)饲料总量中，某种营养物质所占的比例。水分、粗蛋白质、粗脂肪、粗纤维、粗灰分、无氮浸出物含量通常用百分比表示。

(2)mg/kg或g/t在1 kg(t)饲料总量中，某种营养物质的质量[单位mg(或g)]。饲料中含量较少的微量元素通常使用该种表示方法。

(二)养分含量的换算

养分的含量可以用新鲜基础、风干基础或绝干基础来表示。新鲜基础为养分在不加任何处理的原样中的含量，有时也称为原样基础或鲜样基础；风干基础为养分在风干状态样品中的含量，指饲料在含有结合水状态下的养分含量，水分含量在10%～14%，绝大多数饲料在风干基础饲喂；绝干基础为养分在绝干状态样品中的含量，即是完全100%干物质状态，这是理论化的，实际难于实现，绝干基础有利于比较饲料养分的含量和对饲料进行营养价值评定。为了便于了解或者比较饲料的营养价值，有时需要将某一基础下的养分含量换算成另一基础下的养分含量，需按养分占干物质的比例不变的原则来计算，不同基础上的养分含量可以按照以下公式进行转换。

$$\frac{\text{某基础的养分含量(\%)}}{\text{此时的干物质含量(\%)}}=\frac{\text{另一基础时的养分含量(\%)}}{\text{同基础的干物质含量(\%)}}$$

如某饲料新鲜基础含粗蛋白质5%，水分75%(干物质含量25%)，求饲料风干基础(含水10%，干物质含量90%)下粗蛋白质含量。

设此时粗蛋白质含量为X，则 $\frac{5\%}{25\%}=\frac{X}{90\%}$，解得：X＝18%

三、营养物质的基本功能

1. 构成动物体组织的成分

营养物质是动物机体每一个细胞、组织、器官，如骨骼、肌肉、皮肤、结缔组织、牙齿、羽毛、角、爪等的构成物质。所以，营养物质是动物维持生命和正常生产过程中不可缺少的物质。

2. 作为动物生存和生产的能量来源

在动物生存和生产过程中，维持体温、随意活动和生产产品所需能量皆来源于营养物质。碳水化合物、脂肪和蛋白质都可以为动物提供能量，但以碳水化合物供能最经济。脂肪除供能外还是动物体储存能量的最好形式。

3. 作为动物机体正常机能活动的调节物质

营养物质中的维生素、矿物质、某些氨基酸、脂肪酸等，在动物机体内起着不可缺少的调节作用。如果缺乏，动物机体正常生理活动将出现紊乱，甚至死亡。

4. 作为形成畜产品的原料

除以上功能外，营养物质在动物机体内，经一系列代谢过程后，还可以形成各式各样的离体产品即畜产品，如蛋、乳、毛等。不同营养素的基本功能见表1-1。

表1-1　不同营养素的基本功能

营养物质	构成机体成分	提供能量	调节物质	形成乳、蛋、毛
水	+	−	+	+
蛋白质	+	+	+	+
碳水化合物	+	+	+	+
脂肪	+	+	+	+
矿物元素	+	−	+	+
维生素	−	−	+	+

第二节　营养物质的来源

动物所需的营养物质来源于饲料。饲料的种类、来源繁多，其中植物性饲料和动物性饲料是动物所需营养物质的主要来源，尤其是植物性饲料。除此之外，微生物饲料和矿物质饲料也可为动物提供所需的部分营养物质。了解不同营养源的营养物质组成特点和差异，便于合理供给动物需要的营养物质。

一、植物性来源

常见植物性饲料原料的营养物质组成见表1-2。从表中可以看出不同来源的饲料原料营养物质含量存在较大差异。

表1-2　植物性饲料及其营养物质　　%

种类	水分	蛋白质	脂肪	碳水化合物	灰分	钙	磷
植株(新鲜)							
玉米	66.4	2.6	0.9	28.7	1.4	0.09	0.08
苜蓿	74.1	5.7	1.1	16.8	2.4	0.44	0.07
鼠尾草	72.4	3.5	1.2	20.7	2.2	0.16	0.10
植物产品(风干)							
苜蓿叶	10.6	22.5	2.4	55.6	8.9	0.22	0.24
苜蓿茎	10.9	9.7	1.1	74.6	3.7	0.82	0.17
玉米籽实	14.6	8.9	3.9	71.3	1.3	0.02	0.27
玉米秸	15.6	5.7	1.1	71.4	6.2	0.50	0.08
大豆籽实	9.1	37.9	17.4	30.7	4.9	0.24	0.58
鼠尾干草	11.4	6.3	2.3	75.6	4.5	0.36	0.15

(1)水分　不同的植物体水分变异范围较大,含水量在5%~95%。随植物从幼苗至成熟,水分含量逐渐减少,不同部位含水量也有较大差异。一般来说青草、青贮等饲料水分含量高(50%以上),谷物和豆科籽实及其加工副产品水分含量低(16%以下)。

(2)碳水化合物　植物体的碳水化合物含量较高,包括无氮浸出物和粗纤维,其中无氮浸出物主要为淀粉,结构性多糖主要分布于根、茎、叶和种皮中,主要包括纤维素、半纤维素、木质素和果胶等,是植物细胞壁的主要组成物质。青干草、青贮、秸秆等粗饲料中粗纤维含量一般占干物质18%以上,无氮浸出物低于40%;谷物籽实及其加工副产品中粗纤维含量占干物质16%以下,无氮浸出物高于60%;豆科籽实和榨油副产品(各种饼粕)中粗纤维含量占干物质15%以下,无氮浸出物30%左右。相同植物不同部位的碳水化合物含量和种类差异较大。不同种类、不同生长阶段的植物,其细胞壁组成物质的种类和含量也不相同。

(3)脂类　植物体的脂类主要包括结构脂类和贮存脂类。大豆、油菜籽、棉籽等油籽类作物粗脂肪含量大于15%,高油玉米籽实中粗脂肪含量在8%以上,普通玉米等谷物饲料及其副产品低于5%,饼粕类饲料粗脂肪含量也在5%以内。

(4)蛋白质　禾本科植物粗蛋白质含量较低,豆科植物粗蛋白质含量较高。谷物籽实饲料中蛋白质低于15%,豆科籽实粗蛋白质含量大于30%,各种油籽蛋白质含量在20%~40%。榨油、淀粉工业、酿酒等加工副产物中蛋白质含量有不同程度的提高。粗饲料中粗蛋白质占干物质在15%以下。植物性饲料粗蛋白质中除了含有蛋白外,还含有非蛋白氮。例如,青饲料中非蛋白氮占总氮的30%~60%,青贮饲料中非蛋白氮占总氮30%~65%,块根类饲料中占50%左右,青干草为15%~25%,谷物和豆科籽实中低于15%。

(5)灰分　钙磷比例变异范围大(1∶15~6∶1),钙磷绝对含量差异也很大。钾含量最多,钠含量很低。

二、动物性来源

动物体的化学组成因动物种类、年龄、体重、营养状况的不同而不同(表1-3)。

表1-3　动物体的营养物质(除去消化道内容物)　%

动物种类	水分	蛋白质	脂肪	灰分	无脂样本			无脂干物质	
					水分	蛋白质	灰分	蛋白质	灰分
犊牛(初生)	74	19	3	4.1	76.2	19.6	4.2	82.2	17.8
幼牛(肥)	68	18	10	4.0	75.6	20.0	4.4	81.6	18.4
阉牛(瘦)	64	19	12	5.1	72.6	21.6	5.8	79.1	20.9
阉牛(肥)	43	13	41	3.3	72.5	21.9	5.6	79.5	20.5
绵羊(瘦)	74	16	5	4.4	78.4	17.0	4.6	78.2	21.8
绵羊(肥)	40	11	46	2.8	74.3	20.5	5.2	79.3	20.7
猪(体重8 kg)	73	17	6	3.4	78.2	18.2	3.6	83.3	16.7
猪(体重30 kg)	60	13	24	2.5	79.5	17.2	3.3	84.3	15.7
猪(体重100 kg)	49	12	36	2.6	77.0	18.9	4.1	82.4	17.6
母鸡	57	21	19	3.2	70.2	25.9	3.9	86.8	13.2
兔	69	18	8	4.8	75.2	19.6	5.2	79.1	20.9
马	61	17	17	4.5	73.9	20.6	5.5	79.2	20.8

续表 1-3

动物种类	水分	蛋白质	脂肪	灰分	无脂样本			无脂干物质	
					水分	蛋白质	灰分	蛋白质	灰分
人	60	18	18	4.3	72.9	21.9	5.2	80.7	19.3
小鼠	66	17	13	4.5	75.4	19.4	5.2	79.1	20.9
大鼠	65	22	9	3.6	71.7	24.3	4.0	86.0	14.0
豚鼠	64	19	12	5.0	72.7	21.6	5.7	79.3	20.7

(1)水分　动物体内水分含量比较稳定,一般占动物体重的 50%～75%。幼龄动物体内含水多,成年动物体内含水较少。动物体内水分随年龄增长而大幅度降低的主要原因是体内脂肪的增加。不同器官和组织因机能不同,水分含量亦不同。血液含水分 90%～92%,肌肉含水分 72%～78%,骨骼含水分约 45%,牙釉质含水分仅 5%。

(2)有机物质　蛋白质和脂肪是动物体内两种重要的有机物质。动物体内碳水化合物含量极少。蛋白质是构成动物体各组织器官的重要组成成分。动物种类不同,体内的蛋白质含量有差异。动物的肥瘦程度不同,体蛋白质百分含量差异很大,肥者明显低于瘦者。一般而言,肥绵羊、育肥猪和肥猪、肥阉牛体蛋白质含量最低,通常低于 13%,而其余动物体的蛋白质含量则比较接近,为 16%～22%。此外,动物随体重或年龄的增加,体蛋白质含量呈降低的趋势。动物种类不同,生长阶段不同体内的脂肪含量也不同。动物体脂肪含量与饲料营养水平、采食量也密切相关。同一种动物如用高营养水平,特别是高能量水平饲料饲喂,体脂的储量则高。动物体内碳水化合物含量少于 1%,主要以肝糖原和肌糖原形式存在。肝糖原占肝鲜重的 2%～8%,占总糖原的 15%;肌糖原占肌肉鲜重的 0.5%～1%,占总糖原的 80%;其他组织中糖原约占 5%。

(3)灰分　动物体内灰分含量比较稳定,一般占 2%～5%,主要由各种矿物质组成,包括钙、磷、镁、钠、钾、氯、硫等,其中钙和磷占 65%～75%。此外,还有含量仅为动物体十万分之几至千万分之几的铁、铜、锰、锌、硒、碘、钴、钼、氟、铬、镍、钒、锡、硼、硅等矿物元素。

三、其他来源

(1)微生物　微生物体的化学组成与动植物体很相似,由水、有机物质和无机物质(矿物质或灰分)构成。其中,水分含量一般为 70%～90%,有机物质占干物质的 90%～97%,而灰分含量相对较低。有机物质主要由蛋白质、碳水化合物、脂类、核酸以及少量的维生素、色素、未知因子等组成。其中,以蛋白质含量最高,一般占干物质的 50%以上,且主要为核蛋白,占蛋白质总量的 50%以上。碳水化合物含量一般占干物质的 10%～30%,且主要是多糖。脂类含量占干物质的 1%～7%,包括中性脂肪、类脂和蜡质。核酸含量占干物质的 5%～20%。灰分中以磷含量最高,约占灰分的 50%,占干物质的 3%～5%,其次是硫、钾、钠、镁、钙、氯、铁等,铜、锰、锌、钼、钴、硼、镍、硅、碘、钒等含量甚微。微生物体的化学组成因微生物的种类、生长期(菌龄)、生理特征、生活环境(培养条件)等的不同而有较大差异。此外,幼龄微生物的水分含量高于衰老和休眠微生物,形成芽孢的细菌的水分含量显著低于未形成芽孢的细菌。幼龄或在氮丰富的培养基上生长的微生物的氮含量高于老龄或在氮贫乏的培养基上生长的微生物的氮含量。铁细菌含铁多,硫细菌含硫多,海洋微生物含钠和氯多。

目前可作饲料用的微生物主要有四大类,即酵母菌、霉菌、藻类和非病原性细菌。微生物主要为动物提供蛋白质,这类蛋白质被统称为单细胞蛋白质(single-cell protein,SCP);此外,还提供多种酶、B族维生素和一些未知因子。

(2)矿物质　无论是天然还是经特殊加工的矿物质,都可以为动物提供所需的矿物元素。例如,石灰石粉(石粉)可提供钙,石膏可提供钙和硫,磷矿石粉可提供磷和钙,磷酸钙类可提供钙和磷,磷酸钾类可提供钾和磷,氯化钠可提供钠和氯,硫酸钠可提供钠和硫。

四、动植物体营养物质组成的比较

(一)元素组成比较

动植物体内所含化学元素的种类基本相同,数量略有差异。无论是植物还是动物,所含的化学元素皆以氧为最多,碳和氢次之,钙和磷较少。动物体内的钙、磷、钠含量大大超过植物,钾含量低于植物,其他微量元素的含量则相对稳定。植物因种类不同,化学元素含量差异较大。不同种类动物体内的化学元素含量差异较小。

(二)化合物组成比较

动物和植物营养物质的差异主要体现在数量和组成上。

(1)水分　动植物体均以水分含量为最高,水分在成年动物体内含量较稳定,占体重的45%～60%,植物体内的水分因种类、收获期和部位的不同而相差很大,多者含量可达95%,少者只有5%。一般幼嫩时含水较多,成熟后含水较少;枝叶含水较多,茎秆含水较少;牧草瓜藤含水较多,谷物籽实含水较少。

(2)碳水化合物　碳水化合物是植物体内的结构物质和贮能物质。植物体中碳水化合物含量较高,主要是可溶性碳水化合物和粗纤维。植物体中可溶性碳水化合物分布比较集中,主要分布在液泡中。粗纤维主要分布于植物的根、茎、叶和种皮中,主要包括纤维素、半纤维素、木质素和果胶等,是植物细胞壁的主要组成物质。动物体内碳水化合物含量少于1%,主要以葡萄糖和糖原形式存在,且动物体内不含有粗纤维。

(3)蛋白质　构成动植物体蛋白质的氨基酸种类相同,但植物能自身合成全部的氨基酸,动物则不能合成全部的氨基酸。植物体内除真蛋白质外,还有非蛋白质含氮物,而动物体内主要是真蛋白质及游离氨基酸、激素,无其他氨化物。动物体内蛋白质含量高且相对稳定,一般为18%～20%,蛋白品质优于植物蛋白。而植物体内的蛋白质含量则因植物种类、部位和收获期的不同差异较大,一般占体重的1%～36%。

(4)脂类　脂类是动物体的能量储备物质。动物体内的脂类因动物种类、品种、肥育程度不同而差异较大,主要是结构性的复合脂类(如磷脂、糖脂、鞘脂、脂蛋白)和贮存的简单脂类,且动物脂肪多由饱和脂肪酸组成。植物种子中的脂类主要是简单的甘油三酯,复合脂类是细胞中的结构物质,平均占细胞膜干物质的50%或50%以上,此外还含有腊质、色素等。油料植物中脂类含量较多,一般植物脂类含量较少。

(5)矿物质　动物体内灰分主要由各种矿物质组成,其中钙、磷占65%～75%。90%的钙、约80%的磷和70%的镁分布在动物骨骼和牙齿中,其余的钙、磷、镁则分布于软组织和体液中。除钙、磷、镁、钠、钾、氯、硫等常量矿物元素外,铜、铁、锌、锰、硒、碘、钴、钼、铬、镍、钒、锡、硅、氟、砷等15种元素,是动物必需的微量元素。钡、镉、锶、溴等元素是否必需,尚无定论。

植物体内的矿物质含量低于动物，因种类、收获期的不同而异，且受土壤、肥料、气候条件等因素影响。

在生态系统中，植物是生产者，动物是消费者，植物中被光合作用固定下来的能量，沿着食物链流向相邻营养级的植食性动物，同时动物生产尤其是放牧型生产方式又可以显著改变植物种群的丰富度和分布，调节植物群落物种组成与多样性，进而对生态系统的功能和稳定性产生深远的影响。因此，植物—植食性动物的相互关系是自然界中最普遍、最重要的一种种间互作。然而过度放牧和采集也是植被生物多样化退化的重要原因，它使群落土壤环境发生变化，进而影响植物群落的不同结构层次。因此，建立合理的放牧制度，对放牧时间、方式、强度和频次的合理规划是保证动植物和谐共处的重要保障。同时树立尊重自然、顺应自然的生态观，感受鸟鸣深涧、鱼翔浅底，体会空山新雨后、天气晚来秋，明月松间照、清泉石上流的自然之趣，并且践行绿水青山就是金山银山的理念。

本章小结

饲料中凡能被动物用以维持生命、生产产品的物质，都称为营养物质。营养物质既可以是简单的化学元素，又可以是复杂的化合物。根据概略养分分析方案，饲料中的营养物质分为水分、粗灰分、粗蛋白质、粗脂肪、粗纤维和无氮浸出物六大类。

植物性饲料和动物性饲料是动物所需营养物质的主要来源，尤其是植物性饲料。非致病性微生物和矿物质也是部分养分的来源。动物、植物和微生物所含化学元素的种类基本相同，均以氧为最多，碳和氢次之，钙和磷较少，但数量略有差异。动植物体内的营养物质种类相同，但含量和组成差异较大。植物性饲料干物质中主要为碳水化合物。动物体干物质中主要为蛋白质，其次是脂肪。植物性饲料干物质中蛋白质和脂肪含量变动较大。健康成年动物体内蛋白质和脂肪含量较为相似。与植物性饲料相比，动物体矿物质含量比较稳定，而且不同矿质元素之间比例（如钙磷比和钠钾比）相对恒定。饲用微生物主要提供蛋白质，其中一半以上为核蛋白。矿物质饲料可提供多种矿物元素。

复习思考题

1. 饲料、营养物质的概念。
2. 概略养分分析方案将饲料中的营养物质分为哪些类？
3. 简述概略养分分析方案与 Van Soest 分析方案在粗纤维分析上的差异。
4. 简述营养物质的基本功能。
5. 比较动植物、微生物体内营养物质组成的异同。

HAPTER 2

第二章 动物的采食、消化与吸收

动物在维持生命、生长、繁殖、生产等过程中必须从外界获取机体所需的营养物质以满足机体的需要。采食量是衡量动物营养物质摄入的重要指标之一，机体摄入的饲料经过消化道的物理性消化、化学性消化、微生物消化过程，将饲料中机体不能直接吸收利用的大分子有机物分解为能被机体吸收利用的简单的、小分子物质。动物采食量的高低、采食后饲料中营养物质的消化吸收程度是影响饲料利用效率和动物生产水平的重要因素。

本章着重介绍了动物采食量的概念、表示方法、在实际生产的意义，影响采食量的因素及采食量的调节机制，动物对饲料中营养物质的消化、吸收方式及影响动物消化、吸收的因素。

第一节　动物对饲料的采食

采食是动物摄入营养物质的基本途径。饲料中含有的营养物质只有被动物采食后才能被消化、吸收和利用，并用于维持生命和生产产品。动物的生产水平和养殖效益与采食量关系密切。

一、动物采食量的概念

(一)采食量(feed intake,FI)

动物在一定时间内采食饲料的质量，一般以日采食量表示，即动物在 24 h 内采食饲料的质量。猪、鸡、牛成年动物的日采食量见表 2-1。

(二)实际采食量

实际采食量是在实际生产中，一定时间内动物采食饲料的总量。饲养过程中，动物的实际采食量与采用的饲养制度有关。在不同的饲养制度下，动物实际采食量是不同的。

表 2-1　猪、鸡、牛日采食量

种类	生长阶段	日采食量/kg
母牛	550 kg	17.2(干物质基础)
	650 kg	17.5(干物质基础)
生长猪	20～50 kg	1.2～2.0
	50～90 kg	2.2～2.7
母猪	妊娠期	1.9～2.4
	哺乳期	5.3～5.9
公猪	—	2.2～2.6
肉鸡	42 日龄	0.19
	56 日龄	0.24
产蛋鸡	轻型,体重 1.6 kg	0.10
	中型,体重 2.0 kg	0.12

1. 自由采食量

又称随意采食量,是指单个动物或动物群体在自由接触饲料的情况下,在一定时间内采食饲料的重量。自由采食量是自然条件下采食行为的反应,代表了动物的采食能力,如蛋鸡、肉鸡的饲养制度。自由采食可以充分发挥动物生长潜力。

2. 定量采食量

一定时间范围内定时定量给予动物一定量的饲料,饲料的给予量是根据动物的采食能力,每日定时提供给动物。如肥育猪的饲养制度。定量采食可以减少饲料浪费。

3. 限制采食量

动物在某种特殊的生产目的要求下,限制饲料给量。如妊娠母猪、育成期蛋鸡的饲养制度。限制采食可以避免动物体况过肥。

4. 强制采食量

在某种特殊的生产目的要求下,进行强制性饲喂,采食量超过采食能力。此时的采食量称为强制采食量。如填鸭、生产肥鹅肝时的饲养制度。

动物在自由接触饲料的情况下,自由采食量与定量采食量相同;一般情况下,限制饲喂的情况下,限制采食量低于自由采食量和定量采食量;在强制饲喂条件下,动物的强制采食量高于自由采食量、定量采食量和限制采食量。因此,在实际生产中,动物的饲喂方式不同,采食量也存在差异。

(三)标准采食量

根据饲养标准推荐的采食量,称为标准采食量或采食量定额。饲养标准中给出的采食量是一个理论值,是不同群体在不同生产阶段的平均值,一般与饲养标准中能量的浓度配套使用。在营养标准中规定的营养浓度下,达到标准采食量才能满足动物对各种营养素的绝对需要量。如果实际饲粮的能量浓度与饲养标准规定的能量浓度有差别,会造成实际的采食量与饲养标准中推荐的采食量不一样。

(四)绝对采食量和相对采食量

绝对采食量是指实际采食饲料的数量；相对采食量是指实际采食量占体重的百分比。例如，体重为 1 500 g 的肉鸡每日绝对采食量为 140 g，相对采食量为 9.3%。

二、采食量的表示方法

1. 用采食饲料的重量表示

通常采用动物在 24 h 内采食饲料的重量来表示，单位为 g/d 或 kg/d。因动物具有为能而食的特点，所以在干物质和营养浓度相同的情况下，不同时间、不同地点动物的采食量具有可比性；在干物质和营养浓度不同的情况下，则不具有可比性。

2. 用能量摄入量表示

即动物每日(24 h)摄入的能值，单位为 DE/d、ME/d 或者 NE/d。动物具有为能而食的特点，饲料中能量的含量影响动物的采食量。比如猪每日采食 2.5 kg 饲料，饲料中 DE 含量为 13.6 MJ/kg，用摄入的 DE 表示则为 34 MJ/d。

3. 用营养物质摄入量表示

营养物质摄入量是指动物在规定饲养周期内摄入饲粮中某种特定营养物质的绝对数量。按此表示，不同采食量具有可比性，也可以直观地表述动物对该营养物质的满足情况。例如，产蛋鸡赖氨酸的每只每日摄入量，又如生长猪每天需要采食多少蛋白质等，都是用营养物质摄入量表示。

三、采食量在动物生产中的意义

1. 采食是动物维持生命的基本活动

采食是动物摄入营养物质的基本途径，没有采食、动物也就不能获得维持生命和生长发育的营养物质。动物采食的营养物质首先满足维持生命的需要，多余的用于生产。

2. 采食量是指导动物生产方式的基础

依据动物不同的生产方向，通过调控其采食量来达到不同的生产目的。例如，为获得最大生长速度，肉鸡的饲养采用自由采食的方式；为获得最佳的生长速度和生产效率，避免饲料浪费，肥育猪的饲养采用定时定量采食的方式；为获得最好的体况和繁殖性能，母猪、育成期蛋鸡采用限制采食的方式；为获得鹅肥肝和填鸭等产品，这类特殊饲养群体采用强制采食的方式。

3. 采食量是调控动物生产经济效益的手段

动物处于维持代谢状态时，饲料利用效率最高，但是生产效率最低。动物处于生产代谢状态时，随生产水平的提高，饲料利用效率逐渐降低，但是生产效率逐渐提高。在生产过程中，可以通过调控采食量来解决饲料利用效率和生产效率之间的矛盾，以达到最好的经济效益。例如，母猪空怀时，没有生产产品，供给稍高于维持代谢状态的采食量，可以达到最大经济效益。表 2-2 列出了采食量与不同生长阶段猪的生产性能和饲料转化效率的关系。

表 2-2 采食量与猪生产性能和饲料转化效率的关系

项目	体重/kg					
	3～8	8～25	25～50	50～75	75～100	100～120
采食量/kg	0.29	0.84	1.6	2.25	2.71	2.9
日增重/g	220	500	750	880	900	860
料重比	1.32	1.67	2.13	2.56	3.01	3.37

4. 采食量是决定饲粮营养物质浓度的因素

动物消化道容积和饲养方式决定了动物的采食量，因此要满足动物对营养物质的需要，日粮配制就必须考虑饲料营养物质的浓度和采食量两方面的因素。根据动物对各种养分的需要量及采食量，计算出饲料的养分浓度，才能恰当地配制饲料。目前，大多数国家制定的动物营养需要或饲养标准均给出了动物的预期采食量。在此基础上直接用养分浓度来表示动物的营养需要量。

四、影响动物采食量的因素

影响动物采食量的因素主要有动物的因素、饲料的化学和物理性质、饲料所含营养物质种类和数量、饲料加工、饲养环境等。

(一)动物因素

(1)遗传因素 不同种类的动物由于受遗传因素的影响，消化道结构和体重差异很大，因此采食量差异巨大。例如，成年的肉种鸡日采食量 150 g，成年肥育猪日采食量 3 kg，成年的奶牛日采食量可达 15 kg。同种动物的不同品种、不同品系间的采食量也存在明显差异。

(2)生理阶段 不同生理阶段的动物采食量既与物理调节，也与化学调节(主要是激素分泌的影响)有关。母畜发情时，一般采食量下降，甚至停止采食。随妊娠时间的增加，母猪采食量逐渐增大，分娩时采食量下降或停食。产后哺乳期，母猪采食量迅速上升。母羊在妊娠后期，一方面血液中含有高浓度的雄激素，另一方面因子宫内容物压迫胃肠道，增加胃肠道紧张度，导致采食量降低。产羔后，能量需要增加，且胃肠道紧张度缓解，采食量显著增加，产羔后 1 个月采食量达到高峰。生长期的动物，生长速度越快，食欲越强。奶牛在不同生理时期，瘤胃容积的变化也伴随着采食量的变化。在产奶高峰时，母牛体内代谢旺盛，奶牛血液中的挥发性脂肪酸转化为乳成分的效率提高，降低了血液中的挥发性脂肪酸，从而增加采食量。但是，在产乳高峰期，奶牛采食量的提高是有限的，经常分解大量的体组织用于产奶。

(3)疾病因素 疾病等健康因素对动物的采食量影响很大，临床疾病或者亚临床感染通常表现为食欲减退。禽流感、非洲猪瘟、奶牛的乳腺炎等几乎任何一种传染性疾病都会引起采食量的下降。胃肠道感染疾病、代谢疾病、过度疲劳也使采食量降低。疾病对采食量的影响并不局限于正常的饱感信号，其影响机制可能是多方面的。

(4)感觉系统 视觉、嗅觉、触觉和味觉等对调节动物的食欲有重要作用，并影响每次的采食量。但因动物不同，感觉系统的作用也有差异，如听觉对鱼摄食、味觉对猪采食、视觉对鸡采食影响较大。

(5)训练　训练可以使动物建立条件反射，以便提高采食量。另外，动物可从过去的采食经历或通过人为的训练，而对饲料产生喜好或厌恶。由于大多数动物是通过感觉器官来辨别饲料，因此，动物在其生命过程中，可能将饲料的适口性或风味(滋味和香味的总和)与某种不适(常常是胃肠道不适)或愉快的感觉联系在一起，产生厌恶或喜好，从而改变其采食行为。

(6)疲劳程度　疲劳程度也会影响到动物的采食，过度疲劳降低采食量。

(二)饲料因素

1. 适口性

适口性是一种饲料的滋味、香味和质地等特性的总和，是动物在觅食、定位和采食过程中视觉、嗅觉、触觉和味觉等感觉器官对饲料的综合反应。适口性决定饲料被动物接受的程度，与采食量密切相关但又难定量描述，它通过影响动物的食欲来影响采食量。

饲料的滋味包括甜、酸、鲜和苦四种基本味。甜味来自有机化合物，如蔗糖、某些多糖、甘油、醇、醛和酮，一些稀碱和无机元素也有甜味。大多数多肽、蛋白质无味，但有些天然多肽是目前已知最甜的化合物之一。

除肉食动物外，大多数动物均喜爱甜味。绵羊喜爱低浓度甜味；牛对甜味的喜爱程度很强，对酸味的喜爱程度中等；鹿对甜味的喜爱程度最强，对酸味和苦味的喜爱程度弱或中等；山羊对四种基本滋味均能接受；猪也特别喜爱甜味。饲料的香味也影响饲料的适口性，其中主要是脂类、酮类、醚类、脂肪酸类、芳香族醇类等挥发性化合物的作用，其作用是掩盖某些饲料组分的不良气味、增加动物喜爱的某种气味。

2. 饲料形态与粒度

饲料形态主要分为干料和液态料。干料又包括粉料、颗粒料和破碎料，与粉料相比，颗粒饲料由于单位密度大，可提高采食量。与整粒籽实相比，压扁或破碎饲料可提高采食量。对于反刍动物，粗饲料粉碎或制粒，可降低或消除反刍，增加食糜通过消化道的速度，降低胃肠道的紧张度，增加采食量。与干饲料相比，饲喂液体饲料可显著改善仔猪生长性能，提高平均日增重和平均日采食量，降低料重比和腹泻率。

另外，饲料的粒度对采食量影响也很大。如果饲料的粒度过大，影响动物采食，并降低饲料利用率；但是如果粒度过细，则会造成消化道溃疡等疾病，对健康不利，也会影响采食量。

3. 饲料养分

饲料中能量浓度、蛋白质及氨基酸水平、粗纤维含量、维生素与矿物质含量等均影响动物采食量。

(1)能量浓度　一般情况下，动物(尤其是单胃动物)在一定的日粮能量浓度范围内，可以根据对能量的需要调节其采食量，即通常所说的“为能而食”。单胃动物尤其是家禽具有较强的“为能而食”的本能，随能量水平的提高，采食量下降，但能量的总摄入量有可能不变。此调节机制适用于不同类型和日龄的鸡只，随着日粮能量浓度的变化，产蛋鸡在1～2 d内即能对此做出精确反应，相应地改变其采食量。表2-3显示，产蛋鸡对所提供的不同能量水平饲料的反应。

表 2-3 日粮能量浓度对蛋鸡采食量和能量摄入量的影响

日粮能量浓度/(MJ/kg)	采食量/(g/d)	能量摄入/(MJ/d)
12.56	92	1.16
11.72	97	1.14
10.92	106	1.16
10.08	112	1.13

从表 2-3 可以看出，鸡的采食量随日粮能量水平的降低而增加，但当能量水平低至 10.08 MJ/kg 时，受消化道容积的影响，鸡不能采食足够的量以满足其对能量的需要。同时，如果能量浓度增加到一定水平时，采食量会下降，但下降的幅度有限，也会造成家禽采食的总能量增加。因此在配制日粮时必须保证适当的能量浓度，以保证能量的摄入能满足动物的需要。另外也要考虑其他营养成分与能量的比例，保证在动物因能量的变化而调整采食量时，其他营养成分摄入和需要量一致。

(2)蛋白质及氨基酸水平　当饲料缺乏蛋白质时会降低采食量，蛋白质缺乏严重时消化道腺体合成消化酶数量减少，食糜滞留在消化道中引起采食量下降。反刍动物饲料缺乏蛋白质，瘤胃微生物的发酵减弱，瘤胃消化受阻，也会引起采食量降低。蛋白质适度增加，提高动物的食欲；过度增加，由于蛋白质的热增耗作用使体内产热量增加，处于热应激动物的采食量下降。研究表明，日粮氨基酸对动物的采食量有重要调节作用，例如，饲料中的某些氨基酸有调味的作用，可影响动物的食欲。日粮必需氨基酸缺乏或者不平衡能够显著降低动物采食量，减缓动物的生长速率，而支链氨基酸缺乏能够造成更为显著的动物采食量下降。

(3)脂肪含量　脂肪是适口性较好的饲料营养物质，适当添加不仅可以改善饲料的外观，而且可发出香味，有促进采食的作用。但日粮随脂肪水平增高，有效能值大幅度提高，采食量因而下降。饲料脂肪含量高也会干扰正常瘤胃功能，降低反刍动物的采食量。

(4)粗纤维含量　适量的粗纤维可以促进消化道蠕动，提高动物采食量；但过量则降低采食量。生长猪饲料中粗纤维含量大于 6%，猪的采食量下降。中性洗涤纤维能通过影响瘤胃的充盈度而调节采食量。

(5)维生素和矿物质含量　饲料中锌、钙和磷缺乏以及钙、锰和铁的过量都会引起猪的食欲下降。维生素，如硫胺素、核黄素、维生素 D_3、维生素 B_{12} 缺乏时也会降低采食量。钠、锌、钙对食欲具有调节作用，特别是能够提高蛋鸡的采食量。

(三)饲养环境因素

饲养环境包括畜舍的卫生和舒适度，如温度、湿度、气流、光照、饲养密度等，均会影响动物的采食量，尤其是温度对采食量的影响最为明显。一般情况下，环境温度低，动物的采食量增加；当环境温度过高时，动物会产生热应激反应，其内分泌系统紊乱，消化功能受到影响，食欲减退，采食量就会下降。噪声、拥挤等应激因素也会降低采食量。生产中夏季降温、冬季保暖、合适的饲养密度、安静的环境，可保证采食量，进而促进动物的健康生长。

(四)饲养管理因素

(1)饮水　充足的高品质饮水是保证采食量的前提因素之一，只有在饮水需要得到满足的情况下，动物的采食量才可达到最大。

(2)饲喂方式和时间　群饲时的采食量高于单饲;自由采食时动物的采食量高于限饲。少喂勤添可使动物保持较高的食欲,并减少饲料浪费。在环境温度过高时,将饲喂时间改在夜间气温凉爽时,可保持动物采食量不下降。

(3)液态饲喂　液态饲喂是指将全价饲料和水按一定比例混合后,直接饲喂给动物的一种饲喂模式。液态饲喂时,饲料与水混合后通过浸泡起到了软化和部分溶解的作用,利于采食和提高消化吸收利用率。在仔猪和生长猪上的研究表明,液态饲喂不仅可以提高猪的采食量,改善生长性能,还促进肠绒毛的发育,改善肠道形态,有利于肠道健康。随着电子技术、信息技术和自动化控制技术的进步,由计算机控制的自动化液态饲喂系统在生猪生产中应用越来越广泛。欧洲养殖业中30%采用液态饲喂,加拿大也有近20%的猪场采用液态饲喂系统。近几年国内已经开始这方面的技术研究,并逐渐形成了适合中国养猪国情模式的液体自动饲喂系统(图2-1)。同时,针对液体饲喂技术对养猪生产影响的研究也引起科研人员和养猪企业的重视。

图2-1　猪液态饲喂系统

总之,影响采食量的因素很多,表2-4列出了影响采食量的各种因素。

表2-4　影响采食量的各种因素

因素		效应
感觉系统	味觉、	控制采食量
	嗅觉	控制采食量
	温度	控制采食量
大脑	下丘脑	控制能量平衡
	垂体	控制能量平衡
代谢物和激素	促生长因子	影响肌肉和软骨组织
	葡萄糖	对单胃动物的采食量控制作用大,对反刍动物的采食量控制作用小
	生长激素	降低胰岛素分泌,导致采食
	胰岛素	降低胰岛素分泌,导致采食
	胰高血糖素	降低采食量
	游离脂肪酸	影响下丘脑弓状核神经元兴奋来负调节采食量
	游离氨基酸	激活AMPK,调节采食量

续表 2-4

因素		效应
消化	饲粮容积	压力感受器感受瘤胃紧张度
	消化率	绵羊十二指肠受体感受吸收的养分
	饲喂频率	影响食糜通过的速度
	饮水量	控制采食量
pH		影响瘤胃壁化学受体
尿素	注射尿素、氯化铵、乳酸胺尿素	缩短绵羊的采食时间 降低第一次采食的时间和采食量，但由于增加奶牛的采食频率，总采食量不变
乙酸		降低牛、绵羊和山羊的每顿采食量
乳酸(注射乳酸钠)		降低山羊的每顿采食量
丙酸		降低采食量，在瘤胃的静脉壁存在丙酸受体
性激素	雌激素	增加反刍动物的采食量
	孕酮	影响其他卵巢激素
	脱氢异雄酮	降低小鼠的增重，但不影响采食量
	促乳素	影响泌乳和其他生理反应
	促卵泡激素	影响泌乳和其他生理反应
	促黄体激素	影响泌乳和其他生理反应

五、采食量的调节机制

动物采食量的调控是一个十分复杂的过程，在不同的条件下调节的方式不同。根据采食量的调控部位来分，可以分为外周调控和中枢调控。中枢调控中下丘脑起着十分重要的作用，外周调控以胃肠道、肝脏和胰脏的内分泌、机械性刺激和迷走神经为主。按照调控的时间长短分为长期调控和短期调控 2 种调节方式。短期调控是指采食量的短期调节，主要是控制每次采食的开始和终止(即摄食的开始和停止)。因为短期调节方式的存在，动物不会出现完全禁食，也不会出现无休止的摄食。短期调节的信号主要来自营养物质、胃肠激素，这些信号决定和限制了动物每次的进食量。采食量的长期调节即在较长时间内对采食量的调节，实质是控制能量平衡。能量平衡假说模型中认为机体能将自身脂肪含量的信号传递到大脑，然后调整并适应能量的变化。体重减轻时将信号传递到中枢，调节神经元活性，减少能量消耗，并增加采食量。胰岛素和脂肪信号瘦素在长期调控中发挥主要作用。由于采食量长期调节机制的存在，动物能够长期维持能量平衡。如大多数成年家畜即使在自由采食条件下，也能在很长一段时间内维持一个相对稳定的体重。

(一)中枢神经系统

中枢调节系统是采食量调节的关键，其作用是整合及加工传入的复杂食物信号，经整合及加工后的信号可刺激摄食中枢，使动物产生饱感或饥饿感，从而调节动物采食量。

1. 部位

尽管控制采食量的中枢神经系统的准确定位和作用目前尚未完全清楚，但是已有足够的实验证据表明，脊椎动物的下丘脑是调节采食量的重要部位。在下丘脑存在两个与采食量相关的中枢，即饱中枢（ventromedial hypothalamus，VMH）和饿中枢（lateral hypothalamus，LH）。

（1）饱中枢　位于下丘脑的腹内侧核，是抑制摄食的中枢部位。当饱中枢兴奋时，饿中枢受到抑制，动物产生饱感，采食停止。

（2）饿中枢　位于下丘脑两侧的外侧区，是刺激摄食的中枢部位。饿中枢兴奋时，动物的食欲旺盛，刺激采食。

目前，人们通常把饿中枢和饱中枢合称为摄食中枢。至少已在猪、绵羊、鸡、鹅等 11 种哺乳动物和禽的研究中证实存在上述两个中枢。破坏饱中枢可导致食欲亢进症，引起动物过食和肥胖；相反地，化学性或电刺激饱中枢，则引起厌食症，抑制动物采食。破坏饿中枢，引起动物厌食症，直到动物死亡；而刺激饿中枢则引起食欲亢进症。

动物的摄食调节通过饿中枢和饱中枢的协调作用来完成。在摄食控制上，饿中枢的作用是最基本的，而饱中枢是接受来自体内各种反馈信号的主要部位，许多外在因素（如环境因素、饲料组成等）和内在因素（如代谢、激素等）通过特定的反馈途径将信号传递到中枢神经系统，从而调节动物的采食量。

近年来的研究表明，有些动物的摄食中枢并不局限于 VMH 和 LH，如大脑杏仁核中背部和外侧区分别具有与 LH 和 VMH 类似的作用。孤束核在整合外周信号和采食量调控中发挥着重要作用。

2. 作用

中枢神经系统是调节采食量的关键，其作用是使动物产生食欲，从而引起采食的开始和停止，控制采食量。

（二）外周系统对动物采食的调节

（1）感官调节　感官调节是动物在采食过程中通过嗅觉、味觉、视觉及触觉等对所要摄入食物进行判断，其中，味觉器官对采食影响很大。动物进食后，口腔味觉感受器开始感受营养物质，通过感受营养物质的口味并形成记忆调控动物采食量。生产实践中饲料的适口性对提高动物的采食量起着重要的作用。

（2）胃肠系统调节　胃肠系统对采食量的调节主要包括物理调节和化学调节。胃肠道紧张或排空引起的压力变化负反馈调节采食量，动物采食后，胃肠道内存在的机械受体可感受这种压力变化，并将信息通过传入神经纤维传递给饱中枢，从而终止饮食。而进入胃肠道内的营养物质能与化学受体结合，激活胃肠道中内分泌细胞合成及分泌一些参与食欲调节的多肽。如胆囊收缩素、胰高血糖素样肽-1 等而调控动物采食量。

（3）肝脏和胰腺　肝是养分吸收后的主要代谢器官，特别是在调节血糖稳定上发挥重要作用。在肝门静脉、肝和胰均存在感受葡萄糖的受体，能够感受进入肝和胰的能量水平和可利用性。肝脏不仅通过感受自身的能量状况将信号传递给大脑，最新的研究表明，肝脏分泌的成纤维细胞生长因子 21 还参与了营养物质的摄入调控。胰腺对动物采食量的调控主要通过其分泌的胰岛素，胰岛素通过血液循环进入大脑，随后作用于中枢神经系统，调控机体的体重和能量摄入。当血糖浓度过高时，胰腺分泌的胰岛素能够促进血液葡萄糖在肝转化为糖原。

（4）脂肪组织　脂肪组织不仅是机体的能量储备器官还是分泌器官。目前已发现，脂肪组织可以分泌瘦素、脂联素、抵抗素、细胞因子如肿瘤坏死因子-α 和白介素-1，能够向中枢神经系统和外周器官传递机体的能量储备状况，进而调控动物采食量。

(5)肠道微生物　近几年的研究认为肠道微生物在能量平衡中扮演着重要的角色。肠道微生物主要通过两个途径参与：一方面肠道微生物分解肠道食糜产生短链脂肪酸刺激肠道激素的分泌；另一方面，肠道微生物还能调控中枢神经系统某些食欲肽的表达，如脑源神经肽。

总之，采食量的调控是一个复杂的过程，受到多种机制的调节，如图 2-2 所示。

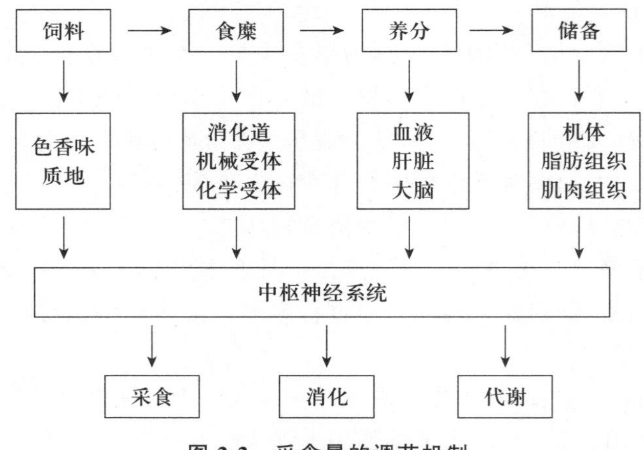

图 2-2　采食量的调节机制

六、采食量的调控技术

(一)提高采食量的技术

(1)提供营养平衡的饲料　营养物质平衡的日粮能提高采食量，有研究表明猪的采食量随着赖氨酸含量的提高而提高，但到一定程度后采食量有下降的趋势。饲料中磷、锌的缺乏以及钙、锰和铁的过量都会引起猪的食欲下降。所以，在设计饲料配方时一定要选择合适的饲养标准，并根据生产实践经验合理调整至各种营养物质比例平衡，尤其是主要的营养物质如蛋白质和氨基酸及能量水平。在此过程中可采用氮能比指标、理想氨基酸模式等来完善其平衡状况。而对于反刍动物而言，可通过使用全混合日粮(TMR)来提高其采食量。

(2)提高饲料适口性　改善动物尤其是幼龄动物饲料的适口性，可直接提高动物的食欲，增加其采食量。具体措施有：①选择适当的原料。②防止饲料氧化酸败。氧化酸败常常在高温、高湿季节产生，使饲料产生异味，适口性下降，添加抗氧化剂能有效防止氧化酸败。③防止饲料霉变。饲料霉变也会降低适口性，有时，其危害甚至比氧化酸败大，添加防霉剂可防止霉菌滋生。④添加风味剂。根据不同种类的动物对味道的不同偏好，选择合适的风味剂。

(3)改进饲养管理技术，降低应激反应　适当增加饲喂次数，以及增加每次的饲喂量可提高动物采食量。适当的加工处理可改善饲料适口性，也会提高动物采食量。湿料相对于干料饲喂便于动物采食，对动物胃肠道刺激小，也能提高其采食量。此外还要保证充足的饮水。

动物同人一样，适宜的温度与湿度、良好的通风条件、没有蚊蝇、适当的活动空间、安静等对提高动物的采食量都有较大的帮助。变换饲料种类时采取逐渐更换的方法可以避免因此引起的动物应激反应，避免采食量的下降。降低疾病与应激因子，如寄生虫病、感冒、胃肠炎等，猪舍温度的变化，养猪过程中的转群、并圈、换料，以及防疫过程等都会对猪的采食量有所影响。因此，我们在饲养管理方面，应尽可能避免这些因素的产生，不可避免时，可考虑在饲料或饮水中添加一些抗应激的添加剂，如电解多维、甜菜碱、维生素C、小苏打等，以缓解应激作用，保证采食量不受影响。

（二）控制采食量的技术

在实际生产中，当动物处于特殊生理阶段时，需要对其采食量进行控制。如种母鸡、后备母猪，为了获得最佳繁殖性能，需控制其早期的采食量，使其在适当的日龄达到性成熟的目标体重。同时，为了最大限度减少成年后的繁殖问题，需在整个生产期控制采食以严格控制体增重。控制采食量的技术包括：

(1)定量饲喂　对需要限制采食量的动物采用定量饲喂方式可有效控制动物的采食量。如种母鸡，可采用饲喂自由采食量的80%～90%的饲料量进行定量饲喂，防止其过肥。

(2)控制采食时间　对需要限制采食量的动物可通过限制采食时间控制其采食量，可采用每日定时、隔日饲喂、喂2 d停1 d、每周停食1～2 d等方式。如种母鸡，可通过采用每日定时饲喂的方式，也可采用每周停食1～2 d的方式限制其采食量。

(3)增加大容积饲料的供给　增加纤维素和青绿多汁饲料的饲喂量，可减少配合饲料的采食量。

(4)控制光照和环境温度　适当控制光照时间和强度可在一定程度上控制动物的采食量。提高动物养殖环境的温度也能控制动物的采食量。

第二节　动物对饲料的消化与吸收

消化过程是指饲料在消化道内经过一系列物理、化学和微生物的作用，把结构复杂、难溶于水的大分子物质，分解为结构简单的可溶性小分子物质的过程。饲料中营养物质经消化后，通过消化道上皮细胞进入血液或淋巴液的过程称为吸收。吸收后的营养物质被运送到机体各部位，供机体利用。

一、消化方式

动物对饲料的消化方式可分为物理性消化、化学性消化和微生物消化。不同种类的动物及消化道的不同部位对营养物质的消化方式不同。

（一）物理性消化

物理性消化又称机械性消化，是指通过采食、咀嚼和胃肠运动，将食物磨碎、混合和推动食物后移，最后将消化残渣排出体外的过程。

咀嚼是猪、牛、羊等哺乳动物主要的物理消化方式，对改变饲料粒度起着十分重要的作用。鸡、鸭、鹅等禽类对饲料的物理消化，主要是通过肌胃收缩的压力及其对饲料中硬质物料的挤压揉搓，以达到改变饲料粒度的目的，这也是禽类在笼养条件下，应在配合饲料中适量添加硬质沙石的依据。肠胃运动是一种向后推进的波形运动，由于舒张波和收缩波同时不断后移，食物便被推向后面的消化道。不同食物在消化道中的排空速度不同，稀的流质的食糜大于稠的、固体的食糜，小颗粒大于大颗粒，等渗溶液大于非等渗溶液，糖大于蛋白质，蛋白质大于脂肪。食物的排空速度影响食物的消化，在消化道停留的时间越长，越利于消化。

(二)化学性消化

动物对饲料的化学性消化,主要是指通过消化道所分泌的各种消化酶或饲料中含有的消化酶对饲料进行分解的过程。酶的消化是高等动物主要的消化方式。反刍动物与单胃动物都存在酶的消化,不同种类动物酶消化的特点明显不同。原生动物酶的消化主要是细胞内消化。变形虫和草履虫吞噬食物后形成食物泡,再由溶酶体分泌的酶对食物进行化学性消化。随着动物的进化,细胞内消化逐渐分化为细胞外消化。细胞外消化的动物,消化管各部位已发生分化,有的部位以物理性消化为主(如口腔和肌胃),有的部位用来储存食物(如嗉囊和瘤胃),有的部位主要分泌消化液,进行酶的消化(如真胃和小肠),有的部位主要用来吸收(如小肠)。消化道主要的消化酶类见表 2-5。

表 2-5 消化道主要的消化酶类

来源	酶	前体物	致活物	底物	终产物
唾液	唾液淀粉酶			淀粉	糊精、麦芽糖
胃液	胃蛋白酶	胃蛋白酶原	盐酸	蛋白质	肽
胃液	凝乳酶	凝乳酶原	盐酸、活化钙	乳中酪蛋白	凝结乳
胰液	胰蛋白酶	胰蛋白酶原	肠激酶	蛋白质	肽
胰液	糜蛋白酶	糜蛋白酶原	胰蛋白酶	蛋白质	肽
胰液	羧肽酶	羧肽酶原	胰蛋白酶	肽	氨基酸、小肽
胰液	氨基肽酶	氨基肽酶原		肽	氨基酸
胰液	胰脂酶			脂肪	甘油、脂肪酸
胰液	胰麦芽糖酶			麦芽糖	葡萄糖
胰液	蔗糖酶			蔗糖	葡萄糖、果糖
胰液	胰淀粉酶			淀粉	糊精、麦芽糖
胰液	胰核酸酶			核酸	核苷酸
肠液	氨基肽酶			肽	氨基酸
肠液	二肽酶			肽	氨基酸
肠液	麦芽糖酶			麦芽糖	葡萄糖
肠液	乳糖酶			乳糖	葡萄糖、半乳糖
肠液	蔗糖酶			蔗糖	葡萄糖、果糖
肠液	核酸酶			核酸	核苷酸
肠液	核苷酸酶			核苷酸	核苷、磷酸

(1)口腔　口腔分泌唾液,唾液中含有 α-淀粉酶,可将淀粉分解成糊精、麦芽三糖、麦芽糖等。唾液中的淀粉酶随食糜进入胃中可继续发挥作用。

(2)胃　胃液的成分主要是盐酸(又称胃酸)、胃消化酶(主要是胃蛋白酶、凝乳酶和胃脂肪酶)以及黏液和内因子(即壁细胞分泌的糖蛋白)。促进胃液分泌的因素有饲料、乙酰胆碱、胃泌素、组织胺等。抑制胃液分泌的因素有盐酸、脂肪和高渗溶液(激活小肠内渗透压脑受器,通过肠-胃反射抑制胃分泌)。

(3)胰腺　胰液的成分主要是各种水解酶,包括胰淀粉酶、胰脂肪酶和胰蛋白酶、糜蛋白酶。胰液的分泌是由神经和体液进行调节的。神经调节是指食物的形状、气味,产生对口腔、食道、胃和小肠的刺激通过神经反射(条件和非条件)引起胰液分泌;体液调节主要通过促胰泌素和胆囊收缩素。促胰泌素主要作用于胰腺外分泌腺的小导管上皮细胞,使其分泌水分和碳酸氢盐,因而使胰液量大为增加。胆囊收缩素促进胰腺腺泡细胞分泌消化酶及促进胆囊平滑肌收缩。

(4)肝脏 动物肝脏细胞分泌的胆汁存放于胆囊内,进食时将胆汁释放入十二指肠帮助消化。胆汁成分主要是水和无机物(如 Na^+、K^+、Ca^{2+}、HCO_3^-)、有机物(胆汁酸、胆色素、脂肪酸、胆固醇、卵磷脂和黏蛋白)。胆汁中没有消化酶,胆汁酸与甘氨酸结合形成的钠盐或钾盐称为胆盐。胆汁中的胆盐、胆固醇和卵磷脂等可作为乳化剂,减小脂肪表面张力,使脂肪裂解为直径 3～10 μm 的脂肪微滴,分散在肠腔内,增加胰脂肪酶与脂肪接触的面积,使其分解作用加速。另外,胆盐达到一定浓度可聚合形成微胶粒,肠腔中脂肪的分解产物,如脂肪酸、甘油一酯等均可进入微胶粒中,形成水溶性复合物(混合微胶粒),促进脂肪的消化。胆汁通过促进脂肪分解产物的吸收,而促进脂溶性维生素的吸收。胆汁分泌受神经和体液调节。神经调节是通过进食动作或食物对胃和小肠的刺激,引起神经反射性胆汁分泌增加,胆囊收缩加强。体液调节是通过胃泌素、促胰液素、胆囊收缩素、胆盐(肠肝循环)调节胆汁的分泌。

(5)肠道 小肠液主要是由十二指肠腺和小肠腺分泌。十二指肠腺主要分泌黏稠的碱性液体。小肠腺又称李氏腺,分布于全部小肠的黏膜层内,其分泌液中主要是水和无机盐,还有肠激酶和黏蛋白等。小肠液的作用是稀释消化产物,使其渗透压下降,有利于吸收。大肠液的主要成分为黏液和碳酸氢盐,还含有少量的二肽酶和淀粉酶,但它们的消化作用不大。大肠液的主要作用是保护肠黏膜和润滑粪便。我国最早的医学典籍《黄帝内经·素问》里对小肠、大肠有这样的描述:"小肠者,受盛之官,化物出焉""受盛"即接受、以器盛物的意思。"化物"具有变化、消化的意思。小肠将经胃初步消化的食物,进一步消化,将食物化为精微物质。"大肠者,传导之官,变化出焉。""传导"就是接上传下的意思。"变化出焉"就是将糟粕化为粪便。古代医学描述之形象准确令人惊叹!

在整个消化道内,淀粉、脂肪和蛋白质经过化学性消化过程,分别被消化成了葡萄糖、甘油、脂肪酸以及氨基酸。

(三)微生物消化

微生物消化指动物消化道内共生的微生物对食物中的营养物质进行分解的过程。微生物消化在动物消化过程中起着积极的、不可忽视的作用。这种作用对反刍动物和单胃草食动物的消化十分重要,是其能大量利用粗饲料的根本原因。反刍动物的微生物消化场所主要在瘤胃,其次在盲肠和结肠。单胃草食动物的微生物消化主要在盲肠和结肠。

1. 单胃动物

(1)单胃草食动物 盲肠和结肠是单胃草食动物微生物消化的主要场所。与牛、羊瘤胃微生物区系相似,大肠微生物以阿克曼菌属、拟杆菌属、瘤胃杆菌属、纤维杆菌属、厌氧弧菌属、链球菌属、拟普雷沃氏菌属为主。这些微生物对前肠没有完全消化的营养物质进一步消化,产生有机酸、挥发性脂肪酸及甲烷、二氧化碳、氢气等,同时也能够合成 B 族维生素和维生素 K。马通过盲肠微生物可消化食糜中 40%～50%的纤维素、39%的蛋白质以及 24%的碳水化合物,对机体的营养供给具有重要作用。兔盲肠微生物发酵产生的挥发性脂肪酸可为其提供约占维持能量需要量的 40%的能量。除碳水化合物外,进入盲肠的含氮物质经微生物分解可产生氨，用于微生物蛋白质的合成，这类蛋白质约占兔每日摄入蛋白质总量的20%，其生物学价值很高。

(2)单胃杂食动物　比如猪，盲肠体积大，可容纳较多食糜，所含细菌群落数量大、种类多。饲料中部分纤维素以及未被消化的可溶性碳水化合物经微生物发酵后所产生乳酸、乙酸和丙酸等低级脂肪酸，可被大肠黏膜吸收，供机体利用。猪的大肠微生物还能分解蛋白质、多种氨基酸及尿素等含氮物质，产生氨、胺类和有机酸。

(3)禽类　鸡的盲肠容积较小，以拟杆菌门、壁厚菌门、变形杆菌门和放线菌门为主，对粗饲料的利用率较低。鹅盲肠较为发达，长23～38 cm，其微生物发酵能力较强，因而鹅能够采食和消化牧草。鹅盲肠发酵的模式与兔类似，虽不分泌消化酶，但可借助来自小肠的剩余消化酶或微生物发酵进行消化作用。盲肠内容物中淀粉酶、纤维素酶活性很高，可发酵未消化的淀粉和非淀粉多糖，产生挥发性脂肪酸。鹅能较好地利用主要由戊聚糖组成的半纤维素，其表观消化率可达40%以上，而对纤维素尤其是木质素的消化能力有限。此外，鸭的盲肠较发达，长约20 cm，处于鹅和鸡之间，也可利用少量的粗饲料。

2. 反刍动物

(1)瘤胃内环境　反刍动物的瘤胃可看作一个厌氧性微生物连续接种和繁殖的活体发酵罐，具有厌氧微生物生存并繁殖的良好条件。具体表现在：

①食物和水分相对稳定。瘤胃内容物含干物质10%～15%，含水分85%～90%。虽然经常有食糜流入和排出，但食物和水分相对稳定，能保证微生物繁殖所需的各种营养物质。

②节律性的瘤胃蠕动把食物和微生物充分搅拌。

③瘤胃pH和渗透压。瘤胃内pH维持在5.0～7.5，呈中性而略偏酸，很适合微生物的繁殖；瘤胃内渗透压比较稳定，接近血浆水平。

④瘤胃温度。由于瘤胃发酵产生热量，所以瘤胃内温度通常超过体温1～2 ℃。

(2)瘤胃内微生物的种类　瘤胃微生物区系十分复杂，且常因饲料种类、饲喂时间、个体差异等因素而变化。瘤胃微生物主要为细菌、古菌、原虫(纤毛虫和鞭毛虫)、真菌和噬菌体等，但在消化中以厌氧性的纤毛虫和细菌为主，它们的种类和数量也最多。据研究，瘤胃内容物每毫升含60万～180万个纤毛虫，细菌150亿～250亿个，总体积占到瘤胃内容物的3.6%。

①纤毛虫。瘤胃内的纤毛虫可分为全毛与贫毛两类，都属于厌氧微生物，能发酵糖类产生乙酸、丁酸、乳酸、二氧化碳、氢气和少量的丙酸。全毛类主要分解淀粉等糖类产生乳酸和少量的挥发性脂肪酸，并合成支链淀粉储存于体内。贫毛虫有的也以分解淀粉为主，有的则能发酵果胶、半纤维素和纤维素。纤毛虫还具有分解脂类、氢化不饱和脂肪酸、降解蛋白质及吞噬细菌的能力。纤毛虫的上述消化代谢能力完全靠其体内有关酶类的作用，已确定的有分解糖类的酶系统(α-淀粉酶、蔗糖酶、呋喃果聚糖酶等)、蛋白质分解酶类(蛋白酶、脱氨基酶等)以及纤维素分解酶类(纤维素酶和半纤维素酶)。

②细菌。瘤胃内的细菌除有分解糖类和乳酸的区系外，还有分解纤维素、蛋白质以及合成菌体蛋白质和合成维生素等菌类。分解纤维素的细菌约占瘤胃内细菌的1/4，包括拟杆菌属、梭菌属和球菌属等，能分解纤维素、纤维二糖及果胶，产生乙酸、丙酸和丁酸等。

(3)瘤胃微生物的作用

①分解利用糖类。饲料中的纤维素主要靠瘤胃微生物的纤维素分解酶的作用，通过逐级分解，最终生成挥发性脂肪酸，其中主要是乙酸、丙酸和丁酸三种有机酸和少量高级脂肪酸。

饲料中的淀粉、葡萄糖和其他可溶性糖类，可由微生物酶分解利用，产生低级脂肪酸、二氧化碳和甲烷等。

②分解和合成蛋白质。瘤胃微生物能将饲料中的蛋白质分解成氨基酸，再分解为氨、二氧化碳和有机酸，然后利用氨或者氨基酸再合成微生物蛋白质。

③合成维生素。瘤胃微生物能以饲料中的某些物质为原料合成某些B族维生素及维生素K。所以，健康的成年反刍动物机体一般不会缺乏B族维生素。

瘤胃微生物不仅与宿主存在共生关系，而且微生物之间彼此存在相互制约、竞争、协同的共生关系。瘤胃内大量生存的微生物随食糜进入皱胃后被胃酸杀死而解体，被消化液分解后可以为反刍动物提供大量的优质单细胞蛋白质营养。有试验证明，绵羊由瘤胃转入皱胃的蛋白质，约有82%属微生物蛋白质，可见饲料蛋白质在瘤胃中大部分已转化成了微生物蛋白质。

(4)大肠内消化　反刍动物盲肠和结肠主要的消化方式也是微生物消化，与单胃草食动物相似。

二、各类动物的消化特点

(一)单胃杂食类

单胃杂食类动物常常指猪、狗等，这类动物的消化特点主要是酶的消化，微生物消化较弱。

猪消化道主要包括口腔、食管、胃、小肠(十二指肠、空肠、回肠)、大肠(盲肠、结肠、直肠)、肛门。口腔主要是对饲料进行咀嚼，咀嚼时间长短与饲料的柔软程度和动物年龄有关。一般粗硬的饲料咀嚼时间长，随动物年龄的增加咀嚼时间相应缩短。生产上猪饲料宜适当粉碎以减少咀嚼的能量消耗，同时又有助于胃、肠中酶的消化。猪小肠特别是十二指肠中有大量的消化酶，主要进行化学性消化，是主要的消化部位。猪饲料中的粗纤维主要靠大肠和盲肠中的微生物发酵消化，消化能力较弱。

(二)单胃草食类

这类动物主要包括马和兔等，大肠比较发达。马和兔主要靠上唇和门齿采食饲料，靠臼齿磨碎饲料，咀嚼比猪更细致。咀嚼时间愈长，唾液分泌愈多，饲料的湿润、膨胀、松软性就愈好，愈有利于胃内酶的消化。该类动物的饲料喂前适当切短，有助于采食和磨碎。

马胃的容积较小，小肠也是主要的消化部位，主要进行化学性消化。除此之外，马和兔盲肠和结肠十分发达。盲肠容积可达32～37 L，约占消化道容积的16%，而猪和牛的仅占7%。盲肠中的微生物种类与反刍动物瘤胃中的类似。食糜在马盲肠和结肠中滞留时间长达72 h以上，可以进行微生物消化，饲草中粗纤维的40%～50%被微生物发酵分解为挥发性脂肪酸、氨和二氧化碳。兔的盲肠和结肠有明显的蠕动与逆蠕动，从而保证了盲肠和结肠内微生物对食物残渣中粗纤维进行充分消化。

(三)禽类

禽类口腔中没有牙齿，靠喙采食饲料，喙也能撕碎大块食物。鸭和鹅有呈扁平状的喙，边缘粗糙面具有很多小型的角质齿，也有切断饲料的功能。饲料与口腔内的唾液混合，吞入食管膨大部——嗉囊中贮存并将饲料湿润和软化，再进入腺胃。食物在腺胃停留时间很短，腺胃的消化作用不强。禽类的肌胃壁肌肉坚厚，可对饲料进行机械性磨碎，肌胃内的砂粒更有助于饲料的磨碎和消化。禽类的肠道较短，饲料在肠道中停留时间不长，所以酶的消化和微生物的发酵消化都比猪的消化弱。未消化的食物残渣和尿液，通过泄殖腔排出。

(四)反刍动物

反刍动物牛、羊的消化特点是前胃(瘤胃、网胃、瓣胃)以微生物消化为主，且主要在瘤胃内进行。皱胃和小肠的消化与非反刍动物类似，主要是在酶的作用下进行化学性消化。

反刍动物采食饲料不经充分咀嚼就匆匆咽入瘤胃，被唾液和瘤胃水分浸润软化后，在休息时又返回到口腔仔细咀嚼，再吞咽入瘤胃，这是反刍动物消化过程中特有的反刍现象。饲料在瘤胃经微生物充分发酵，其中有70%～85%的干物质和50%的粗纤维在瘤胃内消化。瘤胃微生物在反刍动物的整个消化过程中，具有两大优点：一是借助于微生物产生的β-糖苷酶，消化宿主动物不能消化的纤维素、半纤维素等物质，显著增加饲料的可利用程度，提高动物对饲料中营养物质的消化率；二是微生物能合成必需氨基酸、必需脂肪酸和B族维生素等营养物质供宿主利用。瘤胃微生物消化的不足之处是微生物发酵使饲料中能量的损失较多，优质蛋白质被降解，一部分碳水化合物经发酵生成 CH_4、CO_2、H_2、O_2 等气体，排出体外而流失。

食糜由瘤胃、网胃、瓣胃进入皱胃和小肠进行酶的消化。当食糜进入盲肠和大肠时又进行第二次微生物发酵消化。饲料中粗纤维经两次发酵，消化率显著提高，这也是反刍动物能大量利用粗饲料的营养基础。

三、吸收方式

营养物质在胃肠道的吸收是一个复杂的过程，高等动物对营养物质的吸收机制可大致分为被动吸收和主动吸收两大类。在特殊的生理阶段中，有些动物还保留着胞饮吸收的特性。

1. 被动吸收

被动吸收是指靠物理学作用(滤过、扩散和渗透等)而使营养物质进入血液的过程，包括简单扩散和易化扩散(需要载体)两种形式。被动吸收不需要消耗机体能量。一些小分子物质，如简单多肽、各种离子、电解质和水等的吸收即为被动吸收。

2. 主动吸收

主动吸收是营养物质逆电化学梯度进行物质转运的过程，需要载体的参与同时消耗能量，这种吸收方式也是高等动物机体主要的吸收营养物质的形式。主动转运需要细胞膜上载体(膜蛋白)的协助。营养物质转运时，首先在细胞膜与载体结合成复合物，转入上皮细胞后，迅速与载体分离并释放入细胞中，载体又转回细胞膜的外表面，这样往返循环以实现对各种营养物质的主动吸收。细胞膜上同时存在多种不同的载体系统且具有特异性，每个系统只转运某些特定的营养物质，如葡萄糖、氨基酸转运载体等。

3. 胞饮吸收

胞饮吸收是吸收细胞以吞噬的方式将一些大分子物质吸收的过程。首先，这些物质与细胞膜上的特殊蛋白质(受体)结合。然后，结合部位向细胞内凹陷形成小泡，最后小泡与细胞膜脱离，进入细胞内部。以这种方式吸收的物质，可以是分子形式，也可以是团块或聚集物形式。初生哺乳动物对初乳中免疫球蛋白的吸收就是胞饮吸收，这对初生动物获取抗体具有十分重要的意义。

4. 消化道不同部位对营养物质的吸收

饲料营养物质在口腔和食管内实际上并不吸收。自胃内的吸收也有限，一般只是吸收少量的水分和无机盐类。反刍动物的瘤胃可以吸收大量的挥发性脂肪酸、氨和肽，其余三个胃主要是吸收水和无机盐。单胃动物胃内的蛋白质、脂肪和碳水化合物消化还不完全，不易被吸收。小肠是动物吸收营养物质的主要部位。小肠黏膜的特殊结构、分泌的消化酶、蠕动方式、食糜被消化的程度和停留的时间等都为吸收提供了有利条件。消化道各部位均能够吸收水，十二指肠和空肠吸收糖类、脂肪和蛋白质的消化产物，胆盐则主要在回肠主动吸收。单胃动物挥发性脂肪酸在大肠黏膜吸收。

脂溶性维生素的吸收与脂类的吸收密切相关，主要在小肠前段进行。维生素 A 是通过载体主动吸收，维生素 D、维生素 E、维生素 K 则通过被动方式吸收。维生素 C、硫胺素、核黄素、尼克酸(即烟酸)、生物素等吸收是耗能的主动转运过程。维生素 B_6 的吸收是简单扩散。维生素 B_{12} 的吸收比较特殊，需要与胃黏膜分泌的内因子结合形成复合物，并与肠黏膜上的受体结合，进行跨膜转运。Na^+ 吸收机制包括非偶联和偶联吸收。非偶联吸收是 Na^+ 顺化学梯度以易化扩散的方式进入上皮细胞。偶联吸收是借助载体与糖、氨基酸等偶联，主动转运进入细胞内。钠也可以中性 Na^+ 的形式被吸收。Cl^- 在小肠前段通过扩散途径经细胞旁路吸收，与 Na^+ 吸收有关。Ca^{2+} 吸收有两种方式，一种是跨膜的主动吸收，另一种是由细胞旁路的被动吸收。Ca^{2+} 与 mg^{2+} 有共同的吸收机制，因此它们的吸收存在竞争。磷可在小肠各段被吸收，也存在主动吸收和被动吸收两种机制。钙、磷的主动吸收受维生素 D 的调节，pH 较低时有利于吸收。磷以植酸磷形式存在时不易被吸收。

第三节　饲料消化率及其影响因素

一、消化率

动物对饲料中营养物质的消化程度称作消化率，通常用百分数表示。消化率受两个方面因素的影响，一是动物消化饲料中营养物质的能力，称作消化力；二是饲料本身被动物消化的性质或程度，称作饲料的可消化性。所以消化率是衡量饲料的可消化性和动物消化力这两个方面的统一指标。从表 2-5 可以看出，不同种类的动物因消化力不同，对同种饲料同一养分的消化率不同；不同种类的饲料因可消化性不同，同一种类的动物对其消化率也不一样。消化率可以用公式表示：

$$\text{饲料中可消化养分}=\text{食入饲料中养分}-\text{粪中养分}$$

$$\text{饲料某养分表现消化率}=\frac{\text{食入饲料中某养分}-\text{粪中某养分}}{\text{食入饲料中某养分}}\times 100\%$$

上面公式表示的消化率为表观消化率，因为粪中的某种营养物质，通常被认为是饲料中未被消化吸收的部分。而实际上这些养分除了没有被消化的外，还有部分来自消化道分泌的消化液、肠道黏膜脱落细胞、肠道微生物等内源性物质。如果在测定粪中待测某养分的同时，测定内源性物质中相应的养分含量，在计算消化率时扣除粪中的内源部分，所得出的消化率为饲料中某种营养素的真实消化率，计算公式如下：

$$\text{饲料某养分真消化率}=\frac{\text{食入某养分}-(\text{粪中某养分}-\text{内源性该养分})}{\text{食入某养分}}\times 100\%$$

由上述公式可以看出，通常测得的表观消化率小于真消化率。但实际应用中，因测定内源性物质比较麻烦，通常只测定表观消化率。

表 2-6　猪、蛋鸡对同种饲料同一营养素和不同饲料同一营养素的消化率　%

种别	饲料	赖氨酸	蛋氨酸	苏氨酸	缬氨酸
猪	玉米	76.02±2.31	90.20±1.78	70.46±2.36	73.78±3.06
	豆粕	89.29±2.61	87.44±1.49	81.40±4.09	78.91±4.63
	花生粕	82.34±0.92	90.06±0.92	77.85±1.95	80.10±1.96
	乳清粉	84.23±2.83	88.49±3.84	87.87±3.28	83.84±3.83
鸡	玉米	86.6±3.7	93.5±1.8	88.2±3.4	89.8±2.9
	豆粕	90.7±1.3	88.7±1.9	90.3±2.6	92.7±1.6
	棉籽粕	78.3±2.1	77.5±1.9	78.7±3.0	82.1±2.2
	菜籽粕	82.6±1.2	90.8±0.7	73.9±1.9	86.8±1.1

二、消化率的影响因素

(一)动物因素

(1)动物种类和品种　不同种类动物的消化道结构、功能、长度和容积不同，消化酶种类和数量、微生物消化的位置和能力等均有较大的差别，所以不同种类的动物消化力不同。例如，反刍动物和单胃动物对粗饲料的消化率差异较大。植物籽实、动物源性饲料由于可消化性较好，不同种类动物对其消化率差异较小。

(2)年龄及个体差异　动物不同的年龄阶段，消化器官和机能的发育完善程度不同，消化力的强弱也不同，对饲料中养分的消化率就不一样。幼龄动物处于消化系统生长发育的阶段时，对可消化性差的饲料难以消化。随着年龄增长和消化系统日益成熟，消化力在提高，对蛋白质、脂肪、粗纤维等的消化率也呈上升趋势。尤其是对粗纤维的消化尤为明显，对无氮浸出物和有机质的消化则变化不大。老年动物因消化机能衰退，消化率又逐渐降低(表 2-7)。

表 2-7　不同年龄猪对各种养分的消化率　%

月龄	有机物	粗蛋白质	粗脂肪	粗纤维	无氮浸出物
2.5	80.2	68.2	63.6	11.0	89.4
4.0	82.1	72.0	45.4	39.4	90.5
6.0	80.9	73.6	65.0	36.9	88.1
8.0	82.8	76.5	67.9	36.4	89.8
10.0	83.4	77.6	72.6	35.1	90.2
12.0	84.5	81.2	74.5	46.2	90.1

即使是同品种、同年龄的动物个体之间也会因为生长环境、体况等不同，对饲料养分消化率仍存在一定差异。一般对混合料消化率差异可达 6%，谷物类的差异可达 4%，粗饲料的差异更高，可以达到 12%～14%。

(二)饲料因素

(1)种类 饲料因种类不同,营养物质含量和质量有较大差异,可消化性也明显不同。例如,鱼粉消化性好于豆粕,豆粕好于棉粕,青绿饲料好于干粗饲料,作物籽实好于叶茎等。粗纤维含量低的饲料比粗纤维含量高的消化率高。

(2)化学成分 在饲料的化学成分中,粗蛋白质和粗纤维对消化率影响最大。蛋白质含量高,有利于动物的消化;粗纤维含量高,不利于动物的消化。反刍动物采食粗蛋白质含量高的饲料,对瘤胃微生物的繁殖有利,因此,对饲料所含各种营养素的消化率都有所上升(表 2-8)。当然,消化率最高的营养素是粗蛋白质本身,间接增加了有机物质的消化率。单胃动物饲料蛋白质水平对养分消化率的影响没有反刍动物明显,但也存在一样的趋势。单胃动物消化道内没有分解粗纤维的酶,况且微生物消化主要在后肠,且消化能力较弱,因此粗纤维消化率很低(表 2-9)。且随着饲料中粗纤维含量增加,其他营养物质的消化率也受到影响,可见饲料中粗纤维含量的高低会影响到消化率。

表 2-8 不同蛋白质水平对消化率的影响 %

日粮蛋白质水平	低	中	高
干物质	61.88±2.84	68.10±1.91	67.33±1.61
氮消化率	66.30±1.36	66.80±3.23	67.77±2.12
氮沉积率	33.50±4.67	35.30±9.43	36.08±4.67

表 2-9 粗纤维对饲料有机物质消化率的影响 %

粗纤维占饲料干物质含量	牛	猪	马
10.1~15.0	76.3	68.9	81.2
15.1~20.0	73.3	65.8	74.9
20.1~25.0	72.4	56.0	68.6
25.1~30.0	66.1	44.5	62.3
30.1~35.0	61.0	37.3	56.0

(3)饲料中抗营养因子 饲料的抗营养因子是指饲料本身含有的或从外界进入饲料中的阻碍养分消化的微量成分。对蛋白质消化和利用有不良影响的抗营养因子,有胰蛋白酶和胰凝乳蛋白酶抑制因子、植物凝集素、酚类化合物、皂化物和单宁等。对碳水化合物消化有不良影响的抗营养因子,有淀粉酶抑制剂、酚类化合物、胃胀气因子等。影响矿质元素利用的抗营养因子有植酸、草酸、棉酚、硫葡萄糖苷等。维生素拮抗物或引起动物维生素需要量增加的抗营养因子有脂氧化酶、双香豆素、硫胺素酶、吡啶胺、异咯嗪和酸败脂肪等。刺激免疫系统的抗营养因子,有抗原蛋白质。水溶性非淀粉多糖、单宁,对多种营养成分利用产生影响,被称为综合性抗营养因子。

(4)饲料加工调制 饲料的加工方法包括物理的、化学的以及微生物的方法。适当的加工调制可以改变饲料的物理和化学性质,提高营养物质的消化率。如粉碎、发酵、混合、制粒、膨化、膨胀等都有利于单胃动物和鱼类对饲料干物质、能量和氮的消化;适宜的加热、膨化和膨胀可提高饲料中蛋白质等有机物质的消化率。氨化、酸碱处理、剪切细度处理饲草、秸秆等粗饲料,有利于反刍动物对粗纤维的消化(表2-10)。

表2-10 不同粉碎程度的大麦对猪消化率的影响 %

处理	有机物	粗蛋白质	粗脂肪	粗纤维	无氮浸出物
整粒	67.1	60.3	36.7	11.6	75.1
中等粉碎	80.6	80.6	54.6	13.3	87.7
磨细	84.6	84.4	75.5	30.0	89.6

(三)饲养管理技术

(1)饲养水平 随着动物采食量增加,胃肠壁压力增大,消化酶分泌量相对减少,食糜混合不充分,饲料消化率降低。限饲比自由采食的动物对饲料营养物质消化率高,采食量保持在维持水平或稍低于维持水平时,营养物质消化率最高。超过维持水平后,营养物质消化率和利用率逐渐降低(表2-11)。饲养水平对草食动物的影响更为明显。

表2-11 不同饲养水平对消化率的影响 %

动物	1倍维持水平	2倍维持水平	3倍维持水平
阉牛	69.4	67.0	64.6
绵羊	70.0	67.7	65.5

(2)饲养条件 在温度适宜和卫生、健康条件较好的情况下,动物对某种饲料的消化率高于在恶劣条件下的消化率。

(3)饲料添加剂 在饲粮中添加适量的酶制剂、酸化剂或益生菌、益生元等,可以不同程度地改善动物消化器官的消化吸收功能,提高饲料消化率。

本章小结

采食是动物摄入营养物质的基本途径。采食量是衡量动物摄入营养物质数量的尺度,可用采食饲料的重量和养分摄入量表示。动物采食量调节是一个复杂的过程,主要受中枢神经系统的调控,而其他器官如感觉器官、消化道、肝脏、胰腺和脂肪组织也通过神经-体液的反馈作用参与采食量的调节。采食量也受到营养物质的调节,尤其是葡萄糖、挥发性脂肪酸、氨基酸、游离脂肪酸等,动物的采食量存在短期调节和长期调节两种形式。影响动物采食量的因素很多,主要包括动物、饲料、环境以及饲养管理等几个方面。

饲料消化是将大分子有机物质分解为小分子,供机体吸收利用。动物的消化方式分为物理性消化、化学性消化和微生物消化三类。大多数单胃动物(除单胃草食动物外)主要以化学性消化为主,微生物消化较弱;禽类饲料在肠道中停留时间较短,酶消化和微生物消化都比猪弱;反刍动物则主要以微生物消化为主,瘤胃内环境稳定十分重要。饲料中营养物质经消化后,通过消化道上皮细胞进入血液或淋巴液的过程称为吸收。营养物质吸收方式主要有主动吸收和被动吸收两种,特殊情况下也可以胞饮形式吸收。影响消化率的因素主要有动物的因素、饲料的因素以及饲养管理技术。

复习思考题

1. 名词解释：采食量、随意采食量、实际采食量、消化率、表观消化率、真消化率。
2. 简述采食量的表示方法及意义。
3. 简述采食量调节机制。
4. 影响动物采食量的因素及其调控措施有哪些？
5. 动物的消化方式主要有哪几种，各有哪些特点？
6. 简述影响动物采食量和消化率的因素有哪些？
7. 反刍动物与单胃动物的微生物消化方式有何不同？
8. 简述营养物质吸收的主要方式及特点。
9. 影响消化率的因素有哪些？

第三章 蛋白质营养

蛋白质是氨基酸通过肽键、氢键等形成的具有三维立体结构的大分子聚合物，是动物体的重要组成成分之一，也是动物饲料中极为昂贵的成分。它是动物生命现象的物质基础，具有独特的营养生理功能，动物必须从饲料中不断摄取蛋白质以满足自身的生命活动，并沉积于动物产品中以满足人类对动物产品（肉、蛋、奶等）的需求。畜禽生产过程中要实现动物最优生长和发育、最佳生产性能和动物健康必须从饲料中摄取适宜水平的蛋白质。饲料蛋白质的缺乏可导致动物生长发育迟缓、体质虚弱、贫血症、血管机能障碍及免疫缺陷等。但摄入过量蛋白质会导致蛋白质资源的浪费、环境氮素污染以及动物的消化器官、肝脏、肾脏和血管功能异常。通过氨基酸平衡和理想蛋白质模式优化日粮氨基酸水平，对于最大限度地提高动物的生产性能、提高饲料利用率，同时减少动物生产对环境的污染及促进动物的健康具有重要的意义。另外，我国饲料产量世界第一，对蛋白质饲料原料的需求量巨大，而我国自主生产的蛋白质饲料资源远远不能满足需求。当前蛋白质饲料的缺口主要依赖于从西方国家进口，这对我国畜牧业平稳有序的发展及人民日益增长的对畜禽产品的需要造成潜在的安全风险，甚至会威胁到我国的粮食安全。因此，通过氨基酸平衡和理想蛋白质模式优化日粮氨基酸水平，提高饲料蛋白质的消化吸收率，对于减少我国蛋白质饲料的对外依赖度，确保我国畜牧业的安全，甚至是粮食安全具有重要的意义。本章主要介绍蛋白质的组成与功能、单胃与反刍动物蛋白质的消化吸收、氨基酸平衡与理想蛋白质及非蛋白氮与肽的利用四个方面的内容。

第一节　蛋白质的组成与功能

一、蛋白质的组成、结构与分类

（一）蛋白质的组成

（1）蛋白质的元素组成　蛋白质的组成元素主要为碳、氢、氧、氮，其次还有硫、磷、铁、铜和碘等。不同蛋白质中各元素的含量具有一定差异,平均含量见表3-1。其中,氮元素的平均含量为16%,据此可用饲料中的氮元素的含量,根据公式:氮含量(%)×100/16或氮含量(%)×6.25,计算出粗蛋白质的含量。由于饲料中的氮元素除了来源于蛋白质外,还来源于非蛋白质氮,故根据上述定氮法测定的含量称为粗蛋白质含量。另外,由于不同的饲料原料中蛋白质含氮量具有一定的差异,因而要精确换算蛋白质含量应采用特定的换算系数,部分数值见表3-2。

表3-1　蛋白质的元素组成

元素种类	含量(以干物质%计)	元素种类	含量(以干物质%计)
碳	50～55	硫	0～4
氢	6～7	磷	0～0.8
氧	19～24	铁	0～0.4
氮	15～17		

表3-2　部分饲料特定的蛋白质换算系数

种类	换算系数	种类	换算系数
鸡蛋	6.25	小米	5.83
明胶	6.25	玉米	6.25
肉	6.25	花生	5.46
乳及乳制品	6.28	向日葵饼	5.30
小麦	5.83	棉籽	5.30
大麦	5.83	全脂大豆粉	5.72
黑麦	5.83	豌豆	5.85
燕麦	5.83	小麦胚芽	5.80
麦麸	6.31	小麦胚乳	5.70
水稻	5.95	高粱	6.25

(2)蛋白质的氨基酸组成　氨基酸是由羧酸分子中α-碳原子上的一个氢原子被氨基(脯氨酸除外)取代而生成的化合物,故名α-氨基酸(通式见图3-1)。自然界中氨基酸种类达数百种,其中参与构成蛋白质的通常为20种(化学性质见表3-3),被称为蛋白质氨基酸,而不用于蛋白质合成的氨基酸被称为非蛋白质氨基酸。另外,近年来的研究结果显示,硒代半胱氨酸也可参与蛋白质的构成。蛋白质氨基酸和非蛋白质氨基酸在动物体内均具有重要的生物学作用,需维持它们在动物体内的平衡。构成蛋白质的氨基酸因种类、数量和排列顺序的不同,可形成多种多样的蛋白质。除甘氨酸外,氨基酸具有*L*和*D*两种构型。自然界中天然氨基酸主要以*L*型存在,而且动物对*L*-型氨基酸(蛋氨酸除外)的吸收利用率远高于*D*-型氨基酸。

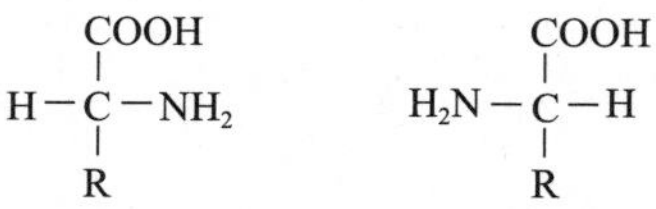

COOH　　　　　　　COOH
　|　　　　　　　　　|
H—C—NH_2　　　H_2N—C—H
　|　　　　　　　　　|
　R　　　　　　　　　R
D-氨基酸　　　　　*L*-氨基酸

图3-1　氨基酸通式

表 3-3 蛋白质氨基酸的化学性质

氨基酸	分子量	熔点/℃	溶解度[a]	等电点
中性氨基酸				
L-丙氨酸	89.09	297	16.5	6.11
L-天冬酰胺	132.12	236	2.20	5.41
L-半胱氨酸	121.16	178	17.4	5.07
L-谷氨酰胺	146.14	185	4.81[b]	5.65
甘氨酸	75.07	290	25.0	6.07
L-异亮氨酸	131.17	284	4.12	6.02
L-亮氨酸	131.17	337	2.19	6.04
L-蛋氨酸	149.21	283	5.06	5.74
L-苯丙氨酸	165.19	284	2.96	5.76
L-脯氨酸	115.13	222	162.3	6.3
L-丝氨酸	105.09	228	41.3	5.68
L-苏氨酸	119.12	253	9.54	5.64
L-色氨酸	204.22	282	1.14	5.89
L-酪氨酸	181.19	344	0.045	5.66
L-缬氨酸	117.15	315	5.82	6.01
碱性氨基酸				
L-精氨酸	174.2	238	18.6	10.76
L-组氨酸	155.15	277	4.19	7.69
L-赖氨酸	146.19	224	78.2	9.74
酸性氨基酸				
L-天冬氨酸	133.1	270	0.45	2.77
L-谷氨酸	147.13	249	0.86	3.22

[a]25 ℃时在水中的溶解度(g/100 mL);[b]30 ℃时的测定值。

根据氨基酸侧链基团(R 基团)的不同可将构成蛋白质的氨基酸分为芳香族氨基酸(苯丙氨酸和酪氨酸)、杂环族氨基酸(色氨酸、组氨酸和脯氨酸)、脂肪族氨基酸(除上述两类外的 15 种氨基酸)三类。另外,根据酸碱特性、含硫与否及含支链与否可将氨基酸分为酸性氨基酸(天冬氨酸和谷氨酸)、碱性氨基酸(组氨酸、精氨酸和赖氨酸)、中性氨基酸(除上述两类外的 15 种氨基酸)、含硫氨基酸(半胱氨酸和蛋氨酸)和支链氨基酸(亮氨酸、异亮氨酸和缬氨酸)。

(二)蛋白质的结构

蛋白质中氨基酸的连接方式与空间构型即为蛋白质的结构,分为一级、二级、三级和四级结构。蛋白质氨基酸通过肽键(氨基和羧基脱水缩合)相互连接而成的多肽链即为蛋白质的一级结构。多肽链沿着主链骨架方向通过折叠、弯曲形成特定的空间构象(如 α-螺旋、β-折叠、β-转角等),即为蛋白质的二级结构。多肽链在二级结构的基础上通过侧链基团相互作用进一步弯曲、折叠形成特定的构象,如球状结构,即为蛋白质的三级结构。两条及两条以上具有三级结构的多肽链聚合而成的蛋白质大分子即为蛋白质的四级结构。一般将二级结构、三级结构和四级结构称为蛋白质的高级结构,维持高级结构依赖于二硫键、氢键、离子键等。

(三)蛋白质的分类

蛋白质的种类繁多,结构复杂,迄今为止没有一个理想的分类方法。可根据蛋白质的组成分为简单蛋白和结合蛋白两大类。前者完全由氨基酸构成,而后者除含蛋白质外,还含有非蛋白质成分的辅基或配基。

(1)简单蛋白　根据分子外形和溶解度,简单蛋白质又分为纤维蛋白和球状蛋白。

①纤维蛋白。纤维蛋白的分子类似细棒或纤维,主要包括胶原蛋白、弹性蛋白和角蛋白。这些蛋白质不溶于水,能抵抗动物消化酶的作用,在生物体中主要起结构作用。

胶原蛋白是构成结缔组织的主要蛋白质,占哺乳动物机体蛋白质总量的30%左右。弹性蛋白主要存在于有弹性和可伸缩的组织(如肌腱和动脉)中,富含甘氨酸和胱氨酸。角蛋白是构成毛发、羽毛、爪、喙等的蛋白质,富含胱氨酸。

②球状蛋白。球状蛋白外形似球状或椭球状,溶解性好,能结晶。大多数蛋白属于球状蛋白。球状蛋白可分为清蛋白、球蛋白、谷蛋白、组蛋白和鱼精蛋白等。

(2)结合蛋白　结合蛋白是由蛋白质与非蛋白质物质(辅基)结合而成。如核蛋白(辅基为核酸)、磷蛋白(辅基为磷酸,如酪蛋白、卵黄蛋白)、金属蛋白(辅基含金属原子,如细胞色素氧化酶、铜蓝蛋白、黄嘌呤氧化酶)、脂蛋白(辅基为脂类,如血中α-脂蛋白和β-脂蛋白)、色蛋白(辅基为色素,如血红蛋白、细胞色素C、黄素蛋白、叶绿蛋白、视网膜中与视紫质结合的水溶性蛋白)及糖蛋白(辅基为碳水化合物或其衍生物,如硫酸软骨素蛋白、半乳糖蛋白、甘露糖蛋白、氨基糖蛋白)等。

二、蛋白质的营养生理功能

1. 构成机体的重要成分

动物的肌肉、皮肤、内脏、血液、神经、毛发、蹄甲等均含有丰富的蛋白质。通常而言,蛋白质是动物体内除水分外含量最高的物质,可占到动物固形物的50%左右。某些特定组织,如肌肉、脾脏、肝脏中蛋白质的含量可达80%以上。

2. 形成动物产品的主要成分

肉、蛋、奶、皮、毛等动物产品中,蛋白质是主要成分。例如,猪肉、鸡肉、牛肉、羊肉、兔肉中蛋白质的含量约为19%,占无脂干物质的80%左右;鸡蛋中蛋白质含量约为12%,占干物质的50%左右;牛奶中蛋白质含量达3%以上,占非脂固形物的35%左右;毛中的蛋白质含量达到93%左右。饲料中蛋白质的质量对动物产品的产量和品质具有至关重要的调控作用。

3. 动物体内的重要功能物质

动物体中多种重要的功能物质均为蛋白质,如起催化作用的蛋白酶、多数起调节作用的激素、有防御抗病作用的抗体和铁蛋白、有肌肉收缩功能的肌动蛋白和肌球蛋白、有运输功能的血红蛋白等。

4. 组织细胞更新、修补的必需物质

动物新陈代谢过程中,组织细胞中的蛋白质不断地分解和合成更新、损伤组织的修补均需要蛋白质作为原料。根据同位素示踪法测定,动物体蛋白质每天更新约为0.25%～0.3%,全身蛋白质 6～7 个月可更新一半。

5. 作为能源物质

蛋白质的组成成分氨基酸在脱氨基后形成的酮酸可被进一步氧化分解供能。机体组织细胞中蛋白质分解后部分氨基酸会被用于氧化供能。另外，饲料中氨基酸组成不平衡或蛋白质水平过高也会导致氨基酸被用于氧化供能。蛋白质不是哺乳动物及家禽的主要能源物质，是能量来源的一种补充，但蛋白质是大多数鱼类的主要能量来源。

6. 转化为脂肪和糖类

饲料蛋白质过剩或氨基酸组成不平衡时，蛋白质氨基酸可转化为脂肪，也可通过糖异生作用（亮氨酸除外）转变为糖。

第二节　蛋白质的消化与吸收

蛋白质的消化吸收是指在动物的消化道中蛋白质通过物理消化、化学消化和微生物消化被分解为氨基酸或小肽，进而被吸收进入机体的过程。由于单胃动物和反刍动物消化道结构不同，导致它们对饲料蛋白质的主要消化吸收方式和部位存在较大差异。

一、单胃动物蛋白质的消化与吸收

单胃动物对蛋白质的消化发生在胃、小肠和大肠，吸收部位主要为小肠。消化的方式主要为化学性消化，其次为微生物消化及物理消化。消化产物的吸收方式主要为主动吸收。胃肠中主要的蛋白质消化酶及其来源见表 3-4。

表 3-4　胃肠道中主要的蛋白质消化酶

酶	产生部位	最适 pH	主要消化产物
胃中蛋白酶			
胃蛋白酶 A、B、C 和 D	胃黏膜	1.8～2	蛋白胨、肽
凝乳酶 A、B 和 C	胃黏膜	1.8～2	水解活性弱，主要用于凝固乳蛋白
小肠中蛋白酶			
胰蛋白酶	胰腺	8～9	肽、少量氨基酸
糜蛋白酶 A、B 和 C	胰腺	8～9	肽、少量氨基酸
弹性蛋白酶	胰腺	8～9	肽
羧肽酶 A	胰腺	7.2	氨基酸
羧肽酶 B	胰腺	8.0	氨基酸
小肠中寡肽酶、二肽酶和三肽酶			
寡肽酶 A	肠上皮细胞	6.5～7.0	小肽、氨基酸
寡肽酶 B	肠上皮细胞	6.5～7.0	小肽、氨基酸
寡肽酶 P	肠上皮细胞	6.5～7.0	小肽、氨基酸
氨基肽酶 A、B、N、L、P	肠上皮细胞	7.0～7.4	氨基酸

(一)消化

1. 胃中的消化

单胃动物蛋白质的消化起始于胃。饲料蛋白质在胃中的消化不仅需要有活性的蛋白酶(胃蛋白酶和凝乳酶),而且需要盐酸。盐酸在胃腺的壁细胞中由氯化钠和碳酸合成。在盐酸的作用下,主细胞分泌的非活性形式的胃蛋白酶原和凝乳酶原活化为有活性的胃蛋白酶和凝乳酶。饲料中的蛋白质进入胃后,在盐酸的作用下发生变性,失去天然的折叠结构并暴露肽键,经胃蛋白酶的作用被水解为多肽和少量氨基酸。对于哺乳动物而言,胃蛋白酶原在出生时含量非常低,随着动物日龄的增加而增加,直到达到一定水平。家禽胃蛋白酶活性在胚胎期逐渐增加,与出壳时相比,鸡和鹌鹑的胃蛋白酶活性在出壳后 24 h 增加 30 倍。胃蛋白酶 A 是主要的胃蛋白酶,在 pH=2 时具有最佳的活力,pH 的升高会抑制其活力。胃蛋白酶是一种肽链内切酶,切断疏水性氨基酸及芳香族氨基酸形成的肽键,降解蛋白质。胃蛋白酶对动物消化蛋白质具有重要的作用。数据显示,猪切除胃后,蛋白质的表观消化率下降 17%~18%。

凝乳酶是哺乳动物特有的酶,禽类不能合成该酶。成年哺乳动物胃中的凝乳酶含量很低或可忽略不计。新生动物凝乳酶的活力较高,其蛋白质水解活性很弱,但在乳蛋白的凝固过程中起着关键的作用。凝乳酶主要作用于乳中的 κ-酪蛋白,乳蛋白凝固后便于胃蛋白酶将其降解为多肽。如果乳蛋白不在胃中凝固,将迅速流出胃而减少胃蛋白酶对其的消化。

2. 小肠中的消化

在胃中未消化的蛋白质和分解产生的多肽一同进入小肠中被消化酶进一步消化。在十二指肠中,它们与胰液、十二指肠液及胆汁混合,并开始被消化。十二指肠长度有限,食糜在其中被水解的量有限,而空肠长度长且蛋白酶活力高,是食糜中蛋白质和多肽的主要水解部位。在空肠中未彻底降解的蛋白质和多肽在回肠中被进一步消化。

胰腺来源的蛋白酶在小肠消化蛋白质和多肽过程中起着重要的作用,这些酶包括内切酶:胰蛋白酶、糜蛋白酶(包括 A、B、C 型)及弹性蛋白酶和外切酶:羧基肽酶(包括 A、B 型)。小肠黏膜内分泌细胞 I 分泌的胆囊收缩素可促进胰腺分泌蛋白酶原、胆囊分泌胆盐、肠细胞分泌肠激酶。胆盐对肠细胞分泌肠激酶也有促进作用。胰腺分泌的胰蛋白酶原在十二指肠来源的肠激酶作用下被转化为有活性的胰蛋白酶。然后,胰蛋白酶将其他胰腺来源的蛋白酶原(糜蛋白酶原、弹性蛋白酶原、羧肽酶原)转化为有活性的形式。有活性的胰腺来源的蛋白质酶主要存在于小肠肠腔中,少量结合于肠上皮细胞的刷状缘。胰蛋白酶最适 pH 为 8~9,只作用于碱性氨基酸形成的肽键。糜蛋白酶的最适 pH 也为 8~9,是特异性的内切酶,特异性地切开芳香族氨基酸、亮氨酸或色氨酸形成的肽键。弹性蛋白酶是水解弹性蛋白质的唯一蛋白酶,特异性地切开脂肪族氨基酸形成的肽键。羧基肽酶 A 最适 pH 为 7.2,作用于糜蛋白酶和弹性蛋白酶产生的寡肽 C-端芳香族氨基酸或脂肪族氨基酸的肽键,产生氨基酸。羧基肽酶 B 最适 pH 为 8.0,作用于胰蛋白酶水解产生的寡肽 C-端碱性氨基酸的肽键,产生氨基酸。抑制胰腺蛋白酶原的分泌严重影响蛋白质的消化过程,但不导致动物死亡。研究表明,胰腺切除的犬,采食 1 h 后,氮的吸收率降低 30%左右;猪切除胰腺后,低品质蛋白质的消化率下降 50%,高品质蛋白质的消化率下降 15%~20%。

小肠黏膜来源的氨基肽酶(包括 A、B、N、L、P 型)和寡肽酶(包括 A、B、P 型)在蛋白质消化过程中也具有重要作用,这些酶无须激活即可发挥水解功能。它们主要在肠细胞内发挥作用，也可被释放到刷状缘表面发挥作用。氨基肽酶是外肽酶，从蛋白质和多肽的N-端发挥水解作用。氨基肽酶A、B、N、L和P分别从多肽的N-端水解酸性氨基酸、碱性氨基酸、中性氨基酸、亮氨酸和脯氨酸。寡肽酶A具有广谱的寡肽底物，而寡肽酶B水解寡肽中含有碱性氨基酸的肽键，寡肽酶P水解寡肽中含有脯氨酸的肽键。

小肠中蛋白质消化的产物包括20%的游离氨基酸、80%的二肽和三肽。大部分二肽和三肽完整地被吸收到肠黏膜细胞中，在细胞内被氨基肽酶降解为游离氨基酸。刷状缘表面的氨基肽酶活性占总氨基肽酶的10%～20%，肠上皮细胞内的氨基肽酶活性约占总量的80%。

3. 大肠消化

小肠中未能完全消化吸收的蛋白质在大肠中被微生物消化。消化的产物为氨基酸、硫化氢、二氧化硫、粪臭素等。大肠微生物也利用小肠中未被消化的蛋白质合成微生物蛋白质。一般而言，大肠对饲料蛋白质的消化能力随着动物日龄的增加而增强。家禽和猪大肠对饲料中蛋白质营养利用有限。马、兔大肠对饲料中蛋白质的消化利用率比家禽和猪高且当采食谷物、豆粕等饲料时，蛋白质主要在小肠肠腔消化，而采食饲草时，蛋白质主要在后肠消化。

(二)吸收

蛋白质消化的产物主要在小肠上2/3的部位(十二指肠和空肠)进行吸收，约1/3的氨基酸以游离氨基酸的形式被吸收，约2/3的氨基酸以肽的形式被吸收。蛋白质消化的终产物氨基酸、小肽(二肽、三肽等)分别与氨基酸转运载体和肽转运载体结合，从顶端膜进入肠细胞内，用于合成蛋白质或分解代谢，多余的氨基酸和小肽从基底膜进入小肠的固有层，然后进入小肠微静脉最终汇入门静脉后进入肝脏。吸收过程见图3-2。

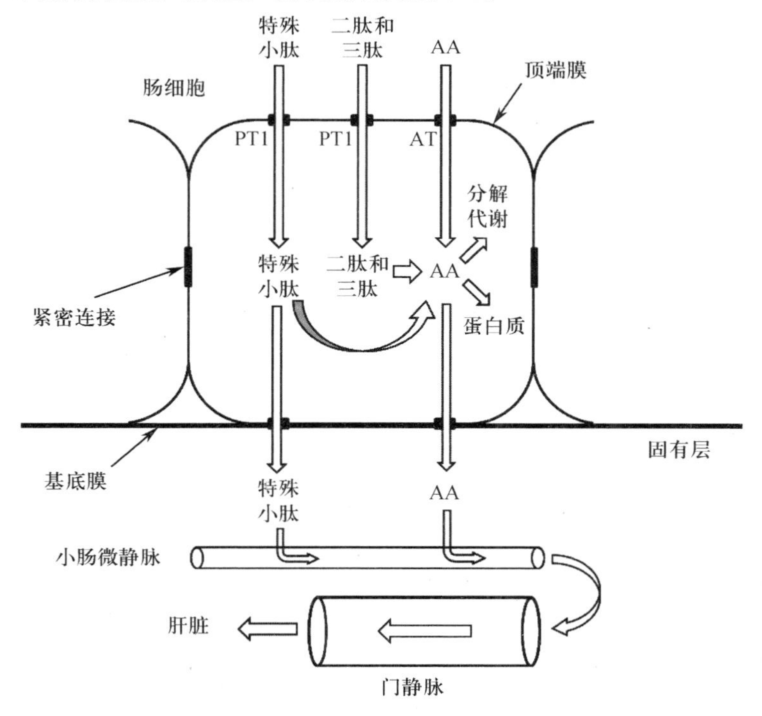

图3-2 蛋白质消化产物的吸收概况

注：AA为氨基酸，AT为氨基酸转运载体，PT1为肽转运载体1。

1. 氨基酸的吸收

氨基酸在十二指肠和空肠中的吸收十分迅速，在回肠中逐渐减慢。小肠上皮细胞顶端膜转运氨基酸有4种途径：Na^+非依赖系统、Na^+依赖系统、简单扩散和γ-谷氨酰基循环。其中Na^+非依赖和Na^+依赖的氨基酸转运系统是小肠氨基酸吸收的主要途径，分别负责约40%和60%的氨基酸从小肠肠腔转运到肠上皮细胞中。简单扩散只占肠吸收氨基酸的很少一部分。

按照转运氨基酸的类型，氨基酸转运载体分为4种类型，分别为：①中性氨基酸转运系统（Na^+依赖性），该系统转运氨基酸的速度快，主动转运丙氨酸、半胱氨酸、谷氨酰胺、天冬酰胺、组氨酸、亮氨酸、异亮氨酸、蛋氨酸、苯丙氨酸、丝氨酸、色氨酸、酪氨酸、缬氨酸等；②碱性氨基酸转运系统（Na^+依赖性），该系统转运氨基酸速度较快，主动转运精氨酸、赖氨酸、鸟氨酸和胱氨酸；③酸性氨基酸转运系统（部分为Na^+依赖性），转运天冬氨酸和谷氨酸，可能为主动转运；④亚氨酸和甘氨酸转运系统，转运脯氨酸、羟脯氨酸和甘氨酸，转运过程可能不需要Na^+，转运的速度最低。一种氨基酸可由多个系统进行转运，一些氨基酸之间的转运存在竞争关系。

2. 肽的吸收

二肽和三肽的吸收借助位于小肠上皮细胞顶端膜的Na^+依赖和H^+驱动的肽转运载体-1。肽转运载体不能转运含有4个或更多氨基酸的肽。二肽和三肽从小肠的肠腔吸收进入肠上皮细胞中，并进一步被细胞质中的肽酶（二肽酶和三肽酶）完全或部分水解为游离氨基酸。小肠黏膜细胞中肽酶的活力高，在健康的肠腔中小肽一般不能跨过黏膜细胞进入血液或淋巴中。

（三）蛋白质的特殊消化吸收

哺乳动物的初乳中含有丰富的免疫球蛋白（IgA、IgG、IgM）。初生动物的肠道在一定时期内（猪出生36 h内，牛出生2～3 d内）具有通过胞饮方式吸收完整免疫球蛋白进入体内的能力。免疫球蛋白进入初生动物的体内可保障其快速获得足够的抗体，提高机体的免疫力。

（四）影响蛋白质消化吸收的因素

影响单胃动物消化吸收蛋白质的因素包括动物、饲料及饲养管理等几个方面。

1. 动物因素

（1）动物的种类　对同一种饲料蛋白质的消化吸收，不同的动物之间存在着一定的差异，这是由于不同种类动物各自消化生理特点的不同所致。例如，猪、蛋鸡、肉鸡对蛋白质的消化利用率差异较大，一般而言猪最高，蛋鸡次之，肉鸡最差。脂肪型猪比瘦肉型猪对劣质蛋白质的消化率更高。

（2）日龄　在一定时期内，随着动物日龄的增加，其消化系统发育逐步成熟完善，这就使得动物对蛋白质的消化利用率提高。例如，仔猪胃内盐酸、胃蛋白酶及胰蛋白酶的分泌在2～3月龄才能达到成年猪的水平。但随着动物的衰老，其消化系统对蛋白质的消化利用率会降低。

（3）性别　对于高品质的蛋白质饲料而言，性别对其消化吸收率差异影响较小，但对于劣质的蛋白质饲料，性别对其消化率影响较大。如公鸡对劣质蛋白质饲料的消化率较母鸡高。

2. 饲料因素

（1）原料的理化性质　蛋白质的溶解度和二硫键的含量是影响蛋白质消化利用率的重要因素。例如，玉米醇溶蛋白的消化率低，主要是由于其在胃肠道中溶解度差；胱氨酸含量高的蛋白质饲料(如羽毛粉)不易被消化的主要原因是二硫键含量高。

(2)蛋白水平与氨基酸的平衡　蛋白质的消化利用率随着饲料中蛋白质含量的提高有降低的趋势,当含量超过动物需求时消化利用率会快速下降。饲料中氨基酸的组成和比例与动物的需求越接近,氨基酸的吸收利用率越高。反之,饲料中某种或某些氨基酸的含量过高会拮抗其他氨基酸的吸收。

(3)纤维水平　饲料中蛋白质的消化利用率会随着粗纤维的提高而降低,这是由于纤维素不仅提高食糜的排空速度、吸附降低蛋白酶活力,而且可形成凝胶(如果胶)、与氨基酸形成疏水作用(如木质素)降低蛋白质和蛋白酶的接触面积,最终降低蛋白质的消化吸收率。

(4)抗营养因子　饲料中含有的胰蛋白酶抑制因子、植酸、单宁、非淀粉多糖、凝集素等,或通过与蛋白质形成螯合物,或通过影响蛋白酶的活性,进而影响蛋白质的消化吸收率。

(5)饲料加工　在所有的加工工艺中,热处理对于蛋白质的消化吸收率影响较大。适当的热处理一方面可使蛋白质变性,另外一方面可破坏蛋白酶抑制因子,进而提高蛋白质的消化吸收率。但热处理时间过长,温度过高会导致美拉德反应的发生,即肽链上的某些游离氨基,特别是赖氨酸的ε-氨基,与还原糖(葡萄糖、乳糖)的醛基发生反应,生成一种棕褐色的氨基糖复合物。蛋白酶不能切断与还原糖结合的氨酰基键,导致赖氨酸等不能被动物消化酶分解,因而降低了蛋白质的消化吸收率。

(6)饲料添加剂　饲料中添加一些饲料添加剂可提高蛋白质的消化利用率。如将植酸酶、纤维素酶、酸化剂、蛋白酶等添加到饲料中可促进蛋白质的消化利用率。

3. 饲养管理措施

良好的饲养环境、科学的饲喂技术、合理的管理技术也是影响蛋白质的消化吸收的重要因素。例如,有研究表明,与固体饲料相比,液体饲料中蛋白质的消化利用率更高。

二、反刍动物蛋白质的消化与吸收

(一)消化

反刍动物的消化道结构较单胃动物复杂,其主要特点为反刍动物的胃有瘤胃、网胃、瓣胃和皱胃四个胃室。反刍动物除在真胃、小肠和大肠中消化蛋白质外,瘤胃也是消化饲料蛋白质的重要部位。反刍动物皱胃和小肠中粗蛋白质的消化与非反刍动物类似。反刍动物瘤胃中栖息着种类繁多的厌氧细菌、原虫、真菌和产甲烷古菌等。瘤胃中蛋白质和其他含氮化合物的消化、利用与单胃动物相比存在较大差异。一般而言,约70%的饲料蛋白质在瘤胃中被降解,约30%的饲料蛋白质在瘤胃之后的消化道中降解。饲料粗蛋白质在反刍动物体内的利用过程见图3-3。

1. 瘤胃消化

饲料粗蛋白质进入瘤胃后被主要来源于细菌分泌的胞外蛋白质酶和寡肽酶水解。胞外蛋白酶水解蛋白质生成寡肽,寡肽在寡肽酶的作用下生成小肽(包含2～3个氨基酸残基)和游离氨基酸,二肽、三肽在二肽酶和三肽酶的作用下继续降解为游离氨基酸。瘤胃细菌从瘤胃液中摄取的二肽和三肽在细菌体内二肽酶和三肽酶的作用下降解为氨基酸。一部分氨基酸在氨基酸脱氨酶、脱氢酶和氧化酶的作用下生成氨、挥发性脂肪酸和二氧化碳;另一部分氨基酸可直接在瘤胃微生物的作用下合成新的蛋白质。瘤胃中原虫可吞噬细菌、厌氧真菌、小的饲料颗粒及不溶性蛋白质,并利用这些底物合成原虫蛋白质。饲料蛋白质进入瘤胃被微生物降解的蛋

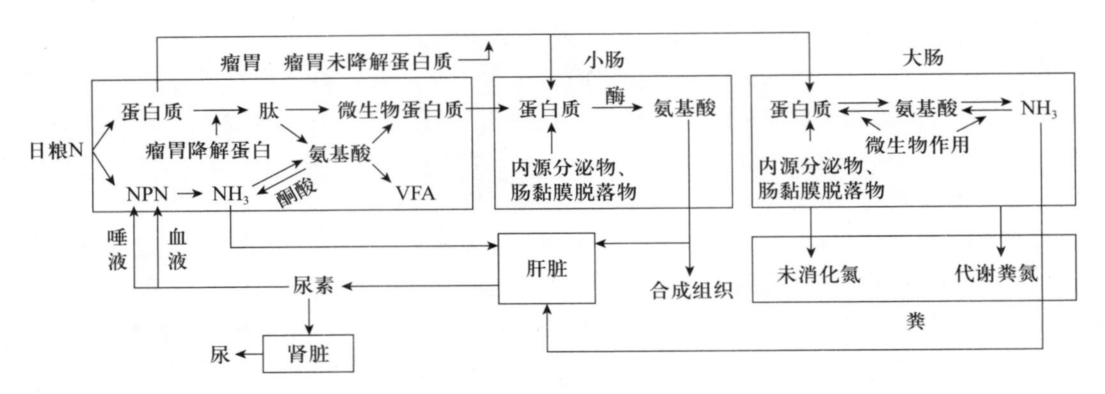

图 3-3 粗蛋白在反刍动物消化道消化利用概况

白质称为瘤胃降解蛋白质(RDP),而在瘤胃中未被降解的蛋白质称为瘤胃未降解蛋白质(UDP),也常称为过瘤胃蛋白质(RBPP)。

饲料蛋白质降解产物(主要为氨和氨基酸)快速地被瘤胃微生物利用,合成自身蛋白质,这种蛋白质称为微生物蛋白质(MCP)。微生物蛋白质(MCP)主要包括细菌蛋白质和原虫蛋白质。理论上,当瘤胃微生物的外流速度和微生物的繁殖速度相近时,微生物蛋白质的产量最高。在获得氮源方面,瘤胃中80%的微生物能利用氨,其中25%只能利用氨,55%可利用氨基酸和氨,少数微生物能利用肽。原生动物不能利用氨,但能通过吞噬细菌和其他含氮化合物而获得氮源。

瘤胃微生物消化蛋白质的优缺点:①优点:通过瘤胃微生物的作用,可以将劣质的蛋白质转化为质量较好的微生物蛋白质;合成宿主所需的必需氨基酸,提高蛋白质饲料的生物学价值。微生物蛋白质的生物学价值平均为70%~80%(原生动物蛋白质为88%~91%,细菌蛋白质为66%~74%),与豆粕和苜蓿叶蛋白质基本相当,优于大多数谷物饲料的蛋白质。②缺点:瘤胃微生物蛋白质的生物学价值低于鱼粉等优质蛋白质饲料,因而瘤胃微生物将优质蛋白质转化为瘤胃微生物蛋白质会导致蛋白质品质变差;另外,瘤胃微生物将蛋白质中的氮转化为氨,部分氨形成尿素后通过尿液排出体外,部分氨用于合成核酸(对动物营养价值极低),导致蛋白质的损失;还有,瘤胃微生物降解蛋白质和合成微生物蛋白质的过程也导致了部分能量的损失。

2. 真胃、小肠和大肠消化

过瘤胃蛋白质和微生物蛋白质由瘤胃进入真胃和小肠中进行化学性消化。真胃和小肠中蛋白质的消化过程和消化产物与单胃动物相似,由胃、胰腺和小肠分泌的蛋白酶和肽酶,将蛋白质分解为小肽和氨基酸。在大肠中的消化也与单胃动物类似,主要进行微生物消化。与单胃动物不同,反刍动物真胃、小肠和大肠中消化的底物除来源于饲料的过瘤胃蛋白质(10%~50%)外,更多的来源为微生物蛋白质(50%~90%)。

(二)吸收

反刍动物蛋白质消化产物的吸收部位主要为瘤胃和小肠。

瘤胃对氨有很好的吸收能力。瘤胃内微生物降解蛋白质产生的氨除被用于微生物蛋白质的合成外,其余部分通过瘤胃壁吸收进入血液后经过门静脉运输至肝脏被用于合成尿素。合成的尿素一部分通过肾脏经尿液排出体外,一部分通过唾液返回瘤胃或通过瘤胃壁从血液扩散到瘤胃内,再次被瘤胃微生物利用合成微生物蛋白质,这种瘤胃和肝脏间氨和尿素的生成和再返回过程称为瘤胃氮素循环。这种循环具有重要意义，一方面减少蛋白质的浪费，另一方面可调节瘤胃中氨的浓度。此外，瘤胃壁也可吸收少量的小肽和游离氨基酸。

小肠中蛋白质产物的吸收与单胃动物相同，主要吸收氨基酸和小肽(二肽和三肽)。蛋白质在大肠中消化的产物几乎不被吸收而作为粪便的组分被排出体外。新生反刍动物对初乳中免疫球蛋白的吸收通过胞饮吸收的方式进行。

(三)影响蛋白质瘤胃降解率的因素

(1)蛋白质的理化性质　蛋白质的溶解性是影响其在瘤胃中降解的重要因素。与不可溶蛋白质相比，可溶性蛋白质更加易于在瘤胃中降解。如溶解度高的酪蛋白约 95%在瘤胃中被微生物降解，而溶解度低的玉米蛋白在瘤胃中的降解率仅为 50%。另外，二硫键含量高的蛋白质及环状蛋白质(如卵清蛋白)在瘤胃中的降解率较低。

(2)饲料组成　饲料中精料和粗料的比例是影响蛋白质降解率的重要因素。精粗比过高，瘤胃中挥发性脂肪酸的产量过高，导致瘤胃 pH 过低，抑制微生物的繁殖，导致蛋白质在瘤胃中降解率下降；反之，精粗比过低，瘤胃微生物不能获得足够的能量和碳骨架，限制了微生物蛋白质的产生和微生物的繁殖及活性，导致蛋白质分解下降。另外，饲料中钙、磷、硫、钴等微生物生长所必需的矿物元素也会通过影响瘤胃微生物的繁殖，进而影响蛋白质的消化。

(3)饲喂水平　随着喂料量的提高，蛋白质在瘤胃中的降解率降低。如奶牛每天干物质的饲喂量由 8.2 kg 提高到 12.9 kg 时，蛋白质在瘤胃的降解率由 71%降低到 55%。

(4)饲料的加工处理　热处理会导致饲料中过瘤胃蛋白的含量提高，瘤胃降解蛋白的含量降低。热处理及贮藏不当会导致反刍动物饲料中蛋白质肽链上的氨基酸残基和半纤维素生成类似木质素的聚合物，不能被反刍动物消化，该聚合物称为人造木质素。例如，反刍动物饲料在 70%的相对湿度和 60 ℃的环境下贮藏会导致产生大量的人造木质素，降低蛋白质的可消化性。对于质量优良的蛋白质饲料和氨基酸，可通过包被处理、氢氧化钠处理、木质素磺酸钙处理、丙酸处理、单宁处理等加工技术，生成瘤胃保护产品，降低它们在瘤胃中的降解率。

第三节　氨基酸平衡与理想蛋白质

一、氨基酸的营养功能

氨基酸不仅是组成蛋白质的基本单元，而且可转化为葡萄糖作为能源物质，转化为脂肪酸作为细胞膜组成成分及作为能量储存物质甘油三酯的组成成分，也可转化为氨后调节酸碱平衡。另外，越来越多的研究显示，氨基酸通过其代谢产物发挥极其广泛的作用，目前已经明确的作用见表 3-5。

表 3-5　氨基酸的代谢产物及其功能

氨基酸	代谢物	功能
丙氨酸	*D*-丙氨酸	细菌细胞壁肽聚糖层的组成成分
精氨酸	一氧化氮	细胞信号分子；血管扩张剂；神经递质
	多胺	调控基因表达；DNA 合成和蛋白质合成
	肉碱	转运长链脂肪酸到线粒体氧化

续表 3-5

氨基酸	代谢物	功能
天冬氨酸、谷氨酰胺	核酸	组成 RNA 和 DNA
	尿酸	抗氧化剂；禽体内氨的脱毒
半胱氨酸	二氧化硫	细胞信号分子；血管扩张；神经递质
	谷胱甘肽	抗氧化；清除自由基；调控基因表达
谷氨酸	γ-氨基丁酸	在脑中调节神经兴奋性
	谷胱甘肽	抗氧化；清除自由基；调控基因表达
甘氨酸	血红素	组成血红素蛋白
	核酸	组成 RNA 和 DNA
	谷胱甘肽	抗氧化；清除自由基；调控基因表达
组氨酸	组胺	血管扩张；过敏反应
	尿氨酸	调节皮肤免疫；保护皮肤免受紫外线辐射
异亮氨酸、亮氨酸和缬氨酸	谷氨酰胺和丙氨酸	见谷氨酰胺和丙氨酸的代谢物功能
赖氨酸	羟赖氨酸	胶原蛋白
	肉碱	转运长链脂肪酸到线粒体氧化
蛋氨酸	同型半胱氨酸	氧化剂；抑制 NO 合成
	甜菜碱	一碳单位的代谢
	胆碱	组成乙酰胆碱和磷脂酰胆碱
	肉碱	转运长链脂肪酸到线粒体氧化
	多胺	调控基因表达；DNA 和蛋白质合成
	磷脂	合成卵磷脂
酪氨酸	多巴胺	神经递质；调节免疫
	黑色素	抗氧化剂；皮肤和毛发的色素
脯氨酸	H_2O_2	杀菌；氧化剂；作为信号分子
丝氨酸	胆碱	组成乙酰胆碱和磷脂酰胆碱；参与甜菜碱合成
苏氨酸	黏蛋白	维持肠道完整性及功能
色氨酸	血清素	神经递质；采食调控
	褪黑激素	抗氧化剂；调节昼夜节律
	吲哚类物质	调节免疫

二、氨基酸的基本概念

组成蛋白质的 20 种常见氨基酸中，动物体内不能合成的有组氨酸、亮氨酸、异亮氨酸、赖氨酸、蛋氨酸、苯丙氨酸、苏氨酸、色氨酸和缬氨酸，可从头合成的有丙氨酸、天冬氨酸、天冬酰胺、谷氨酸、谷氨酰胺、甘氨酸、脯氨酸和丝氨酸。动物可将苯丙氨酸转化为酪氨酸，蛋氨酸转化为半胱氨酸，甘氨酸转化为丝氨酸，而精氨酸的合成具有较高的种属特异性。从动物营养学的角度，将蛋白质氨基酸分为必需氨基酸(EAA)、非必需氨基酸(NEAA)、半必需氨基酸(SEAA)和条件性必需氨基酸(CEAA)，分类见表 3-6。

表 3-6 氨基酸的营养学分类

必需氨基酸		半必需氨基酸		条件性必需氨基酸	非必需氨基酸
多数动物	特例	多数动物	特例		
赖氨酸	精氨酸(生长猪、多数鱼、家禽、猫)	半胱氨酸	丝氨酸(家禽)	精氨酸	谷氨酸
组氨酸	甘氨酸(家禽)	酪氨酸		谷氨酸	谷氨酰胺
亮氨酸				谷氨酰胺	丝氨酸
异亮氨酸				脯氨酸	丙氨酸
缬氨酸				组氨酸(妊娠母猪)	天冬氨酸
蛋氨酸					天冬酰胺
苏氨酸					
色氨酸					
苯丙氨酸					

在猪、家禽及鱼上的研究结果显示，为发挥它们的最优生长、泌乳、繁殖等遗传潜力，并获得最优的健康水平和福利，动物对饲料中非必需氨基酸需要量也有要求，也就是说动物需要从饲料中摄取足够的非必需氨基酸。

1. 必需氨基酸

必需氨基酸是指动物体内不能合成或者合成的量不能满足动物需要，必须从饲料中获取的氨基酸。各种动物由于代谢的差异，所需的必需氨基酸种类不尽相同。从表 3-6 可看出，对于多数的动物而言，必需氨基酸包括赖氨酸、组氨酸、亮氨酸、异亮氨酸、缬氨酸、蛋氨酸、苏氨酸、色氨酸、苯丙氨酸和精氨酸，总计 10 种。其中，精氨酸对于生长猪、多数鱼类、猫、家禽是必需氨基酸，但对于成年猪、鼠、狗、鲤鱼是非必需氨基酸。家禽蛋白质中的氮元素代谢后以尿酸的形式排出体外，合成一分子的尿酸需要消耗一分子的甘氨酸。因此家禽对甘氨酸的需求大，内源性合成量不足以满足要求，必须从饲料中摄入，是家禽的必需氨基酸。反刍动物的瘤胃微生物不仅能合成宿主的非必需氨基酸，而且能合成宿主的必需氨基酸。因此，对于反刍动物而言，其必需氨基酸不仅来源于饲料蛋白质，而且来源于瘤胃微生物蛋白质。

2. 半必需氨基酸

半必需氨基酸是指在一定条件下能代替或节省部分必需氨基酸的氨基酸，动物体内能以必需氨基酸作为前体合成半必需氨基酸，且合成过程不可逆。从饲料中摄入半必需氨基酸可以在一定程度上节约对应的必需氨基酸。例如，苯丙氨酸可转化为酪氨酸且不可逆，满足动物对酪氨酸的需求；蛋氨酸可转化为半胱氨酸且不可逆，满足动物对半胱氨酸的需求；甘氨酸可转化为丝氨酸且不可逆，满足动物(特别是家禽)对丝氨酸的需求。因此，酪氨酸、丝氨酸、半胱氨酸是半必需氨基酸。

3. 条件性必需氨基酸

条件性必需氨基酸是指在动物特定的生理条件或生长阶段，内源合成的氨基酸的量不能满足需求，必须由饲料提供的氨基酸。精氨酸是成年猪的非必需氨基酸，但对于母猪而言，在其饲料中添加一定量的精氨酸可提高母猪的繁殖性能；对于生长猪而言，内源合成的精氨酸不能满足其生长需要，需从饲料中摄入补充。谷氨酸和谷氨酰胺对于幼龄动物和肠道损伤动物而言，可促进其肠道发育和修复。空怀母猪体内合成的组氨酸可满足机体的需求，但妊娠母猪体内合成的组氨酸不能满足胎儿的生长发育，需要从饲料中摄入一部分。脯氨酸对于幼龄仔猪（1～5 kg）而言，是一种条件性必需氨基酸。

4. 非必需氨基酸

非必需氨基酸是指动物机体内可以合成，且合成的量能满足动物的需要，不依赖饲料提供的氨基酸。这部分氨基酸和必需氨基酸都是动物合成蛋白质、生长发育及维持生命活动所必不可少的。所谓的“必需”和“非必需”是指是否需要从饲料中获取，这主要是由氨基酸在动物体内从头合成的数量与动物对氨基酸的需求量决定的。实际上，动物不断地从饲料中摄入大量的非必需氨基酸，因为相较于体内合成，从饲料中摄入更加“经济”。

5. 限制性氨基酸

限制性氨基酸是指饲料中所含必需氨基酸的量与动物需要量相比，含量不足的氨基酸，由于它们的不足限制了动物对其他氨基酸的利用及蛋白质的合成。按照不足的程度，将最为缺乏的氨基酸称为第一限制性氨基酸，以后依次为第二、第三、第四……限制性氨基酸。限制性氨基酸的种类及顺序取决于动物种类、饲料类型及生长阶段。通过搭配不同饲料原料及添加合成氨基酸可有效地解除限制性氨基酸的负面作用，这也是配合饲料生产的重要依据。对于常见的玉米豆粕型饲料，其对于猪的第一限制性氨基酸为赖氨酸，对于禽而言则为蛋氨酸。常见饲料原料对于猪和家禽的限制性氨基酸顺序见表 3-7。

表 3-7 常见饲料原料对于猪和家禽的限制性氨基酸

原料	猪			肉鸡			蛋鸡		
	第一	第二	第三	第一	第二	第三	第一	第二	第三
玉米	赖氨酸	苏氨酸	异亮氨酸/半胱氨酸	精氨酸	赖氨酸	异亮氨酸	赖氨酸	异亮氨酸	精氨酸
小麦	赖氨酸	色氨酸/半胱氨酸	蛋氨酸	赖氨酸	精氨酸	异亮氨酸	赖氨酸	异亮氨酸	缬氨酸
大麦	赖氨酸	苏氨酸	色氨酸	精氨酸	赖氨酸	苏氨酸	赖氨酸	异亮氨酸	缬氨酸
麸皮	苏氨酸	赖氨酸	半胱氨酸	赖氨酸	异亮氨酸	苏氨酸	异亮氨酸	赖氨酸	缬氨酸
玉米蛋白粉	色氨酸	赖氨酸	半胱氨酸	赖氨酸	色氨酸	精氨酸	色氨酸	赖氨酸	半胱氨酸
豆粕	半胱氨酸	蛋氨酸	色氨酸	蛋氨酸	半胱氨酸	色氨酸	蛋氨酸	半胱氨酸	色氨酸
棉籽粕	色氨酸	半胱氨酸	蛋氨酸	蛋氨酸	半胱氨酸	色氨酸	蛋氨酸	半胱氨酸	色氨酸
菜籽粕	色氨酸	蛋氨酸	半胱氨酸	蛋氨酸	色氨酸	半胱氨酸	色氨酸	蛋氨酸	半胱氨酸

三、氨基酸间关系与理想蛋白质

1. 氨基酸之间的关系

（1）拮抗作用　指饲料中某一种或者几种氨基酸的含量过高而影响其他氨基酸的吸收利用或导致其他氨基酸需要量提高的现象。氨基酸拮抗发生的原理与肠道中氨基酸转运载体的竞争、肾脏中肾小管重吸收转运载体的竞争、氨基酸代谢过程中相关酶活性的变化等密切相关。例如，赖氨酸与精氨酸之间具有拮抗作用，一方面是由于两者具有相同的肠道和肾小管吸收途径，饲料赖氨酸过高，限制肠道和肾小管对精氨酸的吸收，另一方面过高的赖氨酸会导致肾脏线粒体中精氨酸酶活性升高，加剧精氨酸的分解代谢，造成精氨酸缺乏。三种支链氨基酸(亮氨酸、异亮氨酸和缬氨酸)结构类似，在肠道吸收、肾小管重吸收过程中存在着竞争关系，过量的亮氨酸严重抑制家禽生长，可通过额外添加异亮氨酸和缬氨酸进行缓解；反之，过量异亮氨酸和缬氨酸的生长抑制作用亦可通过加大亮氨酸的添加量进行缓解。

(2)氨基酸平衡　饲料中氨基酸的数量和比例与动物维持、生长、繁殖、泌乳、产蛋等需要的氨基酸的含量和比例的一致性程度越高，则氨基酸越平衡，营养价值也越高；反之，则氨基酸越不平衡，营养价值越低。只有饲料中氨基酸平衡，氨基酸才能最为高效地被利用，动物才能具有好的生产性能。合理的氨基酸营养，不仅要求每种氨基酸的量达到动物的需求数量，而且要求各氨基酸的比例得当。当所有氨基酸的数量都达到动物需要的数量，但一种或者几种氨基酸过高或过低，引起氨基酸不平衡，都会导致动物生长性能下降。实际生产中，不同饲料原料氨基酸的组成和比例存在较大差异，将它们按照一定的比例进行配比，可取长补短，改善饲料中氨基酸的平衡，提高饲料中蛋白质的生物学价值。例如，蛋白质含量约为8.0%的玉米中赖氨酸含量约为0.24%，蛋氨酸+胱氨酸含量约为0.34%，而蛋白质含量约为44.2%的豆粕中赖氨酸含量达2.68%，蛋氨酸+胱氨酸含量约为1.24%，在饲料配制过程中将它们按照一定的比例进行混合可取长补短。

(3)氨基酸缺乏　饲料中一种或多种必需氨基酸含量不能满足动物需求称为氨基酸缺乏。氨基酸缺乏导致动物生长性能下降，主要原因之一是动物只能以缺乏氨基酸满足蛋白质合成的程度来利用其他氨基酸，诱发蛋白质缺乏症。其他多余氨基酸通过脱氨基作用后被氧化供能或转化为其他物质，一方面导致氨基酸的浪费，另一方面加重动物体的代谢负担。例如，妊娠母猪缺乏氨基酸会显著降低仔猪初生重，哺乳母猪缺乏氨基酸则导致泌乳量下降。在一定范围或时期内，氨基酸缺乏导致的症状可通过补充相应氨基酸进行缓解。此外，某些氨基酸缺乏会表现出特殊症状。例如，赖氨酸缺乏导致有色羽家禽发生羽毛白化；色氨酸缺乏可导致白内障；蛋氨酸和苏氨酸缺乏可导致脂肪肝。

(4)氨基酸过量　饲料中氨基酸过高会导致动物生长性能下降，甚至是产生中毒症状。氨基酸的中毒发生在人工添加晶体氨基酸的情况下，自然条件下不会发生蛋白质氨基酸导致的中毒症状。氨基酸的毒性在氨基酸间差异较大，如饲料中含硫氨基酸之一蛋氨酸含量超过0.7%时会降低肉鸡的生产性能，而饲料中另外一种含硫氨基酸胱氨酸含量达到1.9%时肉鸡生产性能未降低。有学者指出，蛋氨酸的毒性最大，然后由大到小依次为色氨酸、组氨酸、酪氨酸、苯丙氨酸、胱氨酸、亮氨酸、异亮氨酸、缬氨酸、赖氨酸和苏氨酸。

2. 理想蛋白质

理想蛋白质是指氨基酸的组成和比例与动物对氨基酸组成和比例的需要完全一致的蛋白质，包括必需氨基酸之间、必需氨基酸和非必需氨基酸之间的组成和比例；动物对该蛋白质的利用率为100%。理想蛋白质中氨基酸间具有最佳平衡模式，所有的氨基酸同等重要，增加或减少其中的任何一种氨基酸都会破坏氨基酸的平衡状态，降低氨基酸的利用率。为了便于理想蛋白质氨基酸平衡模式的推广应用，通常将赖氨酸作为基准氨基酸，其相对含量定义为100，其他氨基酸的需要量表示为其与赖氨酸需要量的百分比，这就构成了理想蛋白质模式。

常常选用赖氨酸为基准氨基酸的原因为：常用的饲料原料中赖氨酸为猪和家禽的第一限制性氨基酸或第二限制性氨基酸；赖氨酸主要功能是用于合成蛋白质，其需要量受维持需要、羽毛生长等其他代谢活动的影响较小；赖氨酸与其他氨基酸之间不存在相互代谢转化关系；赖氨酸的含量分析更为准确。

理想蛋白质是一种自然界中不存在的蛋白质，因为动物对蛋白质的需求受到许多因素的影响，如环境温度、饲养密度等。提出理想蛋白质模式的前提假设是在一定条件下，动物对氨基酸的需要量及比例恒定。此外，应用理想蛋白质模式时，需考虑饲料中氨基酸的消化率，以可消化氨基酸为基础的理想蛋白质模式可使动物对氨基酸的需求达到最大满足及充分减少氨基酸的浪费。因此，按照理想蛋白质模式，合理地利用不同氨基酸组成模式的饲料资源，将它们进行科学混合，同时利用工业合成的氨基酸，不仅可以提高饲料的应用效果，还可降低动物生产的成本及生产中氮的排泄量，对于通过畜禽生产创造“金山银山”的同时，保护好“绿水青山”具有重要意义。不同动物种类及不同生长阶段的动物理想蛋白质模式存在明显差异。猪、蛋鸡和肉鸡的理想蛋白质模式分别见表 3-8、表 3-9 和表 3-10。

表 3-8　猪的理想蛋白质模式

氨基酸	体重范围/kg					
	7～11	11～25	25～50	50～75	75～100	100～135
赖氨酸	100	100	100	100	100	100
精氨酸	45.2	45.5	45.9	45.9	45.2	45.9
组氨酸	34.1	34.1	34.7	34.1	34.2	34.4
异亮氨酸	51.1	51.2	52.0	52.9	53.4	54.1
亮氨酸	100.0	100.0	101.0	100.0	101.4	101.6
蛋氨酸	28.9	29.3	28.6	28.2	28.8	29.5
蛋氨酸＋半胱氨酸	54.8	55.3	56.1	56.5	57.5	59.0
苯丙氨酸	58.5	58.5	60.2	60.0	60.3	60.7
苯丙氨酸＋酪氨酸	92.6	92.7	93.9	94.1	94.5	95.1
苏氨酸	58.5	59.3	60.2	61.2	63.0	65.6
色氨酸	16.3	16.3	17.3	17.6	17.8	18.0
缬氨酸	63.7	63.4	65.3	64.7	65.8	67.2

注：根据 NRC2012 整理，以标准回肠可消化氨基酸为基础。

表 3-9　蛋鸡的理想蛋白质模式

氨基酸	周龄				产蛋期
	0～6	6～12	12～18	18～开产	
赖氨酸	100	100	100	100	100
精氨酸	117.6	138.3	148.9	144.2	102.3
甘氨酸＋丝氨酸	82.4	96.7	104.4	101.9	—
组氨酸	30.6	36.7	37.8	38.5	24.4
异亮氨酸	70.6	83.3	88.9	86.5	94.2
亮氨酸	129.4	141.7	155.6	153.8	119.8

续表 3-9

氨基酸	周龄				产蛋期
	0～6	6～12	12～18	18～开产	
蛋氨酸	35.3	41.7	44.4	42.3	44.2
蛋氨酸＋半胱氨酸	72.9	86.7	93.3	90.4	84.9
苯丙氨酸	63.5	75.0	80.0	76.9	68.6
苯丙氨酸＋酪氨酸	117.6	138.3	148.9	144.2	120.9
苏氨酸	80.0	95.0	82.2	90.4	68.6
色氨酸	20.0	23.3	24.4	23.1	23.3
缬氨酸	72.9	86.7	91.1	88.5	102.3

注：根据 NRC1994 整理。

表 3-10　肉鸡的理想蛋白质模式

氨基酸	周龄		
	0～3	3～6	6～8
赖氨酸	100	100	100
精氨酸	113.6	110.0	117.6
甘氨酸＋丝氨酸	113.6	114.0	114.1
组氨酸	31.8	32.0	31.8
异亮氨酸	72.7	73.0	72.9
亮氨酸	109.1	109.0	109.4
蛋氨酸	45.5	38.0	37.6
蛋氨酸＋半胱氨酸	81.8	72.0	70.6
苯丙氨酸	65.5	65.0	65.9
苯丙氨酸＋酪氨酸	121.8	122.0	122.4
脯氨酸	54.5	55.0	54.1
苏氨酸	72.7	74.0	80.0
色氨酸	18.2	18.0	18.8
缬氨酸	81.8	82.0	82.4

注：根据 NRC1994 整理。

第四节　非蛋白氮和肽的利用

非蛋白氮化合物（NPN）对反刍动物具有重要的营养价值，合理的利用可节约蛋白质饲料资源并降低饲料成本。相较而言，非蛋白氮化合物对于单胃动物的营养价值较低。

一、非蛋白氮化合物

饲料粗蛋白质中除了真蛋白质外，其他的含氮化合物统称为非蛋白氮，例如游离氨基酸、肽、生物碱、胆碱、甜菜碱、氨、尿素、硝酸盐、嘌呤、嘧啶等。不同的饲料原料中，非蛋白氮含量差异较大。生长旺盛期的植物中非蛋白氮含量较高，如青绿饲料中非蛋白氮含量占总氮的30%～60%，但青干草中非蛋白氮只占15%～25%。块根块茎类饲料（甘薯、马铃薯、甜菜、木薯等）中非蛋白氮含量占总氮50%左右；新鲜的饲用玉米中只含有10%～20%的非蛋白氮，但将其青贮后非蛋白氮含量可上升至50%。谷物和豆科籽实及它们的加工副产物中非蛋白氮含量较低，一般低于总氮的15%。常见饲料中非蛋白氮含量见表3-11。非蛋白氮中氨基酸、肽对动物的营养价值与蛋白质几乎相同，其他非蛋白氮对反刍动物有较高的营养价值，对单胃动物营养价值较低。

表3-11　牧草、苜蓿和玉米（籽粒）中非蛋白氮含量及组成（Kirchgessner，M. 1992）

成分	牧草	苜蓿	玉米（籽粒）
总氮（mg/100 g 干物质）	2 998	2 842	1 390
在总氮中的占比/%			
肽	—	—	0.17
游离氨基酸	13.9	18.5	0.99
氨	1	0.6	0.07
酰胺	2.9	2.6	—
胆碱	0.5	0.1	0.12
甜菜碱	0.6	1.1	0.01
嘌呤等	2.2	1.3	0.05
硝酸盐	2.4	1.3	—
其他 NPN	6.4	3.5	0.59

二、反刍动物对非蛋白氮的利用

非蛋白氮进入反刍动物瘤胃后，其中的氨基酸和肽一部分直接被瘤胃微生物用于合成微生物蛋白质，另一部分被瘤胃微生物分解为氨、挥发性脂肪酸和二氧化碳，其中的氨被微生物用于合成微生物蛋白质或吸收进入机体内转化为尿素。非蛋白氮中的其他含氮化合物在瘤胃微生物合成的脲酶等作用下，将氮转化为氨，一部分氨直接被瘤胃微生物用于合成微生物蛋白质，余下部分被吸收进入血液，并转运到肝脏中合成尿素，再进入瘤胃中利用或通过肾脏排出体外。正常情况下，通过多次瘤胃氮素循环大部分的非蛋白氮转化为微生物蛋白质，少部分经尿液排出。将非蛋白氮应用于反刍动物生产应注意氨中毒问题，当瘤胃形成的氨浓度超过微生物的利用能力及肝脏的解毒能力时，就会导致氨中毒问题。

尿素是配制反刍动物饲粮时广泛利用的非蛋白氮，其含氮量高（42%～46%），且工业化合成的成本低，数量大。瘤胃微生物利用尿素合成微生物蛋白质的主要过程如下：①尿素在微生物脲酶的作用下被分解为氨和二氧化碳；②饲料中的碳水化合物在微生物系列酶的作用下转化为挥发性脂肪酸和酮酸；③酮酸和氨被微生物利用合成氨基酸；④氨基酸被微生物利用合成微生物蛋白质。瘤胃微生物利用尿素的能力受如下因素的影响：①瘤胃pH，酸性的瘤胃内环境利于微生物利用氨合成微生物蛋白质，进而影响尿素的利用；②饲料中蛋白质水平及质量，饲料中蛋白质水平越低，瘤胃微生物利用尿素的效率越高；饲料中粗蛋白质中非蛋白质氮含量越低，添加尿素的效果越明显；③饲料中碳水化合物及其种类，碳水化合物为瘤胃微生物生长提供碳源和能量，为微生物蛋白质的合成提供碳骨架，因而影响尿素的利用；另外，碳水化合物的种类也影响瘤胃利用尿素的能力，依次为糊化淀粉＞淀粉＞糖蜜＞单糖＞粗饲料；④饲料中的矿物质，硫、铁、铜、钙、硒、锌、锰等元素能通过影响瘤胃微生物的活力或通过影响脲酶等的活力来影响瘤胃中尿素的利用。

尽管尿素成本低，含氮量高，常常应用于成年反刍动物饲料中，但在应用的过程中还应注意以下几点：①动物对尿素的利用需要有 2～3 周的适应期，主要原因是动物体本身及瘤胃微生物都需要逐渐适应尿素；②在一定范围内，应当从低到高，逐渐提高尿素的用量；③一般情况下，尿素在饲料中含量不能超过干物质的 1%或成年牛 60～100 g/d，羊 6～12 g/d；如果饲料中蛋白质含量较高或含有的非蛋白氮含量较高时，应当降低尿素的用量；④合理配比饲料，提供质量较好的碳水化合物，将尿素与谷物精料搭配较好，保障碳氮同步释放；⑤防止氨中毒，当瘤胃中氨达到 800 mg/L，血液中超过 50 mg/L 时，就可能发生氨中毒，为此不能将尿素投入水中饮用或与水同时饲喂，也需避免与脲酶高的饲料混合使用；如发生氨中毒可用食用醋或 2%醋酸溶液灌服解毒；⑥保障饲料中含有充足的矿物元素，以保障瘤胃微生物活力，进而保障尿素的利用；⑦3 月龄以下反刍动物瘤胃未能发育成熟，应避免使用尿素。

三、单胃动物对非蛋白氮的利用

肽和氨基酸对单胃动物的营养价值与真蛋白质几乎一致。硝酸盐、铵盐等其他非蛋白氮对单胃动物营养价值低。单胃动物大肠中的微生物能利用非蛋白氮合成氨基酸，并进一步合成微生物蛋白质，但大肠不能有效消化吸收这些蛋白质，这就限制了非蛋白氮在单胃动物生产中的应用。

猪和家禽利用非蛋白氮的能力非常有限。在豆粕型低蛋白质饲料（12%～16%）中添加 0.1%的尿素，对肉禽的饲料转化效率和日增重有一定的改善作用，但在杂粕型低蛋白饲料中添加尿素对肉禽生产性能无影响，对蛋禽的采食量、产蛋率、蛋重和料蛋比均产生不利影响。在猪和家禽饲料中不提倡使用尿素等非蛋白氮的原因还在于其容易导致中毒症状。例如，饲料中添加 2%的尿素对肉鸡具有毒害作用，显著降低体增重、饲料转化效率和成活率；在猪饲料中添加 0.5%尿素饲喂 20 d 后，猪表现出精神沉郁、不食、体温升高、肌肉震颤、呼吸困难、瞳孔缩小、盲目转圈运动，甚至冲撞，最后卧地不起，窒息而亡。有研究指出，猪禽利用尿素等非蛋白氮的效率不仅与饲料中的蛋白质含量有关，而且与其中的氨基酸组成及蛋白质质量密切相关。例如，当饲料中蛋白质含量不足，而必需氨基酸含量很丰富的条件下，猪机体在合成非必需氨基酸的过程中可更好地利用非蛋白氮；在仔鹅饲料中包含动物性蛋白质的情况下，用尿素氮替代部分蛋白质氮，仔鹅的生长发育和日增重不亚于完全饲喂天然蛋白饲料的仔鹅，但当饲料中缺乏动物性蛋白质时，适量添加尿素则降低仔鹅日增重。

马、兔等大肠发达的单胃草食动物利用非蛋白氮能力介于猪禽与反刍动物之间。盲肠是非反刍草食动物微生物利用非蛋白氮的主要部位，盲肠微生物可利用非蛋白氮合成菌体蛋白质。兔能通过食粪习性，通过食入粪便，利用其中的微生物蛋白质，这是其能较好利用非蛋白氮的重要生理基础；马接触粪便的机会不多，因而利用粪中非蛋白氮来源的微生物蛋白质的可能性较小。尽管兔可较好利用尿素等非蛋白氮，但也需严格控制用量。例如，生长肉兔饲粮中粗蛋白质含量为 12%，添加 1%～2%的尿素可促进肉兔生长，当尿素添加水平达到 3.5%以上时对肉兔则有毒副作用。

四、肽的利用

（一）概述

动物的肽营养研究始于20世纪五六十年代。随着蛋白质和氨基酸营养研究的深入，人们已经逐渐认识到肽营养的重要性。肽为氨基酸间通过肽键连接而成的含氮化合物，是蛋白质降解为氨基酸过程中的中间产物。通常将多于20个氨基酸残基构成的肽称为多肽，2～20个氨基酸残基构成的肽称为寡肽，而将由2个氨基酸残基构成的二肽和3个氨基酸残基构成的三肽称为小肽。传统动物营养学理论认为蛋白质的营养实质是氨基酸的营养，只要给动物提供适宜数量和比例的氨基酸即可满足动物对蛋白质的需求。然而，大量研究显示，以蛋白质的营养即氨基酸的营养为理论基础，用合成氨基酸等氮替代饲料中天然蛋白质，将该种饲料饲喂动物后发现，与饲喂完整蛋白质的饲料相比，饲喂等量氨基酸组成的游离氨基酸日粮的动物蛋白质沉积减少且生长速度降低。因而，蛋白质的营养不等同于氨基酸的营养，其原因在于蛋白质的消化产物肽对动物的营养意义不仅在于水解后提供氨基酸参与体内的蛋白质合成等代谢过程，而且肽（特别是小肽）具有广泛的生物活性作用。

（二）小肽的营养作用

（1）促进氨基酸的吸收　动物对蛋白质消化产物氨基酸的吸收过程存在氨基酸间的拮抗效应。因而动物通过消化道吸收小肽（二肽和三肽）而将氨基酸吸收进入体内，可有效避免以氨基酸形式吸收过程中存在的拮抗作用。研究显示，动物对小肽的吸收效率远高于对氨基酸的吸收。

（2）促进蛋白质的合成　肽结合氨基酸可作为动物体内蛋白质合成的起点，直接用于合成蛋白质。例如，饲料中添加二肽丙氨酰谷氨酰胺能促进蛋白质的合成，提高仔猪的生长速度。

（3）促进矿物元素的吸收　小肽可作为低分子配位体与饲料中的钙、镁、铜、铁、锌等矿物元素结合，形成可溶性有机矿物元素，降低它们与植酸、草酸、单宁等结合形成不溶物，进而保障动物对矿物元素的吸收利用。

（4）改善饲料的适口性　一些肽具有特定的甜味、酸味、咸味等，能模拟、掩盖、调节或增进饲料的口味，提高饲料的适口性。例如，甜味肽（一种二肽）的甜度是蔗糖的100～200倍，是一种高效甜味剂，添加到饲料中能提高动物的采食量。

（5）促进肠道健康　大量的研究表明，小肽（如丙氨酰谷氨酰胺）对肠道健康和功能的发挥具有有益的作用，一方面可促进肠上皮细胞的增殖和绒毛生长，另一方面可促进肠道有益菌的繁殖和肠黏膜免疫功能。

（6）提高动物生产性能　一些小肽可促进动物肠道中消化酶活力，提高营养物质的消化吸收率，进而提高动物生长性能。例如，在断奶猪饲料中添加小肽（如丙氨酰谷氨酰胺）可提高肠道中碳水化合物的消化吸收，其原因与其提高肠道二糖酶活力有关。

（三）抗菌肽

抗菌肽是一类广泛存在于自然界中的小肽类物质，是机体先天性免疫系统的重要组成部分。抗菌肽由基因编码通过核糖体合成。20世纪80年代，第一个抗菌肽被发现，命名为天蚕素，当前已有1 500种以上的抗菌肽被相继报道。根据其来源，抗菌肽分为昆虫来源抗菌肽（如防御素）、动物来源抗菌肽、微生物来源抗菌肽（如乳酸杀菌素、枯草杆菌素等）、植物来源抗菌肽（如脂肽、糖肽等）和人工合成抗菌肽（如柞蚕抗菌肽）。抗生素在畜禽生产中的滥用导致了食品药物残留、环境污染及病原微生物的耐药性问题，威胁着畜牧业的长远发展和人类健康，寻找抗生素的替代品是当前科学界普遍关注的问题。抗菌肽对细菌、真菌、寄生虫、病毒等有着广泛的抑制作用，因而在替代抗生素方面具有良好的前景。研究显示，在畜禽饲料中添加抗菌肽具有促进畜禽机体利用营养物质、抑制病原菌繁殖、调节肠道菌群结构、提高机体免疫功能等作用。

本章小结

蛋白质主要组成元素为碳、氢、氧、氮，其次为硫。氨基酸是构成蛋白质的基本单元，氨基酸通过肽键形成肽链，单条肽链或多条肽链(≥2)通过二硫键、氢键等形成具有特定空间构象和生物学功能的蛋白质。蛋白质参与动物机体构成且是机体更新的必需物质，是动物产品的重要成分，是重要的功能性物质和能源物质，可转化为脂肪和碳水化合物。

胃、小肠和大肠是单胃动物消化蛋白质的场所。在胃中，蛋白质在胃酸的作用下变性，然后由胃蛋白酶将其分解为肽。小肠是蛋白质的主要消化和吸收场所。胰腺和小肠来源的蛋白酶、氨基肽酶、羧基肽酶将蛋白质和多肽分解为小肽和氨基酸，并经过氨基酸转运载体和小肽转运载体转运吸收。小肠中未能消化吸收的蛋白质在大肠中经过微生物消化被进一步分解，但其对于猪和家禽的营养学意义不大，对草食性动物马、兔等有较好的营养学意义。瘤胃、真胃、小肠和大肠是反刍动物消化蛋白质的场所。在瘤胃中大部分的蛋白质经过微生物消化分解为氨基酸、氨等，这些产物被瘤胃微生物进一步用于合成菌体蛋白质。在瘤胃中被降解的蛋白质称为瘤胃降解蛋白，未被降解的蛋白质称为过瘤胃蛋白。过瘤胃蛋白和微生物蛋白质通过瘤胃后在真胃、小肠和大肠中的消化吸收方式与单胃动物类似。反刍动物可通过瘤胃微生物将非蛋白氮转化为菌体蛋白质后加以利用。

氨基酸不仅构成蛋白质，而且具有广泛的生物学活性。构成动物蛋白质的主要氨基酸有20种，其中动物体内不能合成或者合成量不能满足动物需求，必须由饲料供给的氨基酸称为必需氨基酸，其余氨基酸为非必需氨基酸。能节约或替代部分必需氨基酸的氨基酸为半必需氨基酸，而在特定生理阶段或生长阶段内源合成不足，须由饲料提供的氨基酸为条件性必需氨基酸。饲料中必需氨基酸的含量与动物需要量相比，含量不足的氨基酸为限制性氨基酸。氨基酸的过量、缺乏、拮抗、不平衡均不利于动物的生长和健康，保障氨基酸数量充足且比例均衡具有重要意义。理想蛋白质是氨基酸组成和比例与动物的需要完全一致的蛋白质，包括必需氨基酸之间及必需氨基酸和非必需氨基酸之间的组成和比例，动物对该种蛋白质的利用率为100%。另外，蛋白质的分解产物小肽也具有广泛的生物学功能。

复习思考题

1. 名词解释：必需氨基酸；半必需氨基酸；限制性氨基酸；条件性必需氨基酸；理想蛋白质；非蛋白氮；瘤胃氮素循环；美拉德反应；人造木质素。
2. 简述蛋白质的营养生理功能。
3. 简述小肽的营养生理功能。
4. 比较单胃动物和反刍动物蛋白质消化吸收的异同。
5. 简述反刍动物利用非蛋白氮的原理和意义以及应用尿素过程中的注意事项。
6. 简述反刍动物瘤胃消化蛋白质的优缺点。

第四章 碳水化合物营养

碳水化合物(Carbohydrates)俗称糖类(Saccharides),广泛存在于植物性饲料中,一般可占干物质含量的60%～70%;而在动物体内含量较少,仅约占1%。植物性饲料中的碳水化合物含量丰富,且在动物饲料中所占比例达50%以上,因此碳水化合物是动物生命活动的主要能源和体内生物合成所需前体物的主要提供者。

第一节 碳水化合物的组成与功能

一、碳水化合物的组成与分类

(一)碳水化合物的组成

碳水化合物是多羟基醛或多羟基酮以及能水解产生上述产物的化合物的总称。因此碳水化合物主要由碳、氢和氧三种元素组成,并且这三种元素的比例几乎都是C∶H∶O=1∶2∶1,也就是一个碳原子加一个水分子($C \cdot H_2O$),碳水化合物这个名字由此而生。某些具有碳水化合物性质的物质还含有硫、氮、磷等。此外,一些糖类如脱氧核糖($C_5H_{10}O_4$)中氢与氧的比例和水的不同。

(二)碳水化合物的分类

碳水化合物按照组成结构分为单糖、寡糖(低聚糖)、多糖和其他物质。

(1)单糖　只有一个糖单位,不能被水解成更小分子的糖类,也称简单糖,是组成碳水化合物的基本单位。根据分子中所含官能团的不同,单糖可分为醛糖和酮糖两大类;根据分子中所含碳原子数量的不同,单糖又可分为丙糖、丁糖、戊糖、己糖和庚糖等。单糖中最重要的是葡萄糖、果糖、半乳糖,它们都是6碳糖,是构成大分子碳水化合物的主要结构单元。

(2)低聚糖　也称寡糖或低聚糖,是由2～10个分子的单糖通过糖苷键连接而成的糖类物质，根据水解生成单糖的数目，可分为二糖、三糖、四糖、五糖等。寡糖均易溶于水，有甜味、根据其可消化性又可分为普通寡糖和功能性寡糖。普通寡糖是指一类能够被动物消化吸收利用的低聚糖，比如蔗糖、麦芽糖、纤维二糖、乳糖等。功能性寡糖是指 2～10 个单糖通过糖苷键连接形成直链或支链的一类糖。这类寡糖在消化道前段不能被消化，在肠道后端可以作为有益微生物的营养源，促进有益菌的繁殖。比如甘露寡糖（MOS）、果寡糖（FOS）等。目前饲料端禁止使用抗生素的条件下，功能性寡糖对维持动物肠道健康具有非常重要的意义。

（3）多聚糖　多聚糖是由 10 个以上单糖分子脱水以糖苷键结合而成的糖类物质，也称为多糖。自然界中糖类主要以多聚糖形式存在。多聚糖是高分子化合物，相对分子质量一般在 30 000～400 000 000，大多不溶于水，属于非还原糖，无甜味。

营养学上，多糖按其消化与否分为可消化多糖和不可消化多糖，也称营养性多糖和结构性多糖。淀粉、糖原、糊精、菊糖等属于营养性多糖，纤维素、半纤维素、果胶、木聚糖、葡聚糖等属于结构性多糖。一些重要碳水化合物的分类及基本结构单位见表 4-1。

表 4-1　碳水化合物及分类

种类	基本结构单位
单糖	丙糖：甘油醛、二羟丙酮 丁糖：赤藓糖、苏阿糖等 戊糖：核糖、核酮糖、木糖、木酮糖、阿拉伯糖等 己糖：葡萄糖、果糖、半乳糖、甘露糖等 庚糖：景天庚酮糖、葡萄庚酮糖、半乳庚酮糖等 衍生糖：脱氧糖、氨基糖、糖醇、糖醛酸、糖苷等
低聚糖（2～10 个糖单位）	二糖：麦芽糖（葡萄糖＋葡萄糖）、蔗糖（果糖＋葡萄糖）、乳糖（葡萄糖＋半乳糖）、纤维二糖（葡萄糖＋葡萄糖）、蜜二糖（半乳糖＋葡萄糖）、龙胆二糖（葡萄糖＋葡萄糖） 三糖：棉籽糖（葡萄糖＋果糖＋半乳糖）、松三糖（2 葡萄糖＋果糖）、龙胆三糖（2 葡萄糖＋果糖）、洋槐三糖（2 鼠李糖＋半乳糖） 四糖：水苏糖（2 半乳糖＋葡萄糖＋果糖） 五糖：毛蕊草糖（3 半乳糖＋葡萄糖＋果糖） 六糖：乳六糖
多聚糖（10 个糖单位以上）	同质多糖（由同一糖单位组成）：糖原（葡萄糖聚合物）、淀粉（葡萄糖聚合物）、纤维素（葡萄糖聚合物）、木聚糖（木糖聚合物）、半乳聚糖（半乳糖聚合物）、甘露聚糖（甘露糖聚合物） 杂多糖（由不同糖单位组成）：半纤维素（葡萄糖、果糖、甘露糖、半乳糖、阿拉伯糖、木糖、鼠李糖、糖醛酸）、阿拉伯树胶（半乳糖、葡萄糖、鼠李糖、阿拉伯糖）、菊糖（葡萄糖、果糖）、果胶（半乳糖醛酸的聚合物）、黏多糖（N－乙酰氨基糖、糖醛酸为单位的聚合物）、透明质酸（葡萄糖醛酸、N－乙酰氨基糖为单位的聚合物）
其他化合物	几丁质（N－乙酰氨基糖、$CaCO_3$ 聚合物）、硫酸软骨素（葡萄糖醛酸、N－乙酰氨基半乳糖硫酸脂的聚合物）、木质素（苯丙烷衍生物的聚合物）、糖蛋白、糖脂

按照常规营养分析方法，碳水化合物包括无氮浸出物和粗纤维。前者主要由易被动物利用的淀粉、菊糖、双糖、单糖等可溶性碳水化合物组成。粗纤维是植物细胞壁的主要组成部分，包括纤维素、半纤维素、木质素及角质等成分。随着营养研究进程的深入，植物性饲料中的多糖又从化学结构上分为两类，即贮存多糖和结构多糖，贮存多糖主要是淀粉，而结构多糖通常称为非淀粉多糖(Non starch polysaccharides，NSP)。

(三)几种重要的碳水化合物

(1)葡萄糖　葡萄糖在动物体内主要作为能源物质被机体利用。葡萄糖以游离形式存在于植物、水果、蜂蜜、血液、淋巴和脑脊液中。葡萄糖具有链状结构和环状结构两种，环状结构的葡萄糖是由其分子中的醛基与 C-5 上的羟基发生加成作用而形成的环状半缩醛结构物质，其有两种旋光异构体，分别为 *α-D*-葡萄糖和 *β-D*-葡萄糖；由于葡萄糖的环状结构与吡喃环相似，故亦将其称为吡喃型葡萄糖。*D*-葡萄糖的环状结构如图 4-1 所示。

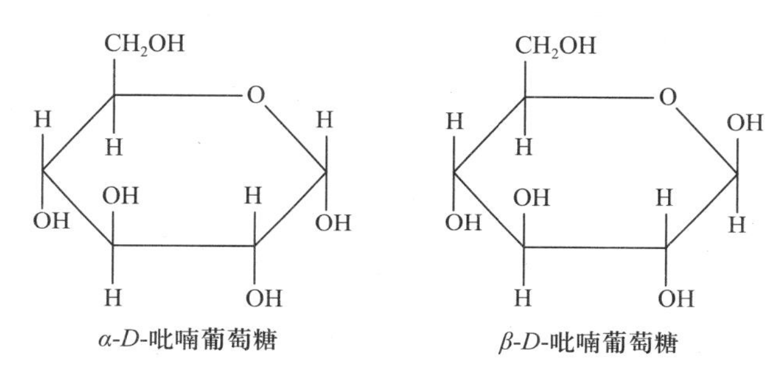

图 4-1　*α*-和 *β-D*-吡喃葡萄糖结构

葡萄糖是淀粉、糖原和纤维素的构成单位，淀粉和糖原是由 *α-D*-葡萄糖结合而成，纤维素则是由 *β-D*-葡萄糖结合而成。对于单胃动物，碳水化合物在动物消化道前段被消化酶消化后，消化产物主要为葡萄糖，葡萄糖被机体吸收后主要用于供能。对于反刍动物，碳水化合物在动物消化道消化的终产物以挥发性脂肪酸为主，葡萄糖为辅。

(2)淀粉　淀粉是多糖的重要组成部分，更是单胃动物主要的能量来源。淀粉是植物生长期间以淀粉粒形式贮存于细胞中的贮能多糖。主要存在于植物的籽实、块茎和块根中，以籽实中含量最多。

天然淀粉一般分为直链淀粉和支链淀粉两种(图 4-2)，直链淀粉呈线型，由 250～300 个葡萄糖单位以 *α*-1，4-糖苷键连接而成；支链淀粉呈树枝状结构，每隔 24～30 个葡萄糖单位出现一个分支，每个分支含有 19～26 个葡萄糖单位，分支点以 *α*-1，6-糖苷键相连，分支链内则仍以 *α*-1，4-糖苷键相连。

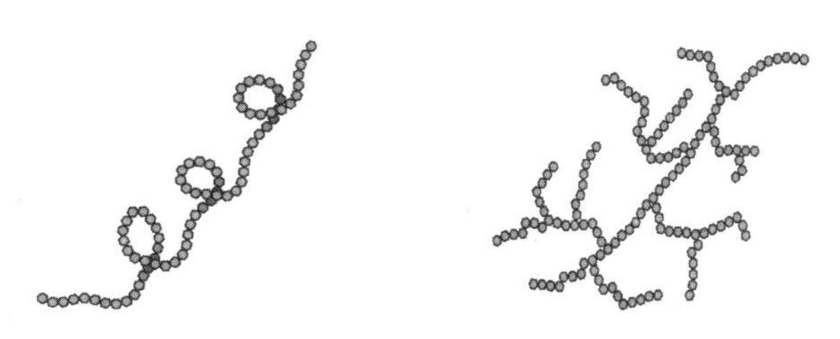

图 4-2　直链淀粉和支链淀粉示意图

淀粉结构不同，消化率也不同。动物体内的消化酶是 α-淀粉酶，主要水解 α-1，4 糖苷键。直链淀粉含量较高时，淀粉的消化率降低。淀粉在湿热条件下（60 ℃～80 ℃）容易发生糊化，从而提高淀粉粒消化率。

（3）糖原　糖原又称为动物淀粉，主要以颗粒形式存在于动物体肝脏和骨骼肌中，即肝糖原和肌糖原。糖原是 *α-D*-葡萄糖通过 α-1，4-糖苷键和 α-1，6-糖苷键相连聚合而成（图 4-3），结构与支链淀粉相似，但每隔 10～12 个葡萄糖单位会出现一个分支，分支较多且较短，相对分子量一般在 1 000 000～10 000 000，可溶于水，遇碘呈红色。糖原在动物体内处于分解与合成的动态平衡中，含量随着体内的营养状况而变动，营养状况良好则含量高，反之则含量低。

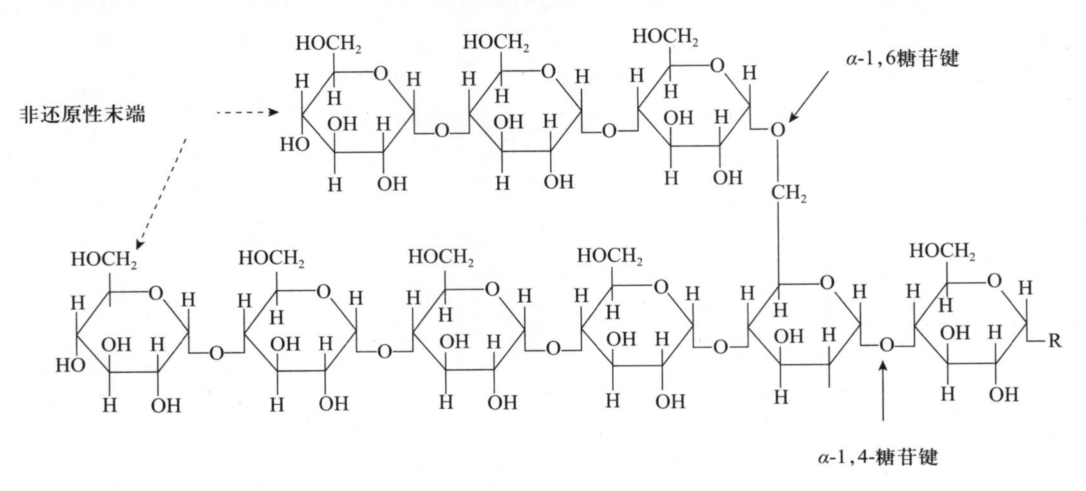

图 4-3　糖原结构

（4）纤维素　纤维素是植物界含量最为丰富的有机物，是构成植物细胞壁的基本结构，占细胞壁的 20%～40%。纯纤维素是一种相对分子量高的同聚糖，由 900～1 200 个 *β-D*-葡萄糖通过 β-1，4-糖苷键相连而成（图 4-4）。纤维素分子依靠氢键相互连接形成胶束，胶束再定向排列形成牢固的网状结构。这种稳定的结构使得纤维素拥有较为稳定的理化性质：不溶于水，仅能吸水而膨胀；亦不溶于稀酸、稀碱，仅在强酸作用下发生水解生成葡萄糖。动物分泌的酶不能水解 β-1，4-糖苷键，因此动物本身并不能消化利用纤维素，但其可被机体肠道内微生物释放的酶降解。

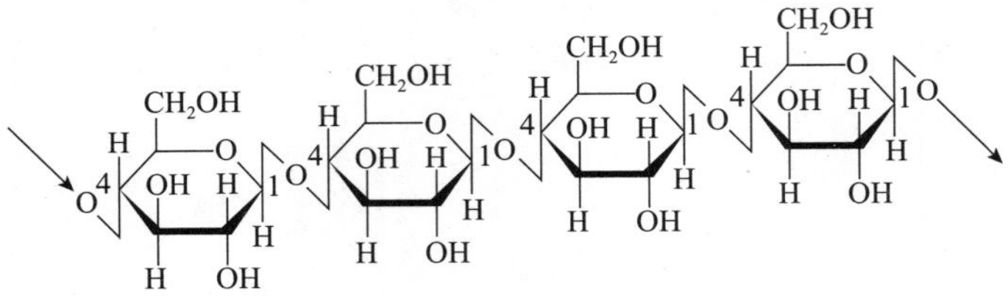

图 4-4　纤维素的 β-1，4-糖苷键

（5）半纤维素　半纤维素是木糖、阿拉伯糖、半乳糖和其他化合物的聚合物，是植物细胞壁的主要成分之一，占细胞壁的 20%～40%。它与木质素紧密联系，大量存在于植物的木质化部分，在牧草、秸秆和秕壳中含量较高。半纤维素由一条通过 β-1，4-糖苷键相连的 *D*-木糖组

成的木聚糖主链，和含有甲基葡萄糖醛酸及葡萄糖、半乳糖和阿拉伯糖的支链组成（图 4-5）。半纤维素的化学性质不如纤维素稳定，可溶于稀碱，在稀酸作用下可发生水解而产生戊糖和己糖。

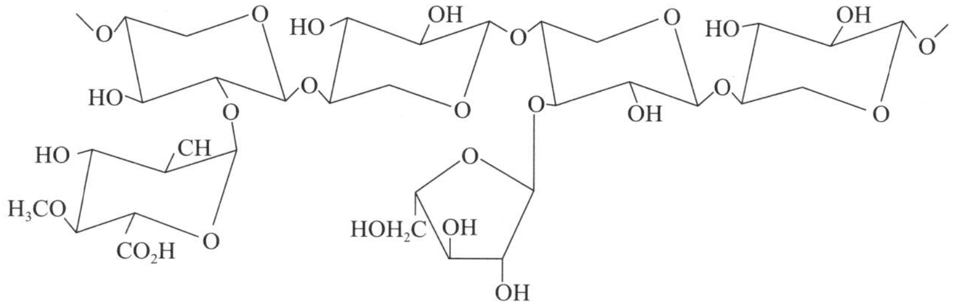

图 4-5 半纤维素结构

（6）木质素 木质素是植物生长成熟后才出现在细胞壁中的物质，占细胞壁的 5%～10%。主要存在于植物的木质化部分，如种子荚壳、玉米芯及根、茎、叶的纤维化部分。木质素是苯丙烷衍生物的聚合物（亦称苯丙基的多聚物），通常与细胞壁中的多糖形成动物体内难降解的复合物，动物及其体内微生物分泌的酶均不能使其降解，从而限制了动物对植物细胞壁物质的利用。

（7）果胶 果胶是细胞壁的基质多糖，占细胞壁的 1%～10%。主要存在于植物细胞壁和细胞之间的中层内。果胶物质分子的主链是由 α-1，4-糖苷键相连的半乳糖醛酸单位与由 α-1，2-糖苷键相连的鼠李糖单位所形成的聚合物。果胶的糖苷键为 α-型，故动物消化道分泌的酶不能使其水解，但在微生物作用下可被消化吸收。

二、碳水化合物的营养生理功能

（一）供能贮能作用

碳水化合物在体内可迅速氧化，及时为机体提供能量。每克碳水化合物在动物体内平均可产生 17 kJ 热能，特别是葡萄糖，是供给动物代谢活动快速应变最有效的能量源。葡萄糖同样是大脑神经系统、肌肉组织、脂肪组织、胎儿生长发育、乳腺等代谢的主要能源。若葡萄糖供应不足，仔猪出现低血糖症，牛产生酮病，妊娠母羊产生妊娠毒血症，严重时会导致死亡。

碳水化合物除了直接氧化供能外，还可以转变成糖原和脂肪贮存。糖原主要存在于肝脏（肝糖原）和骨骼肌（肌糖原）中，其重量最高可达体重的 2%；胎儿在妊娠后期能贮积大量糖原和脂肪供出生后作为能源利用。当动物的碳水化合物摄入充足时，机体首先以碳水化合物作为能量来源用于机体能量的消耗，过量的能量用于合成糖原和脂肪，避免了将蛋白质用来提供能量。糖原在动物体内经常处于合成储备与分解消耗的动态平衡之中，如同营养储备的机动库。

（二）构成动物体组织的成分

碳水化合物是动物体组织器官的构成物质之一，广泛分布于动物各种组织中，参与许多生命过程。如糖蛋白质是构成细胞膜的组成物质、黏多糖是结缔组织基质的组成物质、核糖和脱氧核糖是细胞中核酸的组成成分、糖脂是神经细胞的组成成分。

糖蛋白质是一类复合糖或一类缀合蛋白质，是分支的寡糖链与多肽共价相连构成的复合糖，主要分为膜蛋白质和分泌蛋白质两大类。糖蛋白质种类繁多，在体内物质运输、血液凝固、生化催化、润滑保护、结构支持、黏着细胞、降低冰点、卵子受精、免疫和激素发挥活性等方面发挥着极其重要的作用。

黏多糖是结缔组织的主要成分，是一种长链复合糖分子，由己糖醛酸和氨基己糖或中性糖组成的二糖单位彼此相连而形成，可维持皮肤及结缔组织的弹性。

核糖和脱氧核糖分别是构成DNA和RNA的重要物质。DNA是主要的遗传物质，通过复制将遗传信息由亲代传递给子代，遗传信息自DNA转录给RNA，然后翻译成特异的蛋白质，使后代表现出与亲代相似的遗传性状。RNA在遗传信息的翻译中起着决定作用，同时对基因表达具有重要的调节作用。

糖脂是指含有糖基配体的脂类化合物，是神经细胞的组成成分，对传导轴突刺激冲动起着重要的作用。

（三）合成乳脂和乳糖

碳水化合物是合成乳脂的重要原料。单胃动物主要是利用葡萄糖合成乳脂。葡萄糖首先酵解形成丙酮酸，然后再氧化为乙酰辅酶A作为合成脂肪酸的前体。然而反刍动物合成脂肪酸的主要原料不是葡萄糖，而是碳水化合物在瘤胃中发酵产生的乙酸。乙酸是乳腺合成乳脂肪的主要原料。

乳中的乳糖由葡萄糖所合成，合成乳糖的葡萄糖主要来源于血液中的葡萄糖和碳水化合物在瘤胃中发酵产生的丙酸所合成的葡萄糖，泌乳动物可利用葡萄糖大量合成乳糖。如高产奶牛平均每天大约需要1.2 kg葡萄糖用于乳腺合成乳糖；产双羔的绵羊每天约需200 g葡萄糖合成乳糖。反刍动物产乳期体内50%～85%的葡萄糖用于合成乳糖。

（四）合成非必需氨基酸

碳水化合物代谢的某些中间产物，可与氨基结合而形成氨基酸。例如α-酮戊二酸与氨基结合可形成谷氨酸，而谷氨酸又可与丙酮酸经氨基移位而生成丙氨酸等。葡萄糖也参与部分羊乳蛋白质非必需氨基酸的形成。碳水化合物进入非反刍动物乳腺主要用以合成乳中必要的脂肪酸，母猪乳腺可利用葡萄糖合成肉豆蔻酸和一些其他脂肪酸，也可利用葡萄糖作为合成部分非必需氨基酸的原料。

（五）其他作用

粗纤维不易消化、吸水量大，可起到填充胃肠道的作用。另外粗纤维对动物肠道黏膜有刺激作用，可促进胃肠道的蠕动和粪便的排泄。对于反刍动物和马属动物，粗纤维在瘤胃和盲肠中发酵形成的挥发性脂肪酸，是重要的能量来源。果寡糖、甘露寡糖等具有促进有益菌增殖的作用，进而改进肠道微生态平衡。

第二节　碳水化合物的消化与吸收

单胃动物和反刍动物由于消化道结构不同，对碳水化合物的消化吸收存在很大的差异。

一、单胃动物碳水化合物的消化与吸收

（一）单胃动物对碳水化合物的消化

碳水化合物分为营养性碳水化合物和结构性碳水化合物，营养性碳水化合物主要是在消化道前端（口腔到回肠末端）进行消化，结构性碳水化合物主要是在消化道后端（盲肠、结肠）进行消化，总体来看，单胃动物猪、禽对碳水化合物的消化是以淀粉形成葡萄糖为主，以粗纤维形成挥发性脂肪酸（Valatile fatty acid，VFA）（乙酸、丙酸、丁酸等）为辅，主要的消化部位在小肠；马、兔对粗纤维具有较强的利用能力，它们对碳水化合物的消化吸收以粗纤维形成 VFA 为主，以淀粉形成葡萄糖为辅。在实际生产中，猪、禽日粮中粗纤维的含量不易过高，生长育肥猪应控制在 8%以下，繁殖母猪可控制在 10%～12%，鸡日粮中粗纤维的含量应控制在 5%以下，鹅日粮中粗纤维含量应控制在 6%以下。

（1）口腔中的消化　口腔的消化以物理性消化为主，化学性消化为辅。通过牙齿的咀嚼将大块的饲料磨碎，使之与唾液混合。猪、兔和灵长类等动物唾液中含有 α-淀粉酶，可以将饲料中的淀粉分解成麦芽糖、麦芽三糖和糊精。因食物在口腔内停留时间较短，仅有少量淀粉被消化。禽类唾液分泌量少，α-淀粉酶的作用甚微。产蛋鸡嗉囊中存在淀粉酶的消化作用，但因饲料粒度限制，消化不具明显营养意义。

（2）胃中的消化　胃内无淀粉酶，因而胃中碳水化合物的消化甚微。构成胃壁的壁细胞分泌的盐酸除激活胃蛋白酶原外，还可调节胃内胃液的 pH 值，在胃内酸性条件下仅有部分淀粉和部分半纤维素酸解。马由于饲料在胃中停留时间较长，饲料本身所含的碳水化合物酶或细菌产生的酶对淀粉有一定程度的消化。

（3）小肠中的消化　小肠包括十二指肠、空肠和回肠三部分，其中十二指肠是单胃动物碳水化合物消化的主要场所。小肠及胰液中含有大量的消化酶，其中 α-淀粉酶，可以水解直链淀粉生成麦芽三糖和麦芽糖，水解支链淀粉生成麦芽三糖、麦芽糖和 α-极限糊精。α-极限糊精进一步被麦芽糖酶－葡萄糖淀粉酶水解成麦芽糖、麦芽三糖和异麦芽糖；麦芽糖酶－葡萄糖淀粉酶可进一步水解麦芽糖、麦芽三糖为葡萄糖，蔗糖酶－异麦芽糖酶水解异麦芽糖为葡萄糖。另外，蔗糖酶、麦芽糖酶、乳糖酶可以分别将蔗糖水解为葡萄糖和果糖、麦芽糖水解为 2 分子的葡萄糖、乳糖水解为 1 分子葡萄糖和 1 分子半乳糖。十二指肠中的消化方式主要是化学消化，消化的最终产物主要为葡萄糖。

（4）大肠中的消化　大肠中不含消化酶，但大肠中尤其是盲肠中栖息着大量的好氧和专性厌氧的微生物菌群，包括乳酸杆菌、链球菌、大肠杆菌等。在小肠中未被消化的食糜中主要以结构性碳水化合物为主，进入大肠的这些物质由微生物发酵进行分解，主要产物为挥发性脂肪酸、二氧化碳和甲烷。

新生单胃动物的盲肠和结肠微生物种类和数量较少，但随着开始采食植物饲料，大肠中逐渐建立起微生物区系。草食动物马、兔的盲肠和结肠比较发达，未被小肠消化吸收的淀粉、双糖、单糖和大量的粗纤维在盲肠和结肠中被微生物分泌的酶水解，生成大量的挥发性脂肪酸。碳水化合物在猪、禽大肠中发酵水解受年龄和饲料结构影响较大，低纤维饲料发酵产生的乳酸量相对较大。

（二）单胃动物对碳水化合物的吸收

饲料中的碳水化合物在小肠被分解成单糖后，在小肠的前段被吸收，十二指肠是单糖吸收

的主要部位，主要经载体主动转运通过小肠壁吸收。小肠吸收的单糖主要是葡萄糖和少量的果糖和半乳糖，果糖在肠黏膜细胞内可转化为葡萄糖。葡萄糖被吸收后通过门脉血液进入肝脏，供全身组织细胞利用，多余的葡萄糖则合成糖原储存起来。单胃动物碳水化合物消化吸收的主要过程见图 4-6。禽类消化道不含乳糖酶，不能消化吸收乳糖，饲料中乳糖水平过高可能导致禽类腹泻。

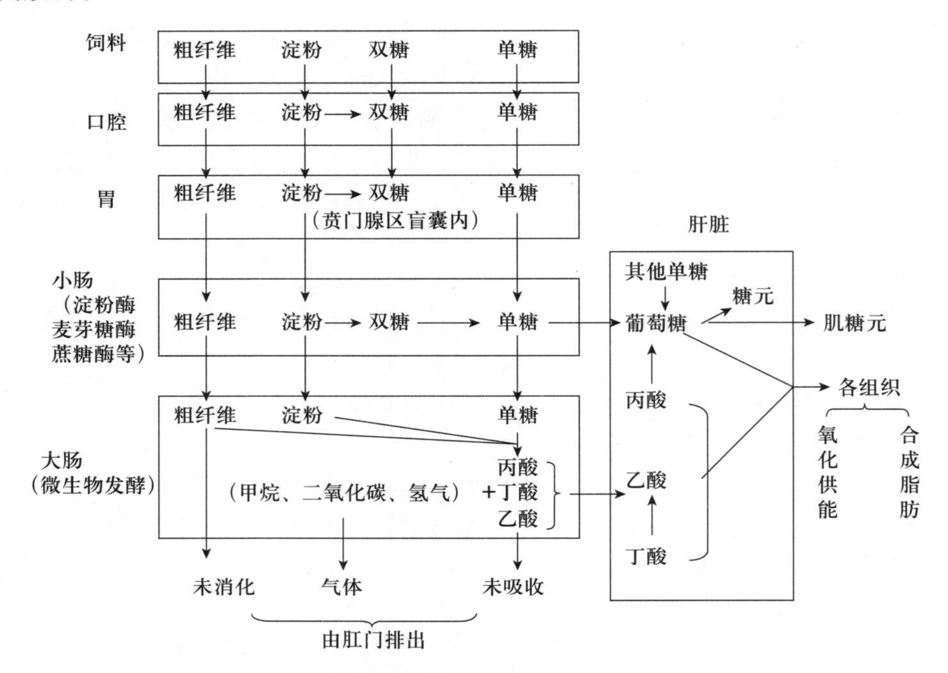

图 4-6 单胃动物碳水化合物消化吸收的主要过程

大肠对单糖的吸收极少，主要吸收挥发性脂肪酸，以被动吸收的方式进入体内。

二、反刍动物碳水化合物的消化与吸收

反刍动物对碳水化合物的消化吸收是以形成 VFA 为主，形成葡萄糖为辅，消化的部位以瘤胃为主，小肠、盲肠和结肠为辅。

（一）反刍动物瘤胃微生物

反刍动物的瘤胃内栖息着复杂、多样、非致病性的各种微生物，包括瘤胃原虫、瘤胃细菌和厌氧真菌，还有少数噬菌体。幼畜出生前其消化道内微生物较少，出生后从母体和环境中接触各种微生物，经过适应和选择，只有少数微生物能在消化道定植、存活和繁殖，随幼畜的生长和发育，逐渐形成特定的微生物区系。微生物与宿主、微生物与微生物之间处于一种相互依赖、相互制约的动态平衡系统中。一方面，宿主动物为微生物提供生长繁殖的环境，瘤胃中植物性饲料和代谢产物为微生物提供生长繁殖所需的各种养分；另一方面，瘤胃微生物帮助宿主消化宿主自身不能消化的结构性碳水化合物，如纤维素、半纤维素等，为宿主提供能量和养分。

（二）反刍动物碳水化合物的消化

反刍动物日粮中包含大量的纤维素、半纤维素、淀粉、可溶性糖（主要以果糖形式存在）等碳水化合物，反刍动物对这些碳水化合物消化的部位以瘤胃为主，小肠、盲肠、结肠为辅，消化

和吸收是以形成 VFA 为主，形成葡萄糖为辅。

（1）前胃的消化　前胃（瘤胃、网胃、瓣胃）是反刍动物消化粗饲料的主要场所。前胃中的微生物消耗可溶性碳水化合物，通过不断产生纤维分解酶分解粗纤维，这是一个连续循环的过程。微生物附着在植物细胞壁上，利用可溶性碳水化合物和其他物质作为营养物质，使其自身生长繁殖，与此同时产生短链脂肪酸、甲烷、氢、CO_2 等代谢产物，也产生纤维分解酶，把植物细胞壁分解成单糖或其衍生物。在纤维分解酶作用下，粗饲料中纤维素和半纤维素大部分能被分解。果胶在细菌和原生动物作用下可迅速分解，部分果胶能用于合成微生物体内多糖。木质素是一种特殊结构物质，基本上不能分解。半纤维素-木质素复合程度越高，消化效果越差。植物细胞壁分解成单糖后，在各种微生物体内的继续代谢过程基本相同。

成年反刍动物瘤胃中碳水化合物的降解可分为两个阶段，第一阶段是将复杂的碳水化合物（纤维素、半纤维素、果胶等）在微生物分泌的胞外酶的作用下水解为短链的低聚糖，主要是二糖（纤维二糖、麦芽糖、木二糖），部分继续水解为单糖。第二阶段主要是糖的无氧酵解阶段，二糖和单糖被瘤胃微生物摄取，在细胞内酶的作用下迅速地被降解为挥发性脂肪酸（VFA），包括乙酸、丙酸、丁酸等，还有二氧化碳和甲烷（图 4-7）。

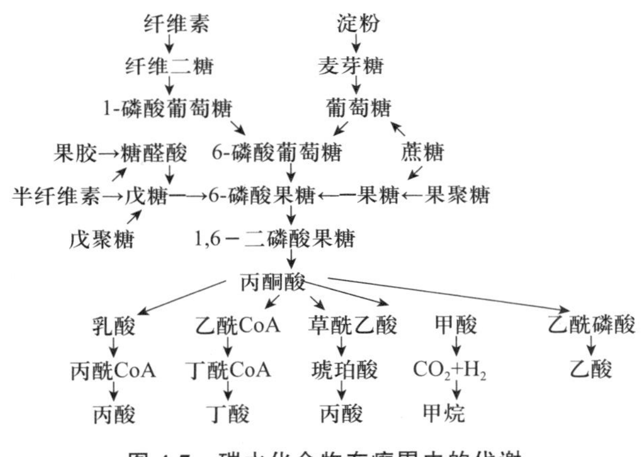

图 4-7　碳水化合物在瘤胃中的代谢

在瘤胃内碳水化合物消化的第一阶段所生成的各种单糖在瘤胃液中很难检测出来，因为它们立即被微生物吸收并进行细胞内代谢。第二阶段的消化代谢途径在许多方面与动物体本身进行的碳水化合物代谢相似。关键的中间产物为丙酮酸，瘤胃细菌利用丙酮酸形成挥发性脂肪酸的途径如下（图 4-8）：

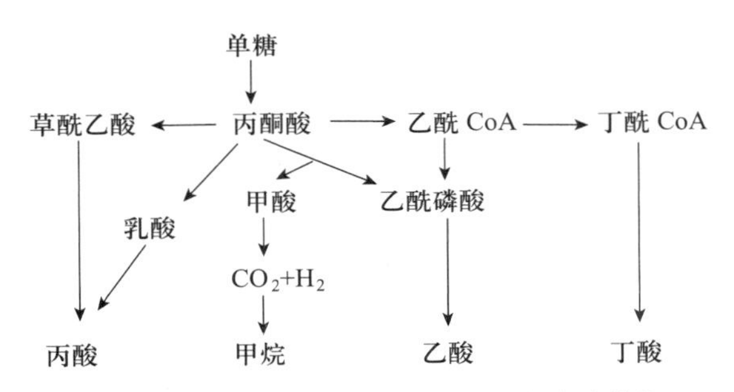

图 4-8　瘤胃内丙酮酸到挥发性脂肪酸的转化

乙酸的形成途径1:丙酮酸在丙酮酸甲酸裂解酶作用下生成乙酰磷酸,乙酰磷酸在乙酸激酶作用下生成乙酸。

乙酸的形成途径2:丙酮酸与辅酶A在丙酮酸甲酸裂解酶作用下生成乙酸辅酶A,进而在磷酸转乙酸酶作用下生成乙酰磷酸,而后生成乙酸。

丙酸的形成途径1:丙酮酸在乳酸脱氢酶的作用下生成乳酸,乳酸在CoA转移酶的作用下生成乳酰辅酶A,乳酰辅酶A在乳酰辅酶A脱水酶的作用下生成丙烯酰辅酶A,丙烯酰辅酶A在丙烯酰辅酶A还原酶的作用下生成丙酰辅酶A,最后在丙酸激酶的作用下生成丙酸。

丙酸的形成途径2:丙酮酸在丙酮酸羧化酶的作用下生成草酰乙酸,草酰乙酸在苹果酸脱氢酶的作用下生成苹果酸,苹果酸在延胡索酸酶的作用下生成延胡索酸,延胡索酸在琥珀酸脱氢酶的作用下生成琥珀酸,最后在琥珀酸脱羧酶的作用下生成丙酸。

丁酸的形成途径:丙酮酸与辅酶A在丙酮酸脱氧酸作用下脱羧生成乙酰辅酶A,乙酰CoA在一系列酶的作用下转化为丁酰CoA,丁酰CoA在丁酸液酶的作用下生成丁酸。

(2)小肠的消化　反刍动物小肠对碳水化合物的消化同单胃动物相同,但反刍动物从日粮采食的碳水化合物(淀粉、纤维素、半纤维素、果胶等)的70%～90%在瘤胃中通过瘤胃微生物分泌的胞内酶和胞外酶作用,降解为挥发性脂肪酸。因此,进入小肠的食糜中能被小肠消化酶消化的部分很少。

(3)大肠的消化　反刍动物大肠也含有大量的微生物(包括细菌、原虫等),在小肠中未被消化的淀粉和纤维素会进入大肠进行发酵。反刍动物大肠中碳水化合物被微生物发酵和吸收的过程与瘤胃消化和吸收的过程类似,由于大肠相对于瘤胃含有较少的微生物,且食糜在大肠中停留时间较短,因此,大肠的发酵效率低于瘤胃。

(三)反刍动物碳水化合物的吸收

挥发性脂肪酸对反刍动物营养起着重要的作用,乙酸、丙酸、丁酸是反刍动物主要的能量来源,瘤胃产生的挥发性脂肪酸主要通过3个途径进入血液循环:约75%直接通过瘤胃壁被吸收,20%在瓣胃和皱胃中被吸收,5%通过混在食糜中进入小肠,然后通过门静脉进入血液。碳原子含量越多的挥发性脂肪酸,吸收速度越快,丁酸吸收速度大于丙酸,乙酸吸收最慢。部分挥发性脂肪酸在通过前胃壁过程中可转化形成酮体,其中丁酸的转化可占吸收量的90%,乙酸转化量甚微。转化量超过一定限度,会使奶牛发生酮血症,这是高精料饲养反刍动物存在的潜在危险。

当给反刍动物饲喂大量易发酵的碳水化合物时,瘤胃中通过糖酵解生成乳酸的速率远远大于乳酸被利用的速率,导致瘤胃液pH急剧下降,造成乳酸中毒。瘤胃中主要的产乳酸菌(如牛链球菌)可以耐受低pH,而利用乳酸的细菌的生长和代谢活性受低pH的抑制。日粮中添加抗菌药物(如离子载体)可有效降低瘤胃中产乳酸菌的生长,缓解酸中毒;由于酸中毒会降低反刍动物的采食量、生长性能、产奶量和经济效益,同时还会增加淘汰率和死亡率,因此必须避免这种代谢障碍的发生。

反刍动物小肠细胞表达葡萄糖和果糖转运载体,可以吸收小肠中的葡萄糖、半乳糖和果糖。

瘤胃内碳水化合物发酵的化学方程式如下:

乙酸发酵:$C_6H_{12}O_6 + 2H_2O \rightarrow 2CH_3COOH + 2CO_2 + 4H_2$

丙酸发酵:$C_6H_{12}O_6 + 2H_2 \rightarrow 2CH_3CH_2COOH + 2H_2O$

丁酸发酵:$C_6H_{12}O_6 \rightarrow CH_3CH_2CH_2COOH + 2H_2 + 2CO_2$

乙酸、丁酸发酵中产生的氢被甲烷产气菌利用合成甲烷,通过嗳气排出体外。甲烷是一种高能物质，但动物不能利用，它的释放必然造成反刍动物饲料能量的损失。每消化 100 g 碳水化合物平均产生 4～5 g 甲烷。正常情况下，瘤胃产生的几乎所有甲烷、氢气及大部分的二氧化碳通过嗳气排出体外；当瘤胃内气体产生的速率远远大于气体通过嗳气排出的速率时，体内正常排出瘤胃气体的平衡会被打破，导致瘤胃胀气的发生。瘤胃胀气的主要特征为腹部严重鼓胀，造成对心脏和肺部的挤压，从而损害血液循环。导致瘤胃胀气的主要因素是反刍动物采食大量易致胀气的牧草（如豆科植物苜蓿、三叶草等）和高精料比例的日粮；对于因采食高精料比例的日粮出现的胀气可通过在日粮中添加一些粗饲料来降低其发病率。以甲烷形式损失的能量平均约占反刍动物饲料总能的 7%，控制甲烷生成是瘤胃发酵调控的重要内容之一。一般来说，饲料中粗饲料比例越高，瘤胃液中乙酸比例越高，甲烷的产量也相应越高，饲料能量利用效率则降低。而丙酸发酵时可利用氢气，所以丙酸比例高时，饲料能量利用效率也相应提高。不过，当丙酸比例过高（33%以上），乙酸比例很低时，乳用反刍家畜乳脂率会降低，甚至导致产乳量下降。

三、碳水化合物的代谢

（一）单胃动物的碳水化合物代谢

1. 单糖互变

单胃动物从日粮中获得的碳水化合物（结构性碳水化合物和非结构性碳水化合物）在机体分泌的酶的作用下，水解为单糖（半乳糖、葡萄糖、果糖、甘露糖、木糖、阿拉伯糖等），经过主动转运和被动转运吸收进入血液，通过血液运输进入机体肝脏（糖异生、肝糖原合成、氧化供能、经磷酸戊糖途径分解供能）、肾脏（糖异生）、肌肉（糖原的合成与分解）、乳腺（合成乳糖）等组织器官进行代谢，为机体提供能量。不同形式的单糖进入机体代谢的途径不同，必须通过适当变换才能进一步代谢，或一种单糖转变成另一种单糖才能满足代谢的需要，单糖在机体内转化见图 4-9。

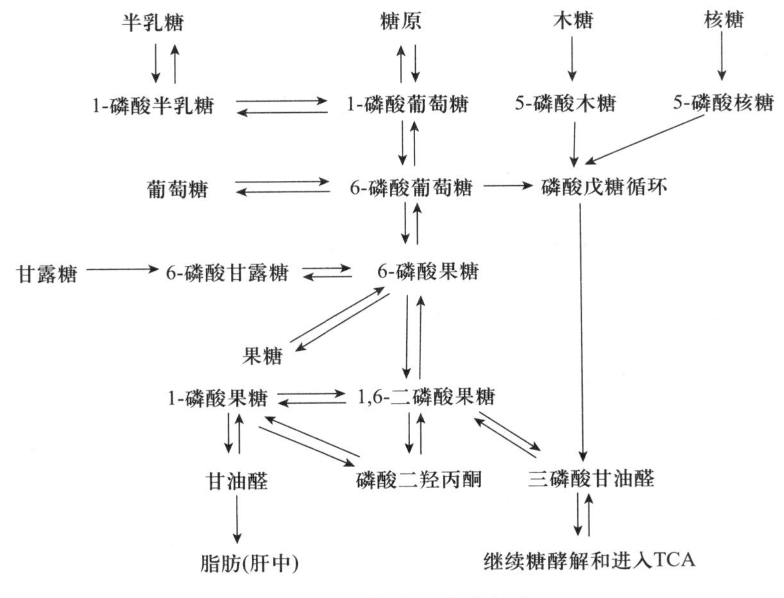

图 4-9 单糖在机体内转化

糖原在磷酸化酶的催化下生成1-磷酸葡萄糖，然后经6-磷酸葡萄糖、6-磷酸果糖转化为1,6-二磷酸果糖进入机体代谢。

葡萄糖在己糖激酶的催化下生成6-磷酸葡萄糖，6-磷酸葡萄糖在磷酸葡萄糖异构酶的作用下形成6-磷酸果糖，而后在磷酸果糖激酶的作用下生成1,6-二磷酸果糖进入机体代谢。

果糖由己糖激酶催化形成6-磷酸果糖，而后在磷酸果糖激酶的作用下生成1,6-二磷酸果糖进入机体代谢。

半乳糖在半乳糖激酶的作用下形成1-磷酸半乳糖，1-磷酸半乳糖在一系列酶的作用下形成1-磷酸葡萄糖，然后经6-磷酸葡萄糖、6-磷酸果糖转化为1,6-二磷酸果糖进入机体代谢。

甘露糖在己糖激酶的作用下生成6-磷酸甘露糖，然后在磷酸甘露糖异构酶的催化下转变为6-磷酸果糖，经1,6-二磷酸果糖进入机体代谢。

木糖、核糖经磷酸化形成5-磷酸木糖、5-磷酸核糖进入磷酸戊糖途径进行代谢。

2. 葡萄糖的分解代谢

食物的消化产物是代谢的起点，对于非反刍动物，碳水化合物消化的终产物为葡萄糖，也有少量的半乳糖、果糖、甘露糖、木糖等形式的单糖，吸收进入门静脉运送至肝脏。葡萄糖在机体内的代谢主要有无氧酵解、有氧氧化和磷酸戊糖循环三条途径。

(1)无氧酵解　无氧酵解是指在无氧条件下，葡萄糖经一系列酶的作用分解形成2分子丙酮酸，并为机体提供能量的过程。这一途径由OttoF. Meyerhof发现并因此获得1922年诺贝尔生理或医学奖。糖酵解发生在动物细胞的细胞液中，在没有线粒体的细胞中(如哺乳动物红细胞和细菌中)，丙酮酸由NADH+H^+还原生成乳酸。在限制氧气供应的情况下，含有线粒体的细胞内会产生大量的乳酸。糖酵解对动物的营养与生理具有极其重要的意义，可以通过该途径为缺氧的细胞、厌氧微生物、哺乳动物的红细胞等提供能量。1 mol葡萄糖经糖酵解可生成5～7 molATP。糖酵解的中间产物可为动物机体的生物合成提供中间体，如6-磷酸葡萄糖是嘌呤和嘧啶核苷酸合成过程中所需5-磷酸核糖的前体物；3-磷酸甘油和磷酸二羟丙酮是合成甘油三酯和磷酸甘油的前体物。

(2)有氧氧化　有氧条件下，葡萄糖分解代谢形成的丙酮酸继续进行有氧分解，最终形成二氧化碳和水，并为机体提供能量，这个过程分为三羧酸循环(也叫柠檬酸循环)和氧化磷酸化两个阶段。三羧酸循环是在细胞的线粒体中进行的，丙酮酸通过三羧酸循环进行脱羧和脱氢反应，羧基形成二氧化碳。反应产生的氢原子则随载体(NAD^+、FAD)进入电子传递链，经过氧化磷酸化作用，形成水分子并将释放出的能量合成ATP。1 mol葡萄糖经有氧氧化可净生成30～32 molATP。

(3)磷酸戊糖循环　在动物细胞中磷酸戊糖途径是葡萄糖氧化的途径之一，在动物肝脏、脂肪组织、骨髓、泌乳期的乳腺、性腺、红细胞等组织细胞内均存在磷酸戊糖途径。与糖酵解和三羧酸循环相比，葡萄糖通过磷酸戊糖途径没有生成ATP，代谢生成的磷酸核糖和NADPH+H^+为机体合成脂肪、核酸和核苷酸等提供原料。磷酸戊糖途径可使1 mol的葡萄糖完全氧化得到12 mol NADPH，同时产生6 mol CO_2。从磷酸戊糖途径看，6 mol的6-磷酸葡萄糖进入磷酸戊糖途径，再生成5 mol的6-磷酸葡萄糖，产生6 mol的CO_2和12 mol NADPH+H^+。

3. 葡萄糖的合成代谢

(1)糖原的合成　能量供应充足的情况下，机体从肠道吸收的单糖转变为葡萄糖，葡萄糖在己糖激酶、磷酸葡萄糖变位酶、UDP-葡萄糖焦磷酸化酶、糖原合成酶和糖原分支酶的作用下，在肝脏和肌肉组织的细胞质中合成肝糖原和肌糖原。糖原的合成不仅有利于葡萄糖的储存，而且还可调节血糖浓度。肝糖原只有在动物采食后血糖升高条件下才可能合成。肌糖原生成基本上与采食无关。

(2)乳糖的合成　乳糖是以哺乳动物乳腺中的葡萄糖和半乳糖为原料，通过乳糖合成酶催化，在乳腺上皮细胞中合成，乳糖合成酶是乳糖合成过程中的主要限速酶(合成过程详见泌乳的营养需要章节)。

(3)体脂肪的合成　机体在能量供应充足的情况下，葡萄糖经糖酵解生成丙酮酸，丙酮酸在丙酮酸脱氢酶复合体催化下生成乙酰 CoA，乙酰 CoA 可转出线粒体，机体以乙酰 CoA 为原料，合成长链脂肪酸，合成体脂肪沉积。不同种类动物合成体脂肪的能力差异大；自由采食的动物在合成体脂肪能力上比限饲的动物强。

(二)反刍动物的碳水化合物代谢

反刍动物不能利用葡萄糖合成长链脂肪酸，除此以外，反刍动物体内葡萄糖代谢与非反刍动物相同。

从碳水化合物消化吸收过程可知，反刍动物与单胃动物不同，不能从消化道吸收大量的葡萄糖，但葡萄糖对于反刍动物具有非常重要的生理作用，是肝糖原、肌糖原合成的前体物，是神经组织(特别是大脑)和红细胞的主要能量来源。因此，反刍动物机体代谢所需的大量葡萄糖必须经糖异生作用提供。

(1)糖异生　由非糖物质转变为葡萄糖和糖原的过程称为糖异生。糖异生的原料主要有生糖氨基酸、乳酸、丙酸、甘油和三羧酸循环中的各种羧酸等。肝脏是糖异生的主要器官，肾脏(皮质)也具有糖异生的能力。

反刍动物瘤胃发酵产生的丙酸是糖异生的主要前体物，丙酸在丙酰辅酶 A 合成酶、丙酰辅酶 A 羧化酶等酶的作用下，先后转化成丙酰辅酶 A、琥珀酰辅酶 A、琥珀酸、延胡索酸、苹果酸，苹果酸穿过线粒体膜进入胞质中转换为草酰乙酸、磷酸烯醇式丙酮酸，最后生成葡萄糖。

乳酸也是机体糖异生的前体物之一，动物机体在糖酵解过程中产生的丙酮酸在乳酸脱氢酶的作用下进一步代谢产生乳酸，这是一个可逆反应，如果机体乳酸的量蓄积过多，会转换为丙酮酸、草酰乙酸，进而转化为葡萄糖和糖原。

糖异生途径对于反刍动物是极其重要的碳水化合物代谢途径。体内所需葡萄糖的 90% 或更多都是来源于糖原异生，最主要的生糖物质是丙酸。因此，反刍动物机体丙酸产生数量的不足，会导致机体糖异生途径受阻，进而影响机体的健康和生产性能的发挥。

(2)挥发性脂肪酸的代谢　单胃动物碳水化合物消化产物以葡萄糖为主，而反刍动物则是以挥发性脂肪酸为主。挥发性脂肪酸由瘤胃吸收入血转运至各组织器官，反刍动物组织中有许多促进挥发性脂肪酸利用的酶系。

挥发性脂肪酸可氧化供能，反刍动物由挥发性脂肪酸提供的能量占吸收的营养物质总能的 2/3。奶牛组织中 50% 的乙酸，2/3 的丁酸和 25% 的丙酸都经氧化提供能量。乙酸可用于体脂肪和乳脂肪的合成，丁酸也可用于脂肪的合成。丙酸可用于葡萄糖和乳糖的合成。丙酸和丁酸在肝脏中代谢。60% 的乙酸在外周组织(肌肉和脂肪组织)代谢，只有 20% 在肝脏代谢，还有少量在乳腺中参与乳脂肪合成。

非反刍动物挥发性脂肪酸的代谢途径与反刍动物相同。

第三节　非淀粉多糖的利用

一、非淀粉多糖的概念与分类

非淀粉多糖(non-starch polysaccharides,NSP)是由若干单糖通过β-1,4-糖苷键连接成的多聚体复合碳水化合物。即不是淀粉的多糖类,主要包括纤维素、半纤维素、果胶、阿拉伯木聚糖、β-葡聚糖、甘露聚糖、半乳聚糖等。按照水溶性的不同,非淀粉多糖可分为可溶性非淀粉多糖(SNSP)和不可溶性非淀粉多糖(ISNSP);SNSP是指植物样品中除去淀粉和蛋白质后,在水中可溶,但不溶于80%乙醇的多糖成分,其主要成分为阿拉伯木聚糖、β-葡聚糖、甘露聚糖、半乳聚糖等;ISNSP指经上述提取后剩余物中,再除去脂肪、灰分、木质素等非糖物质后剩余部分。

二、非淀粉多糖的营养作用

(1)提供能量　NSP经瘤胃和盲肠微生物分解可产生各种挥发性脂肪酸,如乙酸、丙酸和丁酸。研究表明,NSP类物质通过大肠微生物作用,产生的挥发性脂肪酸,可满足生长猪维持需要的10%～30%。另外,饲粮纤维在瘤胃中发酵产生的挥发性脂肪酸是反刍动物主要的能源物质,挥发性脂肪酸能为反刍动物提供能量需要的70%～80%,可见饲粮纤维发酵对反刍动物能量代谢的重要意义。不同动物盲肠碳水化合物发酵产生的各种挥发性脂肪酸(VFA)比例见表4-2。

表4-2　不同动物盲肠碳水化合物发酵产生的各种VFA比例　%

动物	乙酸	丙酸	丁酸
猪	40～75	15～36	5～10
人	45～70	19～38	5～14
兔	75～82	8～11	8～17
马	67	14	14
牛	65～75	18～23	4～6

(2)NSP对营养物质摄入的调控作用　现代动物生产中通过NSP对采食量的调控,或利用NSP降低日粮营养浓度,可实现对营养物质摄入的调控。如母猪妊娠前期,为防止母猪长得过肥,需降低其日粮营养浓度,NSP可稀释日粮营养浓度,同时又因为NSP容积大的物理特性使动物有饱腹感。

(3)日粮中NSP的物理作用　一定量的NSP可刺激消化道黏膜,促进胃肠蠕动,进一步促进胃肠道的充分发育和成熟,研究表明,饲喂高水平苜蓿粉的猪,其胃、小肠、盲肠、结肠的重量均显著提高。

另外,NSP容积大、吸水强,从而可充实胃肠道,使动物采食后产生饱腹感。同时,NSP可维持反刍动物瘤胃的正常功能,淀粉和中性洗涤纤维(NDF)是瘤胃内产生挥发性脂肪酸的主要底物,淀粉在瘤胃内发酵比NDF更快,若日粮中纤维水平过低,淀粉迅速发酵,大量产酸,降低瘤胃液的 pH,抑制纤维分解菌的活性,严重时导致酸中毒。因此适量的 NSP 可防止瘤胃酸中毒以及瘤胃黏膜溃疡。NRC(2004)推荐泌乳牛饲粮至少应含 19%~21%的酸性洗涤纤维(ADF)或 25%~28%的 NDF,并且饲粮中的 NDF 总量中的 75%必须由粗饲料提供。

(4)NSP 的代谢效应　NSP 可增加胆汁排泄,胃、胰腺分泌,NSP 与胆汁结合降低胆固醇的肠肝循环,有效降低血清的胆固醇水平。

(5)其他作用　NSP 可吸附饲料或消化道中的某些有害物质,使其排出体外。适量的饲粮 NSP 在后肠发酵,可降低后肠内容物的 pH,抑制病原菌的生长,防止仔猪腹泻的发生。NSP 还可改善畜产品品质,如在生长育肥猪的后期增加日粮中的 NSP,可减少脂肪贮存,提高胴体的瘦肉率。奶牛日粮中维持适宜的 NSP 水平,可以提高乳脂率。

三、非淀粉多糖的抗营养作用

NSP 公认的抗营养作用一方面在于该类物质在细胞壁中与木质素结合存在,使 NSP 难以消化。另一方面 NSP 作为植物细胞壁成分,在一定程度上影响细胞内容物中其他营养物质与消化酶的接触,降低动物对它们的消化利用。动物种类不同采食饲料不同,NSP 的负面营养作用表现不同。可溶性 NSP 的抗营养作用日益受到关注。可溶性 NSP 具有黏性,可增加食糜的黏性,抗营养作用明显。

(1)降低采食量　1 g 可溶性 NSP 可以结合约 13.5 g 的水分。这就相当于在肠道中形成了一团一团的胶状物,导致动物的饱腹感增加,从而降低采食量。研究表明,日粮 NSP 含量低于 100 g/kg 时,日粮中 NSP 每提高 1%,猪的采食量提高 3%。若日粮 NSP 高于 100 g/kg 时,则猪的采食量反而下降。

(2)降低有效能值及养分消化率　NSP 包裹着其他营养物质,就像一道物理屏障,使消化酶难以接近,从而影响消化吸收,进而降低饲料消化能及养分消化率。小麦中水溶性 NSP 越高,其表观代谢能值就越低,各种谷物水溶性 NSP(主要是 β-葡聚糖和阿拉伯木聚糖)含量和能量代谢率呈负相关。通过猪的试验表明,NSP 每增加 1%,饲料消化能浓度下降 0.5~0.8 MJ。家禽对日粮中养分的消化率也会随着日粮中可溶性 NSP 含量的增加既而下降。比如高粱日粮中加入 3%水溶性 NSP,肉仔鸡日增重、饲料转化效率分别下降了 24.6%和 11.2%。

反刍动物虽能大量消化利用 NSP 物质,但饲料中 NSP 过多时,使饲料消化率降低,不能提供较多的有效能,如果木质化程度过高时,对瘤胃、网胃消化后营养物质的吸收造成负面影响,同时,降低了饲料的可利用能值。

(3)改变肠道菌群结构　小肠内未被消化吸收的营养物质转移到后肠,给微生物提供生长的基质,导致微生物的种类和数量增加,微生物菌群结构很有可能就会失调。

(4)增加内源性物质损失　NSP 与酶结合,导致产生代偿性分泌酶。刺激肠道蠕动,增加内源性物质(蛋白质、脂类、矿物质)分泌。

(5)产生黏性粪便　试验表明,将黑麦水溶性提取物加入玉米基础日粮中会引起黏性粪便和生长抑制。用大麦基础日粮饲喂肉鸡,使肉鸡生长速度减缓并产生黏性粪便;肉仔鸡玉米基础日粮中加入 10%由大麦提取的 β-葡聚糖,食糜上清液相对黏度从 2.16 增加到 6.27。在家禽中,有研究显示,食糜黏度每增加一个厘泊(黏度单位),料肉比就几乎下降 2 个点。

四、降低 NSP 抗营养作用的措施

(一)外源添加酶制剂

NSP 酶制剂可把 NSP 切割成较小的聚合物,大幅度降低水溶性 NSP 的黏性,从而降低了食糜的黏性。另外,NSP 酶制剂能破坏细胞壁结构,释放被细胞壁 NSP 网状结构束缚的营养物质,从而提高饲料能量和各种养分的消化率。大量的试验证明,日粮中添加酶制剂,可显著提高肉鸡日增重与饲料转化效率,减少鸡的水状黏性粪便,能改善鸡舍卫生条件,减少脏蛋,减少胸部损伤和呼吸道疾病的发生。

可以将大团的 NSP 胶团切成小团,降低食糜的黏度,将原本被 NSP 包裹的营养物质暴露出来,这时动物自身的消化酶便可以发挥作用了。因此,将 NSP 酶与其他消化酶一起使用,效果往往更佳。

NSP 可以被多种 NSP 酶完全分解为可被吸收的单糖,从而直接达到提高消化吸收的效果。由于家禽消化道较短,对 NSP 的耐受性较差,使 NSP 对家禽营养的负效应更明显。

(二)水处理

对饲料进行水处理后,可除去水溶性 NSP。水处理的效果与饲料中的水溶性 NSP 的含量有关,水处理大麦和小麦的效果较好,因大麦和小麦中的水溶性 NSP 的含量较高。

本章小结

碳水化合物是由碳、氢、氧三种元素组成的多羟基醛或多羟基酮以及能水解产生上述产物的化合物的总称。碳水化合物按照组成结构分为单糖、寡糖(低聚糖)、多糖和其他成分。按照常规营养分析方法,碳水化合物包括无氮浸出物和粗纤维。前者主要由易被动物利用的淀粉、菊糖、双糖、单糖等可溶性碳水化合物组成。粗纤维是植物细胞壁的主要组成部分,包括纤维素、半纤维素、木质素及角质等成分。

碳水化合物营养生理功能主要有供能贮能、构成动物机体组织的成分、合成乳脂和乳糖、合成非必需氨基酸及其他作用。

反刍动物与单胃动物在消化道结构与功能上存在较大差异,造成其对碳水化合物的消化、吸收、代谢方面存在不同。

单胃动物猪、禽对碳水化合物的消化方式以化学性消化为主,微生物消化为辅,非反刍草食动物马、驴盲肠、结肠较为发达,消化方式以微生物消化为主,化学性消化为辅。单胃动物猪、禽以小肠消化为主,口腔、胃、盲肠、结肠消化为辅;马等非反刍草食动物以盲肠、结肠消化为主,胃、小肠消化为辅。消化的终产物,猪、禽以葡萄糖为主,挥发性脂肪酸(VFA)为辅;马等非反刍草食动物以 VFA 为主,葡萄糖为辅。水解产生的单糖经主动转运吸收入血液。非反刍草食动物马大肠中吸收的 VFA 的代谢与反刍动物类同。

反刍动物对碳水化合物的消化部位以瘤胃为主,小肠、大肠为辅。消化方式以微生物消化为主,化学性消化为辅。消化的终产物以 VFA 为主,葡萄糖为辅。分解产生的 VFA 有 75% 直接从瘤胃和网胃吸收,20% 从真胃和瓣胃吸收,5% 随食糜进入小肠后吸收;产生的二氧化碳、甲烷通过嗳气的形式从口腔排出体外。肠道吸收的 VFA 主要用于合成机体组织和氧化供能。

非淀粉多糖是由若干单糖通过糖苷键连接成的多聚体复合碳水化合物。按照水溶性的不同可分为可溶性非淀粉多糖和不可溶性非淀粉多糖。非淀粉多糖的抗营养作用，以及降低NSP抗营养作用的措施。

复习思考题

1. 碳水化合物的元素组成及分类。
2. 碳水化合物营养生理功能有哪些？
3. 单胃动物对碳水化合物消化、吸收、代谢的特点？
4. 反刍动物对碳水化合物消化、吸收、代谢的特点？
5. 单胃动物与反刍动物对碳水化合物消化、吸收、代谢的异同。
6. 什么是非淀粉多糖？非淀粉多糖有哪些营养与抗营养作用？在实际生产中如何降低或消除非淀粉多糖的抗营养作用？

第五章 脂类营养

脂类是一类存在于动物、植物和微生物组织中，不溶于水但溶于乙醚、苯、氯仿等有机溶剂的物质。概略养分分析中称其为乙醚浸出物(粗脂肪)，是饲料中含能量最高的一类物质，也是动物体能量的重要来源，在营养代谢过程中主要有电子载体、酶促反应中底物的载体、生物膜的组成成分和能量储备的功能。

本章主要介绍脂类的概念与分类、主要特性及营养生理功能、脂类在动物体内的消化吸收过程、必需脂肪酸等内容。

第一节 脂类的组成与功能

一、脂类的概念与分类

脂类是一类不溶于水但溶于苯、乙醚、氯仿等非极性有机溶剂的高度还原性分子，主要存在于动植物组织中。

脂类分类方法较多，根据是否可皂化分为可皂化脂类和非皂化脂类，根据化学结构可分为简单脂类和复合脂类。脂类的分类、组成及来源见表 5-1。

简单脂类是动物营养中最重要的脂类物质，它是一类不含氮的有机物质。甘油三酯是最重要的简单脂类，主要存在于植物籽实和动物脂肪组织中；蜡质主要存在于植物表面和动物羽、毛表面，某些海洋动物体内也沉积蜡质。

复合脂类属于动植物细胞中的结构物质，平均占细胞膜干物质的一半以上。植物叶中脂类含量占总干物质 3%～10%，其中 60%以上是复合脂类。动物肌肉组织中的脂类，60%～70%是磷脂类。

非皂化脂类在动植物体内种类甚多，但含量少，常与动物特定生理代谢功能相联系。

表 5-1 脂类的分类、组成及来源

分类	名称	组成	来源
(一)可皂化脂类			
1. 简单脂类	甘油三酯	甘油+3 脂肪酸	动植物
	蜡质	长链醇+脂肪酸	动植物
2. 复合脂类			
(1)磷脂类	磷脂酰胆碱	甘油+2 脂肪酸+磷酸+胆碱	动植物
	磷脂酰乙醇胺	甘油+2 脂肪酸+磷酸+乙醇胺	动植物
	磷脂酰丝氨酸	甘油+2 脂肪酸+磷酸+丝氨酸	动植物
(2)鞘脂类	鞘磷脂	鞘氨醇+脂肪酸+磷酸+胆碱	动物
	脑苷脂	鞘氨醇+脂肪酸+糖	动物
(3)糖脂类	半乳糖甘油酯	甘油+2 脂肪酸+半乳糖	植物
(4)脂蛋白质	乳糜微粒等	蛋白质+甘油三酯+胆固醇+磷脂+糖	动物血浆
(二)非皂化脂类			
1. 固醇类	胆固醇	环戊烷多氢菲衍生物	动物
	麦角固醇	环戊烷多氢菲衍生物	高等植物、细菌、藻类
2. 类胡萝卜素	β-胡萝卜素等	萜烯类	植物
3. 脂溶性维生素	维生素 A,维生素 D,维生素 E,维生素 K		动植物

二、脂类的主要特性

脂类,特别是简单脂类由于所含脂肪酸种类不同而具有不同特性。脂类的主要性质包括水解特性、氧化酸败和氢化作用。

1. 脂类的水解特性

脂类在稀酸或强碱溶液中发生反应,产生甘油和脂肪酸(或脂肪酸盐)的过程称为脂类水解。脂类在稀酸的作用下,会迅速水解生成甘油和脂肪酸(图 5-1);这个脂肪酸盐通常被称为肥皂。因此常常把有碱参与的油脂水解反应称为皂化反应(图 5-2)。脂类在碱的作用下,水解产物是甘油和脂肪酸盐。1 g 油脂完全皂化所消耗的 KOH 的毫克数,就称为皂化值。皂化值的大小可反映油脂平均相对分子质量的大小,因此可根据皂化值的大小,来判断油脂中所含三酰甘油的平均相对分子质量,也可以用来检验油脂的质量,不纯的油脂皂化值低。

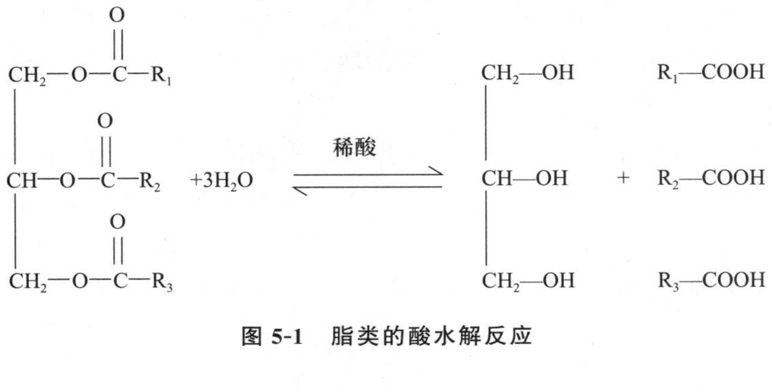

$$\begin{array}{l} CH_2-O-\overset{O}{\overset{\|}{C}}-R_1 \\ | \\ CH-O-\overset{O}{\overset{\|}{C}}-R_2 \\ | \\ CH_2-O-\overset{O}{\overset{\|}{C}}-R_3 \end{array} + 3H_2O \xrightleftharpoons{\text{稀酸}} \begin{array}{l} CH_2-OH \\ | \\ CH-OH \\ | \\ CH_2-OH \end{array} + \begin{array}{l} R_1-COOH \\ \\ R_2-COOH \\ \\ R_3-COOH \end{array}$$

图 5-1 脂类的酸水解反应

$$
\begin{array}{l}
CH_2-O-\overset{\overset{O}{\|}}{C}-R_1 \\
| \\
CH-O-\overset{\overset{O}{\|}}{C}-R_2 \\
| \\
CH_2-O-\overset{\overset{O}{\|}}{C}-R_3
\end{array}
+ 3\ KOH \xrightarrow[\text{加热}]{\text{皂化}}
\begin{array}{l}
CH_2-OH \\
| \\
CH-OH \\
| \\
CH_2-OH
\end{array}
+
\begin{array}{l}
R_1-COOK \\
\\
R_2-COOK \\
\\
R_3-COOK
\end{array}
$$

图 5-2 脂类的碱水解(皂化)反应

饲料中的脂类除可在稀酸或强碱溶液中水解外,微生物产生的脂酶也可催化脂类水解。尽管水解对脂类营养价值没有影响,但水解产生的某些脂肪酸有特殊异味或酸败味,影响饲料适口性。脂肪酸碳链越短(特别是 4～6 个碳原子的脂肪酸),异味越浓,因此要避免饲料中脂类的这种水解过程。

2. 脂类的氧化酸败

不饱和脂肪酸中双键两侧的碳原子在过氧化物酶的催化下很容易被氧化。脂肪的氧化分为两类:自动氧化和微生物氧化。

自动氧化是一种由自由基激发的氧化反应,是指在室温下,脂质与空气中的氧气发生反应,先形成脂质过氧化物,然后脂质过氧化物再与脂肪分子反应形成氢过氧化物,当氢过氧化物达到一定浓度时,则会分解形成短链的醛以及醇,使脂肪出现酸败味。

脂类的微生物氧化是一个由酶催化的氧化过程。存在于植物饲料中的脂氧化酶或微生物产生的脂氧化酶最容易使不饱和脂肪酸氧化。酶催化的反应与自动氧化一样,都会产生过氧化物、醛以及醇等产物,但反应形成的过氧化物在同样的温度与湿度条件下比自动氧化多。

油脂在氧化过程中,会产生如氢过氧化物、醛类、环氧化物、二聚物、反式脂肪酸等有毒有害物质,这些物质会损伤动物的消化器官,降低免疫力。而且脂类氧化会影响肉的色泽、保存时间,进而影响畜禽肉品质。脂类氧化酸败不仅降低脂类营养价值,还产生不适宜气味,降低饲料适口性。油脂的氧化酸败与不饱和脂肪酸含量有关,不饱和脂肪酸含量越高,越容易发生氧化酸败。常用油脂中饱和、不饱和脂肪酸的比例见表 5-2。因此饲料在加工过程中,要重视饲料安全与原料选择,选用合格的油脂。尤其是对含不饱和脂肪酸比例高的原料,如鱼油、亚麻油,要注意抗氧化处理。

表 5-2 常用油脂中饱和、不饱和脂肪酸的比例 %

油脂种类	饱和脂肪酸比例	不饱和脂肪酸比例
橄榄油	10.0	90.0
茶油	14.1	85.9
葵花籽油	16.4	83.6
色拉油	17.2	82.8
芝麻油	18.2	81.8
玉米油	19.6	80.4

续表 5-2

油脂种类	饱和脂肪酸比例	不饱和脂肪酸比例
菜籽油	21.1	79.9
豆油	21.6	79.4
花生油	24.4	75.6
猪油	45.9	54.1
棕榈油	46.0	54.0
牛油	66.1	33.9

判断油脂是否氧化酸败，可以用酸价表示，酸价是衡量饲料油脂品质高低的指标，指中和1 g脂肪中游离脂肪酸的KOH的毫克数。酸价越高，酸败越严重，表明营养价值越低。

3. 脂肪酸氢化

在催化剂或酶作用下，不饱和脂肪酸的双键可以得到氢而变成饱和脂肪酸，这一过程称为脂肪酸的氢化。氢化使脂肪硬度增加，不易氧化酸败，有利于贮存，但也损失必需脂肪酸。例如油酸转化为硬脂酸。

$$CH_3(CH_2)_7CH=CH(CH_2)_7COOH(\text{油酸})+H_2 \rightarrow CH_3(CH_2)_{16}COOH(\text{硬脂酸})$$

在反刍动物体内，饲料中的脂肪首先被水解产生脂肪酸，不饱和脂肪酸在瘤胃中进一步氢化，产生硬脂酸。这也就可以解释反刍动物饲料中含有大量不饱和脂肪酸，但是体内的脂肪却高度饱和。

此外，瘤胃微生物对不饱和脂肪酸的生物氢化作用，限制了其转化效率，使乳脂肪酸组成的调控难以达到理想的效果。氢化的程度主要由瘤胃内环境决定，如瘤胃pH、金属离子浓度等，脂肪酸来源、水平、脂肪酸之间的相互作用以及其他营养因素等均会对脂肪酸的氢化造成影响。

三、脂类的营养生理作用

(一)脂类的供能贮能作用

1. 脂类是动物体内重要的能源物质

脂类是含能最高的营养素，1 g脂肪在体内完全氧化时可释放出38 kJ(9.3 kcal)的能量，比1 g糖原或蛋白质所释放的能量多两倍以上。直接来自饲料或体内代谢产生的游离脂肪酸、甘油酯，都是动物维持和生产的重要能量来源。动物生产中常基于脂肪适口性好，含能高的特点，用补充脂肪的高能饲料提高生产效率。饲料脂肪作为供能营养素，热增耗最低。消化能或代谢能转化为净能的效率比蛋白质和碳水化合物高5%～10%。鱼、虾类等水生动物由于对碳水化合物特别是多糖利用率低，故脂肪作为能源物质的作用显得特别重要。

2. 脂肪的额外能量效应

饲料中添加一定水平的油脂替代等能值的碳水化合物和蛋白质，使消化过程中能量消耗减少，热增耗降低，使饲料的净能增加，这种效应就称为脂肪的额外能量效应或脂肪的增效作用。当植物油和动物脂肪同时添加时效果更加明显。

脂肪额外能量效应的可能机制：①脂肪酸可直接沉积在体脂内，减少由饲料碳水化合物合成体脂的能量消耗；②脂肪能适当延长食糜在消化道的时间，有助于其中的营养素更好地被消化吸收；③饱和脂肪和不饱和脂肪间存在协同作用，不饱和脂肪酸键能高于饱和脂肪酸，促进饱和脂肪酸分解代谢；④脂肪的抗饥饿作用使动物更安静，用于活动的维持需要减少，用于生产的净能增加。

3. 脂肪是动物体内主要的能量贮备形式

动物摄入的能量超过需要量时，多余的能量则主要以脂肪的形式贮存在体内。当动物采食能量不足时，机体会分解这些脂肪进行供能。某些动物体中沉积脂肪具有特别的营养生理意义。初生的哺乳动物（猪除外），如初生羔羊、犊牛、人类婴儿等颈部、肩部、腹部有一种特殊的脂肪组织，称为褐色脂肪（brown fat），是颤抖生热的能量来源，这种脂肪含有大量线粒体，这种线粒体的特点是含有大量红褐色细胞色素，能形成热能，由血液输送到机体的其他部位起维持体温的作用。

（二）脂类是构成动物体组织的重要成分

脂类是动物体各类组织器官的组成成分，如神经、肌肉、骨骼、皮肤及血液组成中均含有脂肪，除简单脂类参与体组织的构成外，大多数脂类，特别是磷脂和糖脂是细胞膜的重要组成成分。糖脂可能在细胞膜传递信息的活动中起着载体和受体作用。

（三）其他作用

1. 防护作用

动物体内的脂肪具有减少机体热量损失，维持体温恒定，减少内部器官之间摩擦和缓冲外界压力的作用。某些动物体中沉积脂肪具有特殊的营养生理意义。高等哺乳动物皮肤中的脂类还具有抵抗微生物侵袭，保护机体的作用。禽类尤其是水禽，尾脂腺中的脂肪对羽毛的抗湿作用特别重要。沉积于动物皮下的脂肪还具有良好绝热作用，在冷环境中可防止体热散失过快，对生活在水中的哺乳动物显得更重要。

2. 促进脂溶性维生素的吸收

脂类作为溶剂对脂溶性营养素或脂溶性物质的消化吸收极为重要。鸡饲料含 0.07％的脂类时，胡萝卜素吸收率仅 20％，饲料脂类增到 4％时，吸收率提高到 60％。

3. 供给机体所需的必需脂肪酸

脂类物质还可以为机体提供所需的脂肪酸，如亚油酸和亚麻酸是动物机体不能合成的，是动物生理所必需的脂肪酸，只能从食物中摄取。而哺乳动物可以通过△-9 去饱和酶把饱和脂肪酸变成不饱和脂肪酸。

4. 代谢水的重要来源

生长在沙漠的动物氧化脂肪既能供能又能供水。每克脂肪氧化比碳水化合物多生产水 67％～83％，比蛋白质产生的水多 1.5 倍左右。

5. 磷脂的乳化特性

磷脂分子中既含有亲水的磷酸基团，又含有疏水的脂肪酸链，因而具有乳化剂特性。可促进消化道内形成适宜的油水乳化环境，并在血液中脂质的运输以及营养物质的跨膜转运等方面发挥重要作用。动植物体中最常见的磷脂是卵磷脂，用作幼龄哺乳动物代乳料中的乳化剂，有利于提高饲料中脂肪和脂溶性营养物质的消化率，促进生长。

6. 胆固醇的生理作用

胆固醇对动物机体具有重要作用，是构成细胞膜的重要原料，维持细胞膜的完整性；促进脂肪类物质消化吸收；是合成雄性和雌性激素的原料；还可以合成肾上腺皮质激素及维生素D_3；更是血管健康清道夫，有利于血管的健康。但胆固醇对健康具有两面性，胆固醇摄入过多，就会引起高胆固醇血症，进而形成冠状动脉粥样硬化性心脏病等。

第二节　脂类的消化与吸收

脂类由于是非极性的，不能与水混溶，所以必须先使其形成一种能溶于水的乳糜微粒，才能通过小肠微绒毛被吸收。上述过程概述为：脂类水解→水解产物形成可溶的微粒→小肠黏膜摄取这些微粒→在小肠黏膜细胞中重新合成甘油三酯→甘油三酯进入血液循环。单胃动物和反刍动物机体内部都有上述过程，但具体的机制却存在差异。

一、单胃动物脂类的消化与吸收

单胃动物脂肪的消化开始于口腔和胃，但大多数消化发生在小肠。猪可以消化饲料中至少20%的脂肪（包括甘油三酯）。马的饲料中脂肪的含量一般在4%～5%，马对其消化率高达20%以上。

单胃动物对脂肪的消化和吸收大概分为5个步骤：通过脂肪酶水解脂肪；脂肪消化产物在小肠中溶解；小肠的肠上皮细胞通过顶端膜摄取溶解的产物；甘油三酯的再合成，乳糜微粒、初级的低密度脂蛋白和早期的高密度脂蛋白在小肠上皮细胞中的组装；脂蛋白分泌到淋巴循环或门静脉。

（一）脂类的消化

（1）口腔和胃中的消化　单胃动物胃脂肪酶和幼龄动物口腔的脂肪酶对饲料中脂肪的消化作用甚微。猪胃脂肪酶仅对短、中链脂肪酸组成的脂类有一定的消化作用。幼龄动物在胰液和胆汁分泌机能尚未发育健全以前，口腔舌腺分泌的脂肪酶对乳脂具有较好的消化作用，但随年龄增加，此酶分泌减少。此外，从十二指肠逆流进入胃中的胰脂酶对脂类也有一定程度的消化作用。

（2）小肠中的消化　小肠是单胃动物脂类消化的主要场所。饲料脂类进入十二指肠后，随着胃肠的蠕动，立即与大量胰液及胆汁混合。胆汁中的胆汁酸盐使脂肪乳化，并形成水包油的乳糜微粒，以便于脂肪与胰液在油-水界面处充分接触并相溶，进而促进脂肪的消化。胰液中含有胰脂酶、辅脂酶、磷脂酶、胆固醇酯酶等多种消化酶，其中胰脂酶将甘油三酯水解成甘油一酯和游离脂肪酸；磷脂被磷脂酶水解成溶血磷脂和脂肪酸；胆固醇酯酶将胆固醇酯水解成胆固醇和脂肪酸。

胆汁与脂类消化产物一起形成亲水的、利于吸收的混合微粒，在微粒中，极性基团向外排列与水紧密接触，非极性基团向内，可携带大量的非极性化合物，如固醇、脂溶性维生素、类胡萝卜素等，从而有利于这些物质的吸收。同时，混合微粒的形成增加了脂类复合物在水中的溶解度。

（3）大肠中的消化　胃和小肠中未消化的脂类物质进入大肠，在微生物分泌的脂肪酶的作用下，将甘油三酯水解为脂肪酸和甘油，甘油进一步被微生物分解转化成挥发性脂肪酸。不饱和脂肪酸在微生物产生的酶作用下可转化成饱和脂肪酸，胆固醇转化成胆酸。

(二)脂类的吸收

单胃哺乳动物脂类的吸收主要发生在空肠，十二指肠和回肠也有少量的吸收能力。

肠上皮细胞对脂类的吸收主要是甘油一酯、磷脂和少量的甘油三酯通过脂质膜的简单扩散进入小肠的肠上皮细胞。脂质消化产生的长链脂肪酸发生可逆反应与细胞脂肪酸结合蛋白生成脂酰辅酶 A，此酶可以参与甘油三酯的再合成。

单胃动物吸收脂肪的消化产物主要依靠微粒途径。相当一部分固醇、脂溶性维生素、类胡萝卜素等非极性物质，甚至包括部分甘油三酯都随着脂类—胆盐微粒吸收。脂类水解产物通过易化扩散过程吸收。鸡的吸收过程不需要胆汁参加，脂肪酸与载体蛋白形成复合物运转。一般而言，脂肪微粒吸收是一个不耗能的被动载体转运过程，但进入吸收细胞后，重新合成脂肪则需要能量，只有短链或中等链长的脂肪酸吸收后直接经门静脉血转运而不耗能。

胆盐的吸收情况各异。猪等哺乳动物主要在回肠以主动方式吸收。能溶于细胞膜中脂类的未分解胆酸在空肠以被动方式吸收。禽的整个小肠都能主动吸收胆盐，但回肠吸收相对较少，各种动物吸收的胆汁经门静脉血到肝脏，再从胆囊分泌重新进入十二指肠，形成胆汁肠肝循环。单胃动物饲料脂肪的消化、吸收大致过程见图 5-3。

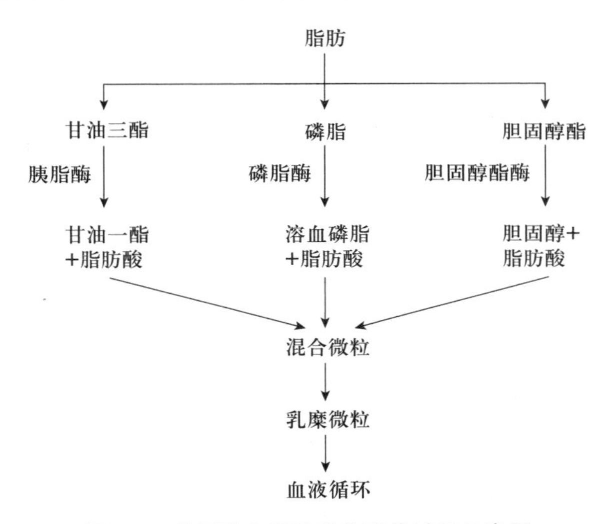

图 5-3　单胃动物脂肪消化吸收过程示意图

二、反刍动物脂类的消化与吸收

(一)脂类的消化

瘤胃尚未发育成熟的反刍动物，脂类的消化与单胃动物相同。成年反刍动物与单胃动物对脂类的消化，主要区别在于瘤胃。

1. *瘤胃的消化*

瘤胃脂类的消化，实质上是微生物的消化，饲料脂类进入瘤胃后，由瘤胃细菌产生的脂肪酶把甘油三酯分解成为脂肪酸和甘油，甘油很快被微生物分解转化成挥发性脂肪酸。细菌分泌的磷脂酶将磷脂水解。结果是使脂类的质和量发生明显变化。

(1)氢化作用　饲料脂肪进入瘤胃后,很快被微生物脂肪酶水解,脂肪水解的终产物主要为游离脂肪酸和甘油,其中90%以上的含多个双键的不饱和脂肪酸经微生物酶的作用,被氢化变成饱和脂肪酸,不饱和脂肪酸减少。甘油被迅速分解生成丙酸。氢化作用必须在脂类水解释放出不饱和脂肪酸的基础上才能发生。

生物氢化的第一步反应,首先是微生物异构酶将具有多个双键的不饱和脂肪酸(如C18:2,cis-9,cis-12)的cis-12双键转变为trans-11,随后在还原酶的作用下将cis-9双键还原,变成含一个双键的不饱和脂肪酸(C18:1,trans-11),然后在还原酶的继续作用下变成硬脂酸(C18:0)。细菌只对游离脂肪酸进行氢化,亚麻酸常被氢化为硬脂酸,氢化率为85%~100%;亚油酸的氢化不完全,氢化率平均为80%。由于微生物异构酶只有在自由羧基存在的条件下才具有活性,因此没有自由羧基的不饱和脂肪酸(如脂肪酸钙盐)能避免瘤胃微生物的氢化作用。

(2)部分氢化的不饱和脂肪酸发生异构变化　粗饲料和谷物中的脂类主要是甘油三酯、半乳糖甘油酯和磷脂,主要的脂肪酸是C18∶2和C18∶3。C18∶2和C18∶3的生物氢化涉及一个同分异构反应,即将顺-12-双键转化为反-11双键异构体,随后还原为反-11-C18∶1,最终进一步还原为C18∶0。C18∶0是C18∶1、C18∶2和C18∶3生物氢化后的主要产物,但瘤胃中产生的一些反式异构体随食糜进入小肠被吸收,结合到体脂和乳脂中。

(3)挥发性脂肪酸的生成　瘤胃微生物酶主要将甘油三酯水解为游离脂肪酸和甘油,后者被转化为挥发性脂肪酸。半乳糖甘油酯先被水解为半乳糖、脂肪酸和甘油,后者再转化为挥发性脂肪酸。

(4)微生物合成的支链脂肪酸和奇数碳链脂肪酸增加　瘤胃微生物可利用丙酸、戊酸等合成奇数碳链脂肪酸(如C15∶0),也可利用异丁酸、异戊酸以及支链氨基酸(缬氨酸、亮氨酸和异亮氨酸)等的碳骨架合成支链脂肪酸。

脂类经过瓣胃和网胃时,基本上不发生变化;在皱胃,饲料脂肪、微生物与胃分泌物混合,脂类逐渐被消化,微生物细胞也被分解。

2. 小肠的消化

进入十二指肠的脂类由吸附在饲料颗粒表面的脂肪酸、微生物脂类以及瘤胃中少量未消化的饲料脂类构成。由于脂类中的甘油在瘤胃中被大量转化为挥发性脂肪酸,所以反刍动物十二指肠中缺乏甘油一酯,消化过程形成的混合微粒构成与非反刍动物不同。成年反刍动物小肠中混合微粒由溶血卵磷脂、脂肪酸及胆酸构成。链长小于或等于14个碳原子的脂肪酸可不形成混合乳糜微粒而被直接吸收。混合乳糜微粒中的溶血性卵磷脂由来自胆汁和饲料的磷脂在胰脂酶作用下形成,此外由于成年反刍动物小肠中不吸收甘油一酯,其黏膜细胞中甘油三酯通过磷酸甘油途径重新合成。

由于反刍动物消化道对脂类的消化损失较小,加之微生物脂类的合成,因此进入十二指肠的脂肪酸总量可能大于摄入量。绵羊饲喂高精料饲料,进入十二指肠的脂肪酸量是采食脂肪酸的104%。

(二)脂类的吸收

瘤胃中产生的短链脂肪酸在瘤胃中直接被吸收,长链脂肪酸不能被瘤胃吸收。其余脂类的消化产物,进入回肠后都能被吸收。呈酸性环境的空肠前段主要吸收混合微粒中的长链脂肪酸，中、后段空肠主要吸收混合微粒中的其他脂肪酸。溶血磷脂酰胆碱也在中、后段空肠被吸收。如果胰液分泌不足，磷脂酰胆碱可能会在回肠积累。反刍动物胰液中含有脂肪酶，与非反刍动物相比，该酶的活性较低，最适 pH 为 6.5～7.5。在小肠食糜中脂类物质主要与固体食糜结合。在绵羊空肠段内容物中约 70%的卵磷脂、60%的溶血卵磷脂和 78%的未酯化脂肪酸是与固体食糜结合在一起的。这些物质在吸收之前必须形成可溶性的乳糜微粒，胆汁和胰液在其形成中起重要作用。绵羊在饲喂常规日粮的情况下，约 20%脂类是在空肠的上部（pH 3.6～4.2）被吸收、约 60%是在中部和后部（pH 4.7～7.6）被吸收，在食糜达到回肠时吸收过程基本完成。

由于反刍动物瘤胃微生物可将饲料中的不饱和脂肪酸氢化为饱和脂肪酸，并且在空肠后部又能较好地吸收长链脂肪酸和饱和脂肪酸，因此反刍动物的体脂肪组成中饱和脂肪酸比例明显高于非反刍动物，而不饱和脂肪酸较少。这就是牛羊等反刍动物体脂肪硬度高于猪鸡等非反刍动物的原因。

三、影响脂类消化率的因素

1. 动物种类

油脂的消化率因动物种类的不同而不同。相对来说，消化道较长或发育比较完善的动物对油脂的消化率更高。例如，肉鸡对同一种油脂的消化率比猪要低，幼龄动物要低于年龄较大的动物。特别是对饱和脂肪酸含量多的油脂，肉鸡要低于蛋鸡和猪。此外，动物在不同生长阶段对油脂的消化率也存在一定的差异。

2. 脂肪酸链的长度

甘油三酯中脂肪酸链的长度差异会导致油脂具有不同的消化率。中短链脂肪酸代谢的主要器官是肝脏，在胃肠道内转运的过程中不需要肉碱的作用，并且能被肠道主动吸收而无须形成微胶粒。因此，中短链脂肪酸通过线粒体双层膜的速度很快，比长链脂肪酸更易消化。如含中短链脂肪酸较多的椰子油与棕榈仁油，一般具有较高的消化率。长链脂肪酸代谢的主要部位在体内不同的脂肪组织，需要肉碱的协助才能进入线粒体内进行氧化。相对于长链脂肪酸而言，中短链脂肪酸可以减少能量的损失，有更高的能量利用效率。

3. 脂肪酸链的饱和程度

在长链脂肪酸中，随着饱和程度的提高，其消化率逐渐降低；脂肪酸不饱和程度越高，其消化率随熔点的降低而依次升高。椰子油和棕榈仁油含有高达 78%的饱和脂肪酸，但是其中短链饱和脂肪酸含量接近 67%，因此棕榈仁油和椰子油仍然有较高的消化率。脂肪酸的消化率与其熔点密切相关，甘油三酯中所连接的三个脂肪酸的平均熔点越低，则其消化率越高。生长猪对 C18:0 难以消化，肉禽对熔点高于自身体温的脂肪酸几乎不能吸收。

反刍动物瘤胃和猪后段肠道的微生物能将单不饱和脂肪酸和多不饱和脂肪酸进行生物氢化作用，生成长链饱和脂肪酸，油酸是经微生物氢化生成硬脂酸的主要底物。长链饱和脂肪酸在胃肠道内容易与钙形成难溶于水的皂化物，使其消化率变得更低。特别是在高钙日粮中不仅会造成脂肪酸利用率下降，还会降低钙的吸收，同时会减少脂溶性维生素的吸收。

4. 不饱和脂肪酸和饱和脂肪酸的比率

不饱和脂肪酸分子含有碳碳双键，具有较高的分子势能，在动物胃肠道内更容易形成微胶粒并被消化吸收。同时，不饱和脂肪酸的存在会促进饱和脂肪酸的微胶粒化，提高饱和脂肪酸的消化率。不饱和脂肪酸和饱和脂肪酸的比率(ratio of unsaturated to saturated fatty acid U∶S)较高的油脂有更高的消化率，U∶S 较低的脂肪，其消化率较低。饲喂添加不同 U∶S 比率油脂的日粮，猪的生长性能和饲料转化效率存在一定的差异。

油脂 U∶S 比率对油脂消化率存在影响，然而 U∶S 比率对油脂消化率的影响并不是线性的，U∶S 比率为 4 时油脂的消化率最大，并且幼龄动物和成年动物之间以及家禽和猪之间对脂肪的消化能力是有差别的。幼龄肉鸡与成年肉鸡相比，U∶S 对脂肪消化率的影响表现差异幅度要大，在幼龄肉鸡上 U∶S 为 2.25 时，消化率为 85%；U∶S 为 3.5 时，消化率为 91%，而在成年肉鸡上分别为 92%和 95%。

5. 油脂中游离脂肪酸的含量

油脂中的游离脂肪酸(free fatty acid，FFA)含量与脂肪的消化率有密切关系。含有高比例 FFA 的油脂其甘油单酯的含量相对缺乏，脂肪消化率降低。这是因为甘油单酯具有协助脂肪酸乳化成微胶粒，促进脂肪酸消化和吸收的作用。

此外，一般猪和禽类对植物性脂肪消化率高于动物性脂肪，而在动物性脂肪中猪对猪禽类油脂的消化率要高于牛油；植物性脂肪中豆油高于其他植物性脂肪，这是因为植物油中不饱和脂肪酸的含量较高以及其脂肪酸链较短，易于消化分解。

第三节　必需脂肪酸

一、脂肪酸的分类

脂肪酸是构成脂肪的主要成分，动植物体内存在大量脂肪酸(表 5-3)，在这些脂肪酸的大家族中，按照碳链的长短分为短链脂肪酸(short chain fatty acids，SCFA)、中链脂肪酸(mid-chain chain fatty acids，MCFA)和长链脂肪酸(long chain fatty acids，LCFA)。短链脂肪酸，也称挥发性脂肪酸(volatile fatty acids，VFA)，常把碳原子数小于 6 的有机脂肪酸称为短链脂肪酸，主要包括乙酸、丙酸、异丁酸、丁酸、异戊酸、戊酸。中链脂肪酸指碳链上碳原子数为 6～12 的脂肪酸，主要包括己酸(C6∶0)、辛酸(C8∶0)、癸酸(C10∶0)和月桂酸(C12∶0)。长链脂肪酸是指碳原子数大于 12 的脂肪酸。脂肪酸按饱和程度分为饱和脂肪酸(saturated fatty acid，SFA)和不饱和脂肪酸(unsaturated fatty acid，USFA)两大类。在不饱和脂肪酸大类中，根据双键的数量，又包括单不饱和脂肪酸(monounsaturated fatty acid，MUFA)和多不饱和脂肪酸(polyunsaturated fatty acid，PUFA)。按空间结构分为顺式脂肪酸和反式脂肪酸。如果氢原子都位于双键同一侧，叫作“顺式脂肪酸”，室温下是液态(如植物油)；如果氢原子位于双键两侧，叫作“反式脂肪酸”，室温下是固态。分类见图 5-4。

表 5-3　植物和动物组织中存在的脂肪酸种类

脂肪酸	碳原子数	双键数	缩写(简称)
乙酸	2	0	C2:0
丙酸	3	0	C3:0
丁酸	4	0	C4:0
己酸	6	0	C6:0
辛酸	8	0	C8:0
癸酸	10	0	C10:0
十二碳酸(月桂酸)	12	0	C12:0
十四碳酸(肉豆冠酸)	14	0	C14:0
十六碳酸(棕榈酸)	16	0	C16:0
十六碳一烯酸(棕榈油酸)	16	1	C16:1
十八碳酸(硬脂酸)	18	0	C18:0
十八碳一烯酸(油酸)	18	1	C18:1
十八碳二烯酸(亚油酸)	18	2	C18:2
十八碳三烯酸(亚麻酸)	18	3	C18:3
二十碳酸	20	0	C20:0
二十碳五烯酸(EPA)	20	0	C20:5
二十碳四烯酸(花生四烯酸)	20	4	C20:4
二十二碳六烯酸(DHA)	22	6	C20:6
二十四碳酸	24	0	C24:0

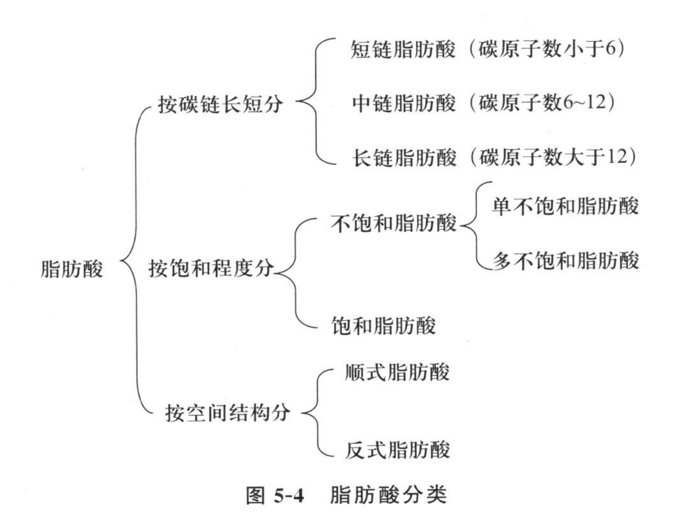

图 5-4　脂肪酸分类

二、脂肪酸的结构与命名

营养学上对于多不饱和脂肪酸的命名多采用 ω 编号系统(或 n 编号系统),即从脂肪酸碳链的甲基端开始计数为碳原子编号。按 ω 编号系统,根据第一个双键所处的位置可将多不饱和脂肪酸分为四个系列,即 ω-3,ω-6,ω-7 和 ω-9 系列,比如油酸(18:1ω9)、亚油酸(18:2ω6)和亚麻酸(18:3ω3)。其中最重要的是 ω-6 和 ω-3 系列。

1. ω-6 系列

该系列多不饱和脂肪酸中第一个双键位于"ω"第 6 位和第 7 位碳原子之间。该系列的第一个成员为亚油酸,由亚油酸可合成该系列的其他多不饱和脂肪酸。

C18:2ω6(亚油酸)→C18:3ω6(γ-亚麻酸)→C20:3ω6→C20:4ω6(花生四烯酸)→C22:4ω6→C22:5ω6。

2. ω-3 系列

该系列多不饱和脂肪酸中第一个双键位于"ω"第 3 位和第 4 位碳原子之间。该系列的第一个成员为 α-亚麻酸,由 α-亚麻酸可合成该系列的其他多不饱和脂肪酸。C18:3ω3(α-亚麻酸)→C18:4ω3→C20:4ω3→C20:5ω3→C22:5ω3→C22:6ω3。

ω-3 系列必需脂肪酸对高等哺乳动物和禽类最重要。

这两个系列中,ω-6 系列对高等哺乳动物和禽最重要。以 EFA 影响皮肤对水的通透性为标准衡量其防水损失的效能表明,此系列十分有效。其中 C20:4ω6 最有效。而 ω3 系列脂肪酸效能极差。C18:3ω3 的效能只有 C18:2ω6 的 9%,甚至一些其他系列的脂肪酸如 C21:4ω7 都比 C18:3ω3 好,因此,畜禽营养需要只考虑 ω-6 系列中亚油酸的需要,但冷水鱼对 ω-3 系列的需要比 ω-6 系列更重要。

三、必需脂肪酸的概念及其营养生理功能

(一)必需脂肪酸的概念

凡是体内不能合成,或者合成的数量不能满足机体需要,必须由饲料供给,或能通过体内特定前体物形成,对机体正常机能和健康具有重要保护作用的脂肪酸称为必需脂肪酸(EFA)。必需脂肪酸是多不饱和脂肪酸,但并非所有多不饱和脂肪酸都是必需脂肪酸。通常认为亚油酸、α-亚麻酸和花生四烯酸为主要的必需脂肪酸。

1. α-亚麻酸

α-亚麻酸(alpha linoleic acid,ALA,C18:3)含有 18 个碳原子和 3 个双键,化学结构名为全顺式-9,12,15-十八碳三烯酸,分子式为 $C_{18}H_{30}O_2$。其性状为淡黄色油状液体,由于其高度的不饱和性,在空气中不稳定,尤其在高温条件下易发生氧化反应;碱性条件下易发生双键位置及构型的异构化反应,形成共轭多烯酸。亚麻酸主要有两个异构体:α-亚麻酸(ALA)和 γ-亚麻酸(GLA)。GLA 是 ω-6 多不饱和脂肪酸,是合成花生四烯酸(arachidonic acid,AA)的前体;ALA 则是 ω-3 多不饱和脂肪酸。目前,ALA 的主要功能还是在于它是 ω-3 多不饱和脂肪酸(EPA、DHA)合成前体。α-亚麻酸在紫苏籽油中占 64%,在亚麻籽油中占 55%,在沙棘籽油中占 32%,在大麻籽油中占 20%,在菜籽油中占 10%,在豆油中占 8%(图 5-5)。

2. 亚油酸

亚油酸(linoleic acid,LA,C18:2),含有18个碳原子和2个双键,是最早被确认的必需脂肪酸。化学结构名为顺,顺-9,12-十八碳二烯酸,常温下为无色油状液体,不溶于水,溶于乙醚、氯仿等有机溶剂中,在空气中易发生自动氧化。亚油酸是多种生物活性物质的前体,在维持机体细胞膜的结构与功能方面具有重要作用,动物体内可由油酸转化而来。

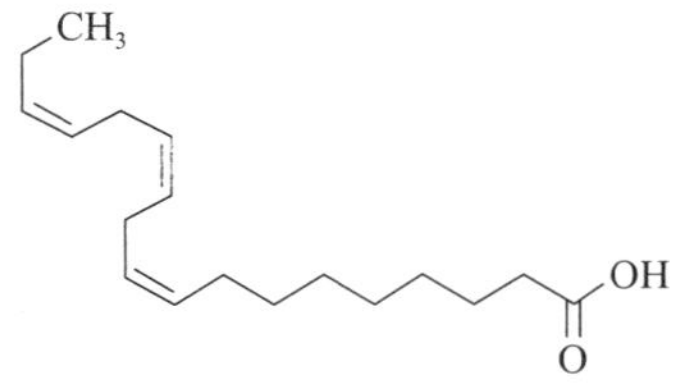

ALA 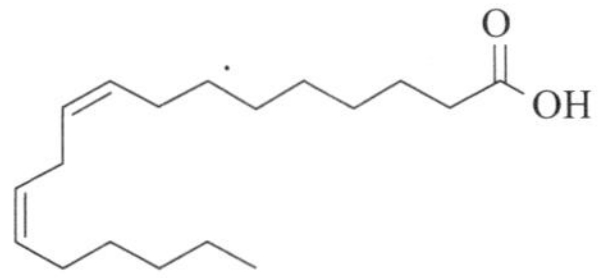　　　　LA

图 5-5　α-亚麻酸和亚油酸

3. 花生四烯酸

花生四烯酸(γ-linoleic acid,LA,C20:4),是一种长链不饱和脂肪酸,含有20个碳原子和4个双键。化学结构名为全顺式-5,8,11,14-二十碳四烯酸,其性状为无色或淡黄色油状液体,由于其高度的不饱和性,在高温条件下易发生氧化反应。

(二)必需脂肪酸的营养生理功能

(1)是细胞膜、线粒体膜和质膜等生物膜脂质的主要组成成分　必需脂肪酸是线粒体膜、细胞膜等生物膜的主要成分。必需脂肪酸参与磷脂的合成,以磷脂形式作为线粒体膜和细胞核膜等生物膜的组成成分。磷脂中脂肪酸的浓度、链长和不饱和程度在很大程度上决定了细胞膜流动性、柔韧性等物理特性,这些特性有影响生物膜发挥其结构功能的作用,稳定供给必需脂肪酸才能保证细胞膜正常结构和功能。

(2)是构成机体生物活性物质的前体物质　亚油酸是合成氨基酸、前列腺素、前列环素、凝血噁烷和白三烯等二十烷物质的前体,α-亚麻酸则是二十碳五烯酸(EPA)和二十二碳六烯酸(DHA)的前体。

(3)维持皮肤和其他组织对水分的不通透性　正常情况下,皮肤对水分和其他许多物质是不通透的,这一特性是由于ω-6必需脂肪酸的存在。必需脂肪酸缺乏时,水分可迅速通过皮肤,使饮水量增加,生成的尿少而浓。许多膜的通透性与必需脂肪酸有关,如血脑屏障、胃肠道屏障。

(4)保护视力　DHA是视网膜光受体中最丰富的多不饱和脂肪酸,是维持视紫红质正常功能所必需的物质,在视网膜中DHA含量极其丰富。动物试验结果显示,DHA是视网膜正常发育和发挥其正常功能所必需的。研究表明,婴儿饮食中缺乏DHA会引起视敏度差、视网膜杆状光感受器发育迟缓,而增加DHA的摄入,能促进视力的发育。

(5)调节胆固醇代谢　必需脂肪酸与胆固醇的代谢密切相关。胆固醇必须与必需脂肪酸结合才能在体内转运,进行正常代谢。如果必需脂肪酸缺乏,胆固醇将与一些饱和脂肪酸进行结合,形成难溶性胆固醇酯,从而影响胆固醇正常运转而导致代谢异常。必需脂肪酸通过促进胆固醇和胆汁酸的肠道排泄、抑制乙酰辅酶A羧化酶和脂肪合成酶的活性从而减少肝脏脂肪酸的合成及极低密度脂蛋白质进入心血管系统的量，并促进脂肪酸的氧化达到降低血脂的作用。

四、必需脂肪酸的来源与供给

（一）必需脂肪酸的来源

必需脂肪酸广泛存在于植物油脂当中，动物油脂中含量较低。种子胚芽脂肪中必需脂肪酸尤为丰富，这也是面粉和淀粉加工副产物脂肪容易氧化，不易保存的原因。畜禽采食新鲜谷物、大豆等原料，可以满足必需脂肪酸的需求。如果使用副产品较多，新鲜植物油则成为饲料必需脂肪酸的重要补充来源。玉米、豆粕等含有植物油的饲料，一般能够满足动物对必需脂肪酸的需要量。幼龄、生长速度较快和妊娠动物需要增加补充量，否则会出现缺乏症。

（二）必需脂肪酸的缺乏

机体内必需脂肪酸缺乏，表现出体内亚油酸系列脂肪酸比例下降，特别是一些磷脂含量的减少。机体内三烯酸与四烯酸的比例在一定程度上可以反映出体内必需脂肪酸满足需要的程度，故如果机体缺乏必需脂肪酸，动物机体则会表现出一系列病理变化。鼠、猪、鸡、鱼及幼龄反刍动物缺乏必需脂肪酸，主要表现是：皮肤损害、出现角质鳞片，体内水分经皮肤损失增加，毛细血管变得脆弱，动物免疫力下降，生长出现受阻，繁殖力下降，产奶量减少甚至死亡。幼龄阶段以及生长速度较快的动物对必需脂肪酸的缺乏反应更加敏感。

（三）必需脂肪酸的供给

必需脂肪酸在体内吸收效率较高，相关研究报道，机体摄入的α-亚麻酸96%可被吸收。影响脂肪酸代谢的因素很多，饲料的营养水平、动物的年龄、性别、品种都会在不同程度上影响脂肪代谢途径。脂质产物通过单分子扩散作用进入小肠黏膜，在小肠黏膜细胞中，二酰甘油和单酰甘油又重新结合生成甘油三酯，甘油三酯进入乳糜微粒的脂蛋白中，再分泌到淋巴液，通过胸导管进入全身循环系统，在脂蛋白脂肪酶的作用下释放出游离脂肪酸，在微粒体中短链的不饱和脂肪酸在去饱和酶和加长酶的作用下生成长链不饱和脂肪酸，供各组织器官利用。

本章小结

脂类在概略养分分析中称其为乙醚浸出物（粗脂肪），是饲料中含能量最高的一类物质，主要由碳、氢、氧三种元素组成。根据是否可皂化分为可皂化脂类和非皂化脂类；根据化学结构可分为简单脂类和复合脂类。简单脂类主要是甘油三酯，复合脂类包括磷脂、糖脂、脂蛋白和鞘脂等，非皂化脂类主要包括固醇类、类胡萝卜素及脂溶性维生素等。

脂类具有可以水解、氧化酸败、氢化的特性，是构成动物体组织的重要成分，是动物体内最主要的储能和供能物质，参与体内物质代谢的调节和一些其他的营养生理作用，包括贮能和供能、保温与防震作用、促进脂溶性物质的吸收、供给机体所需的必需脂肪酸、构成机体的组织成分和生物活性物质、促进食欲并提高生产性能、参与细胞内信号转导与凋亡等。

单胃动物脂肪消化的过程可概述为：脂类水解→水解产物形成可溶的微粒→小肠黏膜摄取这些微粒→在小肠黏膜细胞中重新合成甘油三酯→甘油三酯进入血液循环，主要部位在十二指肠。脂类在反刍动物瘤胃中的消化使脂类的质和量发生明显的变化，反刍动物瘤胃中产生的短链脂肪酸在瘤胃中直接被吸收，长链脂肪酸不能被瘤胃吸收。其余脂类的消化产物，进入回肠后都能被吸收。呈酸性环境的空肠前段主要吸收混合微粒中的长链脂肪酸，中、后段空肠主要吸收混合微粒中的其他脂肪酸。

影响脂类消化率的因素有：动物种类、脂肪酸链的长度、脂肪酸链的饱和程度、不饱和脂肪酸和饱和脂肪酸的比率以及油脂中游离脂肪酸的含量。

必需脂肪酸是指对维持机体功能不可缺少、但机体不能合成、或合成的数量不能满足动物的需要，而必须由食物提供的脂肪酸，包括亚油酸、α-亚麻酸和花生四烯酸。必需脂肪酸具有构成机体的生物膜、产生能量、促进生长发育、生成机体具有生物活性的物质、保护视力、参与类脂的代谢、调控基因表达、维持皮肤和其他组织对水分的不通透性等功能。机体缺乏必需脂肪酸，动物机体会表现出一系列病理变化，因此需要按适宜的量添加进饲料，以保证动物能够正常进行生产活动。

复习思考题

1. 简述脂类的定义和分类。
2. 简述脂肪的营养生理功能。
3. 比较单胃动物和反刍动物消化吸收脂类的特点。
4. 脂类代谢效率受哪些因素影响？
5. 简述必需脂肪酸的定义及其营养生理功能。

HAPTER 6

第六章 能量代谢

能量储存于碳水化合物、脂肪、蛋白质等营养物质中,通过在机体内的氧化释放出来,用于满足动物维持生命和生产产品所需。饲料中的碳水化合物、脂肪、蛋白质是动物机体能量的基本来源,动物通过采食饲料获取能量,用于维持生命(维持体温恒定、肌肉活动、基本的生理功能等)和生产产品(育肥、妊娠、泌乳、产蛋等)。能量摄入不足,就会影响动物的生长和生产性能的发挥。饲料中的能量不能完全被动物利用,其中可被动物利用的能量称为有效能。饲料中的有效能含量反映了饲料能量的营养价值,简称能值。不同饲料对于同一动物而言,饲料的有效能可能不同。相同的饲料对于不同的动物而言,饲料的有效能也可能不同,由于所有形式的能量都可以转化为热能,因此可以通过直接或间接的方法来测定动物产热量,从而明确饲料的有效能值。

本章主要介绍能量来源与能量单位、能量在动物体内的转化、动物有效能体系及影响饲料能量转化效率的因素。通过本章学习,使学生掌握影响饲料中能量含量的因素,动物体内能量的分配,能量代谢的测量,能量供应的表达方式以及提高畜禽能量利用率的措施,为后期饲料配方设计的优化,动物生产行业的节能减排,建设美丽乡村、美丽中国奠定基础。

第一节 能量来源与能量单位

一、能量的定义

能量可定义为做功的能力。动物体内的能量形式包括三类:化学能、机械能及热能。能量代谢遵循能量守恒定律,即能量既不会凭空产生,也不会凭空消失,只能从一种形式转换为另一种形式,总量始终不变。在动物营养学上,可以将细胞或动物机体中的能量代谢定义为涉及各种形式的化学能相互转化的生化反应。动物体内的能量主要储存在碳水化合物、脂肪、蛋白质和氨基酸中,这些营养素氧化释放的能量被用来合成三磷酸腺苷(ATP)、三磷酸鸟苷(GTP)、三磷酸胞苷(CTP)、三磷酸尿苷(UTP)。ATP是动物细胞能量代谢过程中最丰富和最重要的，被称为生物体内的“能量货币”。在能量代谢过程中往往伴随着热量的产生，这些热量除用于维持体温恒定外，剩余的热量以热能的形式从体表散失。

二、能量来源

动物机体的能量主要来源于饲料中的碳水化合物、脂肪和蛋白质三大有机物质。动物采食饲料后，三大养分经消化吸收进入体内，通过氧化分解释放出能量，最终以 ATP 的形式提供能量，以满足机体需要。由于不同饲料三大营养物质的含量和比例可能存在差异，因此，不同饲料满足动物能量需要的能力也可能存在很大差异。三大营养物质的代谢伴随着能量的转换，合成代谢消耗能量，分解代谢释放能量。动物体能量代谢与物质代谢的关系如图 6-1 所示。

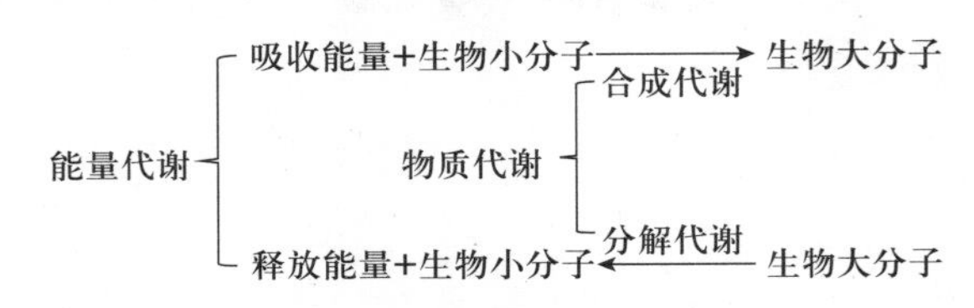

图 6-1 动物能量代谢与物质代谢的关系

三大营养物质所含能量的差异主要取决于其中碳、氢和氧元素的含量和比例，其中碳、氢元素含量与营养物质所含能量呈正相关，氧元素与营养物质所含能量呈负相关，即营养物质碳、氢元素含量越高，氧元素含量越低，营养物质能量含量越高；相反，则营养物质能量含量越低。碳水化合物、脂肪和蛋白质在体外完全燃烧释放的热量依次为 17.50 kJ/g、39.54 kJ/g 和 23.64 kJ/g。

哺乳动物和禽饲料能量的最主要来源是碳水化合物。因为，碳水化合物在常用植物性饲料中含量最高，来源丰富。脂肪的有效能值约为碳水化合物的 2.25 倍，但在饲料中含量较少，不是主要的能量来源。蛋白质原料价格昂贵，并且蛋白质在动物体内不能完全氧化，氨基酸脱氨产生的氨过多，对动物机体有害，因而，蛋白质不宜做能源物质用。鱼类对碳水化合物的利用率较低，其有效供能物质主要是蛋白质，其次是脂肪。

三、能量单位

能量的单位有焦耳(J)和卡(cal)。传统意义上，1 cal 定义为在一个大气压下将密封罐中的 1 g 水从 14.5 ℃升高到 15.5 ℃所需要的热量；常用的单位有卡(cal)、千卡(kcal)、兆卡(Mcal)。

单位换算为：1 Mcal＝10^3 kcal＝10^6 cal。

1 焦耳被定义为 1 牛顿的力使物体沿力的方向移动 1 m 的位移所做的功，即 1 J＝1 N · m。动物营养中常用的单位有焦耳(J)、千焦耳(kJ)和兆焦耳(MJ)。

单位换算为：1 MJ＝10^3 kJ＝10^6 J。

国际营养科学协会及国际生理科学协会确认以焦耳作为统一使用的能量单位。动物营养中常采用千焦耳(kJ)和兆焦耳(MJ)。

卡与焦耳可以相互换算，换算关系如下：

1 cal＝4.184 J

1 kcal＝4.184 kJ

1 Mcal＝4.184 MJ

第二节 饲料能量在动物体内的转化

饲料营养物质经过消化、吸收和代谢后，所产生的饲料能量可相应划分成若干部分。每部分的能值可根据能量守恒和转化定律进行测定和计算。

一、总能

能量以化学能的形式储存在饲料的有机物中，饲料中有机物能够燃烧转化为热量，并可以通过氧弹式测热仪(图 6-2)测定。因此，饲料的总能(gross energy，GE)又称燃烧热，是指单位重量的饲料被完全氧化燃烧生成二氧化碳、水和其他氧化物时释放的全部能量。

图 6-2 氧弹式测热仪

典型饲料原料及其成分、动物体组织及发酵产物总能见表 6-1。正如已经提及的，营养物质中 GE 含量的主要决定因素是(碳＋氢)/氧的比值，即氧化程度。碳水化合物具有相似的氧化程度，因此它们具有近似的 GE 含量(约 17.50 MJ/kgDM)；甘油三酯因含有相对较少的氧而具有较高的 GE 值(39.0 MJ/kgDM)。

脂肪酸的 GE 含量受到碳链长度和饱和程度的影响，碳链越短、双键较多的脂肪酸能量含量较低。蛋白质比碳水化合物有更高的 GE 含量，因为它们含有额外可氧化的氮和硫。甲烷的 GE 含量非常高，因为它完全由碳、氢组成。富含脂肪的饲料，如全脂豆粕，粗脂肪含量达 222 g/kg，其能值显著高于其他饲料；而富含灰分的饲料，其能值显著低于其他饲料。尽管不同饲料成分之间的 GE 含量存在差异，但碳水化合物是动物机体最主要、最经济实惠的能量来源。大多数常见饲料的 GE 含量约为 18.5 MJ/kgDM。

表 6-1 典型饲料原料及其成分、动物体组织及发酵产物总能 MJ/kg DM

类别	项目	GE	类别	项目	GE
饲料成分	葡萄糖	15.6	发酵产物	乙酸	14.6
	淀粉	17.7		丙酸	20.8
	纤维素	17.5		丁酸	24.9
	酪蛋白	24.5		乳酸	15.2
	乳脂	38.5		甲烷	55.0
	菜籽油脂肪	39.0	动物组织	肌肉	23.6
饲料原料	玉米	18.5		脂肪	39.3
	燕麦	19.6			
	燕麦	18.5			
	亚麻粕	21.4			
	禾本科干草	18.9			

然而，并非所有饲料中的 GE 都能被动物利用，动物体内以各种固体、液体和气体排泄产

物的形式损失一部分，还有一部分以热量的形式流失。这些能量损失的来源如图6-3所示。从饲料的GE含量中减去这些能量损失，产生了饲料能量供应的进一步描述性度量；例如，从饲料GE中减去粪能，就得到了可消化养分所含的能量。

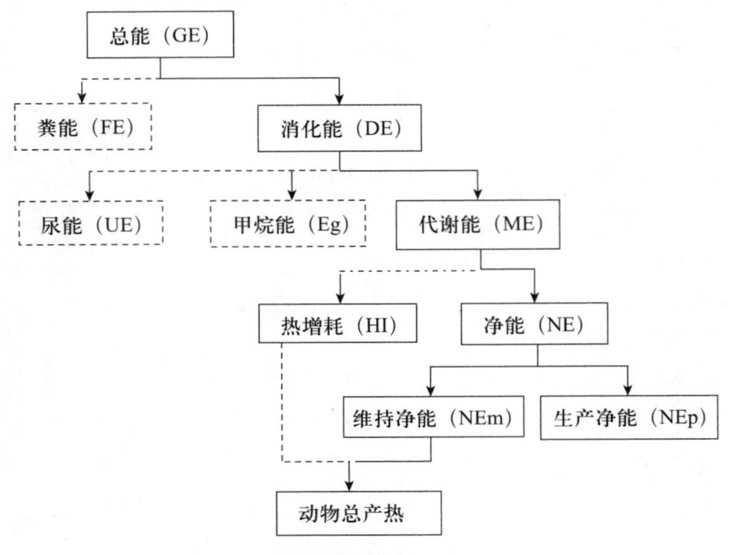

图6-3　饲料能量在动物体内的分配

---表示不可用能量　——表示可用能量　----表示在冷应激情况下有用

二、消化能

1. 消化能概念

消化能（digestible energy，DE）是指饲料可消化养分所含的能量，即动物摄入饲料的总能（GE）减去粪能（fecal energy，FE）后剩余的能量。

$$DE = GE - FE$$

FE为粪中养分所含的总能，简称粪能。

2. 表观消化能与真消化能

动物粪便中除了没有被消化的饲料之外，还包括消化道微生物及其代谢产物、消化道分泌物、消化道黏膜脱落细胞等，这些由于动物机体代谢产生的物质称为内源性物质，其所含能量称为代谢粪能（fecal energy from metabolic origin products，FmE）。

FE中未扣除FmE，按上面公式计算的能值称为表观消化能（apparent digestible energy，ADE）；FE扣除FmE的称为真消化能（true digestible energy，TDE）。

$$ADE = GE - FE$$

$$TDE = GE - (FE - FmE)$$

TDE考虑了粪能的内源损失，因而用TDE反映饲料的能值比ADE准确（TDE>ADE）。但由于TDE测定相对比较烦琐，故在实际生产中，如果没有特别的说明，一般DE指的是ADE。

3. 消化能的测定

常采用消化试验来测定消化能，测定 ADE 所用到的消化代谢笼见图 6-4。收集动物每日采食量、排粪量，并测定其能值，它们的差值即是消化能，具体测定方法见第十三章中动物营养学常用实验技术内容。

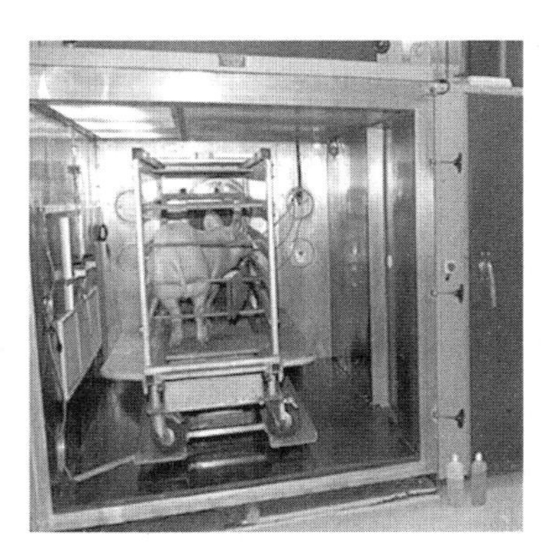

图 6-4　消化代谢笼

$$ADE(MJ/kg\ 干物质)=\frac{饲料\ GE(MJ)-粪中\ FE(MJ)}{饲料干物质进食量(kg)}$$

近年来，为降低试验繁琐程度、提高消化能测定效率，人们采用仿生法测定了部分动物对常规饲料的消化能。猪对部分饲料原料的消化能值见表 6-2。

表 6-2　猪对部分饲料原料的消化能值(仿生法)

饲料名称	干物质/%	粗蛋白/%	样本量 n	DE(仿猪)		
				Mcal/kg	MJ/kg	SD，MJ/kg
玉米	86	7.7	23	3.13	13.09	0.56
小麦麸	87	17	3	2.11	8.82	0.9
大豆粕	89	43.5	5	3	12.57	0.35
大豆粕	89	47.1	5	2.93	12.28	0.43
棉籽粕	90	46.2	3	2.49	10.4	1.17
菜籽粕	88	36.3	4	1.9	7.94	0.6
玉米 DDGS	90	29.2	65	2.72	11.39	1.02

引自：中国饲料成分及营养价值表(2020 年第 31 版)。

三、代谢能

(一)代谢能的概念

代谢能(metabolizable energy，ME)指饲料中能为动物体所吸收和利用的营养物质的能量。即食入饲料总能减去粪能、尿能(urinary energy，UE)及消化道可燃气体能(energy in gaseous products of digestion，Eg)后剩余的能量。

计算公式为：

$$ME=GE-FE-UE-Eg=DE-UE-Eg$$

UE 指尿中有机物质所含的能量，主要来源于蛋白质的代谢产物，如尿素、尿酸、肌酐等。尿氮在哺乳动物中主要为尿素，在禽类主要为尿酸。每克尿氮的能值为：反刍动物 31 kJ，猪 28 kJ，禽类 34 kJ。

Eg 指消化道发酵产生气体所含能量，主要是甲烷所产生的能量。单胃动物发酵所产生的气体较少，可以忽略不计；反刍动物发酵产生的甲烷能占总能 3%～10%；家禽粪尿不能分开，统称为排泄物，因而不同品种动物 ME 计算不同。

对家禽：ME＝GE－(FE＋UE)

对猪：ME＝GE－FE－UE

对反刍动物：ME＝GE－FE－UE－Eg

(二)表观代谢能和真代谢能

尿中能量除来自饲料养分吸收后在体内代谢分解的产物外，还有部分来自体内蛋白质动员分解的产物，后者称为内源氮，其所含能量称为内源尿能(urinary energy from endogenous origin priducts，UeE)。因而饲料代谢能可分为表观代谢能(apparent metabolizable energy，AME)和真代谢能(true metabolizable energy，TME)。计算公式如下：

$$AME = GE - FE - UE - Eg = ADE - UE - Eg$$

$$TME = GE - (FE - FmE) - (UE - UeE) - Eg = AME + (FmE + UeE)$$

TME 考虑了代谢粪能和内源尿能，因而比 AME 能更准确地反映饲料的营养价值。不同动物对典型饲料原料的代谢能见表 6-3，鸭对部分饲料原料的代谢能值见表 6-4 至 6-6。

表 6-3　不同动物对典型饲料原料的表观代谢能　MJ/kgDM

动物	饲料	总能	能量损失			AME
			粪	尿	甲烷	
猪	玉米	18.9	1.6	0.4	—	16.9
	大麦	17.5	2.8	0.5	—	14.2
	燕麦	19.4	5.5	0.6	—	13.3
禽	玉米	18.4	2.2		—	16.2
	大麦	18.2	4.9		—	13.3
	小麦	18.1	2.8		—	15.3
牛	玉米	18.9	2.8	0.8	1.3	14.0
	大麦	18.3	4.1	0.8	1.1	12.3
	麦麸	19.0	6.0	1.0	1.4	10.6
	苜蓿干草	18.3	8.2	1.0	1.3	7.8
绵羊	黑麦草(幼嫩)	19.5	3.4	1.5	1.6	13.0
	黑麦草(成熟嫩)	19.0	7.1	0.6	1.4	9.9
	大麦	18.5	3.0	0.6	2.0	12.9
	干草(幼嫩)	18.0	5.4	0.9	1.5	10.2
	干草(成熟嫩)	17.9	7.6	0.5	1.4	8.4
	青贮牧草	19.0	5.0	0.9	1.5	11.6

表 6-4　鸭对部分饲料原料的表观代谢能值

序号	饲料原料	DM/%	粗蛋白/%	AME	
				Mcal/kg	MJ/kg
谷物					
1	普通玉米	87.00	7.00	3.11	13.01
2	低植酸玉米	89.10	8.60	3.41	14.27
3	高油玉米	88.80	9.00	3.56	14.90
4	小麦	87.20	13.10	3.26	13.64
5	黑麦	89.20	10.70	2.63	11.00
6	黑小麦	90.20	11.60	2.80	11.72
7	大麦	88.00	11.00	2.62	10.96
8	高粱	87.00	8.60	3.09	12.93
9	脱壳燕麦	87.80	10.90	3.56	14.90
10	珍珠黍	89.90	13.10	3.39	14.18
11	稻米	90.30	10.10	3.42	14.31
粕及其副产品类					
12	低植酸大豆粕	92.40	52.90	3.02	12.64
13	普通大豆粕(未去皮)	89.90	45.20	2.86	11.97
14	大麦粗粉	89.80	10.70	3.73	15.61
15	玉米蛋白粉	92.30	53.90	4.04	16.90
16	小麦麸	89.10	15.70	2.34	9.79
17	小麦次粉	86.10	16.60	2.39	10.00
18	菜籽粕	90.50	33.10	2.18	9.12
19	肉骨粉	92.10	49.70	1.78	7.45
20	鱼粉	90.00	67.50	3.68	15.40

引自:中国饲料成分及营养价值表(2020 年第 31 版)。

表 6-5　鸭对部分饲料原料的真代谢能值

序号	饲料原料	DM/%	粗蛋白/%	TME	
				Mcal/kg	MJ/kg
谷物		87.00	7.00		
1	普通玉米	89.10	8.60	3.31	13.85
2	低植酸玉米	88.80	9.00	4.05	16.95
3	高油玉米	87.20	13.10	4.20	17.57
4	小麦	89.20	10.70	3.46	14.48
5	黑麦	90.20	11.60	2.95	12.34
6	黑小麦	88.00	11.00	3.17	13.26
7	大麦	87.00	8.60	2.97	12.43
8	高粱	87.80	10.90	3.42	14.31

续表 6-5

序号	饲料原料	DM/%	粗蛋白/%	TME	
				Mcal/kg	MJ/kg
9	脱壳燕麦	89.90	13.10	3.76	15.73
10	珍珠黍	90.30	10.10	3.61	15.10
11	稻米	87.00	7.00	3.74	15.65
粕及其副产品类					
12	低植酸大豆粕	92.40	52.90	3.54	14.81
13	普通大豆粕(未去皮)	89.90	45.20	3.49	14.61
14	大麦粗粉	89.80	10.70	4.13	17.28
15	玉米蛋白粉	92.30	53.90	4.37	18.28
16	小麦麸	89.10	15.70	2.79	11.67
17	小麦次粉	86.10	16.60	3.12	13.05
18	菜籽粕	90.50	33.10	2.76	11.55
19	肉骨粉	92.10	49.70	1.96	8.20
20	鱼粉	90.00	67.50	4.05	16.95

引自:中国饲料成分及营养价值表(2020 年第 31 版)。

在动物实际生产中,由于 TME 测定相对困难,我国饲料营养成分与价值表中通常均采用 AME。另外,猪对饲料的 ME 可通过 DE 和蛋白质含量估算:

$$\mathrm{ME(cal/kg)}=\mathrm{DE(cal/kg)}\times\frac{96-0.202\times CP}{100}$$

需要指出的是,反刍动物的瘤胃和后肠产生的可燃气体几乎全部由甲烷组成。甲烷的产生与日粮的组成和结构密切相关。一般情况下,在满足维持需要营养水平的情况下,以甲烷的形式损失的 Eg 占饲料 GE 的 7%~9%、DE 的 11%~13%;在较高的营养水平上,降至 GE 的 6%~7%,这一降幅最明显的是高消化率饲料。当甲烷产量不易测量时,可以估计为总能量摄入的 8%。

另一种近似方法允许反刍动物饲料的代谢能值由 DE 值乘以 0.81 计算出来。这意味着,平均而言,约 19%的可消化能量以尿液和甲烷的形式排出。对家禽来说,ME 比 DE 更容易测量,因为粪便和尿液一起排泄。

(三)氮校正代谢能

氮校正代谢能(N-corrected metabolizable energy,MEn)是为了消去氮沉积对代谢能的影响,而进行校正的代谢能。

动物氮平衡状态对饲料的真实代谢能测定具有一定影响。当动物摄入氮大于排出氮,动物处于正氮平衡状态;当摄入氮等于排出氮,则为零氮平衡;当排出氮大于摄入氮时,则出现负氮平衡。

测定代谢能时,饲料种类不同,氮沉积量不同。为便于比较不同饲料的代谢能值,应消除氮沉积量对 ME 值的影响,即根据氮沉积量对代谢能进行校正,使其成为氮沉积为零时的 ME。校正公式为:

$$AMEn = AME - RN \times 34.39$$

$$TMEn = TME - RN \times 34.39$$

式中：RN(nitrogen retained)为家禽每日沉积的氮量(g)，可为正值、负值和零，计算时将符号代入。34.39 为每克尿氮所对应的能量。

表 6-6 鸭对部分饲料原料的校正表观代谢能和校正真代谢能

序号	饲料原料	AMEn		TMEn	
		Mcal/kg	MJ/kg	Mcal/kg	MJ/kg
谷物					
1	普通玉米	3.10	12.97	3.27	13.68
2	低植酸玉米	3.39	14.18	3.85	16.11
3	高油玉米	3.50	14.64	3.96	16.57
4	小麦	3.14	13.14	3.30	13.81
5	黑麦	2.52	10.54	2.85	11.92
6	黑小麦	2.76	11.55	3.07	12.84
7	大麦	2.52	10.52	2.86	11.97
8	高粱	3.09	12.93	3.39	14.18
9	脱壳燕麦	3.48	14.56	3.64	15.23
10	珍珠黍	3.35	14.02	3.48	14.56
11	稻米	3.41	14.27	3.61	15.10
粕及其副产品类					
12	低植酸大豆粕	2.58	10.79	2.96	12.38
13	普通大豆粕(未去皮)				
14	大麦粗粉	3.76	15.73	3.90	16.32
15	玉米蛋白粉	3.70	15.48	3.93	16.44
16	小麦麸	2.28	9.54	2.59	10.84
17	小麦次粉	2.52	10.54	2.90	12.13
18	菜籽粕	2.19	9.16	2.44	10.21
19	肉骨粉	1.77	7.41		

引自：中国饲料成分及营养价值表(2020 年第 31 版)。

(四)影响饲料代谢能值的因素

影响饲料代谢能的因素主要包括动物因素、饲料因素、环境因素及测定方法等，其中动物因素包括动物种类、品种、性别及年龄等；饲料因素包括抗营养因子、脂肪、脂肪酸、钙、磷及维生素等；环境因素包括温度、气流及光照等。

1. 动物因素

不同种类动物对同一饲料的代谢能存在很大差异，这主要取决于动物对饲料的消化方式。一般来说，反刍动物的甲烷和尿液中的能量损失比非反刍动物大，因此，在反刍动物和非反刍动物消化程度相同的饲料，如浓缩料，在非反刍动物中会有较高的代谢能值。然而，用粗纤维饲料饲喂非反刍动物也会因后肠的发酵消化而造成损失。另外,同属于家禽的鸡与鸭在对饲料的代谢能方面也存在较大差异,鸭的代谢能高于鸡;鸭对粗纤维耐受程度高于鸡。同一种类动物不同品种对饲料的代谢能也不一样,肉种鸡对饲料 AMEn 显著低于单冠来航鸡。

2. 饲料因素

动物对不同类型饲料的代谢能值存在较大差异。在反刍动物中,青绿饲料经过青贮过程,可以降低采食、消化过程中产生的能量损失。随着日粮营养水平的提高,饲料转化率提高,但同时也增加了粪能损失。然而,甲烷产量的减少可能会部分抵消这一影响。对于细碎粗饲料和混合粗饲料及精料饲料,代谢能值随着饲喂水平的增加而降低。对家禽来说,谷物的研磨对代谢能值的影响目前还存在争议。从理论上讲,抑制瘤胃产生甲烷,可以降低 8%～12%摄入总能的损失。在生产中,有可能通过在饲料中添加某些中草药饲料来抑制甲烷的产生。

四、净能

(一)净能的概念

净能是指饲料中用于动物维持生命和生产产品的能量,即饲料的代谢能扣去饲料在体内的热增耗(heat increment,HI)后剩余的那部分能量。也就是饲料中总能减去粪能、尿能、气体能及热增耗后剩余的能量。

$$NE = ME - HI = GE - FE - UE - Eg - HI$$

(二)热增耗

哺乳动物和禽类不断地通过产热和散热来维持体温恒定。绝食动物采食饲料后短时间内产热高于绝食代谢产热,高于绝食代谢的那部分热能又以热的形式散失,这部分热能称为 HI,又称为食后增热、体增热。

HI 的来源主要包括:①营养物质的消化、吸收、代谢过程产热,如咀嚼饲料、营养物质的主动吸收、机体的氧化反应、未消化饲料的排出等;②动物消化道的蠕动及饲料在胃肠道中的发酵产热;③机体内非生产性代谢,例如尿素和尿酸的合成、肾脏排泄做功等;④与营养物质代谢相关的脏器(例如肾、心脏和肌肉)的生理活动产生的热量。在反刍动物咀嚼纤维饲料时,进食所消耗的能量估计占代谢能摄入量的 3%～6%。然而,反刍的能量消耗比进食的能量消耗要少得多,估计约占代谢能摄入量的 0.3%。反刍动物也通过肠道微生物的代谢产生热量,这估计约占代谢能摄入量的 7%～8%。

动物在冷应激时,热增耗有利于机体维持体温恒定;但在热应激时,动物需要消耗能量将热增耗散失以防止体温升高;因此,冷、热应激时,饲料的利用率降低。

(三)维持净能和生产净能

NE 包括维持净能(net energy for maintenance,NEm)和生产净能(net energy for production,NEp)两部分;维持净能主要用于机体内做功(维持基本的生命活动、体温恒定、适度运动等)且以热的形式散失掉的那部分能量;生产净能是指沉积到产品中的那部分能量,主要用于机体的生长、育肥、泌乳、产蛋、产毛、劳役等,要么贮存在机体内,要么以化学能的形式排出体外,主要表现形式为增重净能、产奶净能、产毛净能、产蛋净能和劳役净能等。牛、羊常用青绿、青贮及粗饲料的净能值见表 6-7。

表 6-7 牛、羊常用青绿、青贮及粗饲料的净能值(干基)

序号	饲料原料	DM/%	NEm		NEg		NE_L	
			MJ/kg	Mcal/kg	MJ/kg	Mcal/kg	MJ/kg	Mcal/kg
1	全棉籽	91	8.83	2.11	6.02	1.44	8.16	1.95
2	棉籽壳	90	4.14	0.99	0.29	0.07	4.06	0.97
3	大豆秸秆	88	3.97	0.95	0	0	3.68	0.88
4	大豆壳	90	7.57	1.81	4.81	1.15	7.28	1.74
5	向日葵壳	90	3.89	0.93	0	0	3.51	0.84
6	花生壳	91	3.31	0.79	0	0	1.67	0.40
7	苜蓿块	91	5.27	1.26	2.30	0.55	5.27	1.26
8	鲜苜蓿	24	5.73	1.37	2.85	0.68	5.61	1.34
9	苜蓿干草,初花期	90	5.44	1.30	2.59	0.62	5.44	1.30
10	苜蓿干草,中花期	89	5.36	1.28	2.38	0.57	5.36	1.28
11	苜蓿干草,盛花期	88	4.98	1.19	1.84	0.44	4.98	1.19
12	苜蓿干草,成熟期	88	4.60	1.10	1.09	0.26	4.52	1.08
13	苜蓿青贮	30	5.06	1.21	1.92	0.46	5.06	1.21
14	苜蓿叶粉	89	6.53	1.56	3.97	0.95	6.44	1.54
15	苜蓿茎	89	4.35	1.04	0.63	0.15	4.23	1.01
16	带穗玉米秸秆	80	6.07	1.45	3.39	0.81	6.07	1.45
17	玉米秸秆,成熟期	80	5.15	1.23	2.13	0.51	5.15	1.23
18	玉米青贮,乳化期	26	6.07	1.45	3.39	0.81	6.07	1.45
19	玉米青贮,成熟期	34	6.90	1.65	4.35	1.04	6.82	1.63
20	甜玉米青贮	24	6.07	1.45	3.39	0.81	6.07	1.45
21	玉米和玉米芯粉	87	8.20	1.96	5.44	1.30	7.82	1.87
22	玉米芯	90	4.44	1.06	0.84	0.20	4.35	1.04
23	大麦干草	90	5.27	1.26	2.30	0.55	5.27	1.26
24	大麦青贮,成熟期	35	5.36	1.28	2.38	0.57	5.36	1.28
25	大麦秸秆	90	4.06	0.97	0	0	3.89	0.93
26	小麦干草	90	5.27	1.26	2.30	0.55	5.27	1.26
27	小麦青贮	33	5.44	1.30	2.59	0.62	5.44	1.30
28	小麦秸秆	91	3.97	0.95	0	0	3.68	0.88
29	氨化麦秸	85	4.60	1.10	1.09	0.26	4.52	1.08
30	黑麦干草	90	5.36	1.28	2.38	0.57	5.36	1.28
31	黑麦草青贮	32	5.44	1.30	2.59	0.62	5.44	1.30
32	黑麦秸秆	89	4.06	0.97	0.08	0.02	3.97	0.95
33	燕麦干草	90	4.98	1.19	1.84	0.44	4.98	1.19
34	燕麦青贮	35	5.52	1.32	2.76	0.66	5.52	1.32
35	燕麦秸秆	91	4.44	1.06	0.84	0.20	4.35	1.04
36	燕麦壳	93	3.89	0.93	0	0	3.51	0.84
37	高粱干草	87	5.06	1.21	1.92	0.46	5.06	1.21
38	高粱青贮	32	5.44	1.30	2.59	0.62	5.44	1.30
39	干甜菜渣	91	7.28	1.74	4.60	1.10	7.11	1.70

续表 6-7

序号	饲料原料	DM/%	NEm		NEg		NE_L	
			MJ/kg	Mcal/kg	MJ/kg	Mcal/kg	MJ/kg	Mcal/kg
40	胡萝卜碎渣	14	5.82	1.39	3.05	0.73	5.82	1.39
41	鲜胡萝卜	12	8.28	1.98	5.52	1.32	7.91	1.89
42	胡萝卜缨/叶	16	7.11	1.70	4.44	1.06	6.90	1.65
43	牧草青贮	30	5.73	1.37	2.85	0.68	5.61	1.34
44	草地干草	90	4.60	1.10	1.09	0.26	4.52	1.08
45	羊草	91	4.60	1.10	1.09	0.26	4.52	1.08
46	稻草	91	3.89	0.93	0	0	3.51	0.84
47	氨化稻草	87	4.14	0.99	0.29	0.07	4.06	0.97
48	甘蔗渣	91	3.60	0.86	0	0	3.14	0.75
49	菊芋茎秆	96	4.31	1.03	2.10	0.50	6.13	1.46

引自:中国饲料成分及营养价值表(2020 年第 31 版)。

注:NEg 指生长净能;NE_L 指产奶净能。

五、能量体系的应用

评定饲料营养价值及确定能量需要量的理想能量体系最起码满足两点要求:第一,获得的数据质量准确、可靠,具有高度的可重复性和广泛的适用性;第二,测定方法简单,耗时短,成本低。因此,在具体的动物营养研究中,不同动物采用能量体系不尽相同。常用的动物能量需要的表示体系有消化能体系、代谢能体系和净能体系。

(一)消化能体系

消化是养分利用的第一步,故消化能可用来表示大多数动物的能量需要。消化能的测定只需要分别测定摄入饲料的总能和排泄的粪能,两者相减就可得到消化能。故而消化能体系在众多能量体系中测定较容易,且具有重要价值。但消化能只考虑了粪能损失,准确性小于代谢能和净能。目前,我国和其他国家猪的能量需要多采用消化能体系,但随着科技的发展,以后要用净能体系。

(二)代谢能体系

代谢能在消化能的基础上考虑了尿能和可燃气体的能量损失,比消化能体系更准确,但测定较为困难。家禽的粪、尿均由泄殖腔排出,粪尿难以分开。因此,世界上大部分国家在家禽的能量需要的表示体系中普遍采用代谢能体系;因猪对饲料的消化能和代谢能差异较小,猪能量需要的表示体系即可用消化能体系又可用代谢能体系。

目前,家禽饲料代谢能测定方法—“排空强饲法”在家禽营养中广泛应用。该方法由加拿大学者 Sibbald 创立,具有投料准确、简单、快速、重复性好等优点,不仅可测定单一饲料、配合饲料,甚至是适口性较差的饲料更具有重要应用价值。

(三)净能体系

净能体系不但考虑了粪能、尿能与气体能损失,还考虑了体增热的损失,比消化能和代谢能更为准确。因此,净能体系是更科学的能量评价指标。净能值与动物产品(肉、蛋、奶、毛、绒和皮等)紧密相关,可根据维持及生产需要直接估计饲料用量,提供最接近于动物生产所需的能值，从而减低饲料成本，提高生产效益。因而，净能体系是动物营养学界评定动物能量需要和饲料能量价值的趋势。但净能体系比较复杂，因为任何一种饲料用于动物生产的目的不同，其净能值不同。为使用方便，常将不同的生产净能换算为相同的净能，如将用于维持、生长的净能换算为产奶净能，换算过程中存在较大误差。此外，净能的测定难度大，费工费时。生产上常采用消化能和代谢能来推算净能。目前，反刍动物的能量需要主要用净能体系来表示。

第三节 能量与动物生产

一、能量与产肉

肉类是人们膳食重要组成之一，对人类生长、发育和健康发挥着举足轻重的作用，近年来研究发现，能量对于畜禽的产肉性能和肉品质等方面具有重要影响。

动物通过摄入饲料，并对其进行消化、吸收和代谢，转化为机体可以利用的能量。肉用动物（例如猪、肉羊、肉牛及肉鸡等）获得的能量在满足维持需要的前提下，多余部分用于沉积肌肉、脂肪所需能量，进而形成肉产品。如果摄入能量小于动物维持所需，动物就会动用体组织中的糖类、脂肪及蛋白质，不利于产肉；当动物摄入能量大于维持和产肉总所需能量，多余能量会以脂肪形式存储在皮下脂肪组织、肠系膜及身体其他脏器，能量无论是不足还是过多，对动物产肉和肉品质都有不利影响。

研究表明，西门达尔牛摄入过低能量水平的饲料，会降低其日增重、胴体重、胴体脂肪含量和屠宰率，相反，则提高其日增重、胴体重、胴体脂肪含量和屠宰率；另外，随着能量水平的提高，优质切块肌（眼肉、胸肉、腱子肉、腰肉和上脑肉）的肌内脂肪含量显著增加。相似的现象在绵羊、家禽中也被发现。

二、能量与产乳

动物能量摄入与乳品质和泌乳性能密切相关。乳品质包括营养品质、感官品质、微生物品质和加工品质，其中乳脂、乳蛋白、脂肪酸是牛乳营养品质的重要指标。大部分奶牛在泌乳早期都会经历能量负平衡（negative energy balance，NEB），NEB是由于能量摄入不能满足合成牛乳的能量需求。过多的NEB可能导致代谢紊乱和生育能力受损。奶牛在NEB期间，短链和中链脂肪酸（主要是C14:0）通常在乳腺中从头合成，它们在乳脂中的比例降低。长链脂肪酸C18:0和C18:1cis-9通常在NEB期间从体脂库中释放，其比例增加。因此，乳中C18:0和C18:1cis-9含量、乳脂率是早期检测严重NEB的最佳变量，全脂乳中脂肪酸含量可用于早期检测NEB。在蛋白质水平不变情况下，提高能量摄入对产乳量和乳密度没有影响，但提高了乳中总固体和脂肪含量，降低能量摄入则持续提高了牛乳中的尿素氮含量。研究表明，高能量水平（NE=5.3 MJ/kgDM）比低能量水平（NE=4.9 MJ/kgDM）有利于提高泌乳期崂山奶山羊的采食量和产乳量。

三、能量与产蛋

蛋禽的产蛋性能包括产蛋数、蛋重及蛋品质等。一定范围内，提高能量摄入，可提高蛋重。在产蛋初期，饲喂低能量饲料的母鸡消耗饲料增多，产蛋数降低，相反，高能量饲料降低采食量，使蛋重增加，但降低了产蛋峰值后的产蛋率。另外，降低日粮能量浓度会显著降低鸡蛋品质，包括蛋白和蛋黄的品质。

四、能量与繁殖

1. 能量与初情期

饲料能量浓度是影响动物初情期的重要因素之一，处于繁殖期的动物如果能量供应不足，会降低动物生长速度和发情率，延迟动物初情期。相反，能量过剩会提前动物初情期，体况过肥。另外，饲料能量来源和组成对母畜的发情也有显著影响。研究发现，饲喂等能等蛋白质水平的饲料，提高饲料淀粉、降低脂肪含量可提高母猪发情率，提高血清胰岛素样生长因子-Ⅰ、瘦素和黄体生成素水平，但对胰岛素、雌二醇、促卵泡激素水平无影响。

饲料能量限制调控母猪性腺发育是通过下丘脑-垂体-卵巢实现的。研究发现，饲喂能量限制和正常能量水平的饲料时，母猪性腺轴下丘脑、垂体及卵巢细胞核 Kisspeptin 和 GPR54 蛋白均表达，且能量限制显著降低 Kisspeptin 蛋白在下丘脑、垂体和卵巢的表达。另外，Kisspeptin 蛋白在能量限制和正常能量水平饲喂的母猪个体性腺轴中的表达规律相似，表达量依次由高到低为下丘脑、垂体、卵巢，GPR54 蛋白则恰好相反。

2. 能量与排卵

动物能量摄入对排卵具有显著影响。在动物生产实践中，为提高母畜排卵数，在配种前半个月左右提高饲料能量水平（一般在维持能量需要基础上提高 30%～100%），这种技术称作“短期优饲”。然而，“短期优饲”受到动物种类、年龄、体况等影响。研究发现，在低体况评分母羊排卵后 10～14 d 饲喂高能日粮，可显著提高母羊的大卵泡数、排卵率和血清葡萄糖浓度，且排卵率与卵泡数呈显著正相关。

3. 能量与妊娠

母畜妊娠期的能量供应对胎儿和出生后幼畜的生长发育具有明显影响。初生幼畜重量的 2/3 是在母畜妊娠期的后 1/4 时间内完成的，因此，在妊娠后期母畜对能量的需求较高。在妊娠后期，随着子宫及其内容物的增长，母畜胃肠道的容积减小，导致母体采食量降低，为满足机体能量的需要，需提高饲料的能量水平。提高妊娠后期母猪的能量摄入量，可提高仔猪的初生重和成活率；母羊妊娠后期能量摄入不足，会导致羔羊初生重降低，对怀双羔的羊更明显。

五、饲料能量利用效率

动物的能量利用是伴随着营养物质的消化、吸收、代谢和分布进行的。能量一部分用于动物维持基本生命活动，另一部分用于动物生产，例如沉积蛋白质、脂肪等。饲料能量利用效率是指产品中沉积能量与摄入的有效能值的比值。动物对饲料能量的利用效率分为能量总效率和能量净效率。

1. 能量总效率(gross efficiency)

指产品中所含的能量与摄入饲料的有效能（指消化能或代谢能）之比。计算公式如下：

$$总效率=\frac{产品能量}{摄入的有效能量(包括用于维持的能量)}\times 100\%$$

2. 能量净效率(net efficiency)

指产品能量与摄入饲料中扣除用于维持需要后的有效能(指消化能或代谢能)的比值。计算公式为:

$$净效率=\frac{产品能量}{摄入的有效能-维持需要的有效能}\times 100\%$$

六、影响动物能量利用的因素

1. 动物因素

动物种类、品种、性别及年龄影响同种饲料的能量效率。动物种类不同对饲料能量的利用效率亦不同;相同种类不同品种或同一品种不同性别的畜禽对饲料中能量的利用率不同。如肉用仔鸡一般比相同体重的蛋鸡基础产热高;成年公鸡每千克代谢体重的维持能量需要比母鸡高 20%~30%;产蛋母鸡的维持需要比非产蛋母鸡高 20%~30%。

一般情况下,猪、禽等动物对同一种饲料的 ME 用于生长育肥的效率高于反刍动物,母畜高于公畜。动物的不同生长阶段对能量利用存在明显差异。40 kg 和 60 kg 体重的成年奶山羊,维持净能需要量分别为 5.70 $MJ/kgW^{0.75}$ 和 7.70 $MJ/kgW^{0.75}$。4~8 月龄和 8~11 月龄莎能奶山羊 MEm 分别为 0.406 $MJ/kgW^{0.75}$ 和 0.388 3 $MJ/kgW^{0.75}$。成年崂山奶山羊 MEm 需要量为 0.526 $MJ/kgW^{0.75}$,而泌乳期 MEm 需要量为 0.394 $MJ/kgW^{0.75}$。

动物处于能量负平衡时,对饲料能量利用率显著高于正平衡状态。研究发现,蛋鸡能量为负平衡时(ME 在 9.1~15.3 MJ/kg),ME 利用率为 80%,但当蛋鸡处于能量正平衡时,ME 利用率仅为 60%。

2. 生产目的

大量研究结果表明:能量用于不同的生产目的,能量效率不同。能量利用率的高低顺序为维持>产奶>生长、肥育>妊娠和产毛。例如:ME 用于反刍动物生长肥育效率为 40%~60%,用于妊娠的效率为 10%~30%;而 ME 用于猪生长的效率为 71%,用于妊娠的效率为 10%~22%。能量用于动物维持的效率较高,主要是由于动物能有效地利用体增热来维持体温。当动物将饲料能量用于生产时,除随着采食量增加,饲料消化率下降外,能量用于产品形成时还需消耗一大部分能量。因此,能量用于生产的效率较低。

3. 饲料因素

饲料营养物质的模式(即含量和比例)越接近动物对营养物质的需要,饲料的能量利用效率就越高。因此,影响能量利用率的饲料因素包括饲料能氮比、能量水平、粗纤维、维生素和矿物元素含量等。动物都有"为能而食"的天性,且营养物质与能量存在相互作用,能量浓度和供给调控着动物采食量,进而改变其他营养物质的摄入量。比如母猪饲料能量水平过高,蛋白质水平不变,母猪会因采食量降低,从而使得蛋白质摄入量不足,降低蛋白质沉积,最终导致母猪能量相对过剩,能量利用效率降低。相反,母猪饲料能量水平严重不足,母猪会增大采食量以弥补能量摄入不足部分,还导致部分蛋白质脱氨供能,但是蛋白质供能效率明显低于碳水化合物,最终导致母猪对饲料能量利用效率降低。

维生素作为酶的辅基或辅酶参与碳水化合物、脂类、蛋白质的消化、吸收和代谢。维生素缺乏会导致机体代谢机能紊乱,进而影响多种营养物质的代谢效率,从而降低能量的利用率。

日粮中粗纤维含量也会影响其他营养物质在机体的消化，进而也影响能量利用率。饲料中的抗营养因子也影响能量利用率。一般情况下，抗营养因子会直接或间接通过降低营养物质消化率降低饲料能量利用率。常见的饲料抗营养因子包括非淀粉多糖(non-starch polysaccharides，NSP)、蛋白酶抑制因子(proteinase inhibitor，PI)、凝集素、植酸磷、皂角苷和木质素等。例如谷物饲料(例如小麦和大麦)中阿拉伯木聚糖和β-葡聚糖都是典型的具有黏性的非淀粉多糖。

4. 饲养方式

动物在舍饲、放牧和舍饲＋放牧条件下，动物机体用于维持净能的需要存在差异，能量利用率也随之变化。例如奶山羊在舍饲条件下，维持净能的需要为 0.27 MJ/kg$W^{0.75}$；舍饲＋放牧时为 0.31～0.34 MJ/kg$W^{0.75}$；完全放牧时为 0.35～0.44 MJ/kg$W^{0.75}$。

5. 环境因素

动物处于等热区时，正常代谢产热可降到最低，对能量利用率最高。当外界温度低于等热区温度下限时，动物为了维持体温恒定，机体代谢产热增加，维持需要增加，相同能量摄入量情况下，用于生产的能量降低；相反，外界温度高于等热区上限时，动物自身散热受阻，机体需要通过物理调节和化学调节提高代谢强度来增强散热，维持体温恒定，如心跳加快、出汗、热性喘息等，同样增加了维持能量需要，能量利用率亦降低。据 NRC(1981)估计，奶牛处于中、高等热应激状态下，维持能量需要分别增加 7％和 25％。家禽在低温环境中的能量消耗比在适宜温度下增加 20％～30％，外界环境温度每改变 1 ℃，每千克 $W^{0.75}$ 用于维持的代谢能需要改变 8kJ/d。总之，环境温度对能量利用效率的影响主要通过改变净能中维持净能和生产净能的比例来影响饲料能量的利用效率。

本章小结

能量涉及动物生命活动和产品生产。能量的单位有焦耳、千焦耳及兆焦耳，饲料能量主要来源于碳水化合物、脂类和蛋白质三大营养物质，其中碳水化合物是动物机体最主要的能量来源。

根据饲料能量在体内的转化过程和动物对能量的利用效率，动物营养研究中把能量划分为总能、消化能、代谢能和净能。总能是饲料在氧弹式测热计内完全氧化时所产生的热能；消化能是指饲料中可被消化的养分所含的能量，一般通过消化试验测定。消化能分为表观消化能和真消化能。一定程度上消化能可用于评价饲料营养价值及动物对营养物质需要。

代谢能指饲料的总能减去粪能、尿能和可燃气体的能量后利余的能量。反刍动物需要计算甲烷气体能的损失，猪和家禽可忽略不计。代谢能分为表观代谢能和真代谢能。根据氮沉积量对代谢能进行校正，使体内氨沉积量为零时的 ME 即为 MEn。

净能是指饲料总能扣除粪能、尿能、甲烷能和热增耗后剩余的能量，包括用于维持需要和生产需要的能量。热增耗又称特殊动力作用，指动物在采食饲料后的短时间内，体内产热高于绝食代谢产热的那部分热能。在实际应用过程中，根据净能在机体所起的作用，把净能进一步细分为维持净能和生产净能。

动物能量体系包括消化能体系、代谢能体系和净能，我国猪一般采用消化能体系，家禽采用代谢能体系，反刍动物采用净能体系。动物能量利用效率主要受动物因素、生产目的、饲料因素、饲养方式及环境因素的影响。

复习思考题

1. 简述饲料中的能量在动物体内的分配情况。
2. 名词解释：表观消化能、真消化能、表观代谢能、真代谢能及净能。
3. 目前我国主要畜禽猪、鸡、牛及羊营养需要分别采用哪种有效能体系表示？
4. 试述能量与产肉、产蛋、产奶及繁殖的关系。
5. 能量利用率的影响因素包括哪些？

第七章 矿物元素营养

自然界中存在的元素，现已发现有60多种存在于动物组织器官中，这些元素分为两类，一类是有机元素，包括碳、氢、氧、氮，占动物体重95%左右，构成蛋白质、脂肪及碳水化合物等有机物。另一类是无机元素，是指除有机元素以外的所有元素，例如钙、磷、钠、钾、氯、硫、镁、铁、锌、锰、铜、硒、碘等约60种，占动物体重5%左右，这类元素以无机盐的形式构成动物的骨骼、牙齿，或者以活性物质的形式参与机体代谢过程。本章主要讲述矿物元素在动物体内的分布、营养生理功能、吸收代谢特点、缺乏与过量以及来源与供给等内容。

第一节 概述

一、动物体内的矿物元素

(一)必需矿物元素

动物体内存在的矿物元素，对动物具有明确的生理功能，对维持机体的生长发育、生命活动及繁殖过程等必不可少必须由饲料提供，这一部分矿物元素称为必需矿物元素。作为必需矿物元素应满足以下条件：①普遍存在于动物组织中，并且在同类动物中含量稳定；②同一元素对各种动物的基本生理功能和代谢规律是共同的；③缺乏或过量时，在不同动物间表现出相似的结构和生理机能异常或特有的生化变化，即相同的缺乏症和中毒症；④补充某种缺乏的矿物元素时，相应的缺乏症会减轻或消失。例如，钙、磷及镁以其相应盐的形式存在，是骨和牙齿的主要组成部分；锌、锰、铜及硒等作为酶或辅酶组成成分；镁和氯作为激活剂参与体内物质代谢；还有的元素(如钠、钾、氯等)以离子的形式维持体内电解质平衡或酸碱平衡。

必需矿物元素主要由饲料供给，当供给不足，不仅影响动物生长或生产，而且引起动物体内代谢异常、生理生化指标变化和缺乏症。在缺乏某种矿物元素的饲料中补充该元素，相应的缺乏症会减轻或消失。因此,动物矿物元素的必需性可根据试验判定。通过饲喂不含待判定元素的纯合饲料,根据动物是否出现缺乏症,或者在缺乏饲料中补充该元素,缺乏症是否减轻或消失来确定。

目前证明动物一般都需要钙、磷、钠、钾、氯、镁、硫、铁、铜、锰、锌、碘、硒、钼、钴、铬、氟、硅及硼共 19 种矿物元素。必需矿物元素按动物体内含量或需要不同分成常量矿物元素和微量矿物元素两大类。①常量矿物元素:一般指在动物体内含量高于 0.01%的矿物元素,包括钙、磷、钠、钾、氯、镁及硫共 7 种;②微量矿物元素:一般指在动物体内含量低于 0.01%的元素,包括有铁、锌、铜、锰、碘、硒、钴、钼、氟、铬及硼共 11 种。动物体内部分必需矿物元素含量如表 7-1 所示。

表 7-1　动物体内部分必需矿物元素含量　　mg/kg

常量元素	含量	微量元素	含量
钙	15	铁	20～80
磷	10	锌	10～50
钾	2	铜	1～5
钠	1.6	锰	1～4
氯	1.1	硒	1～2
硫	1.5	碘	0.3～0.6
镁	0.4	钼	0.2～0.5
		钴	0.02～0.1

(二)非必需矿物元素

动物体内除了必需矿物质元素外,还含有铝、钒、硅、镍、锡、砷、铅、锂、溴、铯、汞、铍、锑等,这类元素在动物体内的含量非常低,在实际生产中几乎不出现缺乏症,也没有发现这些矿物元素有确切的生理作用。上述部分元素在动物体内过量可引起毒性效应,例如,重金属元素砷、汞、铅等可引起蛋白质变性而造成动物组织、器官病变。当然,矿物元素的毒性效应跟动物体内存在的剂量有关。例如,必需矿物质元素铜、硒、锰等过量,常会引起中毒;而砷、汞、铅等矿物质元素,尽管毒性较强,但当体内含量极少时,通常对动物机体无害。

(三)矿物元素在体内的含量与分布特点

以每千克无脂组织含量计算,不同动物机体及同种动物不同器官常量元素含量比较接近(表 7-2)。各种矿物元素在不同动物体内分布具有一定的规律性,例如 98%的钙和 90%的磷都存在于骨骼和牙齿中;铁元素是组成血红蛋白的重要成分,主要存在于红细胞中,在牛体内相对含量最高,其他动物含量相近;钠、钾、氯参与形成动物电解质内环境,其相对含量从胚胎期到发育成熟期保持恒定。动物肝中微量元素含量普遍较其他器官中高。

饲料中矿物质元素在动物肠道中被吸收入血后运送到全身组织器官,大部分与机体蛋白质结合,少部分与氨基酸结合或以游离状态存在。进入组织的矿物质元素主要参与形成乳、蛋或用于繁殖组织的生长;另外,还有部分经粪便、尿液或体表排出体外。矿物元素在体内不断地进行着吸收和排出、沉积和分解,即矿物质的周转代谢。周转代谢经消化道、肾脏、皮肤及产品(奶、蛋、毛)排出的量是评定动物矿物元素需要的重要根据(图 7-1)。

表 7-2　不同动物体内矿物质元素含量(每 kg 无脂组织重量)

动物	电解质/mEq			常量元素/g			微量元素/mg			
	钠	钾	氯	钙	磷	镁	铁	锌	铜	碘
牛	69	49	31	18	10	0.41	170	40	2.0	0.15
猪	65	72	40	12	7	0.45	90	25	2.5	0.30
狗	69	65	43	15	8.2	0.40	69	35	2.5	0.70
兔	58	72	32	13	7	0.50	60	50	1.5	0.40
鸡	51	69	44	13	7.1	0.50	60	30	1.5	0.40

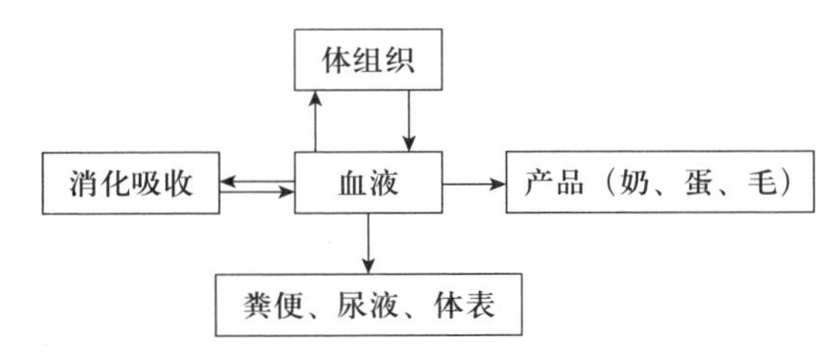

图 7-1　矿物元素在体内的动态平衡(Bondi,1987)

二、必需矿物元素的两面性

必需矿物元素对维持动物生命活动、机体健康和生产起着非常重要的作用，缺乏或者过量均对动物不利。当必需矿物元素缺乏到一定低限后，就会出现临床症状或亚临床症状；供给剂量在一定范围内时，动物能保持一个稳衡的生理状态；一旦超过一定的安全剂量，动物就会表现出中毒的症状。也就是说适量的矿物元素对动物具有营养作用，过量的矿物元素对动物具有毒害作用。即必需矿物元素具有两面性—营养作用和毒害作用。

如图 7-2 所示，这种不同元素供给水平与其相应的动物反应之间的关系称为剂量-反应关系，而相应的曲线称为剂量-反应曲线。

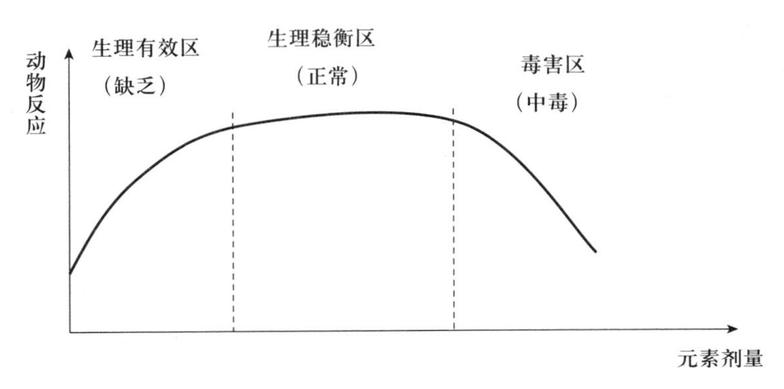

图 7-2　剂量-反应曲线示意图

三、矿物元素的利用率

饲料中的矿物元素一般都以化合物的形式存在。不同来源和不同化学形式的矿物元素在体内的吸收利用率差异很大。例如，硫酸亚铁、硫酸铁、赖氨酸铁、蛋氨酸铁等，动物对这些形式的铁的利用率都存在较大差异。由于矿物元素代谢过程中不断排入消化道，同时又不断被利用，因此，用一般消化率的方法难以准确测定其利用率，目前主要采用以下方法。

（一）净利用效率

净利用效率是判定矿物元素利用率的常用指标，通过测定两组矿物元素沉积量来计算。计算公式为：

$$净利用率=(B_2-B_1)/(I_2-I_1)\times 100\%$$

I_1、I_2 分别为第一和第二组待评定元素的摄入量；B_1、B_2 分别为第一和第二组待评定元素的沉积量（由摄入量减排泄量而得）。例如，第一组硫酸亚铁的日摄入量为 100 mg，沉积量为 80 mg，第二组硫酸亚铁的日摄入量为 80 mg，沉积量为 60 mg，则硫酸亚铁的净利用率＝(80－60)/(100－80)×100%＝100%。

（二）相对利用率

以动物生长或某一生理生化指标的变化为标识，比较两种化合物中该元素的相对利用率高低。计算公式为：

$$相对利用率=M/M_0\times 100\%$$

M 和 M_0 分别为含待测元素引起的动物生理效应。由于选用的标准物不同，相对利用率可能大于 100%。例如，硫酸亚铁中的铁使仔猪的日增重达到 220 g，硫酸铁中的铁只能使仔猪的日增重达到 150 g。则硫酸铁相对硫酸亚铁的利用率为 68.2%，而硫酸亚铁相对于硫酸铁的利用率为 146.7%。

（三）净吸收率

矿物元素的消化吸收率受消化道内源性矿物元素的影响，因此，测定净吸收率时，必须把从粪便排出的矿物元素中的内源和外源部分区分开，排除内源的干扰。可以通过同位素方法来测出粪中排出的内源矿物元素部分，从而计算出表观消化率和真消化率。

$$表观消化率(消化率)=(A-B)/A\times 100\%$$

$$真消化率(吸收率)=(A-(B-C))/A\times 100\%$$

A 为测定元素的摄入量，B、C 分别为粪排出元素的总量和内源排出量。例如，大鼠每日锌的摄入量为 450 μg，粪中排出量为 190 μg，肠道内源排出 110 μg，计算获得表观消化率和真消化率分别为 58%和 82%，可见这种方法评定常量元素利用率较为理想。

四、自然界中的矿物元素与动物的关系

动物体内的矿物元素主要来自饮水和饲料。天然饲料和饮水中的矿物元素对动物的生产和健康有重要影响。

自然状态下动物通过采食天然植物饲料或者饮水获得矿物元素，植物生长依赖土壤和水

中吸收的矿物元素。因此,土壤、水和肥料中的矿物元素含量及存在形式、植物的吸收力都影响植物饲料的矿物元素组成。我国地域辽阔,不同地区土壤或水中矿物元素含量差异很大,在选择不同地区天然植物性饲料时,应对其矿物元素组成进行准确评估。同时,也要考虑不同种类动物对矿物质元素需求的差异,例如,非反刍动物通常钙、磷、钠及氯不足,铁、锌、铜、锰及碘处于临界缺乏或缺乏;反刍动物通常是钙、磷、钠、钾、镁和硫不足,铁、铜、碘、钴、锰处于临界缺乏或不缺。因此,在实际生产中,应根据饲料中矿物元素的含量和动物需要量添加缺乏的矿物元素,以达到理想的生产性能。

有些动物营养代谢病是动物由于缺乏某种矿物元素而导致的。缺乏到一定程度会出现相应的疾病,发病后补充相应矿物元素疾病即消失。因此,我们要培养量变与质变的思维。动物不具备人类语言功能,其发病也不会告知,且动物发病情况下有许多共性表现,如采食量下降、精神萎靡、发烧,因此动物营养代谢病诊断需要我们多比较案例,掌握相关疾病发病表现,通过各方面知识精准诊断,这也是当代工匠精神的重要体现。

我们要提高微量元素的利用率,节省矿物资源,保护环境。要依法依规合理使用微量元素添加剂,减少对环境的污染。《中华人民共和国农业部公告第2625号》对《饲料添加剂安全使用规范》进行了修订,新《规范》中第三项明确规定:饲料企业和养殖者使用《饲料添加剂品种目录》中铁、铜、锌、锰、碘、钴、硒、铬等微量元素饲料添加剂时,含同种元素的饲料添加剂使用总量应遵守本《规范》中相应元素"在配合饲料或全混合日粮中的最高限量"规定。

第二节 常量矿物元素

动物必需的常量矿物元素包括钙、磷、钾、钠、氯、硫、镁7种。

一、钙和磷

钙和磷是动物体内含量最高的矿物元素。在实际生产条件下,常用饲料所含钙、磷通常不能满足动物的需要,因此,钙、磷已成为配合饲料必须考虑的,且添加量最大的重要矿物元素。

(一)含动物量与分布

钙、磷是动物体内含量最多的矿物元素,钙占动物体重的1%~2%,其中98%~99%的钙存在于骨和牙齿中,骨中钙约占骨骼粗灰分的36%,其余存在于血液、淋巴液、唾液、消化液和软组织中。血液中钙几乎都存在于血浆中,正常含量9~12 mg/100 mL,血浆中的钙主要以游离的离子、蛋白结合以及结合成其他盐类的状态存在,以这三种形式存在的钙量分别占总血钙的50%、45%和5%。

磷占动物体重的0.7%~1.1%,其中80%的磷存在于骨骼和牙齿中,骨中磷约占骨骼粗灰分的17%。其余的存在于体液和软组织中,用于构成磷蛋白、核酸和磷脂,血磷含量较高,一般在35~45 mg/100 mL,主要以$H_2PO_4^-$的形式存在于血细胞内。而血浆中磷含量较少,一般在4~9 mg/100 mL,生长动物稍高,主要以离子状态存在,少量与蛋白质、脂类及碳水化合物结合存在。通常动物骨骼中钙、磷比例约为2:1,但由于动物种类、年龄和营养状况不同,钙磷比也有一定变化。

(二)生理功能

钙除了参与形成骨骼和牙齿外,还在动物体内具有以下生理功能:①调节毛细血管壁和细胞膜通透性及神经肌肉的兴奋性,当细胞膜通透性改变,Ca^{2+} 进入细胞内触发肌肉自发性收缩;②激活多种酶,例如胰 α-淀粉酶、胰蛋白酶、磷酸化酶等;③参与血液凝结,激活促凝血酶原激酶和凝血酶原;④促进胰岛素、儿茶酚氨及肾上腺皮质固醇,甚至唾液等的分泌;⑤钙还具有自身营养调节功能,当外源钙供给不足时,沉积钙(特别是骨骼中)可大量分解供代谢循环需要,此功能对产蛋、产奶及妊娠动物十分重要。

磷是所有矿物元素中生物学功能最多的一种。①与钙一起参与骨骼和牙齿结构组成,保证骨骼和牙齿的结构完整;②参与体内能量代谢,是 ATP 和磷酸肌酸的组成成分,这两种物质是重要的供能、贮能物质,也是底物磷酸化的重要参加者;③促进营养物质的吸收,磷以磷脂的方式促进脂类物质和脂溶性维生素的吸收;④保证生物膜的完整,磷脂是细胞膜不可缺少的成分;⑤磷作为重要生命遗传物质 DNA、RNA 和一些酶的结构成分,参与诸多生命活动过程,如蛋白质合成;⑥磷酸盐是动物机体重要的缓冲物质,参与维持体液的酸碱平衡。

(三)吸收与代谢

饲料中的钙在胃酸作用下离子化,然后通过主动运载过程吸收。钙的主要吸收部位是胃和十二指肠,饲料钙进入吸收部位后,在维生素 D_3 刺激下,与蛋白质形成钙结合蛋白质,经过异化扩散吸收进入细胞膜内,少量以螯合形式或游离形式吸收。磷吸收以离子态为主,也可能存在异化扩散。

钙、磷吸收受很多因素影响。第一,溶解度对钙、磷吸收起决定性作用,凡是在吸收细胞接触点可溶解的,不管以任何形式存在都能吸收;第二,钙、磷与其他物质的相互作用对吸收影响也较大,当肠道大量存在铁、铝和镁时,这些物质可与磷形成不溶解的磷盐降低磷的吸收率;饲料中过量脂肪酸可与钙形成不溶钙皂,大量草酸和植酸可与钙形成不溶的螯合钙,降低钙的吸收;饲料中乳糖能增加吸收细胞通透性,促进钙吸收;第三,钙、磷本身的影响,钙含量太高抑制钙的吸收,钙、磷之间比例不合理(高钙低磷或低磷高钙)也可抑制钙、磷的吸收。第四,不同动物对饲料原料中钙、磷吸收利用的程度不同。通常反刍动物钙吸收率在 22%～55%,平均 45%;磷吸收率比钙高,平均 55%。非反刍动物钙吸收率在 40%～65%,猪平均吸收率 55%;磷吸收率在 50%～85%,而植酸磷消化吸收率低,一般在 30%～40%。反刍动物和单胃动物对钙磷比的忍耐力差异很大,猪、禽对钙磷比的耐受力比反刍动物差,正常比值在(1～2)∶1,产蛋鸡也不超过 4∶1,但反刍动物饲料中钙磷比在(1～7)∶1 都不会影响钙磷的吸收。

几种动物钙的动态代谢情况见表 7-3。钙磷的代谢有以下几个特征。第一,不同种类动物钙代谢强度不同;第二,随年龄增加,周转代谢率降低,但是每天周转代谢的钙量仍可达吸收钙量的 4～5 倍;第三,周转代谢强度大,一头 35 kg 重的猪,每天沉积和分解的钙量达 23 g 以上,仅有 13%左右作为净沉积钙,其余都是沉积后又分解进入体液循环,每沉积 1 g 钙,平均需要 8 g 左右的钙进出沉积组织,即周转代谢是净沉积的 8 倍左右,尽管成年动物在正常情况下不存在净沉积率,但合成和分解的绝对量仍相当大。

表 7-3 不同种类动物钙的代谢

动物	年龄	体重/kg	摄入/g	吸收/g	内源粪钙/g	内源尿钙/g	总粪钙/g	存积钙/g	分解钙/g
猪	15周	35	11	4.7	1.45	0.11	7.8	13.3	10.2
绵羊	6月	30	2.65	1.3	0.85	0.05	2.2	2.4	2.03
牛	5周	50	5.8	5.3	0.5	0.01	1.12	15.0	10.3
牛	14月	380	26.6	9.6	6.46	微量	23.46		
牛	5年	500	63.0	12.6	6.0	微量	56.40		
人	30年	70	0.92	0.31	0.12	0.18	0.73	0.88	0.87

(四)缺乏和过量

猪、禽最易出现钙缺乏,草食动物最易出现磷缺乏。钙、磷缺乏常导致骨骼发生疾患,引起佝偻病、骨质软化症及产后瘫痪等。猪易出现钙缺乏症,猪钙、磷缺乏症表现为食欲下降、生长停滞、消瘦、肢行、强直、骨骼脆弱和繁殖性能受损,猪缺乏钙、磷的典型症状是幼龄仔猪患佝偻病(图 7-3)。引起佝偻病的主要原因为饲料中缺乏钙、磷或钙磷比例失衡,出现低钙或者低磷型佝偻病。通常犊牛或生长牛易发生低磷型佝偻病,仔猪低钙、低磷型佝偻病都可能发生。骨质软化症是成年动物钙、磷缺乏所表现出的一种典型营养缺乏症。患骨软化症动物的肋骨和其他骨骼因大量沉积的矿物质分解而形成蜂窝状,容易造成骨折、骨骼变形等。牛患病主要表现为关节僵硬、肌肉软弱、生长迟缓、繁殖机能障碍及产奶性能降低;猪和鸡主要表现为营养性瘫痪,发生骨折。产后瘫痪(乳热症)常发生于奶牛产犊后,主要是血浆钙水平不足引起内分泌功能异常而产生的一种营养缺乏症,分娩后,由于泌乳的需要,钙需求量增加,甲状旁腺素、降钙素的分泌失调而引起产后瘫痪。

图 7-3 猪缺钙引起的佝偻病(前肢跪地、骨骼弯曲)

(五)来源与供给

钙、磷的适宜需要和供给量主要受到钙磷来源、动物品种、饲料中维生素 D 含量等因素的影响。

植物性饲料中的钙主要以碳酸钙、柠檬酸钙、酒石酸钙和植酸钙等形式存在,其中柠檬酸钙吸收率最高,碳酸钙次之,植酸钙最难吸收。植物籽实中钙含量较低而磷含量较高,但主要以植酸磷的形式存在。因动物本身不能合成植酸酶,因此消化利用率通常较低。猪、禽对植物中的磷利用率为 20%~50%。动物性饲料中的钙、磷含量丰富,主要以磷酸钙、乳酸钙和碳酸钙的形式存在,吸收利用率高。生产中磷的利用率通常按照 100%计算。矿物质饲料石粉、贝壳粉、蛋壳粉、磷酸氢钙等含钙量较高且易于吸收;磷主要存在于一些钙盐当中,例如磷酸一钙、磷酸二氢钙、磷酸二钙和磷酸三钙。

不同动物对钙磷的吸收率不同,反刍动物对各种来源的钙、磷(包括植酸盐)的利用率都较高,主要由于瘤胃微生物产生的酶能将植酸盐水解成磷酸和肌醇。通常猪和肉鸡对钙的需要量占饲料的 0.45%~0.8%、蛋鸡为 2.5%~4.0%、奶牛为 0.45%~0.8%、肉牛为 0.36%;猪和肉鸡对磷的需要量占饲料的 0.4%～0.65%、蛋鸡为 0.55%、奶牛为 0.34%、肉牛为 0.28%。

此外，钙、磷的适宜需要和供给量受多种因素的影响，其中维生素 D 的影响最大。维生素 D 是保证钙、磷有效吸收的基础，供给充足的维生素 D 可降低动物对钙、磷比的严格要求，保证钙、磷有效吸收和利用。长期舍饲的动物，特别是高产奶牛和蛋鸡，因钙、磷需要量大，维生素 D 显得更为重要。

二、钠、钾、氯

（一）含量与分布

高等哺乳动物体内钠、钾、氯主要分布在体液和软组织中，占体重总含量分别为钠 0.13%、钾 0.17%、氯 0.11%，血浆中以上三种矿物元素的含量分别为 330 mg/100 mL、2 mg/100 mL、370 mg/100 mL。动物体内 60%的钠分布于细胞外液；88%的钾分布在细胞内液和各组织器官中，其中肝、肾中含量最高，皮肤和骨骼中含量最少；氯元素在细胞内外均有分布，血液中的氯元素占阴离子总量的 2/3。详见表 7-4。

表 7-4　哺乳动物体内钠、钾、氯的分布　%

元素	总含量（占体重）	可交换（占总量）	细胞外（占总量）	细胞内（占总量）
钠	0.13	76	60	16
钾	0.17	91	3	88
氯	0.11	99	76	23

引自：Riis，1983。

（二）生理功能

动物体内的钠、钾、氯作为电解质，可维持渗透压，调节酸碱平衡，控制水的代谢。钠是血浆和其他细胞外液的主要阳离子，维持体液酸碱平衡和渗透压，同时对传导神经冲动和营养物质吸收发挥重要作用；细胞内钾、钠及氯与 CO_3^{2-} 共同调节体液渗透压和保持细胞容量，同时钾元素可参与神经兴奋性传导和碳水化合物代谢。氯除了与钾、钠维持酸碱平衡和调节渗透压外，还可以盐酸或者盐酸盐的形式形成胃液。此外，三种元素还可通过形成酶的活化因子或提供酶发挥正常活性的条件，发挥重要生理作用。

（三）吸收与代谢

三种元素主要通过主动转运的方式进行吸收，也存在被动扩散作用。有氨基酸或糖类存在的情况下，钠可通过主动转运的方式吸收，但没有氨基酸和糖类时，吸收效果较差。反刍动物前胃中钠和氯可通过偶联的主动吸收机制吸收。三种元素主要的吸收部位是十二指肠，其次是胃、小肠后段和结肠（主要吸收钠）。进入体内的钠、钾和氯大部分是通过尿液的形式排出，少部分通过粪便、皮肤、汗腺等途径排泄。

（四）缺乏与过量

三种元素中任何一种缺乏均可能表现食欲差、生长慢、失重、生产力下降和饲料利用率低等，同时可导致血浆中含量和粪尿中含量降低。因此，粪尿中三种元素的含量下降可以敏感地反映三种元素的缺乏。

常规动物饲料中的钠和氯通常不能满足动物营养需要，长期缺乏将出现钠缺乏症，生产中通常以食盐补充钠和氯的需要。生长期动物长期缺钠，会出现采食量降低、饲料消化率降低、生长缓慢等现象。成年动物钠缺乏时，可发生运动失调、肌肉颤抖及心律不齐等症状。猪缺钠可导致同类相残、咬尾；蛋鸡缺钠易形成啄癖，可发生产蛋率下降、体重减轻现象；奶牛钠缺乏初期有严重的异食癖，随着钠缺乏时间的延长产生食欲降低、体重减轻、泌乳量降低、乳成分变差等症状。

钾在植物中的含量一般较高，因此常规饲养环境下的畜禽，钾一般不缺乏。但反刍动物尤其是育肥期和泌乳期采食大量精料、青贮玉米、酒糟或非蛋白氮等饲料也可能出现钾缺乏症。泌乳期牛缺钾采食量和泌乳量显著降低。

动物食盐中毒的情况时有发生，尤其是在饮水量受到限制时。一般情况下，动物可通过自身调节机制，对食盐的摄入有一定的耐受力，但摄入过多的食盐，导致动物过渴、腹泻、神经兴奋等症状。奶牛、猪、马、鸡、鸭和火鸡等饲粮中食盐的耐受量分别为5.0%、5.0%、3.0%、3.0%和3.0%，水中食盐耐受量分别为1.0%、1.0%、0.6%、0.4%和0.4%。动物摄入过多的钾经肾脏代谢时，易导致肾功能受损，引起高血钾症。钾摄入过多还会抑制其他矿物元素的吸收，例如饲粮中钾过多，镁吸收率降低。实际生产中，给牧草施用大量钾肥可能引起反刍动物镁缺乏症。

（五）来源与供给

除了鱼粉、肉粉等动物性饲料外，多数饲料中钠和氯含量都较低，不能满足动物需要量。因此，在动物饲料中补充一定量的食盐即可满足钠和氯的需要。全价配合饲料或全混合日粮中氯化钠的最高限量为：猪1.5%，家禽1.0%，牛、羊2.0%；全价配合饲料或全混合日粮中氯化钠的推荐添加量为：猪0.3%-0.8%，鸡0.25%～0.4%，鸭0.3%～0.6%，牛0.5%～1.0%，羊0.5%～1.0%。植物饲料中含有丰富的钾，在全价配合饲料或全混合日粮中一般不需要额外补充。

三、镁

（一）含量与分布

动物体中镁占体重的0.05%，占骨骼粗灰分的0.5%～0.7%，其中60%～70%的镁以磷酸盐和碳酸盐形式参与骨骼和牙齿的构成。25%～40%的镁与蛋白质结合形成络合物存在于软组织中，软组织中镁主要富集于细胞线粒体内，细胞质中镁主要以复合物的形式存在。细胞外液中镁浓度较细胞内液低，约占动物体内总镁的1%。血液中的镁75%存在于红细胞内，动物血浆中镁水平一般为1.8～3.2 mg/DL。当反刍动物血浆中镁水平为1.1～1.7 mg/DL时，则认为是中等低镁血症，若低于1.1 mg/DL，则认为是强低镁症。

（二）生理功能

镁作为一个必需元素有如下功能：①参与骨骼和牙齿组成；②作为酶的活化因子或直接参与酶组成，如磷酸酶、氧化酶、激酶、肽酶和精氨酸酶等，主要参与碳水化合物和蛋白质代谢；③参与DNA、RNA和蛋白质合成；④调节神经肌肉兴奋性，保证神经肌肉的正常功能；⑤参与促使ATP高能键断裂，释放能量促进肌肉运动；⑥镁作为细胞内主要阳离子之一，与钙、钠、钾和相关阴离子协同作用，维持机体酸碱平衡和神经肌肉正常兴奋性。

（三）吸收与代谢

镁主要有两种吸收方式，一种是以简单的离子扩散吸收，另一种是形成螯合物或与蛋白质形成络合物经易化扩散吸收。反刍动物消化道中镁主要经前胃胃壁吸收,非反刍动物主要经小肠吸收。

镁的吸收率受许多因素的影响。第一,动物种类,不同种类动物镁的吸收率不同,猪、禽一般可达60%,奶牛只有5%~30%;第二,动物年龄,同种动物幼龄阶段比成年阶段吸收更有效;第三,饲料中的拮抗物,饲料中的钾、钙、氨等影响镁吸收;第四,镁的存在形式,镁的不同存在形式吸收率不同,硫酸镁的利用率较高;第五,饲料的类型,粗饲料中镁的吸收率比精饲料低。镁的吸收见表7-5。

表7-5 单胃动物和反刍动物镁的吸收利用

动物种类	吸收部位	主要吸收形式	吸收率/%
单胃动物	小肠	异化扩散—螯合物,与蛋白质形成络合物	猪、禽60
反刍动物	瘤胃壁	简单扩散—离子形式	奶牛5~30

(四)缺乏与过量

单胃动物需镁低,约占饲料的0.05%,常规饲料中镁的含量均能满足需要,不需要额外添加。猪饲料镁含量低于0.04%可导致缺镁症的发生。反刍动物镁需求量较高,如奶牛饲料中镁的需求量为20 mg/kg,是单胃动物的5倍。但反刍动物体内镁储备量低,并且对饲料中镁的吸收率较低,容易出现镁缺乏症。

动物缺镁主要表现为食欲不振、生长受阻、过度兴奋、痉挛和肌肉抽搐,严重的导致昏迷、死亡。通过血液学检测可发现,缺镁动物血镁浓度较低。也可能出现肾钙沉积和肝中氧化磷酸化反应降低、外周血管扩张、血压下降、体温降低等症状。反刍动物镁缺乏症主要有两种原因,一是长期饲喂缺镁或低镁饲料,导致动物机体储存的镁过度消耗而发生缺镁症;二是放牧的反刍动物,因采食的青草中镁含量低,吸收率差,采食后发生缺镁症(又叫草痉挛症)。其主要表现为:神经兴奋、肌肉抽搐、呼吸弱、心跳过速,严重者发生抽搐死亡。草痉挛症与缺钙症的临床表现近似,但血镁含量有差异。缺钙症牛血镁正常,血钙、血磷和可溶性钙含量大幅度下降。草痉挛牛血钙、血无机磷正常,血镁下降。二者的血液指标详见表7-6。

表7-6 奶牛不同营养缺乏性痉挛的血液学比较 mg/100 mL

	总钙	可交换性钙	无机磷	镁
正常	9.4	1.7	4.6	1.7
缺钙症	4.4	0.4	2.2	2.2
草痉挛	6.7	1.2	4.3	0.5

引自:Underwood(1981)。

动物摄入镁过量将引起中毒反应,主要表现为:精神不振、采食量下降、生产性能降低、运动失调和腹泻,甚至引起死亡。当鸡饲料镁高于1%时生长速度减慢、产蛋率下降和蛋壳变薄。实际生产中使用含镁添加剂混合不均时也可能导致中毒。动物对饲料中镁的需要量一般为:猪0.04%、鸡0.06%、奶牛1.8%~3.0%。

(五)来源与供给

通常镁在植物饲料中含量较高,青绿饲料、糠麸类、饼粕类等镁丰富,一般不需要补充。但有些地区缺乏镁或早春放牧的牛、羊,可适当补充镁。泌乳牛羊需要适当补充镁,一般以氧化镁的形式补充。实际生产中,可将 $MgSO_4 . 7H_2O$ 与食盐按照 2∶1 的比例制成添砖,任由牛、羊舔食以满足镁的需要。

四、硫

(一)含量与分布

动物体内约含 0.16%～0.23%的硫,主要存在于含硫氨基酸、含硫维生素以及激素中,仅有少量以硫酸盐的形式存在于血中。大部分以有机硫形式存在于肌肉组织、骨和齿中。有些蛋白质如毛、羽等含硫量高达 4%左右。

(二)生理功能

硫主要通过参与形成氨基酸、维生素或激素发挥生理作用。硫通过间接参与蛋白质、碳水化合物、脂类的代谢,完成含硫的生物活性物质在机体中的生理功能。此外,动物还能够利用无机硫合成黏多糖,构成结缔组织。

(三)吸收与排泄

单胃动物和反刍动物对硫的消化吸收不同。单胃动物基本上只能消化吸收无机硫酸盐和有机含硫物质中的硫,其对各种饲料中有机硫的吸收率大约在 60%～80%,无机硫主要以简单扩散的方式吸收。反刍动物消化道中微生物能将一切外源硫转变成有机硫供机体利用。因此,反刍动物利用无机硫的能力较强,非反刍动物则很弱。

硫主要经粪和尿两种途径排泄。由尿排泄的硫主要来自蛋白质分解形成的完全氧化的尾产物或经脱毒形成的复合含硫化合物,尿中硫和氮含量比较稳定。

(四)缺乏与过量

通常情况下,动物不会出现缺硫症状。实验性动物缺硫表现为采食量下降,角、蹄、爪、毛、羽生长缓慢,反刍动物纤维利用能力降低,最终因体质衰竭而发生死亡。反刍动物饲料中使用尿素时,应适当补充硫。饲料中氮硫比应控制在 10∶1 以内,否则易发生硫缺乏症。自然条件下硫过量的情况少见。饲料中无机硫用量超过 0.3%～0.5%时,可能使动物产生食欲减退、体重降低、便秘或腹泻、神经性抑郁等毒性反应,甚至导致死亡。

(五)来源与供给

饲料蛋白质是动物硫的主要来源。鱼粉、肉粉、血粉中的硫含量可达 0.35%～0.85%,饼粕类含硫量为 0.25%～0.40%,谷物和糠麸类含硫量为 0.10%～0.25%。饲养实践中,动物缺乏硫通常是蛋白质缺乏时才会发生。但当反刍动物使用非蛋白氮时,硫容易产生缺乏,需要适当补充硫酸钠或硫酸镁等无机硫。

第三节 微量矿物元素

一、铁

(一)含量与分布

各种动物体内每千克体重平均含铁约 30～70 mg,含量主要受动物种类、年龄、性别、健康状况和营养状况的影响。不同动物或同种动物不同生长阶段,体内铁含量存在差异,牛每千克体重含铁 50～60 mg,绵羊为 80 mg,新生仔猪为 35 mg,断奶仔猪为 15 mg。所有动物不同的组织和器官铁分布差异很大,体内铁 60%～70%存在于血红蛋白中;20%的铁与肌红蛋白结合后以铁蛋白或血铁黄素的形式存储于肝脏、脾脏或骨髓中;0.1%～0.4%分布在细胞色素中,约 1%存在于转铁蛋白和酶系统中。肝、脾和骨髓是主要的贮铁器官。其余 10%～20%的铁呈现不可利用状态,存在于动物体组织中。

(二)生理功能

铁的生理功能主要包含三点。第一,运输作用:铁参与形成的血红蛋白是体内运载氧和二氧化碳的主要载体;而参与形成的肌红蛋白是肌肉在缺氧条件下做功的供氧源。两种蛋白质中的铁作为氧的载体保障血液和组织中氧气和二氧化碳的正常运输;第二,作为辅酶或辅基参与体内物质代谢:二价或三价铁离子是激活参与碳水化合物代谢的各种酶不可缺少的活化因子,铁直接参与细胞色素氧化酶、过氧化物酶、过氧化氢酶、黄嘌呤氧化酶等的组成来催化各种生化反应,因此,铁与细胞内生物氧化、电子传递及能量释放有密切关联;第三,生理防卫机能:转铁蛋白除运载铁以外,还具有广谱抗菌、抗病毒和激活黏膜免疫系统的作用,乳铁蛋白在肠道能促进双歧杆菌和乳酸杆菌生长,对预防新生动物腹泻可能具有重要意义。

(三)吸收与代谢

铁在动物消化道的吸收率较低,只有 5%～30%,但在饲料缺铁情况下可提高至 40%～60%。铁的吸收部位主要在十二指肠,胃也能吸收部分铁。大多数铁可与肠道黏膜细胞上的转铁蛋白结合或以与小分子有机化合物螯合的形式经易化扩散吸收。

动物的年龄、健康状况、体内铁的状况、胃肠道环境、铁的形式和数量等均可影响铁的吸收。一般来说,幼龄比成年动物,缺铁比不缺铁动物吸收能力更强;血红素形式比非血红素形式的铁吸收更有效;氨基酸、维生素 C、维生素 E、有机酸等均可与铁螯合促进吸收;但饲料中过量的磷酸盐、铜、锰、锌、钴、镉、磷和植酸抑制铁吸收。反刍动物对铁的吸收率受饲料铁含量的影响,当每千克饲料含铁 30 mg 时,吸收率可达 60%,但当每千克饲料含铁 60 mg 时,则吸收率降低到 30%。

吸收进入体内的铁主要在骨髓和肌肉中分别合成血红蛋白和肌红蛋白。体内的铁周转代谢速度快,大部分是内源铁的反复循环代谢,进入体内的铁一般反复参与合成与分解循环 9～10 次才排出体外。铁主要经粪排泄,少量随尿液排出。生产动物铁的排出量与生产产品的性质和产量有关。

(四)缺乏与过量

动物铁缺乏,主要导致血红素合成不足而降低血红蛋白的合成量,当血红蛋白含量低于正常值的 25%,即可出现典型症状:生长迟缓、精神萎靡、黏膜苍白、呼吸加快、抗病力弱、死亡率高。血红蛋白质的含量可以作为判定贫血的标识,当血红蛋白质低于正常值 25%时表现出贫血,低于正常值 50%～60%时则可能表现出生理功能障碍。不同种类动物以及不同生长阶段表现出不同形式的贫血,新生仔猪最易出现贫血,在出生后 2～4 周内,血红素可降到 3～4 g/100 mL 以下,主要原因为:①新生仔猪体内铁储备少,每千克体重约为 30 mg;②新生仔猪生长率很高,平均每天需要铁 6～8 mg;③母猪乳铁含量低,每日仅能为每头新生仔猪提供 1 mg 铁。因此,生产中常在仔猪出生后 2～3 d 内及时人工补充铁。

各种动物对过量铁的耐受力都较强，而猪比禽、牛和羊更强。猪、禽、牛和绵羊对饲料中铁的耐受量分别为3 000 mg/kg、1 000 mg/kg、1 000 mg/kg和500 mg/kg。当饲料中铁利用率降低时，耐受量则更大。

(五)来源与供给

动物性饲料中，肉粉、血粉、鱼粉等含铁量较高，是铁的极佳来源；植物性饲料中含铁量较高的植物包括多数绿叶植物、豆科牧草及植物籽实外皮等。生产实际中，通常以无机或有机形式的铁盐补充饲料中铁的不足，例如硫酸亚铁、氨基酸螯合铁。

二、锌

(一)含量与分布

动物体内的锌含量通常比较稳定(表7-7)，平均含量为10～100 mg/kg。按照无脂体重计算，猪、牛、绵羊和大鼠等含锌量为20～30 mg/kg，兔含锌量较高，约为50 mg/kg。动物组织器官中，虹膜、脉络膜、前列腺、骨骼中含锌量最高，肝、肾、胰、肌肉中含锌量也较高，其中骨骼肌中锌含量约占体内总锌的50%～60%，骨骼中约占30%。锌可参与酶的形成，动物体内锌的分布大致与锌有关的酶系统分布一致，例如骨骼肌中锌和碱性磷酸酶含量均比较多，红细胞中的锌绝大部分存在于碳酸酐酶中。

表7-7　成年动物组织器官中正常锌含量(新鲜组织)　mg/kg

组织	肝	肾	脾	心	胰	肺	脑	肾上腺	睾丸	肌肉	骨
含量	44	37	24	23	39	19	16	20	19	33	150
范围	30～76	23～55	21～28	17～33	20～48	15～22	14～18	12～33	17～22	13～54	50～260

(二)生理功能

锌对于动物体内具有以下营养功能：第一，作为酶的组成成分和激活剂。锌参与动物体内300多种酶和功能蛋白的构成。在不同酶中，锌起着酶的构成和激活作用，同时也可影响某些酶分子配位基的构型；第二，参与维持上皮细胞和被毛的正常形态、生长和健康。缺锌将影响胱氨酸和酸性黏多糖代谢，诱发上皮细胞角质化和脱毛。第三，作为胰岛素的组成成分。胰岛素主要有两条多肽链和含锌蛋白构成，锌有利于胰岛素发挥生理作用，同时有稳定和保护胰岛素分子的作用；第四，作为抗氧化酶的组成成分。抗氧化酶可保护生物膜避免遭受氧化损伤，从而保护生物膜的正常结构和功能；第五，维持动物免疫系统完整性。锌对维持动物中枢免疫器官和外周免疫器官的结构和功能起着重要作用。缺锌可引起动物免疫缺陷，增加对抗原的易感性。

(三)吸收与代谢

单胃动物锌吸收主要在小肠，反刍动物在真胃、小肠都可吸收。各种动物锌的吸收率30%～60%，吸收率高低主要与体内锌含量、锌平衡状态、饲料因素及动物生理状况有关。吸收的锌与血浆清蛋白质结合，通过血液循环转运到各组织器官。不同组织器官周转代谢速度不同，其中肝是锌代谢的主要器官，周转速度较快，骨和神经系统锌周转代谢较慢，毛中锌基本不存在分解代谢。代谢后的锌主要经胆汁、胰液及其他消化液从粪中排泄。生产动物随产品排出一定量的锌，雄性动物可随精液排出大量锌。

(四)缺乏与过量

猪、禽、犊牛及羔羊等都可能出现锌缺乏。动物缺锌时，采食量下降、生长受阻而导致生产性能降低。雄性动物可出现生殖器官发育不良，雌性动物繁殖性能降低、骨骼异常等症状。动物缺锌最典型的症状是皮肤不完全角质化症，表现为动物皮肤变厚、角质化，但上皮细胞和核未完全退化。猪缺锌时，大腿内侧皮肤开始皱缩粗糙，逐渐蔓延至全身，并伴有痂状硬结，眼、口周围、颈、耳及阴囊的皮肤角质化、脱落，引起病原微生物感染（图 7-4）。生长鸡缺锌，表现为严重皮炎，脚爪特别明显。小牛缺锌，口鼻部、颈、耳、阴囊和后肢出现皮肤不完全角化损害，也可出现脱毛、关节僵硬和踝关节肿大。羔羊缺锌，眼和蹄上部出现皮肤不完全角化症，角轮消失，踝关节肿大。

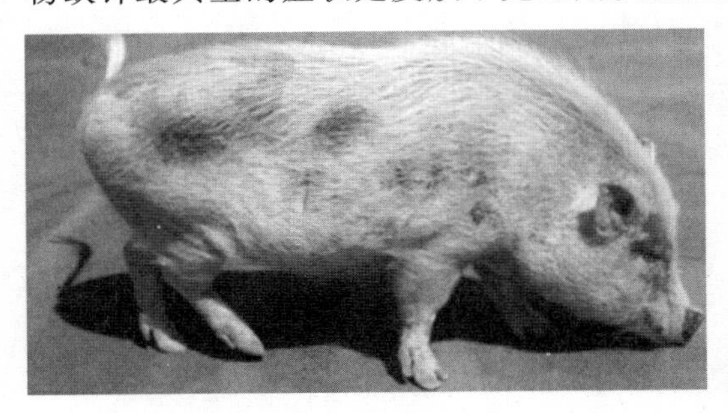

图 7-4　猪缺锌后出现皮肤病、皮肤角质化不全

各种动物对高锌都有较强耐受力，但过量摄入对铁、铜元素吸收不利，从而导致动物贫血或生长迟缓。猪对饲料中锌的耐受量最高，可达到 2 000 mg/kg，绵阳和牛分别为 300 mg/kg、500 mg/kg。猪对锌的需要量为 50～100 mg/kg，鸡为 30～40 mg/kg，奶牛为 30～55 mg/kg。

新《饲料添加剂安全使用规范》中第四项明确规定：仔猪（≤25 kg）配合饲料中锌元素的最高限量为 110 mg/kg，但在仔猪断奶后前两周特定阶段，允许在此基础上使用氧化锌或碱式氯化锌至 1 600 mg/kg（以锌元素计）。饲料企业生产仔猪断奶后前两周特定阶段配合饲料产品时，如在含锌 110 mg/kg 基础上使用氧化锌或碱式氯化锌，应在标签显著位置标明“本品仅限仔猪断奶后前两周使用”，未标明但实际含量超过 110 mg/kg 或者已标明但实际含量超过 1 600 mg/kg 的，按照超量使用饲料添加剂处理。

(五)来源与供给

锌在青饲料（以干物质计算）中的含量约为 30 mg/kg。幼嫩植物含锌量较高，植物块茎、块根中含锌量较低。糠麸、饼粕及动物性来源的饲料中含锌丰富。常规饲料中的锌一般不能满足动物生产的全部需要，生产中常以硫酸锌、氧化锌或氨基酸螯合锌的形式补充。

三、铜

(一)含量与分布

动物体内平均含铜 2～3 mg/kg，大部分铜存在于肌肉和骨骼中。器官中以肝脏中含量最高，以干物质基础计算，猪、禽、鼠、兔肝脏铜含量为 10～50 mg/kg，而牛、羊、鸭和鱼肝脏铜含量则高达 100～400 mg/kg。动物体内铜含量跟动物种类和同种动物的不同生长阶段有关，比如幼龄动物体内铜含量高于成年家畜。

(二)生理功能

铜的生理功能主要有三方面。第一，作为酶的组成成分。铜是许多金属酶包括超氧化物歧化酶、细胞色素氧化酶、尿酸氧化酶、氨基酸氧化酶、酪氨酸酶、赖氨酰氧化酶、苄胺氧化酶、二胺氧化酶及铜蓝蛋白等的组成成分，在体内色素沉积、神经传导及营养代谢方面发挥重要作用；第二，促进红细胞的形成。维持铁的正常代谢，利于铁的吸收和释放入血，促进血红素的合成和红细胞的成熟；第三，参与骨形成。铜是骨细胞、胶原和弹性蛋白质形成不可缺少的元素。

（三）吸收与代谢

消化道中铜的吸收主要在小肠，绵羊大肠也有较强吸收能力。动物消化道中铜的吸收率低，5%～10%，主要受到铜的浓度和饲料因素的影响。当饲料铜浓度低时主要经易化扩散吸收，当饲料铜浓度高时可经简单扩散吸收，而且缺铜动物比不缺铜动物对铜的吸收更有效。饲料中配位体和营养素也可能影响铜的吸收，（锌、硫、钼、铁、钙等可能与铜拮抗）。例如猪饲料中锌过量可抑制铜的吸收，降低肝、肾和血液中铜含量，导致贫血。肝是铜代谢的主要器官，进入肝细胞的铜先形成含铜巯基组氨酸三甲基内盐，然后转移到含铜酶中。内源铜主要经胆汁由肠道排泄。消化道其他部位和肾也排泄少量内源铜。

（四）缺乏与过量

动物缺铜不利于铁的吸收利用，影响铁的吸收和释放入血的铁含量，因此，各种动物长时间缺铜表现出缺铁性贫血。不同动物铜缺乏表现症状不同，新生仔猪铜缺乏表现最为明显的为贫血，生长猪缺铜将导致骨骼发育异常而呈现畸形，且骨折的发生率提高，而牛和羊则少见。家禽缺铜易引起种蛋胚胎死亡，即使孵化出雏鸡也难以成活。绵羊缺铜导致其参与色素形成的铜酪氨酸酶活性降低，引起羊毛生长缓慢、毛质脆弱、毛质褪色、毛弯曲度消失等症状。牛缺铜可引起腹泻，繁殖母羊缺铜将出现繁殖功能障碍，死胎率增加。

动物铜摄入过量可引起中毒反应，表现出生长发育迟缓、采食量降低、精神萎靡及呼吸困难等症状。反刍动物铜过量可出现溶血现象：血红素尿、黄疸、组织坏死。各种动物的铜耐受量，牛、羊最低，为 25～100 mg/kg；猪、鸡较高，为 200～250 mg/kg；马和大鼠最高，为 800～1 000 mg/kg。

（五）来源与供给

谷物籽实中铜含量为 4～8 mg/kg，饼粕类饲料中可达到 15～30 mg/kg，常规饲料中铜的含量约为 2 mg/kg。生产中常以硫酸铜、碳酸铜、碱式氯化铜和氨基酸螯合铜的形式补充以满足动物需要。

四、锰

（一）含量与分布

动物体内锰含量相对较低，在 0.2～0.3 mg/kg。骨、肝、肾、胰腺含量较高，在 1～3 mg/kg，肌肉中含量较低，在 0.1～0.2 mg/kg。骨中锰占总体锰含量的 25%，主要沉积在骨的无机物中，有机基质中含少量。肝脏中锰含量较稳定，骨骼和被毛中的锰与其摄入量有关。

（二）生理功能

锰的主要营养生理作用：一是在碳水化合物、脂类、蛋白质和胆固醇代谢中作为酶活化因子或组成部分；二是锰参与骨骼有机质形成过程中关键酶的激活；三是参与催化胆固醇合成；四是维持大脑正常代谢功能。

（三）吸收与代谢

锰主要在十二指肠被吸收，其吸收率为 5%～10%。影响锰吸收的因素很多。植物性饲料中锰的吸收率较低，平均为5%～10%；饲料中铁、铜、锌、钙及磷含量高能够降低锰的吸收；锰的来源也影响动物的吸收率，例如鸡对大豆饼、棉籽饼中的锰吸收率为70%左右，但对菜籽饼中的锰吸收率为50%左右。

吸收进入细胞内的锰以游离形式或与蛋白质结合形成复合物转运到肝。氧化态锰与转铁蛋白质结合后再进入循环，由肝外细胞摄取。肝脏和血清中锰的含量在激素控制下保持动态平衡。锰代谢主要经胆汁和胰腺从消化道排泄，经小肠黏膜上皮和肾也排出一部分。

(四)缺乏与过量

动物缺锰可导致饲料利用率降低、生长减慢、骨骼异常和繁殖功能异常等，其中骨异常是缺锰的典型表现。不同动物锰缺乏症有所差异，禽类缺锰产生滑腱症，主要表现为：胫骨和跖骨之间的关节肿大畸形，胫骨扭向弯曲，长骨增厚缩短，腓长肌腱滑出骨突，严重者不愿走动，不能站立(图7-5)，甚至死亡。产蛋母鸡缺锰时产蛋率下降，蛋壳变薄，种蛋孵化率降低。猪缺锰产生骨异常的表现是脚跛，后踝关节肿大和腿弯曲缩短。绵羊和小牛表现站立和行走困难，关节疼痛和不能保持平衡。山羊出现跗骨小瘤，腿变形。

a.鸭缺锰导致蹼内转，跗关节着地

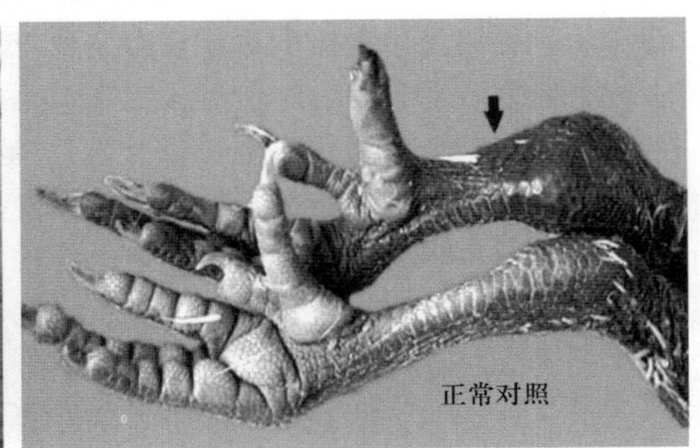

b.跗关节肿大、变性，跖骨变短变粗

图7-5 锰缺乏症

锰过量可引起动物生长受阻、贫血和胃肠道损害，有时出现神经症状。禽对锰的耐受力最强，饲料中锰含量为600 mg/kg时，雏鸡生长将停滞；生长猪饲料中锰含量为500 mg/kg时，生长速度将显著下降；牛、羊对锰耐受量为1 000 mg/kg左右。

(五)来源与供给

动物性饲料中含锰量较低，多数青绿饲料中锰含量较高，可达到50～200 mg/kg，谷物籽实和糠麸中锰含量为50～80 mg/kg，但玉米锰含量为4～6 mg/kg。生产中主要以硫酸锰或氨基酸螯合锰的形式补充锰。

五、硒

(一)含量与分布

动物体内含硒量0.05～0.2 mg/kg。各种组织中，肾和肝脏中硒含量最高，可达到5～7 mg/kg。肌肉中硒含量约占机体总硒量的50%～52%，皮肤、毛和角中含硒量占14%～15%，骨骼中含硒量占10%。

(二)生理功能

硒的主要生理功能主要有4个方面:第一,抗氧化系统组成,硒可参与谷胱甘肽过氧化酶的形成而发挥抗氧化作用,对正常细胞起保护作用;第二,促进腺体发育,硒参与形成5′-脱碘酶,激活甲状腺激素释放,保障动物正常生长发育;第三,维持动物免疫机能,硒可促进淋巴细胞产生抗体,具有增强机体免疫力的作用;第四,维持正常繁殖功能,硒可促进公畜睾酮激素正常分泌。

(三)吸收与代谢

十二指肠是硒的主要吸收部位。正常饲料条件下硒的吸收率与动物种类有关,猪对硒的吸收率较高,可达85%,绵羊吸收率为35%。

硒的代谢比较复杂,首先需要转变形成硒化物,然后以负二价形式形成有机硒,发挥营养生理作用。不同种类动物经不同途径排泄的硒不同,反刍动物经粪排出的硒比非反刍动物多。砷促进硒经胆汁排泄,防止硒中毒;镉和银等即使硒经肺排泄减少,又不增加胆汁排泄量,使硒留在体内。

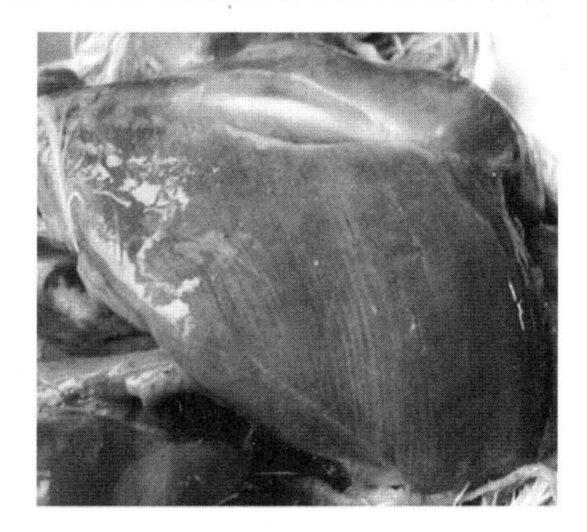

图7-6 缺硒引起的白肌病

(四)缺乏与过量

缺硒动物组织中硒浓度下降,易出现肝细胞坏死、肌肉营养不良(白肌病,图7-6)、胰腺纤维化、水肿及贫血等症状。此外,硒缺乏明显影响繁殖性能,例如母猪产仔数减少,公畜精子数量减少、活力降低、畸形率升高,种鸡产蛋下降,母羊不育及母牛产后胎衣不下。表7-8为机体硒缺乏易出现的病症。

表7-8 硒缺乏易发病症

动物	牛	羊	猪	禽
病症	肌肉营养不良 胎衣滞留 白肌病	肌营养不良 白肌病 繁殖力降低	桑葚心 肝脏坏死 渗出性素质 贫血	渗出性素质 胰腺纤维化 肌胃变性 脑软化 肌营养不良

硒的毒性较强,各种动物长期摄入5~10 mg/kg硒可产生慢性中毒,其表现是消瘦、贫血、关节强直、脱蹄、脱毛及影响繁殖等。摄入500~1 000 mg/kg硒可出现急性或亚急性中毒,轻者盲目、蹒跚,重者死亡。一般情况下,饲料中硒引起动物中毒的剂量为:家禽10~20 mg/kg、猪7.5~10 mg/kg、反刍动物2 mg/kg。

(五)来源与供给

不同饲料含硒量差异较大,鱼粉中硒含量较高,草粉次之,再次为饼粕和糠麸,谷物及植物块茎含硒量低。生产中主要以亚硒酸钠、酵母硒和蛋氨酸硒等形式补充硒。

六、碘

(一)含量与分布

动物体内含碘量为0.2～0.3 mg/kg,70%～80%分布于甲状腺内,是单个微量元素在单一组织器官中浓度最高的元素,其他碘分布于组织和体液中。血中碘以甲状腺素形式存在,主要与蛋白质结合,少量游离存在于血浆中。

(二)生理功能

碘最重要的功能是构成甲状腺素,调节机体新陈代谢,对动物健康、生长和繁殖均有重要作用。同时,甲状腺素可参与调控一些特殊蛋白质的代谢以及促进胡萝卜素转变为维生素A。

(三)吸收与代谢

碘以碘盐的形式吸收率较高,例如碘化钾。动物吸收入血的碘以I^-形式存在,在甲状腺内先氧化成I,再与甲状腺球蛋白质中的酪氨酸残基结合成碘化甲状腺球蛋白质,最后经水解释放出具有激素活性的三碘甲状腺原氨酸、四碘甲状腺原氨酸,通过血液循环进入其他组织起作用。进入器官中的甲状腺素80%被脱碘酶分解,释放出的碘循环到甲状腺重新用于合成。

碘主要经尿排泄,反刍动物皱胃也排出内源碘,但进入肠道的碘一部分又被重新吸收。生产动物经产品也可排出碘。

(四)缺乏与过量

动物缺碘表现为甲状腺细胞代偿性增生而发生肿大,生长受阻,繁殖力下降。值得注意的是甲状腺肿大不全是缺碘。十字花科植物中的含硫化合物和其他来源的高氯酸盐、硫脲或硫脲嘧啶等都能造成类似缺碘一样的后果。妊娠母畜缺碘易导致胎儿生长发育受阻而出现胚胎死亡,分娩易产弱仔或死胎,新生后代出现生长缓慢、成活率低的现象。母牛碘缺乏易出现繁殖机能紊乱,表现为发情无规律、甚至出现不育。禽、鱼缺碘也明显影响生长和繁殖性能。上述症状主要由于缺碘动物血中甲状腺素浓度下降,细胞氧化能力下降,基础代谢率降低。

动物摄入碘过量将出现中毒现象,表现为猪血红蛋白水平降低,鸡产蛋量降低,反刍动物瘤胃或皱胃溃疡。各种动物的碘耐受量为:生长猪400 mg/kg、家禽500 mg/kg、牛羊50 mg/kg。

(五)来源与供给

碘的含量因地区不同而差异较大,缺碘地区因饲料中含碘量较低,故必须采取适当措施为动物补充碘。生产中主要以碘化钾、碘酸钙或碘化食盐的形式补充碘。

七、其他微量元素

(一)钴

动物体内的钴主要以维生素B_{12}的形式存在,主要分布在肌肉、骨骼和其他组织中。因此,参与维生素B_{12}的合成是动物体内钴的一项重要生理功能,例如,反刍动物瘤胃微生物可以利用钴合成维生素B_{12}。另有研究显示钴可激活葡萄糖变位酶、精氨酸酶、碱性磷酸酶等酶的活性。

动物体内钴的吸收率普遍较低，所摄入的钴约80%将通过尿液或粪便的形式排出。反刍动物对可溶性钴的吸收比非反刍动物更差。例如，饲料正常钴水平条件下，瘤胃微生物仅把3%左右的钴转变成维生素 B_{12}，其中仅能吸收20%左右，因此，反刍动物更容易出现钴缺乏现象。反刍动物缺钴导致采食量降低、生长受阻、产奶量下降、初生幼畜体弱和成活率低等症状。生化检查发现：肝肾中维生素 B_{12} 浓度下降，瘤胃中钴和维生素 B_{12} 低于正常水平，血清维生素 B_{12} 含量显著下降。

各种动物对钴过量的耐受能力不同，肉鸡的耐受量为70 mg/kg，仔猪为150 mg/kg，牛羊为10 mg/kg。

因反刍动物体内钴吸收能力较低，生产中需保证奶牛饲料中含有0.11 mg/kg的钴，猪和鸡不需要单独添加。

(二)钼

动物体内的钼主要分布在骨骼中，占机体总量的60%～70%，其余分布在皮肤、被毛和肌肉中，肝脏中含量较低约2%。血液中钼的分布与饲料中的钼和硫含量有关，低钼低硫时主要存在于红细胞，高钼高硫时主要以铜-钼蛋白复合物的形式存在于血浆中。

钼可参与组成黄嘌呤氧化酶或脱氢酶、醛氧化酶和亚硫酸盐氧化酶等，从而调节体内氧化还原反应。钼可刺激反刍动物瘤胃微生物活动、提高粗纤维的消化能力；改善牛、猪、禽的繁殖能力。

钼的吸收率因动物种类不同而存在较大差异，平均钼吸收率约30%。反刍动物能有效吸收水溶性的钼和高钼饲草中的钼；猪能迅速吸收饲料中钼，幼牛则较慢。内源代谢后的钼主要经肾、胆汁、产品排出。

实际生产中很少出现缺钼症状。鸡缺乏钼表现生长减慢，组织钼含量和黄嘌呤氧化酶活性低，黄嘌呤氧化成尿酸能力下降。哺乳动物缺钼，表现生长受阻、繁殖力下降、流产等。

钼过量将影响动物生产性能，不同种类的动物对钼的耐受力不同。雏鸡采食含钼2 000 mg/kg的饲粮将导致采食量降低、生长缓慢；母鸡采食含钼500 mg/kg的饲料，种蛋孵化率显著下降。反刍动物采食含钼25.6 mg/kg的牧草，易出现腹泻、消瘦、贫血等症状。

(三)氟

动物体内氟含量0.02～0.05 mg/kg，主要存在于骨中，其次是牙齿和被毛中。氟的主要作用是保护骨骼和牙齿健康，维持骨骼生长，预防成年动物产生骨质疏松症和增加骨强度。

各种动物对氟有较高的吸收能力，吸收率可达80%～90%，代谢后的氟主要由尿排泄。

一般生产条件下动物很少出现氟缺乏，但可能出现氟过量中毒现象。当摄入的氟超过需要时，将会进入软组织引起生理代谢紊乱或功能异常。一般小牛、奶牛、种羊、猪、肉鸡和蛋鸡氟的耐受量分别为40 mg/kg、50 mg/kg、60 mg/kg、150 mg/kg、300 mg/kg和400 mg/kg。主要的中毒表现是：血氟含量明显增加；牙齿形态变化，变色、腐蚀或脱落；类骨质过度生长，骨膜肥厚，钙化程度降低；种蛋孵化率降低。

(四)铬

动物体内铬含量0.1～1.0 mg/kg，广泛分布在动物肝脏、肾脏、肌肉、脾脏中。铬主要有3个方面营养生理功能：一是与尼克酸、甘氨酸、谷氨酸、胱氨酸形成有机螯合物(葡萄糖耐受因子)，协同胰岛素参与机体碳水化合物代谢；二是参与氨基酸转运，促进氨基酸进入细胞参与蛋白质合成代谢；三是可参与脂类代谢，降低育肥猪血清中胆固醇和甘油三酯含量。

动物机体对无机铬的吸收率较低，0.4%～3%；但对有机铬吸收率较高，10%～25%。血中铬周转代谢较快，进入体内的铬几天内就经尿液排出体外，少量经胆、毛、汗（有汗腺动物）排泄。

动物铬缺乏时，易出现胰岛素抵抗症状，表现为生产性能降低，繁殖性能下降，有的表现出神经症状。动物对铬的耐受力都较强，对不同铬的氯化物可耐受 1000 mg/kg，超过此限量发生中毒现象，出现接触性皮炎、鼻中隔溃疡或穿孔，甚至可能产生肺癌等症状。

（五）镉

哺乳动物镉需要量较低。但镉缺乏则表现为生长受阻、受胎率低和后代初生死亡率高。动物消化道吸收镉的速度较快，但吸收率低，约 10%。饲料中的镉盐或镉的螯合物进入体内主要存在于肝中，而镉巯基组氨酸三甲基内盐则主要存在于肾中。

（六）镍

动物体内含镍非常低，而且对饲料中镍平均吸收率与镉相似，约 10%。镍主要分布在动物血清中，并与清蛋白质、胞浆素结合存在。镍的主要生理功能为作为活化因子或参与形成酶（如瘤胃内的尿素酶和某些脱氢酶），也可能在体内作为生物配位体的辅助因子，促进肠道对三价铁的吸收。各种动物缺乏镍通常表现出生长降低和繁殖性能降低的现象。反刍动物还表现出瘤胃尿素酶减少。

本章小结

必需矿物元素是指对动物具有明显的营养作用与生理功能，对维持机体的生长发育、生命活动及繁殖活动等必不可少的矿物元素。通常分为常量元素和微量元素。常量元素是指动物体内含量大于 0.01%的元素，包括 Ca、P、Na、Cl、K、S、Mg 7 种。微量元素则是指体内含量小于 0.01%的元素，主要有 Fe、Cu、Zn、Mn、I、Se、Co 等元素。

矿物元素对动物机体的生命活动起着重要的作用：第一，作为机体组织、器官的构成成分；第二，作为机体内的主要调节物质，参与维持体内内环境的稳定；第三，作为体内多种酶系统的构成成分或激活剂，参与物质代谢；第四，构成某些维生素或激素，发挥特定生物学功能。

动物缺乏必需矿物元素可产生一些典型的缺乏症。如佝偻病是幼龄生长动物钙、磷缺乏所表现出的一种典型营养缺乏症；骨软化症是成年动物钙、磷缺乏所表现出的一种典型营养缺乏症。动物缺铁的典型症状是贫血。皮肤不完全角化症则是很多种动物缺锌的典型表现。禽类缺锰产生滑键症。鸡缺硒的主要表现为渗出性素质和胰腺纤维变性；猪缺硒产生肝坏死、桑葚心症状；牛羊缺硒表现为白肌病等。动物缺碘可导致甲状腺肿大。

动物的必需矿物元素营养具有特殊性，受自然界和食物链影响很大。基础饲料中含有一定量的矿物元素，而天然矿物质饲料、无机或有机微量矿物元素添加剂通常是畜禽最主要的矿物元素补充剂。

复习思考题

1. 什么是常量元素和微量元素？各包括哪几种元素？
2. 钙磷的主要营养功能有哪些？畜禽钙磷缺乏症有哪些？
3. 影响钙磷吸收的主要因素有哪些？
4. 钠、钾及氯主要生理功能有哪些？
5. 动物缺铁、锌、锰、硒、碘的主要缺乏症分别有哪些？

第八章 维生素营养

维生素是一类动物代谢所必需而需要量又极少的低分子有机化合物，体内一般不能合成，必须由饲料提供，或者提供其前体物。反刍动物瘤胃的微生物能合成机体所需的B族维生素和维生素K。

本章主要介绍各种维生素的特性、生物效价、生物学功能及主要的代谢过程；动物缺乏维生素的表现及典型症状、维生素的来源、动物对各种维生素的需要及其影响因素。从而更好地合理利用维生素这一类营养物质，加强保护生态文明建设，牢记绿水青山就是金山银山。并且以强农兴农为己任，进一步增强服务农业农村现代化、服务乡村全面振兴，做知农爱农创新人才。

第一节　概述

人类对维生素缺乏症的认识，先于对其化学结构和性质的认识，正因为如此，维生素的发现经历了经验阶段、实验阶段、假说、验证、提纯和人工合成等不同的阶段，而目前对维生素的认识尚有待进一步深入。维生素包括脂溶性和水溶性两大类，其消化、吸收和利用特点不同。维生素对动物的营养具有特殊性。

一、维生素的概念及分类

迄今为止，尚没有一个满意的、被营养学家广泛接受的维生素的定义，维生素一词源自Casimir Funk提出的以"vital amines"为词源的"vitamine"，并最后衍变为"vitamin(维生素)"，它是一类维护动物健康、促进生长发育和调节动物正常生理功能和代谢所必需的、需要量极少的不同于脂肪、碳水化合物和蛋白质的低分子有机化合物。

在已确定的14种维生素中，按其溶解性可分为脂溶性维生素和水溶性维生素两大类。脂溶性维生素包括维生素A、维生素D、维生素E和维生素K。而水溶性维生素包括B族维生素和维生素 C。B 族维生素包括硫胺素、核黄素、烟酸、泛酸、维生素 B_6、生物素、叶酸、维生素 B_{12}、胆碱，具体分类见图 8-1。

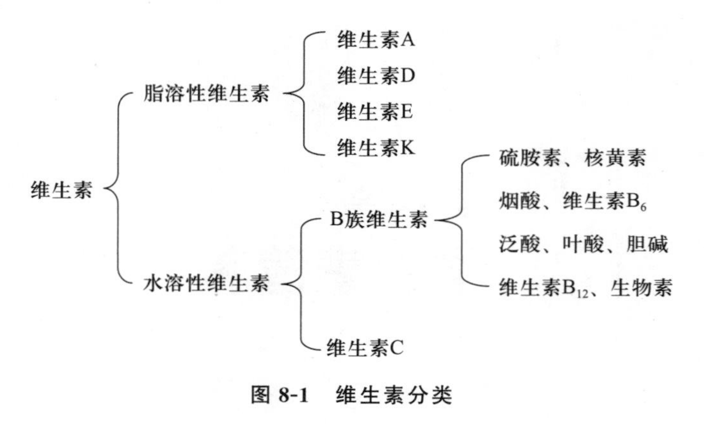

图 8-1　维生素分类

二、维生素的生理功能

维生素是动物所必需的微量养分，对维持动物正常生命活动起着重要的营养生理作用。维生素主要以辅酶和催化剂的形式广泛参与动物体内代谢的多种化学反应，从而保证机体组织器官的细胞结构和功能正常，以维持动物的健康和各种生产活动。维生素的主要生理功能有如下几点：第一，促进胃肠消化和吸收功能，缓解消化和吸收不良而引起的腹泻、便秘等。第二，增加机体免疫力，提高机体抗病力。第三，促进动物神经系统的发育，保证神经功能的正常发挥。第四，可调控骨骼系统的生理功能，预防骨质疏松，减少低钙血症等发生。

三、维生素的营养特点

（1）不参与机体构成，也不是能源物质，主要以辅酶和催化剂的形式广泛参与体内新陈代谢，从而保证机体组织器官的细胞结构和功能正常。

（2）生物体对其需要量甚微，每日需要量一般在毫克或微克水平，但由于它们在体内不能合成或合成量不足，且维生素本身也在不断地进行代谢，因此必须由饲料供给，或者提供其前体物。

（3）维生素缺乏可引起机体代谢紊乱，产生一系列缺乏症，影响动物健康和生产性能，严重时可导致动物死亡。维生素供应过多时会出现中毒现象，过量的脂溶性维生素会引起严重的中毒症状，而过量的水溶性维生素相对毒性要小得多。

维生素的缺乏主要表现为食欲下降，外观发育不良，生长受阻，饲料利用率下降，生产力下降，对疾病抵抗力下降等非特异性症状。但有些维生素缺乏可表现出特异性的缺乏症，如干眼症（维生素 A）、脚气病（维生素 B_1）、糙皮症（烟酸）、维生素 C 缺乏病（维生素 C）、佝偻病（维生素 D）等。

水溶性维生素除维生素 B_{12} 外，几乎不在体内储存，故一般不会中毒。脂溶性维生素易在体内沉积，摄入过量时可引起中毒。如维生素 A 过量可导致骨畸形；维生素 D 过量可使得血钙过多，动脉中钙盐广泛沉积，各种组织和器官发生钙质沉积以及骨损伤。

（4）动物对维生素的需要特点。第一，不同动物对各种维生素的需要量不同。第二，生物体对维生素的需要量不是固定不变的，受多种因素的影响，如动物的健康状况、生长阶段及其他营养素的供给情况等。提高饲料中维生素含量，可提高动物的抗应激或对疾病的抵抗力。第三，动物对维生素的需要量还受其他多种因素的影响，包括维生素的来源、饲料结构与成分、饲料加工方式、储藏时间、饲养方式等。如集约化饲养条件下，动物对维生素的需要量增加。第四，提高饲料中某些维生素含量，可提高畜产品的品质或生产出富含维生素的畜产品。

第二节 脂溶性维生素

脂溶性维生素包括维生素 A、维生素 D、维生素 E 和维生素 K。它们只含有碳、氢、氧三种元素。其特点是：溶于脂类物质进行吸收、运输、代谢、沉积；容易在体内积累；主要经胆囊从粪中排出；容易产生中毒。当动物机体对脂溶性维生素的吸收大为减少时，会引起相应的缺乏症。动物摄入过量的脂溶性维生素又会引起中毒及代谢障碍和生长障碍。除维生素 K 可由动物消化道微生物合成所需的量外，其他脂溶性维生素都必须由饲料提供。

一、维生素 A

（一）特性和效价

维生素 A 是含 β-白芷酮环的不饱和一元醇。它有视黄醇、视黄醛和视黄酸三种衍生物，每种都有顺、反两种构型，其中以反式视黄醇效价最高。

维生素 A 只存在于动物体中，植物中不含维生素 A，而含有维生素 A 原（前体）-胡萝卜素。胡萝卜素也存在多种类似物，其中以 β-胡萝卜素活性最强，玉米黄素和叶黄素无维生素 A 活性，但可用作蛋黄、肉鸡皮肤及脚胫的着色。在动物肠壁中，一分子 β-胡萝卜素经酶作用可生成两分子视黄醇。各种动物转化 β-胡萝卜素为维生素 A 的能力也不同，如果以家禽的转化能力为 100%，则猪、牛、羊、马只有 30%左右，详见表 8-1。

表 8-1 不同动物将 β-胡萝卜素转化为维生素 A 的效价

动物	每 1 mg β-胡萝卜素转化为维生素 A 的量/IU	转化 β-胡萝卜素为维生素 A 的能力/%
标准	1 667	100
肉牛	400	24
奶牛	400	24
绵羊	400～450	24～30
猪	500	30
生长马	555	33.3
繁殖马	333	20
家禽	1 667	100
狗	833	50
鼠	1 667	100
狐狸	278	16.7

维生素 A 和胡萝卜素易被氧化破坏，尤其是在湿热和与微量元素及酸败脂肪接触的情况下。在无氧黑暗条件下较稳定，在 0 ℃以下的暗容器内可长期保存。一个国际单位(IU)的维生素 A 相当于 0.3 μg 的视黄醇、0.55 μg 维生素 A 棕榈酸盐和 0.6 μg β-胡萝卜素。

(二)吸收与代谢

食入的维生素 A 和胡萝卜素，在胃蛋白酶和肠蛋白酶的作用下，从与之结合的蛋白质上脱落下来。在小肠中，游离的维生素 A 被酯化后吸收。胆盐有表面活性剂的作用，对 β-胡萝卜素的吸收具有重要意义，可促进 β-胡萝卜素的溶解和进入小肠细胞。β-胡萝卜素通过小肠黏膜细胞后，被双加氧酶分解成两分子的视黄醛，再还原为视黄醇。饲料中 50%～90%的维生素 A 可被吸收，胡萝卜素的吸收率为 50%～60%。

被吸收的维生素 A 以酯的形式与维生素 A 结合蛋白相结合，经肠道淋巴系统转运至肝脏贮存。当周围组织需要时，水解成游离的视黄醇并与视黄醇结合蛋白结合，再与血浆中别的蛋白质结合，形成视黄醇蛋白质复合物，通过血液转运到达靶器官。

(三)功能与缺乏症

维生素 A 与视觉、上皮组织、繁殖、骨骼的生长发育、脑脊髓液压、皮质酮的合成以及癌的发生都有关系，但目前了解较清楚的是维生素 A 与视觉的关系。

(1)维持正常的视觉　维生素 A 的视觉功能归功于 11-顺视黄醛。它与视蛋白结合生成视紫红质，而视紫红质是视网膜杆细胞对弱光敏感的感光物质。视黄醛是维生素 A 的氧化产物。当维生素 A 缺乏时，11-顺视黄醛的生成不足，杆细胞合成的视紫红质减少，从而出现在暗光、黄昏和夜间视物不清的现象，称其为“夜盲症”。

(2)维持上皮组织结构的完整性　维生素 A 是维持一切上皮组织健全所必需的物质。研究表明，维生素 A 可以通过糖基转移酶的作用影响上皮细胞中糖蛋白的生物合成。维生素 A 缺乏时，黏多糖蛋白的合成受阻，从而使黏膜上皮的正常结构改变，消化道、呼吸道、生殖泌尿系统、眼角膜及其周围软组织等的上皮组织细胞发生鳞状变形并角化。上皮组织的这种变化可引起腹泻，眼角膜软化、浑浊，干眼，流泪和分泌脓性物等多种症状。脱落的角质化细胞在膀胱和肾易形成结石，角质化也减弱了上皮组织对外来感染和侵袭的抵抗力，动物因此易患感冒、肺炎、肾炎和膀胱炎等。

(3)促进性激素分泌，提高繁殖力　维生素 A 是维持生殖道上皮细胞正常生理功能所必需的物质。当维生素 A 缺乏时，可引起生殖机能障碍。鸡和其他动物可发生胎儿吸收、畸形、死胎、产蛋率下降、睾丸退化等症状。目前研究发现，维生素 A 酸(视黄酸)在胚胎发育中起着重要的作用。

(4)促进骨骼的生长与发育　维生素 A 能维持骨细胞和破骨细胞的正常功能，为骨的正常代谢所必需。维生素 A 缺乏时，黏多糖蛋白的合成受阻，软骨上皮的成骨细胞和破骨细胞的相互关系紊乱而使骨发生变形。生长期骨形的变化可压迫神经，进而使神经发生退化。如水牛的夜盲症可因骨管狭窄导致视神经萎缩而致。狗可因听神经受损而导致耳聋。牛、羊和猪也发现因骨变形而影响肌肉和神经，导致运动不协调、步态蹒跚、麻痹及痉挛等。另外也可因软组织受损而造成先天畸形，如猪先天性无眼球和兔子产生脑积液。

(5)参与造血功能　维生素 A 在造血过程中最基本的作用包括铁离子的体内运输和储存，增加非血红素铁的生物利用度。维生素 A 缺乏可降低铜蓝蛋白的活性，而铜蓝蛋白是与亚铁氧化酶活性相关的铜依赖性蛋白，对铁离子在肠道的吸收很重要。维生素A缺乏的人和动物中，补充维生素A能增加铁离子水平，也能增强铁离子的效用从而减少贫血症的发生。

(6)提高机体免疫力 维生素A在机体的免疫功能以及抵抗疾病的非特异性反应方面也起着重要的作用。维生素A缺乏将不同程度地影响淋巴组织，导致胸腺(鸡为法氏囊)发生萎缩，鸡的法氏囊过早消失，骨髓中骨髓样和淋巴样细胞的分化也受到影响。在体液免疫方面，维生素A缺乏的动物其对抗原的免疫应答下降，黏膜免疫系统机能减弱，病原体易入侵。在细胞免疫方面，维生素A的缺乏会影响机体非抗原系统的免疫功能，如吞噬作用，外周血淋巴细胞的捕捉和定位，天然杀伤细胞的溶解，白血球溶菌酶活性的维持以及黏膜屏障抵抗有害微生物侵入机体的能力。维生素A对于防止某些癌症也有一定作用。

此外，维生素A可促进肾上腺皮质酮的分泌。维生素A缺乏导致肾上腺萎缩和糖原异生作用大大降低。维生素A还具有抗氧化活性、基因转录调控作用。目前已发现，维生素A酸与类固醇激素有相似的作用，与机体生长有关。它能调节脂肪、碳水化合物、蛋白质的代谢，从而影响动物体成分的沉积及组织、器官的发育。

总之，维生素A缺乏可出现采食量下降、水肿、流泪、夜盲症、干眼症、角膜软化症、生长发育不良、受胎率下降、流产、死胎、畸形精子、呼吸道炎症等症状，甚至出现死亡现象。其中，维生素A缺乏的特异性症状是夜盲症和干眼症(图8-2)。

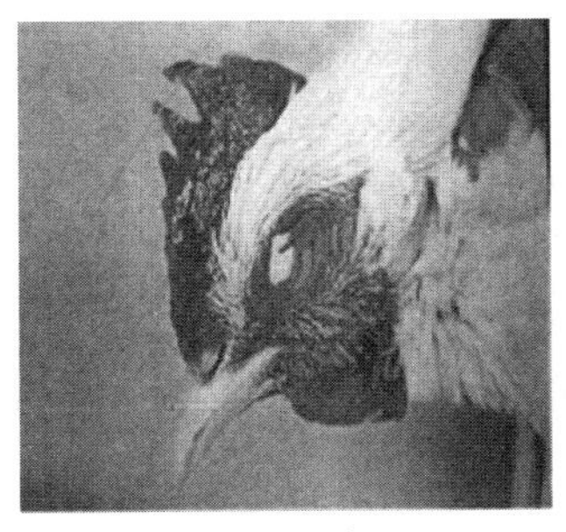
a.干眼病

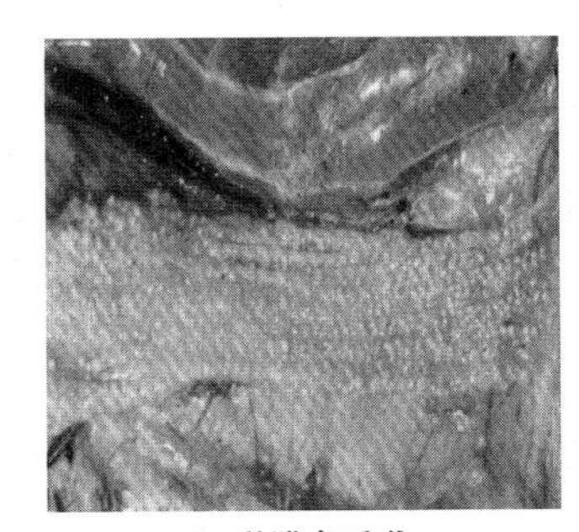
b.黏膜角质化

c.仔猪畸形

图8-2 维生素A缺乏症

(四)来源与需要

维生素A来源于动物产品，主要是鱼肝油、肝等，多以脂的形式存在。植物性食品中胡萝卜素来源主要有苜蓿、菠菜、豌豆苗、胡萝卜、辣椒、苋菜及水果中的柿、杏等。青绿饲料在干燥、加工和贮藏过程中，由于所含胡萝卜素易遭氧化破坏而含量差异较大。叶子的绿色程度是胡萝卜素含量多少的一种标志。快速晒干的绿色牧草胡萝卜素的损失可降低到5%。高达27%～28%的胡萝卜素的损失来自酶反应。高温条件下损失更大。这种酶反应在完全干燥时才停止。在正常情况下，干草中胡萝卜素的含量每个月损失6%～7%。

动物对维生素A的需要和饲料中维生素A的添加受多种因素的影响，如动物的品种、品系及生理状况，胡萝卜素转化为维生素A的效率，饲料中类胡萝卜素异构物的含量和类型，体内胆汁的适量与否，微量元素以及不饱和脂肪酸的氧化破坏，疾病和寄生虫的干扰，环境卫生及温、湿度条件，饲料中脂肪、蛋白质、抗氧化剂等的含量都可影响动物对维生素A的需要。集约化的饲养方式、饲料的颗粒化及其贮存时间的延长都需要增加维生素A的添加量。

生长反应、肝脏维生素 A 的含量、血浆的维生素 A 浓度以及脑脊髓液压都可反映动物维生素 A 的营养状况。肉牛血浆中维生素 A 的浓度低于 0.2 μg/mL 表示缺乏，奶牛肝中维生素 A 的含量低于 1 IU/kg 表示临界缺乏，猪血浆中维生素 A 含量低于每 1 μg/mL 表示严重缺乏，鸡每克肝贮备 2～5 IU 维生素 A 则不会产生缺乏症。新孵出的小鸡肝脏维生素 A 的含量是反映母鸡维生素 A 营养状况的最好指标。

畜禽及鱼类对维生素 A 的需要一般在每千克饲料 1 000～5 000 IU。

(五)过量与中毒

维生素 A 过量易引起中毒。症状可表现为骨的畸形、器官退化、生长缓慢、失重、皮肤受损以及先天畸形。对于非反刍动物，包括禽和鱼类，维生素 A 的中毒剂量是需要量的 4～10 倍以上，反刍动物则 30 倍于需要量。据报道，人一次服用 50 万～100 万 IU 的维生素 A 可致死。

二、维生素 D

(一)特性和效价

维生素 D 有 D_2(麦角钙化醇)和 D_3(胆钙化醇)两种活性形式。麦角钙化醇的前体是来自植物的麦角固醇，胆钙化醇来自动物的 7-脱氢胆固醇。前者经紫外线照射而转变成维生素 D_2 和维生素 D_3。7-脱氢胆固醇在动物体中可由胆固醇和鲨烯(三十碳)转化而来。后两者大量存在于皮肤、肠壁和其他组织中。

结晶的胆钙化醇是一种白色针状物，低温和暗环境下较稳定。紫外线的照射、酸败的脂肪以及矿物元素均可使之氧化失效。维生素 E 和其他抗氧化剂可防止胆钙化醇的破坏。1 IU 的维生素 D 相当于 0.025 μg 维生素 D_3 的活性。两种形式的维生素 D 对不同动物的效价有显著差异。对于猪，维生素 D_3 的效价可能高于维生素 D_2；家禽维生素 D_3 的效价比维生素 D_2 约高 30 倍；奶牛维生素 D_2 的效价可能只有维生素 D_3 的 1/2～1/4；用维生素 D_2 满足鱼对维生素 D 的需要至少 3 倍于维生素 D_3。

(二)吸收与代谢

小肠是维生素 D 主要的吸收部位。皮肤经光照产生的以及小肠吸收的维生素 D_2 或维生素 D_3 都进入血液。水生动物肝脏可贮存大量的维生素 D，陆生动物主要贮存于肝脏、肾、肺，皮肤和脂肪等组织也可贮存。

维生素 D 要经过肝、肾羟化成活性物质才具有生理功能。在肝细胞微粒体和线粒体中，维生素 D_3 经 25-羟化酶作用，生成 25-OH-D_3，这是血液循环中维生素 D 的主要形式。在肾小管细胞的线粒体中经 1-α-羟化酶的作用，进一步转变成 1,25-$(OH)_2$-D_3，是维生素 D 的一种真正活性形式，其作用类似类固醇激素。25-OH-D_3 也可在肾脏中转化成 24,25-$(OH)_2$-D_3、25,26-$(OH)_2$-D_3 和 1,24,25-$(OH)_3$-D_3。迄今已分离 37 种维生素 D 代谢产物，并且已搞清其化学特性。24,25-$(OH)_2$-D_3 可能与骨的钙化、甲状旁腺素(PTH)的抑制、软骨形成和胚胎(鸡)发育有关。1,25-$(OH)_2$-D_3 和 24,25-$(OH)_2$-D_3 的合成受体内钙磷代谢、甲状旁腺激素和降钙素分泌的影响。

(三)功能与缺乏症

维生素 D 最基本的功能是促进肠道钙、磷的吸收，提高血液钙和磷的水平，促进骨的钙化。

维生素 D 能促进小肠对钙、磷的吸收，同时维生素 D 还能促进肾小管对钙、磷的重吸收，从而提高血钙、血磷的浓度。

维生素 D 能调节成骨细胞和破骨细胞的活动。在骨生长和代谢过程中，通过成骨细胞的活动，促进新生骨细胞的钙化作用。通过破骨细胞的活动，使骨细胞不断地更新，保持血钙的稳定。

维生素 D 缺乏可引起钙、磷的吸收和代谢紊乱，导致骨骼钙化不全。正在生长的骨骼如果缺乏维生素 D，则在成骨过程中将不能正常沉积钙盐，从而导致骨软化并致骨畸形，出现"佝偻病"。成年动物软骨内骨化完成后，可由于钙磷代谢紊乱而发生骨质脱钙、骨质疏松、骨骼变形等骨营养不良症，称为"软骨病"。维生素 D 缺乏可引起生长鸡生长受阻，羽被不良，出现佝偻症、软骨症及龙骨变形等(图 8-3)。产蛋母鸡饲喂不含维生素 D 的日粮，母鸡产蛋量及蛋壳质量会迅速下降，且多数为薄壳蛋和软壳蛋。母畜孕期维生素 D 过度缺乏，会造成新生幼畜先天骨畸形，母畜本身骨也会受到损害。对于奶牛和其他泌乳母畜，饲粮中的维生素 D 很难进入奶中，需要一个高浓度的饲料维生素 D 才能使奶中维生素 D 的含量略有增加。维生素 D 缺乏时，高产奶牛可能出现产乳热。

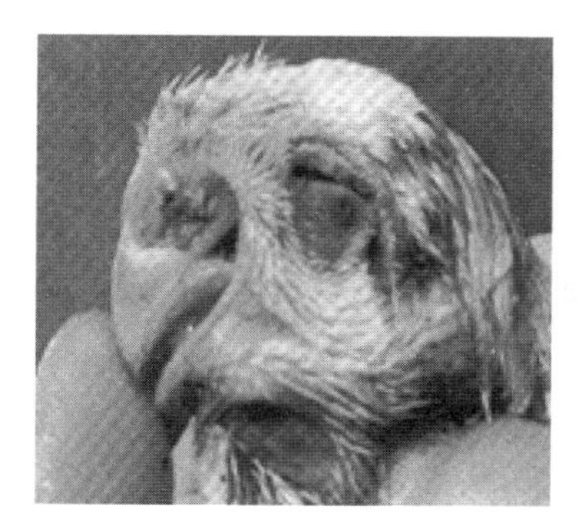

a.小鸡佝偻病，喙软化

b.肢腿变形

图 8-3　维生素 D 缺乏症

此外，维生素 D 与肠黏膜细胞的分化有关。维生素 D 缺乏的大鼠和雏鸡的肠黏膜微绒毛长度仅为采食正常饲料的 70%～80%。1,25-$(OH)_2$-D_3 有可能促进腐胺的合成，而腐胺与细胞分化和增殖有关。已有实验证明，维生素 D 可促进肠道中 Be、Co、Fe、Mg、Sr、Zn 以及其他元素的吸收。维生素 D 还参与调节许多细胞的代谢过程，在机体的免疫功能、生殖等方面也有着十分重要的意义。

(四)来源与需要

植物性饲料中维生素 D_2 的含量主要决定于光照程度，动物性饲料则取决 7-脱氢胆固醇的活性物质 25-OH-D_3 的含量。动物的肝和禽蛋含有较多的维生素 D_3，特别是某些鱼类的肝中含量很丰富。

太阳光照射是获得维生素 D 最廉价来源的方式之一。牧草在收获季节通过太阳光照射，维生素 D_2 含量大大增加。人和动物皮肤的分泌物中也含有 7-脱氢胆固醇，经照射可转变成维生素 D_3 的活性形式，而且可被皮肤吸收。牛放牧每天能够由皮肤合成 3 000～10 000 IU 维生素 D_3，猪每天可合成维生素 D_3 1 000～4 000 IU。禽类等体表覆盖羽、毛较厚的动物，通过光

照获得维生素 D_2 的能力较差。

生产上维生素 D 补充物为鱼肝油、维生素 D 制剂、维生素 AD 制剂。维生素 AD 制剂为常用的商品性维生素 D 添加剂形式。

畜禽及某些鱼类对维生素 D 的需要一般在每千克饲料 1 000～2 000 IU。

(五)过量与中毒

饲喂大剂量经光照射过的麦角固醇会产生维生素 D 过多症。特征是血液钙过多，动脉中钙盐广泛沉积，各种组织和器官都发生钙质沉着以及骨损伤。但也有报道，大剂量维生素 D_3 没有引起钙的广泛沉积，只是对成骨和破骨细胞有影响。

对于大多数动物，连续饲喂超过需要量 4～10 倍以上的维生素 D_3 可出现中毒症状，例如，猪每天摄入超过 25 万 IU，持续 30 d；鸡每千克饲料超过 400 万 IU。短期饲喂，大多数动物可耐受 100 倍的剂量。研究表明，维生素 D_3 的毒性比维生素 D_2 大 10～20 倍。日粮中钙、磷水平较高时，可加重维生素 D 的毒性；日粮中钙、磷水平低时，可减轻维生素 D 的毒性。

三、维生素 E

(一)特性和效价

维生素 E 又称生育酚，是一组化学结构近似的酚类化合物总称，包括生育酚及生育三烯酚两类共 8 种化合物，即 α-、β-、γ-和 δ-、ζ_1-、ζ_2-、η-和 ε-生育酚，其中以 D-α-生育酚活性最高。天然存在的 α-生育酚和 D-α 生育酚 1 mg 相当于 1.49 IU 的维生素 E，其乙酸盐为 1.36 IU。1 IU 的维生素 E 相当于 1 mg D-α-生育酚乙酸酯或 1 mg DL-α-生育酚乙酸酯。合成 DL-α-生育酚 1 mg 相当于 1.1 IU 维生素 E。

α-生育酚是一种黄色油状物，不溶于水，易溶于油、脂肪、丙酮等有机溶剂。α-生育酚具有吸收氧的能力，具有重要的抗氧化特性，常用作抗氧化剂，用以防止脂肪、维生素 A 的氧化分解，但易被饲料中的矿物质和不饱和脂肪酸氧化破坏。

(二)吸收与代谢

维生素 E 的吸收主要在小肠，在肠道中以游离的生育酚的形式被吸收。由于维生素 E 的疏水性，它的吸收类似脂肪，必须经由肝脏分泌的胆汁溶解才能穿过肠腔内的液态环境而达到肠吸收细胞的表面。食入的维生素 E 在小肠中变成微胶粒的形式。如是维生素 E 醋酸酯或柠檬酸酯等，则先在小肠内被水解，分解成维生素 E 和有机酸，维生素 E 再与微胶粒结合。微胶粒被吸收进入肠黏膜细胞内，再以乳糜微粒的形式进入淋巴和血液，转运到机体各部。

维生素 E 和其他脂溶性维生素以及油脂之间存在吸收竞争。有相当部分乳糜微粒在淋巴中水解为乳糜微粒残余，并进入肝脏，在肝实质细胞中再形成极低密度脂蛋白(VLDL)。VLDL 可进入周围细胞释放出维生素 E，也可变成高密度和低密度脂蛋白(HDL 和 LDL)。LDL 可进入周围细胞，也可流回肝脏。对禽和鱼类而言，被吸收的脂质主要通过肝门循环到达肝脏。各种生育酚通过肝后进入血液循环的大多是 α-生育酚，而 β、γ 和 δ 生育酚由胆汁分泌，不被再吸收，随粪便排出。维生素 E 和其他脂溶性维生素以及油脂之间存在吸收竞争。例如，高水平的亚油酸、亚麻酸可使维生素 E 的吸收量减少。胆汁和胰脂肪酶对维生素 E 的吸收有促进作用。如果胰脏功能受损或胆汁分泌受阻，则将导致维生素 E 的吸收量减少 20%～40%。

(三)功能与缺乏症

维生素E具有以下诸多方面的营养生理功能。

(1)生物抗氧化作用 维生素E通过中和过氧化反应链形成的游离基和阻止自由基的生成使氧化链中断,从而防止细胞膜中脂质的过氧化和由此而引起的一系列损害;维生素E和硒可以产生协同作用,维生素E通过使含硒的氧化型谷胱甘肽过氧化物酶变成还原型的谷胱甘肽过氧化物酶以及减少其他过氧化物的生产而节约硒。

(2)促进生物活性物质的合成 维生素E可促进十八碳二烯酸转变成二十碳四烯酸并进而合成前列腺素;维生素E也参与磷酸化反应、维生素C和泛酸的合成以及含硫氨基酸和维生素B_{12}的代谢等;维生素E参与细胞DNA合成的调节;维生素E在生物氧化还原系统中是细胞色素还原酶的辅助因子;维生素E可以促进血红素的合成。

(3)提高动物的免疫力 维生素E和硒缺乏可降低机体的免疫力和对疾病的抵抗力;维生素E能阻断肿瘤细胞周期,抑制其基因表达,防止细胞恶性转化。

(4)解毒功能 维生素E可以降低镉、汞、砷、银等重金属和有毒元素的毒性。

(5)与动物生殖功能的关系 动物缺乏维生素E时,其生殖器官会受损而导致不育。临床上常用维生素E治疗先兆流产和习惯性流产。

总之,维生素E的缺乏症是多样化的,涉及多种组织和器官。在不同的动物,缺乏症的表现也不完全一样。维生素E缺乏时,其症状很多都与硒的缺乏相似,而且也受饲料中硒、不饱和脂肪酸和含硫氨基酸水平的影响。

缺乏维生素E时,反刍动物主要表现为肌肉营养不良。犊牛和羔羊出现白肌病。猪表现为公猪睾丸退化、肝坏死、营养性肌肉障碍以及免疫力降低。家禽表现为繁殖功能紊乱、胚胎退化、脑软化、红细胞溶血、血浆蛋白质减少、肾退化、渗出性素质病、脂肪组织褪色、肌肉营养障碍以及免疫力下降等(图8-4)。

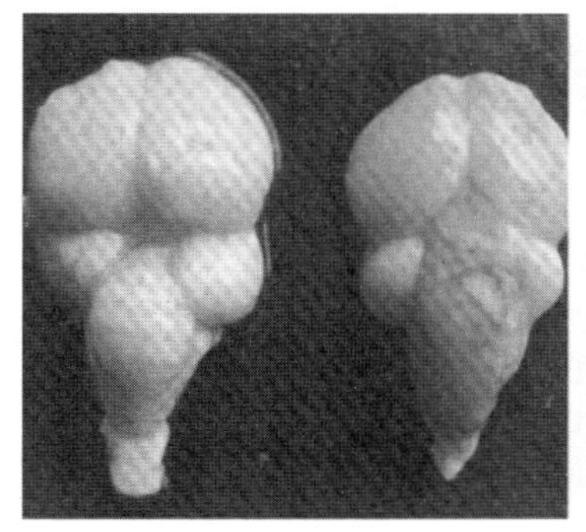

a.小脑出血(左为健康对照组)

b.小脑软化(狂鸡病)

图8-4 维生素E缺乏症

维生素E的营养状况一般可通过血浆或血清中生育酚的浓度来判定。大多数动物,当血浆中生育酚的浓度低于0.5 μg/mL时,表明维生素E缺乏,0.5~1 μg/mL表明临界缺乏。

(四)来源与需要

植物能合成维生素E,因此维生素E广泛分布于家畜的饲料中。所有谷类粮食都含有丰富的维生素E,特别是种子的胚芽中。绿色饲料、叶和优质干草也是维生素E很好的来源,尤其是苜蓿中含量很丰富。青绿饲料(以干物质计)维生素E含量一般较禾谷类籽实高出10倍之多。小麦胚油、豆油、花生油和棉籽油含维生素E也很丰富。但浸提油饼类缺乏维生素E,动物性饲料中含量也很少。在饲料的加工和贮存中,维生素E损失较大,贮存半年可损失30%～50%。

由于维生素E分布广泛,家畜饲料一般不需额外补充。准确确定维生素E的需要量很困难,因受饲料中不饱和脂肪酸等多种因素的影响,其需要量随饲料不饱和脂肪酸、氧化剂、维生素A、类胡萝卜素和微量元素的增加而增加,随脂溶性抗氧化剂、含硫氨基酸和硒水平的提高而减少。

近年来,为了提高肉的品质和延长贮藏时间,一些国家的标准推荐的维生素E的需要量已有所提高。猪、禽每千克饲料维生素E的量已从以往的5～10 mg提高到了10～20 mg,鱼类为50～100 mg。

(五)过量与中毒

相对于维生素A和维生素D而言,维生素E几乎是无毒的,大多数动物能耐受100倍于需要量的剂量。但长期(6个月以上)应用维生素E易引起血小板聚集和血栓形成。

四、维生素K

(一)特性和效价

维生素K的名字在丹麦语中是"凝结"的意思。现已知有多种具有维生素K活性的萘醌化合物。天然存在的维生素K活性物质有叶绿醌(维生素K_1)和甲基萘醌(维生素K_2)。前者为黄色油状物,由植物合成;后者是淡黄色结晶,可由微生物和动物合成。另一类为人工合成的水溶性化合物,包括亚硫酸氢钠和甲基醌的加成物—维生素K_3和乙酰甲萘醌—维生素K_4。其中最重要的是维生素K_1、维生素K_2和维生素K_3。维生素K_2是动物组织中维生素K的主要形式。

维生素K耐热,但对碱、强酸、光和辐射不稳定。

各种维生素K的生物学活性不同,但维生素K_1和维生素K_2相当。合成的甲萘醌系列产品生物活性相差较大,这主要取决于产品的稳定性和饲料组成质量。饲料中存在的维生素K拮抗物明显影响维生素K的活性。例如霉变的三叶草,因存在香豆素的衍生物,会降低维生素K的活性。

(二)吸收与代谢

维生素K的吸收与其他脂溶性维生素类似。维生素K_1通过一个耗能过程在小肠起始部位主动吸收,而K_2则为被动吸收。维生素K的吸收率一般在10%～70%。维生素K_3似乎可全部吸收,在肝脏很快转化为K_2,未转化的很快经肾从尿中排出。而维生素K_1的吸收较差,仅为50%左右,但在体内存留时间较长,主要从粪中排出。

(三)功能与缺乏症

目前所知,维生素K不像前三种脂溶性维生素那样具有较广泛的功能。它主要是参与凝血活动,故又称为凝血维生素。它是凝血酶原(因子Ⅱ)、斯图尔特因子(因子X)、转变加速因子前体(因子Ⅶ)和血浆促凝血酶原激酶(因子Ⅸ)的激活所必需的。维生素K缺乏,凝血时间延长。

依赖维生素K的羧化酶系统除对凝血有重要作用外,也与钙结合蛋白质的形成有关,钙结合蛋白质可能在骨钙化中起作用。

维生素 K 的缺乏症主要是在家禽中发现，因其他动物的饲料含维生素 K 较多，而且肠道微生物也能合成相当的维生素 K。产蛋鸡缺乏维生素 K 时，所产的蛋和孵出的小鸡含维生素 K 少，鸡的凝血时间延长，可引起皮下、肌肉、胃肠道及其他脏器的出血，严重时出血不止，甚至因出血过多而死亡(图 8-5)。

图 8-5 维生素 K 缺乏症引起鸡的贫血

维生素 K 的营养状况可通过测定凝血时间来描述。

(四)来源和需要

绿色饲料是维生素 K 的丰富来源，其他植物饲料含量也较多。肝、蛋和鱼粉含有较丰富的维生素 K_2。反刍动物瘤胃微生物能合成足够需要的维生素 K。肠道微生物也能合成，但在下段大肠吸收几乎等于零。粪便中含有一些维生素 K，单胃动物能通过食入粪便获取部分维生素 K，也可通过肠道微生物合成维生素 K。禽肠道短，微生物合成有限，一般需要饲料提供。

动物的种类和年龄可影响维生素 K 的需要，主要是肠道微生物合成维生素 K 的能力不同。饲料中维生素 K 的拮抗物、抗菌素及磺胺类药的使用(抗菌素和磺胺类药物能抑制或减少维生素 K 的合成)，动物感染疾病和寄生虫，进食减少，肠壁吸收障碍，肝脏胆汁形成和分泌减少等都可影响动物对维生素 K 的需要。除家禽外，一般不需补充维生素 K。畜禽对维生素 K 的需要一般为每千克饲料 0.5～1 mg。鱼类对维生素 K 的需要还未确定。

(五)维生素 K 的拮抗物和毒性

双香豆素(草木犀醇，Dicoumarol)是自然界维生素 K 的主要拮抗物。动物采食草木犀可引起出血性疾患。抗生素、某些杀鼠药和磺胺等对维生素 K 有明显的拮抗作用，特别是一些含硫酰基的化合物，如磺胺喹沙啉可能使动物产生维生素 K 缺乏。

维生素 K_1 和 K_2 相对于维生素 A 和维生素 D 而言，几乎无毒。但大剂量维生素 K_1 可引起溶血、正铁血红蛋白尿和卟啉尿症。

第三节 水溶性维生素

目前已确定的水溶性维生素共有 10 种，分为 B 族维生素和维生素 C 两类。具体名称与代号见表 8-2。

表 8-2 水溶性维生素名称

维生素名称	代号	其他名称
维生素 B_1	VB_1	硫胺素，抗脚气病维生素
维生素 B_2	VB_2	核黄素，促生长维生素
维生素 B_3	VB_3	烟酸，维生素 PP，尼克酸
维生素 B_4	VB_4	胆碱
维生素 B_5	VB_5	泛酸，遍多酸

续表 8-2

维生素名称	代号	其他名称
维生素 B_6	VB_6	吡多醇
维生素 B_7	VB_7	生物素，维生素 H
维生素 B_{11}	VB_{11}	叶酸，维生素 Bc，维生素 M
维生素 B_{12}	VB_{12}	钴胺素，APF 因子
维生素 C	VC	抗坏血酸，抗坏血病维生素

水溶性维生素主要有以下特点：①溶于水中进行吸收、运输、代谢、沉积；②B 族维生素主要作为辅酶，催化碳水化合物、脂肪和蛋白质代谢中的各种反应；③除维生素 B_{12} 外，水溶性维生素几乎不在体内储存，易产生缺乏症；④主要经尿排出（包括代谢产物）；⑤水溶性维生素相对于脂溶性维生素而言，毒性较小，一般无毒性。

所有水溶性维生素都为代谢所必需。反刍动物瘤胃微生物能合成足够的动物所需的 B 族维生素，一般不需饲料提供，但瘤胃功能不健全的幼年反刍动物除外。猪肠道微生物也能合成，但难于吸收。家禽肠道短，微生物合成有限，吸收利用的可能性更小，一般需饲料供给。工厂化饲养，食粪机会少，单胃动物对饲料中提供的需要量增加。大多数动物能在体内合成一定数量的维生素 C。在高温、运输、疾病等逆境情况下，动物对维生素 C 的需要量增加。

一、硫胺素

又称维生素 B_1，由一分子嘧啶和一分子噻唑通过一个甲基桥结合而成，含有硫和氨基，故称硫胺素。能溶于 70％的乙醇和水，受热、遇碱迅速被破坏。

硫胺素主要在十二指肠吸收，在肝脏经 ATP 作用被磷酸化而转变成活性辅酶焦磷酸硫胺素（羧辅酶）。过量摄入可使血液硫胺素水平上升，但只能在体内贮存少量，多余的迅速从尿中排出。猪贮备硫胺素的能力比其他动物强，贮备的量可维持 2 个月。

硫胺素在细胞中的功能是作为辅酶（羧辅酶），参与 α-酮酸的脱羧而进入糖代谢和三羧酸循环。当硫胺素缺乏时，由于血液和组织中丙酸和乳酸的积累而表现出缺乏症状。硫胺素的主要功能是参与碳水化合物代谢，需要量也与碳水化合物的摄入量有关。

硫胺素也可能是神经介质和细胞膜的组成成分，参与脂肪酸、胆固醇和神经介质乙酰胆碱的合成，影响神经节细胞膜中钠离子的转移，降低磷酸戊糖途径中转酮酶的活性而影响神经系统的能量代谢和脂肪酸的合成。

图 8-6 维生素 B_1 缺乏引起鸡的神经炎

猪硫胺素缺乏表现为食欲和体重下降、呕吐、脉搏慢、体温偏低、神经症状、心肌水肿和心脏扩大。鸡和火鸡缺乏硫胺素表现为食欲差、憔悴、消化不良、瘦弱及外周神经受损引起的症状，如多发性神经炎（图 8-6）、角弓反张、强直和频繁的痉挛，补充硫胺素能使之迅速恢复。马主要表现为运动不协调，以及补饲硫胺素可消失的神经症状。

硫胺素缺乏也可引起两性繁殖力的丧失或降低。

鱼缺乏硫胺素表现为与猪、禽类似的症状，如厌食、生长受阻、无休止地运动、扭曲、痉挛、常碰撞池壁、体表和鳍褪色、肝苍白。

硫胺素的缺乏症，除人的脚气病（表现为脚酸、心悸、呼吸困难、食欲不振等症状）、禽类的多发性神经炎外，都不是硫胺素缺乏的特异症状。例如猪的神经症状还可来自维生素 B_6 和泛酸的缺乏。B 族维生素缺乏的影响首先是在生化方面，然后才是组织的病变和缺乏症状的表现。因此，寻求早期诊断的生化指标仍是研究的重要内容。

酵母是硫胺素最丰富的来源。谷物中含量也较多，胚芽和种皮是硫胺素主要存在部位。瘦肉、肝、肾和蛋等动物产品也是硫胺素的丰富来源。成熟的干草中含量低，加工处理后比新鲜时少。带叶片的多少、绿色状况以及蛋白质含量多少都影响硫胺素的含量。优质绿色干草中含量丰富。饲料在干燥气候下加工贮存硫胺素损失较少，而湿热条件（烹饪）将大量损失。瘤胃及肠道微生物合成是反刍动物硫胺素的另一重要来源。但猪和家禽对肠道合成的硫胺素不能很好地利用。

猪一般不需要补充硫胺素，谷类饲料含有足够猪需要的量，家禽则需要补充。

畜禽对硫胺素的需要受饲料成分、遗传因素、代谢特点以及疾病的影响。饲料碳水化合物含量增加，动物对硫胺素的需要也增加。脂肪和蛋白质有节约硫胺素的作用。小型鸡较大型鸡需要较多的硫胺素。产蛋、产奶和妊娠期需要量增加。一些饲料含有抗硫胺素因子，如许多鱼类产品中含有硫胺素酶，棉籽和咖啡酸中的 3,5-二甲基水杨酸以及羊齿草中的抗硫胺素因子。另外，饲料受念珠状镰刀菌侵袭、动物受疾病感染等情况下，对硫胺素的需要都将增加。

猪、禽及某些鱼类对硫胺素的需要一般为每千克饲料 1～2 mg。对于大多数动物，硫胺素的中毒剂量是需要量的数百倍，甚至上千倍。

二、核黄素

核黄素，即维生素 B_2，是由一个二甲基异咯嗪和一个核醇结合而成，为橙黄色的结晶，微溶于水，耐热，但蓝色光或紫外光以及其他可见光可使之迅速破坏。巴氏灭菌和暴露于太阳光可使牛奶中的核黄素损失 10%～20%，饲料暴露于太阳的直射光线下数天，核黄素可损失 50%～70%。

合成的核黄素类似物 *D*-半乳糖黄素是核黄素的拮抗物，可以引起核黄素的缺乏症。另外，*D*-阿拉伯糖黄素、二氢核黄素、异核黄素以及二乙基核黄素都属于核黄素的拮抗物。

饲料中的核黄素大多以 FAD（黄素腺嘌呤二核苷酸）和 FMN（黄素单核苷酸）的形式存在，在肠道随同蛋白质的消化被释放出来，经磷酸酶水解成游离的核黄素，进入小肠黏膜细胞后再次被磷酸化，生成 FMN。FAD 和 FMN 在门脉系统与血浆白蛋白结合，在肝脏转化为 FAD 或黄素蛋白质。当机体缺乏核黄素时，肠道对核黄素的吸收能力提高。动物缺乏贮备核黄素的能力。在体内，FMN 和 FAD 以辅基的形式与特定的酶蛋白结合形成多种黄素蛋白酶。这些酶与碳水化合物、脂肪和蛋白质的代谢密切相关。

图 8-7 核黄素缺乏症（鸡卷爪麻痹症）

鸡核黄素缺乏的典型症状表现为足爪向内弯曲（图 8-7），用跗关节行走、腿麻痹、腹泻、产蛋量和孵化率下降等。核黄素缺乏的火鸡出现严重的皮炎。鸭发生核黄素缺乏后迅速死亡。猪缺乏核黄素常表现为腿的弯曲、僵硬、皮厚、皮疹，背和侧面的皮肤上有渗出物，晶状体浑浊和白内障。鱼(虹鳟)缺乏核黄素，表皮呈浅黄绿色，鳍损伤，肌肉乏力，组织中核黄素水平下降，肝中 *D*-氨基酸氧化酶活性降低。

核黄素的缺乏症常通过补充核黄素后，症状能否减轻来确诊。

核黄素能由植物、酵母菌、真菌和其他微生物合成，但动物本身不能合成。动物对肠道微生物合成的核黄素的利用情况与硫胺素类似。核黄素在瘤胃内的合成受饲料蛋白质、碳水化合物和粗纤维比例的影响，合成量随饲料营养浓度和蛋白质的增加而增加，但随进食量的增加而减少；蛋白质水平过高，核黄素的合成也减少。绿色的叶子，尤其是苜蓿，核黄素的含量较丰富，鱼粉和饼粕类次之。酵母、乳清和酿酒残液以及动物的肝脏含核黄素很多。谷物及其副产物中核黄素含量少。动物采食玉米-豆饼型饲料易产生核黄素缺乏症。

猪和家禽对核黄素的需要随环境温度升高而减少，环境温度相差 25 ℃，需要量可相差一倍。种用产蛋鸡和妊娠泌乳母猪的需要量比一般的猪、鸡高一倍左右。小猪由于生长快，相对需要量比大猪多。

畜禽对核黄素的需要一般为每千克饲料 2～4 mg，鱼类为 4～9 mg。核黄素的中毒剂量是需要量的数十倍到数百倍。

三、尼克酸

又称烟酸、维生素 PP，是吡啶的衍生物，它很容易转变成尼克酰胺。尼克酸和尼克酰胺都是白色、无味的针状结晶，溶于水，耐热。3-乙酰吡啶、吡啶 3-磺酸和抗结核药物异烟肼(雷米封)是尼克酸的拮抗物。

无论是饲料中的尼克酸和尼克酰胺，还是合成物都能以扩散的方式迅速而有效地被吸收。吸收的部位是在胃及小肠上段。低浓度时，尼克酸主要依赖 Na^+ 的易化扩散方式吸收；高浓度时，则以被动扩散的方式吸收。尼克酸在小肠黏膜中可转变成尼克酰胺，然后在组织中与蛋白质结合，变成辅酶 NAD(烟酰胺腺嘌呤二核苷酸)或 NADP(烟酰胺腺嘌呤二核苷酸磷酸)。代谢产物主要经尿排出。

尼克酸主要通过 NAD 和 NADP 参与碳水化合物、脂类和蛋白质的代谢，尤其在体内供能代谢的反应中起重要作用。NAD 和 NADP 也参与视紫红质的合成。

尼克酸缺乏，猪表现为失重、腹泻、呕吐、皮炎和贫血。鸡表现生长缓慢，口腔症状类似犬的黑舌病，羽毛不丰满、偶尔也见鳞状皮炎(图 8-8)。雏火鸡可发生跗关节扩张。

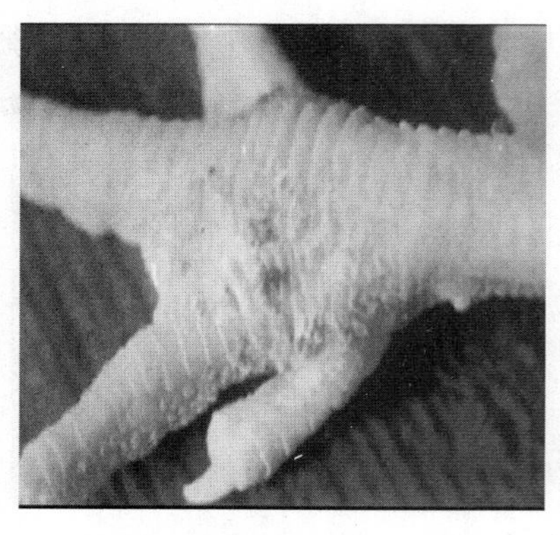

图 8-8　烟酸缺乏症(鸡皮炎)

牛、羊瘤胃微生物能合成尼克酸，一般不会缺乏。小牛饲喂低色氨酸的饲料可产生尼克酸缺乏症。猪和鸭对尼克酸的缺乏尤为敏感。尼克酸缺乏，猪表现为皮肤病变(癞皮病)，皮肤生痂，呈鳞片状皮炎，皮肤粗糙。鸡表现为关节肿大，腿骨弯曲(滑腱症)，趾爪发炎。

尼克酸广泛分布于饲料中，但谷物中的尼克酸利用率低。动物性产品、酒糟、发酵液以及油饼类含量丰富。谷物类的副产物、绿色的叶子，特别是青草中的含量较多。饲料中的色氨酸在多余的情况下可转化为尼克酸。对于猪，50 mg 色氨酸可转化为 1 mg 尼克酸，但猫和貂以及大多数鱼类缺乏这种能力。除成年反刍动物外，都需饲料提供尼克酸。但高产奶牛和饲喂高营养浓度饲料的肉牛需要提供尼古酸。饲料中亮氨酸、精氨酸和甘氨酸过量、色氨酸不足、能量浓度高以及含有腐败的脂肪等，都将增加反刍动物对尼克酸的需要。

畜禽及鱼类对尼克酸的需要一般为每千克饲粮 10～50 mg。动物每日每千克体重摄入的尼克酸超过 350 mg 可能引起中毒。尼克酸中毒表现为心搏增加，呼吸加快，呼吸麻痹，脂肪肝，生长抑制，严重时死亡。

四、维生素 B_6

维生素 B_6 包括吡哆醇、吡哆醛和吡哆胺三种吡啶衍生物。维生素 B_6 的各种形式对热、酸和碱稳定；遇光，尤其是在中性或碱性溶液中易被破坏。强氧化剂很容易使吡哆醛变成无生物学活性的 4-吡哆酸。合成的吡哆醇是白色结晶，易溶于水。

维生素 B_6 的拮抗物有羟基嘧啶，脱氧吡哆醇和异烟肼。

来源于植物饲料的吡哆醇和动物组织的吡哆醛、吡哆胺主要是在空肠和回肠中以被动扩散的方式被吸收，并且在动物肝内转化为有活性的磷酸吡哆醛。

维生素 B_6 的功能主要与蛋白质代谢的酶系统相联系，也参与碳水化合物和脂肪的代谢，涉及体内 50 多种酶。维生素 B_6 对肉用动物具有更重要的意义。

维生素 B_6 缺乏，猪表现为食欲差、生长缓慢、小红细胞（平均直径小于 6 μm 的红细胞）异常的血红蛋白过少性贫血，类似癫痫的阵发性抽搐或痉挛，神经退化，尸检可见有规律性的黑黄色色素沉着，肝发生脂肪浸润，腹泻和被毛粗糙。

鸡缺乏维生素 B_6 表现为异常的兴奋、癫狂、无目的运动和倒退、痉挛。此外，缺乏维生素 B_6，鸡羽毛粗糙，眼睑水肿（图 8-9），听觉紊乱，运动失调，生长停滞，甚至死亡。

鱼缺乏维生素 B_6 表现为食欲差、痉挛和高度兴奋。

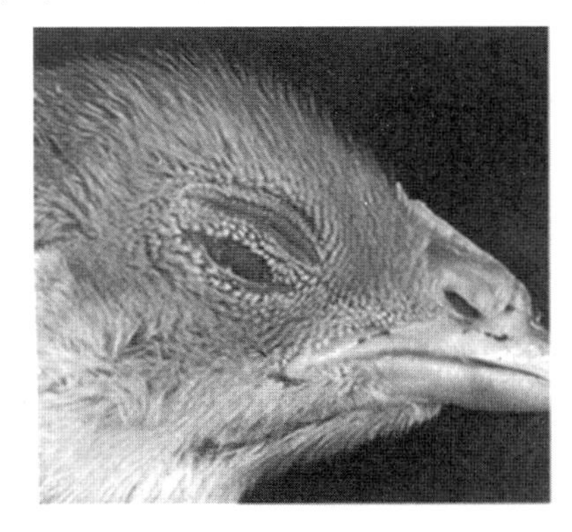

图 8-9 维生素 B_6 缺乏导致的眼睑水肿

维生素 B_6 广泛分布于饲料中，酵母、肝、肌肉、乳清、谷物及其副产物和蔬菜都是维生素 B_6 的丰富来源。由于来源广而丰富，生产中没有明显的缺乏症。杂交鸡对维生素 B_6 的需要较纯种鸡多。高温增加大鼠对维生素 B_6 的需要。例如，在 33 ℃气温时的需要量是 19 ℃的 2 倍。

畜禽对维生素 B_6 的需要一般为每千克饲料 1～3 mg，鱼类为 3～6 mg。犬和大鼠维生素 B_6 的中毒剂量是需要量的 1 000 倍以上。人和动物饲粮蛋白质水平的升高，色氨酸、蛋氨酸或其他氨基酸过多也将增加维生素 B_6 的需要量。

五、泛酸

又称遍多酸，是由 β-丙氨酸通过肽键与 α,γ-二羟-β,β-二甲基丁酸缩合而成的一种酸性物质。游离的泛酸是一种黏性的油状物，不稳定，易吸湿，也易被酸碱和热破坏。泛酸钙是该维生素的纯品形式，为白色针状物。有右旋（D-）和消旋（DL）两种形式，消旋形式泛酸的生物学活性为右旋的 1/2。

饲料中的泛酸大多是以辅酶 A 的形式存在，少部分是游离的。只有游离形式的泛酸以及它的盐和酸能在小肠吸收,不同动物对泛酸的吸收率差异较大(40%~94%)。泛酸主要以游离形式经尿排出。

泛酸是两个重要辅酶,即辅酶A和酰基载体蛋白质(ACP)的组成成分。辅酶A是碳水化合物、脂肪和氨基酸代谢中许多乙酰化反应的重要辅酶,在细胞内的许多反应中起作用。ACP与辅酶A有类似的酰基结合部位,在脂肪酸碳链的合成中有相当于辅酶A的作用。

猪缺乏泛酸,皮肤皮屑增多、毛细、眼周围有棕色的分泌物、胃肠道疾病、生长缓慢并表现为典型的鹅步症。尸检可发现神经退化和实质性器官的病变。

鸡缺乏泛酸,首先是生长受阻,羽毛生长不良,进一步表现为皮炎,眼睑出现颗粒状的细小结痂并粘连在一起,嘴周围也有痂状的损伤,胫骨短粗,严重缺乏时可引起死亡(图8-10)。

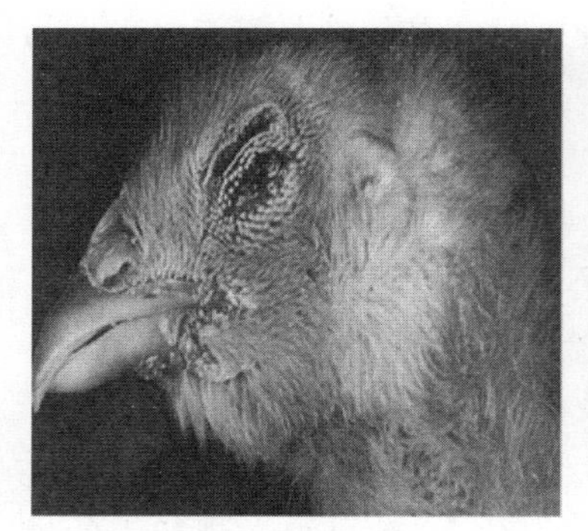

a.口角、眼睑炎症

b.羽毛粗糙

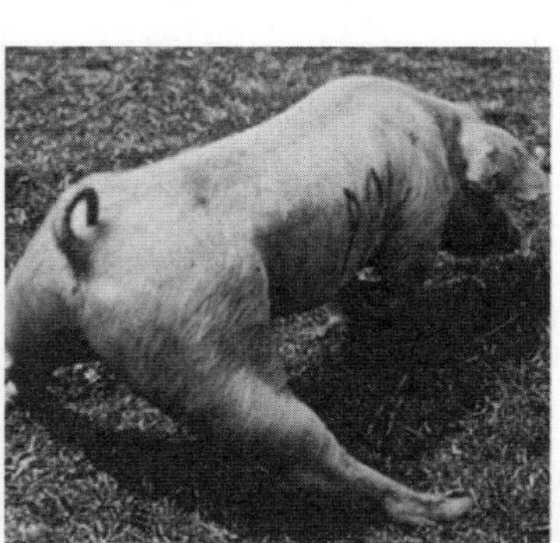

c.鹅猪步症

图 8-10　泛酸缺乏症

泛酸广泛分布于动植物体中,苜蓿干草、花生饼、糖蜜、酵母、米糠和小麦麸中含量丰富;谷物的种子及其副产物和其他饲料中含量也较多。常用饲料一般不会发生泛酸的缺乏。饲料能量浓度增加,动物对泛酸的需要量增加。饲料脂肪含量高可使猪出现泛酸缺乏症。抗生素能节约鸡和猪对泛酸的需要。高纤维饲料可使瘤胃微生物的泛酸合成减少,而高水平的可溶性碳水化合物可促进泛酸的合成。维生素B_{12}能节约家禽对泛酸的需要。高蛋白质也可节约大鼠对泛酸的需要。不同品种的生长猪对泛酸的需要也存在差异,相差可达40%。

畜禽对泛酸的需要量一般为每千克饲料7~12 mg,鱼类为10~30 mg。泛酸中毒只在饲喂超过需要量100倍剂量的大鼠中发现。

六、生物素

生物素具有尿素和噻酚相结合的骈环,噻唑环的α位带有戊酸侧链。它有多种异构体,但只有*D*-生物素才有活性。合成的生物素是白色针状结晶,在常规条件下很稳定,酸败的脂和胆碱能使它失去活性,紫外线照射可使之缓慢破坏。

自然界存在的生物素,有游离的和结合的两种形式。结合形式的生物素常与赖氨酸或蛋白质结合。被结合的生物素不能被一些动物所利用。对于家禽,用微生物法测得的生物素利用率低于饲料含量的50%。

在动物体内生物素以辅酶的形式广泛参与碳水化合物、脂肪和蛋白质的代谢。例如丙酮酸的羧化、氨基酸的脱氨基、嘌呤和必需脂肪酸的合成等。乙酰CoA羧化酶、丙酮酸羧化酶和β-甲基丁烯酰CoA羧化酶的合成都需要生物素,三者都是哺乳动物体内含生物素的酶。

生物素广泛分布于动植物组织中，食物和饲料中一般不缺乏。但在下列情况下可导致缺乏症，特别是亚临床或临界缺乏。例如，舍饲或食粪机会的减少，饲料加工和贮藏过程中对生物素的破坏，肠道和呼吸道的感染及服用抗菌药（磺胺类），含生物素低的饲料的使用，妊娠母猪的限制采食以及其他疾病感染引起进食的减少，饲料中不饱和脂肪酸的增加，维生素 B_6、维生素 B_{12}、维生素 B_1、维生素 B_2、叶酸、维生素 C 和肌醇水平的偏低，以及大量使用生物素利用率低的饲料（小麦、大麦、高粱、棉籽饼）都可引起缺乏症。

生物素缺乏的症状一般表现为生长不良，皮炎以及被毛脱落。生物素的缺乏症主要发生在猪和禽，猪表现为后腿痉挛、足裂缝和干燥及以粗糙和棕色渗出物为特征的皮炎。家禽的脚、喙以及眼周围发生皮炎，类似泛酸缺乏症。胫骨粗短症是家禽缺乏生物素的典型症状（图 8-11）。

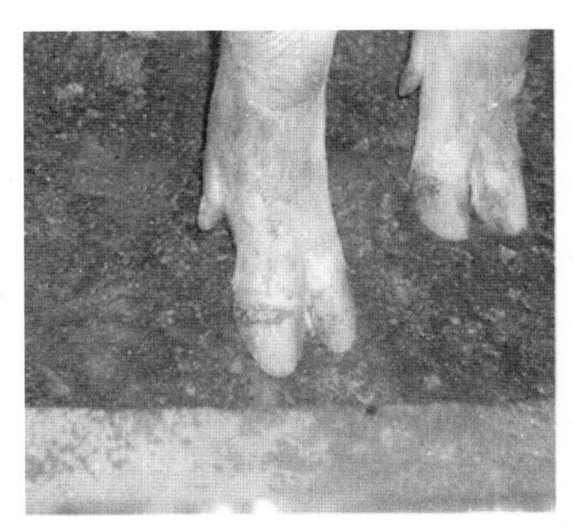

a.猪蹄裂

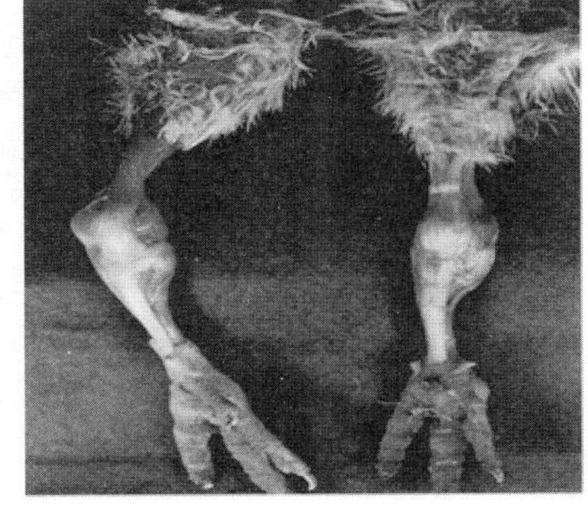

b.滑腱症

图 8-11 生物素缺乏症

畜禽对生物素的需要量一般在每千克风干料 50～300 μg 之间，某些鱼类为 150～1 000 μg。在相当于需要量 4～10 倍的剂量范围内，生物素对于猪和家禽都是安全的。

七、叶酸

叶酸由一个蝶啶环、对氨基苯甲酸和谷氨酸缩合而成，也叫蝶酰谷氨酸。是橙黄色的结晶粉末，无臭无味。叶酸有多种生物活性形式。

食物叶酸（主要为多聚谷氨酸）在肠道内被 γ-谷氨酰羧肽酶水解成谷氨酸单体或二谷氨酸后，主要在小肠近端被主动吸收。叶酸也能通过扩散作用被动吸收。在肠壁、肝脏和骨髓等组织中，在叶酸还原酶和维生素 C、还原型辅酶Ⅱ的催化下，叶酸转变为二氢叶酸和四氢叶酸，后者再转变为有活性的 N-甲基四氢叶酸，经门静脉入肝，部分排泄到小肠后重新吸收，即叶酸的肠肝循环。

叶酸在一碳单位的转移中是必不可少的，通过一碳单位的转移而参与嘌呤、嘧啶、胆碱的合成和某些氨基酸的代谢。叶酸是抗贫血因子和动物促生长因子，对于维持免疫系统功能的正常是必需的。

叶酸缺乏可使嘌呤和嘧啶的合成受阻，核酸形成不足，使红细胞的生长停留在巨红细胞阶段，最后导致巨红细胞贫血；同时也影响血液中白细胞的形成，导致血小板和白细胞减少。大多数动物叶酸缺乏主要表现为巨幼红细胞性贫血、食欲降低、消化不良、腹泻、生长缓慢、皮肤粗糙、脱毛、白细胞和血小板减少。禽对日粮中叶酸缺乏比家畜更为敏感。缺乏叶酸，会导致雏鸡羽毛形成受阻、有色羽毛褪色。幼龄火鸡后期出现特征性颈部瘫痪。母鸡产蛋减少、孵化率低、胚胎畸形。叶酸对于维持免疫系统功能的正常也是必需的。对于鸡，叶酸有节约胆碱的功效。维生素C可以缓解大鼠叶酸的缺乏。铁供应不足容易诱发叶酸的缺乏。

叶酸广泛分布于动植物产品中。绿色的叶片和肉质器官、谷物、大豆以及其他豆类和多种动物产品中叶酸的含量都很丰富，但奶中的含量不多。瘤胃微生物可合成足够的动物所需的叶酸。单胃动物肠道微生物也能合成，并可满足部分需要，特别是有食粪机会的动物。在完全封闭，没有饲喂青绿饲料和饲喂长期贮存或热加工的商品饲料情况下，对妊娠期母畜、瘤胃功能不全的幼年反刍动物和生长快的小动物应考虑适当补充叶酸。家禽因肠道合成有限，同时，利用率也低，需要饲料中提供叶酸。

畜禽对叶酸的需要一般为每千克饲料 0.3～0.55 mg。近年的研究表明，对于繁殖母猪，叶酸的需要量已从 0.3 mg 提高到了 1.3 mg。鱼对叶酸的需要可达 5 mg(鳟鱼和鲑鱼)。叶酸可认为是一种无毒性的维生素。

八、维生素 B_{12}

维生素 B_{12} 是一个结构最复杂的、唯一含有金属元素钴的维生素，故又称钴胺素(cobalamin)。它有多种生物活性形式，呈暗红色结晶，易吸湿，可被氧化剂、还原剂、醛类、抗坏血酸、二价铁盐等破坏。

饲料中的维生素 B_{12} 通常与蛋白质结合，在胃的酸性环境中经胃蛋白酶作用释放。在肠道微碱性环境中，维生素 B_{12} 以氰钴胺的形式与胃黏膜壁细胞分泌的一种糖蛋白质内源因子结合形成二聚复合物。在回肠黏膜的刷状缘，维生素 B_{12} 又从二聚复合物中游离出来被吸收。

维生素 B_{12} 在体内主要以二脱氧腺苷钴胺素和甲钴胺素两种辅酶的形式参与多种代谢活动，如嘌呤和嘧啶的合成、甲基的转移、某些氨基酸的合成以及碳水化合物和脂肪的代谢。与缺乏症密切相关的两个重要功能是促进红细胞的形成和维持神经系统的完整。

反刍动物缺乏维生素 B_{12} 时，瘤胃发酵的主要产物—丙酸的代谢发生障碍。这是反刍动物维生素 B_{12} 缺乏所产生的基本代谢损害。维生素 B_{12} 缺乏，猪、鸡、大鼠及其他动物最明显的症状是生长受阻，继而表现为步态的不协调和不稳定。猪的繁殖也可受影响。鸡孵化率低，新孵出的鸡骨异常，类似骨粗短症。小牛表现为生长停止，食欲差，有时也表现为动作不协调。只有人缺乏维生素 B_{12} 发生恶性贫血。其他动物有时可产生正常红细胞或小红细胞贫血。

在自然界，维生素 B_{12} 在肉类、肝、乳、酵母菌、发酵豆制品、蘑菇中含量丰富，其他植物性饲料基本不含此维生素。反刍动物瘤胃及所有动物肠道微生物的合成是维生素 B_{12} 的主要来源，但必须由饲料提供合成维生素 B_{12} 所需的钴。因此，单胃动物饲喂植物性饲料、含钴不足的饲料、胃肠道疾患以及由于先天缺陷而不能产生内源因子等情况下，需补给维生素 B_{12}。鲤鱼、罗非鱼不需要饲料提供维生素 B_{12}，其他鱼类还未确定。猪、禽对维生素 B_{12} 的需要为每千克饲料 3～20 μg。维生素 B_{12} 的中毒剂量至少是数百倍于需要量。

九、胆碱

胆碱又称为维生素 B_4，是 β-羟乙基三甲胺羟化物，主要以氯化胆碱的形式被应用。常温下为液体、无色、有黏滞性和较强的碱性，易吸潮，也易溶于水。

饲料中的胆碱主要以卵磷脂的形式存在，较少以神经磷脂或游离胆碱形式出现。在胃肠道中经消化酶的作用，胆碱从卵磷脂和神经磷脂中释放出来，在空肠和回肠经钠泵的作用被吸收。但只是 1/3 的胆碱以完整的形式吸收，其余 2/3 被肠道微生物酶降解为三甲基胺，以三甲基胺的形式被吸收。

胆碱参与卵磷脂和神经磷脂的形成，卵磷脂是动物细胞膜的主要成分，在肝脏脂肪的代谢中起重要作用，能防止脂肪肝的形成；胆碱是神经递质—乙酰胆碱的重要组成部分，对神经冲动的传递起着重要的作用；另外，胆碱还是甲基供体，可与其他物质生成化合物，如与同型半胱氨酸生成蛋氨酸，与肽基乙酸结合生成肌酸；胆碱还与蛋氨酸、甜菜碱有协同作用。

所有动物缺乏胆碱都可表现为生长迟缓。猪使用纯合饲料可引起胆碱缺乏症，表现为生长慢、运动不协调，尸检可发现肝脏脂肪渗入。鸡缺乏胆碱比较典型的症状是跗关节轻度肿大、骨粗短(图 8-12)。

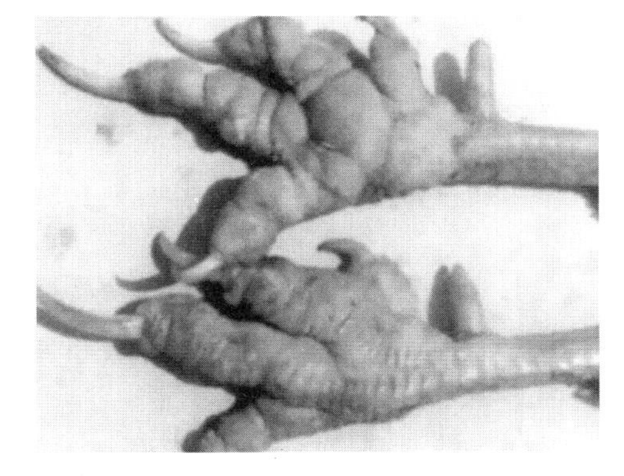

图 8-12 鸡胆碱缺乏症

自然界存在的脂肪都含有胆碱。因此，凡是含脂肪的饲料都可提供胆碱。多数动物能由甲基合成足够量的胆碱，合成的量和速度与饲料含硫氨基酸、甜菜碱、叶酸、维生素 B_{12} 及脂肪的水平有关。通常小鸡和产蛋鸡饲料需补充胆碱。给饲喂玉米-豆饼型饲料的母猪补充胆碱可提高产活仔数。

动物对胆碱的需要一般为每千克饲料 400～1 300 mg，鱼可达 4 g。在水溶性维生素中，胆碱相对其需要量较易过量中毒。鸡对胆碱的耐受量为需要量的 2 倍，猪的耐受力比鸡强。胆碱中毒表现为流涎、颤抖、痉挛、发绀和呼吸麻痹。

十、维生素 C

维生素 C 是一种含有 6 个碳原子的酸性多羟基化合物，因能防治坏血病而又称为抗坏血酸。它是一种无色的结晶粉末，加热很容易被破坏。结晶的抗坏血酸在干燥的空气中比较稳定，但金属离子可加速其破坏。

家畜对维生素 C 的吸收都是在回肠通过被动吸收的方式进行。不能合成抗坏血酸的物种(如人类、豚鼠)在高剂量时主要通过被动扩散吸收维生素 C，部分可经过渗透和载体转运吸收，低剂量时主要通过主动转运机制吸收。维生素 C 在体内经过代谢分解，绝大部分最终产物是 CO_2 和草酸，后者随尿排出体外。

由于维生素 C 具有可逆的氧化性和还原性，所以它广泛参与机体的多种生化反应。已被阐明的最主要的功能是参与胶原蛋白质合成，促进伤口、溃疡愈合，降低毛细血管的通透性和脆性，从而不易发生黏膜、皮下及肌肉出血。此外，还有以下几个方面的功能：①在细胞内电子转移的反应中起作用；②参与某些氨基酸的氧化反应；③促进肠道铁离子的吸收和在体内的转运；④缓解重金属离子的毒性作用；⑤能刺激白细胞中吞噬细胞和网状内皮系统的功能；⑥促进抗体的形成；⑦是致癌物质——亚硝基胺的天然抑制剂；⑧参与肾上腺皮质类固醇的合成。

抗坏血酸缺乏可引起非特异的精子凝集，以及叶酸和维生素 B_{12} 的利用不力而导致贫血。

鱼类缺乏维生素 C,一般表现为食欲下降、生长受阻、骨骼畸形、脊柱弯曲、表皮及鳍出血等症状。猪缺乏维生素 C 可出现生长缓慢、体重降低、贫血和出血。

因家畜和家禽一般自身能合成维生素 C,而且常规饲料中也有充足的维生素 C,通常不会出现缺乏症。但在高温、寒冷、运输等应激状况下,或者感染疾病条件下,以及日粮能量、蛋白质、维生素 E、硒和铁不足时,对维生素 C 的需要量大于其正常的体组织合成量,此时应补加维生素 C。

本章小结

维生素是一类动物代谢所必需且需要量极少的低分子有机化合物,动物体内一般不能合成或合成的量不能满足动物的需要而必须由饲料提供,或者提供其前体物。如果缺乏就会引起一系列营养代谢机能障碍的疾病。

根据维生素溶解性质,通常可将维生素分为脂溶性维生素和水溶性维生素两大类。脂溶性维生素包括维生素 A、维生素 D、维生素 E、维生素 K;水溶性维生素包括 B 族维生素及维生素 C,其中 B 族维生素包括维生素 B_1、维生素 B_2、维生素 B_6、维生素 B_{12}、烟酸、泛酸、生物素、叶酸、胆碱。维生素 A 是维持正常的视觉、生长、繁殖和上皮组织不可缺少的,缺乏将导致动物的暗适应能力下降,易患夜盲症及干眼症。维生素 D 对于动物的骨骼发育十分重要。维生素 E 是所有细胞抗氧化作用所必需的一种营养物质。维生素 K 具有促进凝血的功能。B 族维生素主要以辅酶的形式参与物质代谢,其缺乏的共同症状为:消化机能障碍且多见腹泻、不同程度运动障碍和神经症状、皮炎、消瘦、被毛发育不良、肌无力甚至麻痹。维生素 C 因能防治坏血病而又被称为抗坏血酸,它广泛参与物质合成和合成调节,在体内起着生物抗氧化作用。

维生素作用的发挥是以能量、蛋白质、氨基酸、矿物质等充分合理的供应为基础的,同时维生素之间也存在一定的相互作用,在实际生产中,维生素的实际供给量都远高于饲养标准的推荐量。

复习思考题

1. 举例说明维生素 A 的营养生理功能与主要缺乏症。
2. 阐述佝偻病的病因、症状及防治措施。
3. 归纳维生素 E 的主要营养生理功能。
4. 列举 B 族维生素的种类,并归纳 B 族维生素缺乏的共同症状及典型的缺乏症。
5. 试比较脂溶性维生素和水溶性维生素性质的异同。

第九章 水的营养

水作为一种重要的营养成分，在动物生存的过程发挥着重要的作用。大多数动物对水的摄入量远远超过其他三大主要营养素，成年动物体成分中有50%～70%都是由水组成的，初生动物体成分中有80%都是水，缺水会导致动物无法正常生存。饮水和饲料水是动物摄取水的主要来源。因此，充分认识水的营养生理作用，保证为动物提供足够的水分，对动物健康有着十分重要的意义。本章主要介绍水的性质、生理作用，代谢平衡，动物对水的需要量及饮水品质等内容。

第一节　水的性质和作用

一、与营养生理有关的性质

水是无色、无味、无毒、透明的液体，它是一种极性分子，两个氢原子的中心点与氧原子的中心点不重合，化学反应较差，它在动物机体的代谢过程中表现出的很多性质都与此密切相关。水与动物营养生理相关的主要性质如下：

(1)较高的表面张力　水与动物机体内的蛋白质或碳水化合物的活性基团以氢键的形式结合在一起，形成胶体，胶体具有一定的稳定性，使组织细胞具有一定形态、硬度和弹性。

(2)比热大　水的比热高于其他固体和液体的比热，如1 g水从14.5 ℃上升到15.5 ℃需要4.184 J即1卡(Cal)的热，这种特性在动物机体内调节热平衡的过程中发挥着重要的作用。

(3)蒸发热高　水的蒸发热较高，1 g水在37 ℃时完全蒸发，需吸收2 260 kJ的热量。这一特性对动物调节体温恒定起着十分重要的作用。无汗腺动物在热环境条件下，可通过呼吸散热来维持正常体温。

二、水的生理作用

水在动物体内的生理生化反应中发挥着重要作用，动物生命活动过程中许多特殊生理功能都依赖于水的存在。

(1)是动物机体的主要组成成分　水是动物细胞的重要结构物质。胎儿在早期的发育阶段，其含水量在90%以上，出生幼畜机体的含水量稍有下降为80%左右，成年后为50%～70%。总之，动物机体含水量随年龄的增加而下降，水作为组成生命体不可或缺的物质发挥重要的作用。

(2)是一种理想的溶剂和化学反应的介质　水作为动物体内良好的溶剂，参与体内众多的化学反应过程。作为溶剂，体内的水溶性化合物可以以溶解状态和电解之后的离子状态存在。因此，动物体内水和电解质的代谢过程紧密相关。水在动物机体细胞中物质的水解、氧化还原、合成和分解等过程中，发挥不可代替的作用，动物体内各种营养物质的消化、代谢、转运、吸收，只有在水的参与下才得以正常进行。

(3)具有调节体温的作用　由于水的比热大，因此能储蓄热能；导热性好，从而快速传导热；蒸发热高，想要蒸发掉37 ℃时的1 g水，需要消耗2 260 kJ的能量，所以有助于恒温动物的体温调节。另外，血液循环中血液快速流动，冷应激限制血液流动，喘息、流汗等过程都在动物保持体温恒定的过程中发挥作用。

(4)具有润滑作用　动物机体关节囊、体腔和各个组织器官中都有水，可以起到润滑作用，减少关节、器官之间的摩擦。另外，水存在于奶牛唾液和消化液中，有助于食物的吞咽和在消化道内的移动，从而为反刍动物反刍过程提供保障。

第二节　水的代谢

一、动物对水的摄入

动物机体摄入水的方式有三种：饮水、饲料水和代谢水。

(1)饮水　是动物摄入水的主要来源，动物水的摄入量与其生理状态、所处的生理阶段、生产水平、环境温度和日粮组成等相关，例如动物处于热应激状态时，饮水量升高，非热应激状态时，动物的饮水量会随着采食量的升高而升高。另外，动物的饮水量还跟体重相关，牛的饮水量最大，羊猪饮水量次之，家禽饮水量最少。

(2)饲料水　饲料水是动物摄入水的另一种重要途径。不同种类的饲料其含水量各异，成熟牧草或干草的含水量一般在15%以下，青绿饲料或青贮的含水量可达70%以上，奶牛TMR饲料的含水量通常在45%～55%，配合饲料的含水量一般为10%～14%。动物采食的饲料中的水分含量与其饮水量呈负相关(表9-1)。

表9-1　饲草水分含量与绵羊饮水之间的关系

水的摄入/[L/(kg・DM)]	饲草含水/(%)
3.7	10
3.6	20

续表 9-1

水的摄入/[L/(kg·DM)]	饲草含水/(%)
3.3	30
3.1	40
2.9	50
2.3	60
2.0	65
1.5	70
0.9	75

(3)代谢水　又称为氧化水,是蛋白质、脂肪、糖类等营养物质在机体细胞内发生氧化或合成代谢过程中所产生的水。每 100 g 蛋白质、脂肪、糖代谢分别可以产生 41 mL、107 mL、55 mL 的水。代谢水产生的量要远远小于从饮水和饲料中获得的水量。表 9-2 列出了淀粉、脂肪和蛋白质氧化所产生的代谢水,表 9-3 是不同性质饲料的代谢水。

表 9-2　三大有机养分的代谢水

养分	氧化后代谢水/g	每 100 g 含热量/kJ	代谢水/(g/kJ)
100 g 淀粉	60	1 673.6	0.036
100 g 蛋白质	42	1 673.6	0.025
100 g 脂肪	100	3 765.5	0.027

表 9-3　不同饲料的代谢水

%

种类	水分	粗蛋白质	粗脂肪	糖	代谢水
谷类	13.0	10	3	69	49
薯芋	73.6	3	0.1	22	15
豆类	12.5	25	11	44	49
叶菜类	93.0	2	0.3	3	3

二、动物对水的排出

动物体内的水分,在经过复杂的代谢过程之后会排出体外,排出的方式有:粪、尿的排泄;肺脏、皮肤的蒸发;以及离体产品,例如牛奶、蛋鸡等。从而使动物体内的水量维持在正常范围内。

(1)粪、尿的排泄　当日粮中干物质含量较高时,通过粪便、尿液排出的水量会降低,反之则会升高。通常情况下,总排水量中有将近一半都是随尿液排出的,尿液的排出量与总摄入水量呈正相关。泌乳量为 34.6 kg/d 的奶牛,每天通过尿液排出的水量为 4.5～35.4 L,干奶期奶牛每天通过尿液排出的水量为 5.6～27.9 L。不同动物的最低排尿量不同,排量多少受到两方面因素的影响：①必须排出溶质的量，②肾脏对尿浓缩的能力。除此之外，不同动物尿液的含水量不同，例如禽类尿液的浓度较高，大多数哺乳动物尿液浓度较低。肾脏对水的排泄受到很多因素的影响，当动物饮水量少、运动量大、环境温度较高时，排尿量相对减少，肾脏通过调节排尿量维持机体的水平衡。

不同动物粪便的含水量也存在差异，牛粪中水分在80%左右，粪便排水占总排水量的30%～32%；绵羊、山羊、鹿粪中含水分65%～70%，粪便排水占总排水量的13%～24%。一般情况下，反刍动物由粪便排出的水占总排水量的比例较大。

(2)肺脏、皮肤的蒸发　动物在高温环境中可以通过皮肤蒸发散热的方式来维持体温的恒定。肺脏可以呼出水蒸气，以此来排出水分。

皮肤蒸发的方式分为两种：可见蒸发和不可见蒸发。通过汗腺，以排汗的形式蒸发掉水分为可见蒸发。热应激时具有汗腺的动物排汗增多，人、马通过出汗的方式来有效散热，这种散热的方式效率高，是呼吸散热的4倍。通过皮肤扩散和呼吸道蒸发而失去水分的方式为不可见蒸发，这种扩散的方式受到皮肤温度和血液循环变化的影响。母鸡失水的17%～35%都是由这种方式实现的。

(3)离体产品排泄　对于泌乳动物来说，除了上述几种排水方式之外，泌乳也是其排水的重要途径，产奶量和环境是影响这种排水方式的主要因素。一头日泌乳量为35 kg的奶牛，每天在乳汁中排出的水分占87%左右；环境温度从舒适区的15 ℃上升到28 ℃的高温时，中产奶牛的泌乳排水占总摄入水量从24.9%下降到22.5%。研究证明，奶牛每产生1 kg乳脂，需要消耗掉4～5 kg水分，因此水源充足供应是满足奶牛产奶量的首要条件。产蛋的家禽，产1 g蛋需要消耗0.7 g左右水，产蛋家禽如果缺水，会严重影响其产蛋量。

三、动物体内水的平衡及调节

动物机体的水遍布全身各个器官及体液中，细胞内液占比2/3，细胞外液占比1/3，内外液处于不断的交换状态，从而保持体液的动态平衡。表9-4是舍饲绵羊在20～26 ℃时体内水的代谢平衡。

为保证动物正常生产水平的发挥，机体内的水量处于一个相对稳定的状态，维持这种动态平衡的主要器官是肾脏。肾脏通过控制排尿量调节水的排出。肾脏的排尿量又受到垂体后叶释放的抗利尿激素的控制。当动物机体失去水分增多时，血浆渗透压就会相应升高，下丘脑的渗透压感受器受到刺激，反射性地影响抗利尿激素的分泌，抗利尿激素使得肾脏内肾小管的重吸收作用增强，尿液被浓缩，尿中排出的水分减少。相反，动物大量饮水后，血浆渗透压降低，反射性地引起肾小管重吸收作用减弱，尿液量增多。

此外，醛固酮激素也可以增加细胞对水的重吸收。醛固酮激素的分泌主要受到肾素-血管紧张素-醛固酮系统以及血钾、血钠浓度对肾上腺皮质直接作用的调节。总之，动物机体内水分含量的调节过程受到众多因素的影响，是一个综合的生理过程，保持动物的水平衡。

表 9-4　舍饲绵羊在 20～26 ℃时体内水的代谢

水的代谢		资料收集时间	
		6 月	9 月
饲料消耗			
	干物质/(g/d)	795	789
	粗蛋白质/(g/d)	122	50
	代谢能/(MJ/d)	8.37	5.82
水的摄入			
	饮水/(g/d)	2 093	1 613
	占总水/%	87.8	88.1
	饲料水/(g/d)	51	50
	占总水/%	2.1	2.7
	代谢水/(g/d)	240	167
	占总水/%	10.1	9.1
	总计摄水/(g/d)	2 384	1 830
水的排泄			
	粪水/(g/d)	328	440
	占总水/%	13.8	24.0
	尿水/(g/d)	788	551
	占总水/%	33	30.1
	蒸发水/(g/d)	1 268	839
	占总水/%	53.2	45.9
	总计排水/(g/d)	2 384	1 830

第三节　各种动物的需水量及饮水品质

相对于其他营养物质来说，动物对水的需求更为迫切。动物在失去全部的脂肪、一半的蛋白质之后仍然可以继续生存；但失去体重 1%～2%的水分就会出现干渴、食欲减退的状况，失去 8%～10%就会出现代谢紊乱，继续失水到 20%就会引起动物死亡。动物在缺乏有机营养物质时能够存活 100 d 之久，但缺水时只能存活 5～10 d，因此水对动物的生存至关重要，在生产中应该密切关注动物对水的需求，保证充足的饮水。

一、动物的需水量

动物的种类不同，其需水量存在差异。正常饲喂的情况下，动物的需水量随干物质采食量的变化而发生变化，一般而言，每采食 1 kg 干物质需要补充 2～5 kg 水分。不同动物间存在一定差别，例如成年牛的采食干物质与饮水量的比例为 1∶4，犊牛为 1∶(6～8)；羊大概为 1∶(2.5～3)；猪为 1∶(2～2.5)；马和鸡为 1∶(2～3)，肉用仔鸡的需水量可以采用日龄数乘以系数 5.28 计算，但计算第一和第四季度需水量时系数改为 5.1，第三季度由于温度升高，动物需水量增加，系数改为 7.5；鸟类通常比例小于哺乳动物。

动物的生理状态不同，需水量也不同。高产动物，如奶牛、蛋鸡的需水量要比中低产动物高。产奶量为 23 kg 的奶牛，饮水 92～105 kg/d，当产奶量升高到 45 kg，饮水上升到 182～197 kg/d。表 9-5，表 9-6 分别是 NRC 中适宜环境条件下畜禽对水的需要量及青年牛的饮水量。

表 9-5　适宜环境条件下畜禽对水的需要量　L/d

动物	需水量
肉牛	22～66
奶牛	38～110
绵羊和山羊	4～15
马	30～45
猪	11～19
家禽	0.2～0.4
火鸡	0.4～0.6

表 9-6　青年牛的饮水量　L

体重	不同环境温度下饮水量		
	15.6 ℃	27.6 ℃	44 ℃
91 kg	7.6	9.1	12.5
181 kg	14.4	17.4	23.1
272 kg	20.4	24.6	32.9
363 kg	25.7	31.0	41.6
454 kg	30.3	36.3	48.1
544 kg	34.1	40.9	54.9

二、影响动物需水量的因素

1. 动物种类

不同种类的动物，机体的生理状态不同，营养物质代谢的终产物也不同。哺乳动物如猪、牛等，蛋白质代谢的最终产物主要为尿素，为降低这些物质对身体的毒害作用，需要饮水稀释之后排出体外。牛羊等反刍动物为了维持瘤胃正常的代谢功能，需要消耗大量的水，因而反刍动物的需水量大于猪。

2. 饲料因素

在适宜的环境条件下，动物饮水量受到干物质采食量的影响，食入的饲料中水分含量大，例如青绿多汁的饲草，则动物饮水量减少。当食入含粗蛋白比例较高的日粮时，蛋白质的代谢终产物尿素的排出需要一定量的水分，相应地，动物的饮水量即升高。

3. 环境因素

当外界环境温度升高，一般高于 30 ℃，猪、鸡、牛、羊等饮水量增加明显，此时采食 1 kg 干物质，需要提供 2.8～5.1 kg 水；温度高于 10 ℃，采食 1 kg 干物质，需要提供 2.1 kg 水。外界温度低于 10 ℃时，饮水量会明显减少。

泌乳牛在高于 30 ℃的环境下需水量较气温 10 ℃以下提高 75%，温度从 10 ℃以下上升到 30 ℃，蛋鸡的饮水量大约提高两倍。

4. 饮水温度

饮水的温度也会影响动物的饮水量。就犊牛而言，断奶之前提供温水（16～18 ℃）的犊牛组相较于提供凉水（6～8 ℃）组犊牛的饮水量高出 47%（Huuskonen et al.，2011）。断奶之后，提供温水的犊牛饲喂组较凉水饲喂组，饮水量高出 7%（表 9-7）。

表 9-7 饮水温度对犊牛饮水量的影响

犊牛发育时期	饮水量/（L/d）		P 值
	温水组（16～18 ℃）	冰水组（6～8 ℃）	
断奶前（20～75 日龄）	2.8	1.9	<0.01
断奶后（75～195 日龄）	16.3	15.3	0.08
全试验期	11.8	10.9	0.02

三、水的缺乏与危害

为动物提供充足的水源，是保证动物能够高效产出动物产品的关键所在，在建场之初就应该充分考虑到动物水源供给的问题。例如：建立奶牛场，应该综合考虑的因素包括奶牛总存栏量、地势、气候、温度、湿度、水源、奶厅类型等。Higham 等人通过对新西兰 35 个以放牧为主的牧场进行为期两年的跟踪调查，总结出奶牛总用水量的预测模型：

Log（总用水量）＝1.104＋0.015×日最高温度（℃）－0.011×潜在蒸腾量$(mm)^2$＋0.016×太阳辐射（MJ/m^2）＋0.487×乳固体产量（kg）－0.265×乳固体产量$(kg)^2$＋0.025×总奶量（L）＋0.051×奶厅类型（转盘＝1，鱼骨＝0）

为动物持续提供饮水是保证动物健康生长的前提。动物机体每一个生化反应都需要有水的参与，失水是连续的过程，而喝水却是间断的。如果减少动物水的供应量就会明显影响其生产性能的发挥。通过粪、尿排出的水分量也会减少，严重的还会引起动物脱水，进而对机体产生更严重的影响。例如：肾脏对电解质的排出增多，脉搏加快，血液黏稠，最后衰竭而死，所以为动物提供优质的水资源尤为重要。表 9-8 为奶牛在 18 ℃或 32 ℃限制饮水 50%的影响。

水资源是珍贵的不可再生资源，世界上的许多地区由于缺水，造成动物饮水困难，我们应该做的就是从我做起，从点滴做起，保护水资源，节约用水。在可持续发展的时代背景下，为动物提供优质、充足的水资源，保障动物的水源安全，让动物健康生长。

表 9-8　奶牛在 18 ℃或 32 ℃时限制饮水 50%的影响

生理参数	18 ℃		32 ℃	
	自由饮水	限制 50%饮水	自由饮水	限制 50%饮水
体重/kg	641	623	622	596
采食量/(kg/d)	36.3	24.9	25.2	19.1
尿量/(L/d)	17.5	10.1	30.3	9.9
粪水/(kg/d)	21.3	10.5	11.7	8.2
总的蒸发水/(g/h)	1 133	583	1 174	958
总体水分/%	64.5	50.9	67.9	52.6
血管外液体量/%	59.0	45.5	61.5	46.9
血浆浓度/%	3.9	3.9	4.4	3.9
代谢能/(kJ/d)	3 338.83	2 903.70	2 811.65	2 330.49
代谢水/(kg/d)	2.5	2.0	2.1	1.9
直肠温度/℃	38.5	38.5	39.2	39.5

四、饮水品质

水品质的好坏，直接影响动物的饮水量、机体健康状况、饲料采食量和生产性能。摄入不合格的饮水通常不会立即威胁动物的生命健康，但从长远来看会影响它们生产性能的相关指标，造成经济的损失，这种损失是不可估量的。当奶牛饮入不合格的水时，可能会引发群体性的腹泻或乳房健康问题，不但引起产奶量下降还会对其生殖机能造成一定的影响。

动物饮用的水一般为自来水或地下水、井水，其中含有各种各样的微生物，包括有害的细菌或病毒，可能对动物的健康不利。较为常见的细菌有沙门氏菌属、钩端螺旋体属和埃希氏杆菌属。1973 年，美国国家事务局对家畜饮水中的大肠杆菌数量进行界定，其规定 1L 饮水中大肠杆菌的数量应该不高于 5 万个。同时，饮水中含有许多的无机盐离子，包括 CO_3^{2-}、SO_4^{2-}、Cl^-、NO^{3-}在内的阴离子，Ca^{2+}、MG^{2+}、Na^+在内的阳离子，还含有重金属离子 Hg^{2+}、CD^{2+}、Pb^{3+}等，一般以水中总可溶性固形物(TDS)的量来评价水质量，表 9-9 为畜禽对水中不同浓度盐分的反应。只用该指标来评定水的好坏是不完全的，还应该分析各种金属离子的具体含量，尤其是对动物的身体健康有毒害作用的硝酸盐和亚硝酸盐。这两种无机盐在水中的分布范围比较广，NO^{3-}在被还原为 NO_2 可以被胃肠道吸收，当硝酸盐在水中含量超过 1 320 mg/L (CAST，1974)，亚硝酸盐超过 33 mg/L，超过动物对其耐受力，从而引发中毒现象。主要是由于亚硝酸盐进入血液氧化血红蛋白中的铁，使得血红蛋白的构象发生变化，破坏其携带氧的能力，造成呼吸不畅，严重的还会引起窒息。

饮水中的每一种污染物都会以自己独有的方式影响动物的身体健康和生产水平，因此饮水的品质对动物机体来说至关重要。

当动物饮水的质量较差时，可以用氯化作用清除和消灭病原微生物，采用软化剂改善水的硬度。

表 9-9 畜禽对水中不同浓盐分的反应

TDS/(mg/L)	等级评价	反应
<1 000	安全	适于各种动物
1 000～2 999	满意	不适应的猪可能出现轻度腹泻
3 000～4 999	满意	可能出现暂时性拒绝饮水或短时腹泻，上限水平不适于家禽
5 000～6 999	可接受	不适于家禽、妊娠和泌乳动物
7 000～10 000	不适	成年反刍动物可适应
>10 000	危险	任何情况下皆不适宜

本章小结

水是动物必需的一种养分，在动物生存的过程，水作为一种重要的营养成分发挥着重要的作用。无论动物或植物，缺了水都无法正常生存，大多数动物对水的摄入量远远超过其他三大营养素，成年动物体成分中 50%～70%都是由水组成的，初生动物体成分中 80%都是水，饮水和饲料水是动物摄取水的主要来源。因此，充分认识水的营养生理作用，保证为动物提供足够的水分，对动物健康有着十分重要的意义。

复习思考题

1. 水与动物营养生理相关的性质有哪些？
2. 水的生理作用是什么？
3. 动物摄入水的方式有哪几种？
4. 动物对水排出的形式有哪几种？
5. 影响动物需水量的因素有哪些？

CHAPTER 10

第十章 各类营养物质的相互关系

根据概略养分分类方法，动植物体中包括六大类营养物质，这些营养物质在动物体内并不是孤立地起作用，它们之间存在着协同、相互转变、拮抗、相互替代等复杂的关系，这就要求各营养物质作为一个整体，应保持相互间的平衡。保持营养物质间的平衡对高效经济的组织动物生产十分重要。因此，了解各类营养物质间的相互关系具有重要实践意义。本章重点介绍主要营养物质间的相互关系，说明养分平衡的重要性。

通过本章的学习，使学生熟练掌握各类营养物质的相互关系，利用各类营养物质的相互关系，提高饲料的营养利用效率，进而降低环境污染和饲养成本。增强生态文明意识，深化“绿水青山就是金山银山”的生态理念，促进畜牧业的可持续发展。使学生具有时代性和使命感，同时树立正确的科研态度和科研精神。

第一节　能量与有机营养物质的关系

一、能量与蛋白质、氨基酸的关系

1. 能量与蛋白质的关系

饲料中能量和蛋白质水平是决定动物生产性能的重要因素，二者保持适宜的比例，可保证动物发挥正常的生产性能和达到理想的经济效益。比例不当会影响营养物质利用效率并导致营养障碍。育肥猪饲料能量和蛋白质水平过高或过低时（高能高蛋白、低能低蛋白、低能高蛋白及高能低蛋白）均使育肥猪增重效果不佳。家禽具有根据饲料能量浓度调节采食量的生物特性，当饲料能量浓度高时，家禽的采食量减少，虽满足了能量的需要，却降低了蛋白质及其他营养物质的绝对食入量而影响生产性能。因此，应根据饲料能量浓度的不同而调整饲料的蛋白质及其他营养物质的浓度。为了提高饲料能量和蛋白质的利用效率，必须保证饲料的能量与蛋白质比例合理。

2. 能量与氨基酸的关系

饲料氨基酸的种类和水平对能量利用率有明显影响。氨基酸是动物的必需营养成分，可通过糖异生生成葡萄糖，从而影响动物的生产性能和脂肪动员。谷氨酸在肝脏中可以转化成谷氨酰胺和 α-酮戊二酸。谷氨酰胺是肝脏组织细胞和免疫细胞的能量来源，同时能刺激肝糖原的生成，增加肝细胞糖原储备。α-酮戊二酸一方面可以进入三羧酸循环氧化分解产生能量，另一方面也可以经糖异生途径生成葡萄糖和糖原发挥作用。畜禽对氨基酸的需要量随能量浓度的提高而增加。保持氨基酸与能量的适宜比例对提高饲料利用效率非常重要。

二、能量与碳水化合物的关系

1. 能量与淀粉的关系

淀粉由于来源、组成及结构不同，其在动物体内消化的速度和部位也存在差异。不同来源的淀粉在猪消化道中吸收的形式存在差异及提供能量的效率也不相同。反刍动物采食后，淀粉先到达瘤胃并在瘤胃中被微生物分解利用，生成挥发性脂肪酸，未被瘤胃降解的淀粉则进入肠道生成葡萄糖前体，提高血糖浓度，促进乳糖生成，而乳糖是调控奶牛产奶量的主要决定因素。主要以葡萄糖形式供能的淀粉源能量利用效率较高，而主要以挥发性脂肪酸形式供能的淀粉源能量利用效率较低。淀粉可消化性高，在奶牛饲料中添加淀粉 16%～28%（以干物质计算），不同来源和浓度的淀粉能够改变其在瘤胃内的发酵特性，从而改变瘤胃 pH、瘤胃对纤维的消化降解率以及发酵产物（乙酸、丙酸等）的含量。因此，常将淀粉的添加量与奶牛泌乳阶段相关联，以此提高奶牛的产奶量。

2. 能量与粗纤维的关系

随饲料纤维含量的增加，动物对营养物质的消化率一般会下降，降低饲料消化能值。饲料有机物质的消化率和粗纤维水平通常呈负相关。生长猪饲料中的中性洗涤纤维含量每增加 1%，粗蛋白质和氨基酸的表观回肠消化率会降低 0.3%～0.8%。纤维是维持反刍动物瘤胃正常生理功能的重要养分，成年反刍动物一般需要较多粗纤维。饲料中适宜的饲草纤维含量，可增强瘤胃细菌活动，提高粗纤维及其他有机物的消化利用率，并维持产奶和提高乳脂率。

三、能量与脂肪的关系

正常条件下，脂肪作为能源的利用率高于蛋白质和碳水化合物，在奶牛饲料中添加油脂能够增加乳产量、提高乳脂率、降低机体储存能量及增加用于产奶的能量。饲料中添加脂肪可增加动物的有效能摄入量，提高饲料和能量转化效率，在高温环境下有利于提高动物的生产性能。

第二节　蛋白质、氨基酸与其他营养物质的关系

一、蛋白质与氨基酸的关系

动物能有效地合成蛋白质的前提是组成蛋白质的各种氨基酸同时存在且按需求比例供

给。黄羽肉种鸡饲料蛋白质水平降低1%～3%时，添加赖氨酸、蛋氨酸、色氨酸、苏氨酸、缬氨酸、亮氨酸及异亮氨酸，才能不影响其产蛋性能、蛋品质和孵化性能，并显著降低鸡粪便氮含量、血浆尿素氮含量和尿酸含量。

二、氨基酸间的相互关系

组成蛋白质的各种氨基酸在机体代谢过程中，存在协同、转化、替代和拮抗等关系。胱氨酸的营养效应可能与饲料蛋氨酸水平有关，当饲料蛋氨酸水平满足动物需要时，过量的半胱氨酸对动物生长发育起阻抑作用。在蛋氨酸极度缺乏的条件下，机体优先利用半胱氨酸合成各种含硫生物活性物质，以利于更多的蛋氨酸用于蛋白质合成和甲基代谢。当肉仔鸡蛋氨酸和半胱氨酸与赖氨酸的比例为0.76时，肉仔鸡血浆游离氨基酸平衡较好，可获得较高的生长性能和经济效益。苯丙氨酸因能转化为酪氨酸而满足酪氨酸的需要，但酪氨酸不能转化为苯丙氨酸。由于上述关系，在考虑必需氨基酸的需要时，可将蛋氨酸与胱氨酸、苯丙氨酸与酪氨酸合并计算。

氨基酸间的拮抗作用发生在结构相似的氨基酸间，因为在吸收过程中共用同一转移系统而存在相互竞争。最典型的具有拮抗作用的氨基酸是赖氨酸和精氨酸。饲料中赖氨酸过量会增加精氨酸的需要量。

三、蛋白质、氨基酸与其他营养物质的关系

1. 蛋白质、氨基酸与碳水化合物及脂肪的关系

蛋白质、碳水化合物和脂肪都能产生能量，三者在能量代谢中既互相配合又互相制约。组成蛋白质的各种氨基酸（除亮氨酸外）均可经脱氨基作用生成α-酮酸，沿糖的异生途径合成糖，糖在代谢过程中可生成α-酮酸，然后通过转氨基作用转变成非必需氨基酸。糖类可以转化成蛋白质和脂肪，蛋白质也可以转化成糖类和脂肪，但脂肪不能直接转化成蛋白质。

2. 蛋白质、氨基酸与维生素的关系

饲料中蛋白质不足时，可影响维生素A载体蛋白质的形成，使维生素A的利用率降低。生大豆中含有维生素A、维生素D、维生素E、维生素B_6和维生素B_{12}的拮抗物质，因此饲喂生大豆时会影响这些维生素的利用率。核黄素是黄素酶的构成成分，参与氨基酸代谢，缺乏时会影响动物体蛋白质的沉积。B族维生素（叶酸、维生素B_{12}、维生素B_6、核黄素）是同型半胱氨酸在体内代谢的重要辅酶，可以降低血浆同型半胱氨酸含量。动物体内所需尼克酸可由色氨酸转化而来，但转化效率低，在猪体内为（50～60）：1，缺乏维生素B_6时，此过程的效率更低。蛋氨酸通过甲基的供给，可部分补偿胆碱和维生素B_{12}的不足。胆碱是甲基供体，胆碱在体内参与许多甲基移换反应，故胆碱不足会使蛋白质合成减弱。维生素B_6以磷酸吡哆醛形式组成多种酶的辅酶，参与蛋白质和氨基酸的代谢。维生素B_6不足会引起各种氨基转移酶活性降低，影响氨基酸合成蛋白质的效率。维生素B_6不足时，动物对色氨酸的需要量增加。维生素B_{12}参与蛋氨酸的合成，对蛋氨酸和核酸代谢有重要作用，还能提高动物对植物性蛋白质的利用率。

3. 蛋白质、氨基酸与矿物元素的关系

硫、磷、铁等元素作为蛋白质的组成成分，直接参与蛋白质代谢，缺乏这些元素将影响蛋白

质代谢。

铁提高了琥珀酸脱氢酶活性，提高了总蛋白水平，促使机体向鸡蛋内转运氨基酸，促进蛋清中蛋白成分的积累。铁是血红蛋白、肌红蛋白和多种氧化酶的组成成分之一，其不仅对猪机体的蛋白质代谢有重要作用，可以维持猪体健康，防止发生贫血，还能防止脂类氧化、保持猪肉风味和维持免疫系统的完整性。

锌是许多酶和激素的组成成分，参与角质蛋白生成的过程，并且有助于促进蛋白质的合成。而精氨酸与锌有拮抗作用。

镍参与核酸和蛋白质的代谢。猪缺镍时表现为生长减慢和仔猪死亡率增加。

第三节　矿物质与维生素的关系

一、矿物元素间的相互关系

矿物元素之间的基本关系为协同和拮抗关系。具有拮抗关系的元素多于具有协同作用的元素。主要元素之间的相互关系如下。

1. 常量元素之间的关系

钙、磷是与动物骨骼形成密切相关的矿物元素。饲料中钙、磷含量和钙、磷比是影响动物体内包括钙、磷本身在内的矿物质正常代谢的重要因素。动物机体摄入钙、磷比例失衡是胫骨软骨营养不良的主要原因。饲料中高钙或钙、磷含量同时增加会影响镁的吸收。饲料中钙和铜、锰、锌、铁、碘存在拮抗作用。钠、钾、氯在维持体内离子平衡和渗透压平衡方面具有协同作用。

2. 常量元素与微量元素之间的关系

钙和铜、锰、锌、铁、碘存在拮抗作用。猪饲料中钙量过多会引起锌不足，生长猪易发生皮肤不全角化症。家禽饲料中钙、磷过量会抑制锌的吸收，容易导致家禽溜腱症（缺锰症）的发生。锰过量在影响钙、磷的利用的同时，还会降低动物食欲，严重时还会引起缺铁性贫血。在高钙饲料中添加有机锌和锰可保证消化道持续释放钙，从而提高蛋壳质量。饲料中含铁量高时可减少磷在胃肠道内的吸收。含钙越高对动物体内铜的平衡越不利。饲料磷水平可影响仔猪的硒代谢。硫在消化道内会和铜结合成硫酸铜而影响铜的吸收。硫和钼能结合成不被利用的硫化钼。硒与硫有拮抗作用。锰和镁有拮抗作用。

3. 微量元素之间的关系

铜和铁之间关系极为密切，铜促进铁的吸收、运送和利用，促进无机铁变成有机铁以及三价铁变成二价铁，铜还促进血红蛋白-卟啉的合成以及铁由贮存场所进入骨髓。铜缺乏时会减少肠道对铁的吸收。饲料中铁过高会抑制铜的吸收。锰过多能抑制铁的吸收，过量铁增加锰的需要量。铜能拮抗钼的毒性，而钼能阻碍铜的吸收。锰能促进铜的利用。添加超量的锌会抑制铜的吸收，铜过量导致锌的利用率降低。有机锰与有机铬同时添加在肉鸡中表现为锰拮抗铬，使铬在肝脏中的沉积量明显下降。锌和镉可干扰铜的吸收。镉是锌的拮抗物，可影响锌的吸收。牛和猪的镉中毒常表现为硒缺乏症，补硒可预防该病的发生。镉与铁也有拮抗作用。镉在生物体内可将与蛋白质结合的必需微量元素锌置换出来，使锌失去正常的生理功能。钴能代替羧基肽酶中的全部锌和碱性磷酸酶中部分锌，因而在饲料中补充钴能防止锌缺乏所造成的机体损害。钴缺乏时机体对铁的利用能力降低。肉鸡前期较高的饲料锌水平可以促进铁、锰在肌肉中的沉积。

具有类似拮抗作用的元素还有镍和铜，锰和镁，钨和钼，镉和钙，钒和锰等。

微量元素之间在生物体内相互作用既复杂又非常重要，在研究微量元素缺乏症和中毒症的治疗和预防上必须充分考虑微量元素之间的相互作用与相互平衡。

二、矿物质与维生素的相互关系

饲料中的维生素 D_3 在体内先后经过肝、肾的 2 步羟化作用而生成活性形式 $1,25\text{-}(OH)_2\text{-}D_3$，促进钙、磷吸收。维生素 D 对于维持动物体内钙磷平衡起着重要作用。

铁促进肝脏维生素 A 的动员和利用。维生素 A 可促进铁的吸收，改善铁在体内的转运、分布和利用。

硒和维生素 E 在动物机体中具有抗氧化、保护机体组织细胞不受损伤和维持一些活性物质的正常代谢活动，调节和维持动物体内正常的新陈代谢。硒与维生素 E 在抗氧化作用中起着协同效应。尽管硒与维生素 E 具有一些相同的生物学功能，维生素 E 在一定条件下可代替硒的作用，但硒不能代替维生素 E。因为二者在不同部位发挥功能，硒在细胞内发挥抗氧化功能，而维生素 E 则是在细胞外。饲料中维生素 E 缺乏时，可能出现缺硒症状。

维生素 A 与铁的吸收存在一定的协同关系，随着饲料铁添加水平的提高，产蛋鸡胫骨铁、锌的吸收和沉积作用增强。维生素 C 促进铁在肠道内的吸收，并使铁传递蛋白质中的三价铁还原成二价铁，从而被释放出来再与铁蛋白结合，这对缺铁性贫血有一定治疗作用。

饲料中铜过量时，补饲维生素 C 能消除因过量铜造成的影响。用含锰不足的玉米、豆饼组成的饲料饲喂雏鸡，会使烟酸利用不良，易发生脱腱症。钴是维生素 B_{12} 的合成原料，猪肠道内的细菌能够利用钴元素合成维生素 B_{12}。

三、维生素之间的相互关系

饲料维生素 A 与维生素 D 存在交互作用，尤其是在维生素剂量较高的情况下交互作用更为明显。高剂量的维生素 A 会增加机体对维生素 D 的需要，导致维生素 D 缺乏，而高剂量的维生素 D 对维生素 A 有弱的拮抗作用。

维生素 A 与维生素 E 在体内的吸收和代谢过程非常相似，维生素 A 虽然也具有抗氧化活性，但不能猝灭或清除自由基。维生素 E 可保护对氧敏感的维生素 A 和胡萝卜素免受氧化破坏，有利于机体对维生素 A 和胡萝卜素的吸收以及在肝脏中的贮存。因此，饲料中维生素 A 和胡萝卜素含量增加时，需相应提高维生素 E 添加量。维生素 A 可拮抗维生素 K 的合成和吸收。

维生素 E 和维生素 C 具有抗氧化性和双相协同作用，可以同时在畜禽生产上使用以发挥更强的作用，还能抗自由基损伤防止脂质氧化而改善肉品质，以及提高机体的免疫力而增加抗应激和抵抗疾病的能力等。

本章小结

饲料中的有机物质（主要是碳水化合物、脂肪和蛋白质）是能量之源，在有机营养物质代谢的同时伴随着能量代谢。饲料中有机营养物质种类及含量的多少直接与能量高低相关。本章主要讲述能量与有机营养物质的关系，蛋白质、氨基酸与其他营养物质的关系，矿物质与维生素的关系。

复习思考题

1. 简述能量与蛋白质、氨基酸的关系。
2. 简述蛋白质、氨基酸与其他营养物质的关系。
3. 简述矿物质与维生素的关系。

第十一章 营养与环境

动物所处的环境是指动物机体所处的一切外界因素的总称，包括自然环境和人为环境。其中，自然环境主要包括温度、湿度、光照及气候等；人为环境包括畜禽栏舍、饲养设备及饲养管理制度等。动物与环境之间存在互相作用，一方面是环境因素对动物的影响，不同的环境条件影响动物的健康状况及生产性能，因而有必要克服不利外界环境对动物生产的负面影响，达到生产效益的最大化；另一方面，动物生产比如氮磷的排放也会对外界环境造成一定的影响，因而有必要通过营养调控措施，使动物生产朝着生态、高效、节能和环保发展。本章主要介绍热平衡与温热环境的基本概念，在此基础上重点介绍温热环境对动物营养的影响及动物营养与环境的关系。

第一节　热平衡与温热环境

外界环境中有许多因素与动物营养有着或多或少的关系，除饲料因素外，与动物营养关系最密切的是温热环境，它可以直接影响动物的采食量、代谢和产热。冷热应激反应会使动物对饲料能量的分配发生改变，同时饲料能量的利用率也会有所改变，最终导致动物对各种营养物质的需求量及其与能量之间的比率发生改变。

一、热平衡

1. 热平衡的概念

动物的产热和散热达到一种动态平衡状态即为热平衡。作为恒温动物的哺乳动物和家禽，散热量和产热量必须达到平衡，才能使机体温度保持稳定。因此，机体在正常代谢过程中，只有不断地产热和散热，才能维持体温的恒定，进而保证机体各器官组织执行正常的生理功能。

2. 热平衡的调节

在炎热的夏季和寒冷的冬季，环境温度过高和过低都会打破畜禽的热平衡，此时机体就会做出一系列的反应去调节体温，使体温达到稳定状态。动物体的热平衡调节受体温调节中枢的控制，该中枢位于下丘脑。动物在外界环境变化时，位于机体内外的感受器接收到信号并将信号传递给体温调节中枢，下丘脑通过神经-体液调节的方式，使动物的代谢、行为等发生改变，进而通过产热与散热间的动态平衡维持体温的恒定。

热平衡的调节方式有两种，即物理调节和化学调节。

(1)物理调节　物理调节方式实际上包括物理和行为两个部分。首先动物借助于皮肤血管的舒张或收缩，以增加或减低皮肤的血流量和皮肤温度，从而增加或减少与环境的温差。环境温度稍微改变，动物的物理调节便会发挥出作用。当环境温度升高时，动物以伸展躯体、寻找凉爽之处、戏水、体表血管舒张和汗腺分泌增加来增大散热量。当环境温度降低时，动物通过寻找温暖场所、躯体蜷缩、体表血管收缩等来减少散热量。

(2)化学调节　指当动物通过物理调节的方式不足以保持热平衡时，动物则会改变其代谢率以减少或增加体内的产热，从而维持体温正常。当化学调节仍不能维持热平衡时，则会引起体温的升高或下降，热平衡被破坏。化学调节是动物通过提高体内养分代谢速度和肌肉节律性收缩(寒战)来提高产热量或增加呼吸次数(如热性喘息)来提高散热量的方式。

二、温热环境

1. 温热环境的概念

温热环境是指畜禽周围空气的温暖、炎热或寒冷状态，它由空气温度、相对湿度、气压和气流、辐射和热传递等因素综合而成，当动物处于这些因素的影响下时，机体会产生冷或热的感觉。温热环境常用综合指标有效环境温度(effective ambient temperature，EAT)来评定，如EAT是动物在环境中实际感受的温度，它与空气温度不一样，空气温度可以直接通过温度计测量，而ETA定量比较困难，但是反应温热环境非常有用。

2. 温热环境的划分

根据动物对温热环境的反应，将温热环境划分为温度适中区、热应激区和冷应激区。

(1)温度适中区　也称等热区。指动物依靠物理和行为调节即可维持体温正常的环境温度范围。当气温下降时，动物的散热量增加，物理调节和行为调节无法使动物保持体温正常，必须提高代谢效率(化学调节)以增加产热量。该开始提高代谢效率时的环境温度，称为“下限临界温度”(low critical temperature，LCT)。当气温升高，机体散热受阻，物理调节和行为调节不能维持体温恒定，体内蓄热，体温升高，代谢率升高，这个因高温引起代谢率升高的环境温度称为“上限临界温度”(upper critical temperature，UCT)。在等热区中，有一段区域最适合动物生产和健康，称为最适生产区或舒适区。在此区域内，动物的产热和散热正好相同，动物甚至都不需要物理调节和行为调节即可保持体温稳定。

(2)热应激区　指高于上限临界温度的温度区域。在热应激区，动物仅仅使用物理调节的方式无法维持体温的恒定，这时就开始运用化学调节方式来维持体温恒定，如呼吸频率的加快、出汗等，这些方式都是通过提高代谢强度来达到散热的效果，以维持体温恒定。

(3)冷应激区　指低于下限临界温度的温度区域。在冷应激区，动物辐射到外界的热量增大，无法依靠物理调节来维持体温恒定，这时动物开始使用化学调节方式来维持体温恒定。如通过提高体内养分代谢速度和肌肉节律性收缩（寒战）来提高产热量，以达到维持体温恒定的效果。

环境温度与动物的体温、产热和散热的相互作用关系如图 11-1 所示。动物的温度适中区、下限临界温度和上限临界温度受动物因素（如动物种类、年龄和体重、皮毛状态等）、营养因素（能量水平、蛋白水平等）和饲养环境（通风量、地板类型及环境湿度等）的影响。

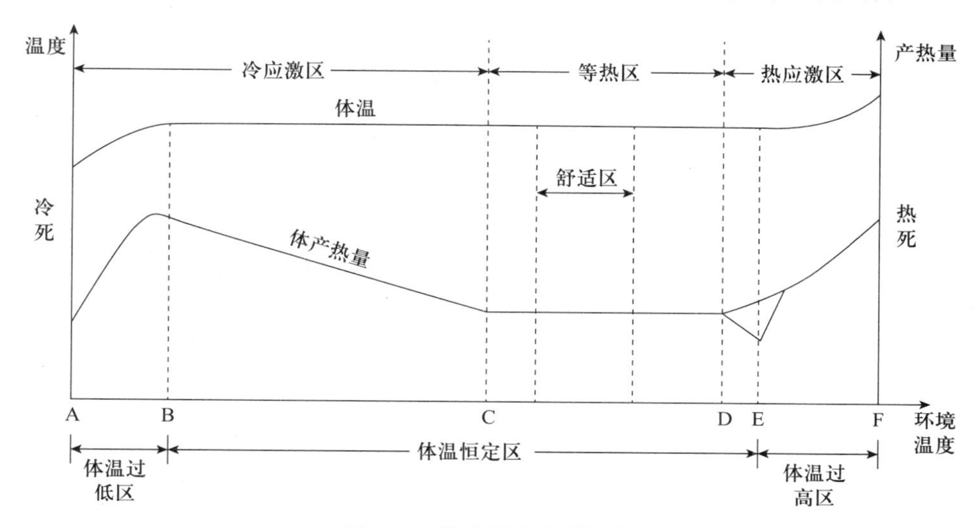

图 11-1　等热区和临界温度

A. 冻死点　B. 降温点　C. LCT　D. UCT　E. 升温点　F. 热死点

（引自 NRC，1981）

动物并不能适应所有的温度，如果温度过高，动物不能散掉体内的多余热量，体温就不能维持平衡，体温会升高，到达一定程度后动物就会死亡。如果温度过低，动物产热无法达到散热的量，动物的体温就不能维持平衡，体温会降低，到达一定程度后动物就会死亡。

人们在最适生产区从事动物生产活动时，动物生产的效益可达到最大化，但在实际生产中，我们并不能保证环境温度始终处于最适生产区。所以，我们必须掌握冷热应激对动物营养的影响，并且做好缓解动物冷热应激的营养调控工作，以保证动物的生产性能最大化。

第二节　温热环境对动物生产的影响

动物的机体健康及生长性能受到多种因素的影响，温热环境是其中之一。温热环境可以在较大程度上影响到动物的机体健康和生长性能，特别是环境温度。温度升高或者降低，对采食量均有影响，并影响动物对养分的消化、代谢和利用，从而影响动物对营养的需求量。

一、对动物采食量的影响

高温和低温都可影响动物采食量。一般较低的温度可使动物的采食量上升，较高的温度则导致动物的采食量下降。温热环境影响动物采食量的机制还不太清楚，可能与甲状腺素、肾上腺素等激素的分泌变化有关。

温热环境影响动物采食量的程度与动物品种、性别、日龄、体重等因素有关。

1. 牛

奶牛对热应激的反应首先表现为食欲下降，采食量降低，从而造成机体营养摄入不足。一般奶牛在环境温度为22～25 ℃时，采食量开始下降，30 ℃时急剧下降，40 ℃时采食量不会超过18～20 ℃时的60%，40 ℃以上时耐热性差的奶牛将停止采食。热应激会降低肉牛平均日增重和平均日采食量，提高料重比，但周期性的热应激对肉牛采食量和增重的影响较小，对饲料转化率无影响。一般情况下，高温高湿环境对水牛采食量的影响程度小于荷斯坦奶牛。

2. 猪

猪可以通过调节采食量改变机体总产热量，以维持体温的恒定。因此，采食量的变化可以反映猪对环境温度的适应性，同时采食量又与猪的生产性能密切相关。生长育肥猪在5～20 ℃的环境中时，采食量受温度升高的影响较小；在20～35 ℃的环境中时，采食量随环境温度升高而快速下降。环境温度升高导致采食量减少与许多因素有关，包括猪的品种、体重、日龄、饲料营养水平、饲养密度、高温的程度等。例如，温热环境对中国地方猪种的影响小于外来引进猪种。

3. 鸡

连续或循环热应激对肉鸡的生产性能、能量和氮平衡具有显著影响。温度在18～21 ℃的范围之外，每上升或下降1 ℃，生长鸡和产蛋鸡的采食量相应降低或增加1.6%～1.8%。鸡对温度变化能产生适应，一旦适应后，环境温度对鸡采食量的影响大大减小。表11-1为蛋鸡在不同温度下的采食量。由表可知，随着环境温度的降低，蛋鸡的采食量逐渐提高。

表11-1 蛋鸡在不同温度下的采食量

环境温度	(24～28 ℃)	(19～23 ℃)	(14～18 ℃)	(9～13 ℃)
采食量/(g/只)	82.5±1.3	87.4±1.1	88.2±0.9	93.7±1.2

二、对养分消化、代谢和利用的影响

一般情况下，动物处于冷、热应激的环境中时，其对营养物质消化、吸收和代谢均受到不利影响。

1. 对养分消化的影响

环境温度的升高和降低，会影响动物对营养物质的消化、吸收和代谢。在一定范围内，环境温度上升，动物的消化能力提高，反之，则降低动物的消化能力。例如，在5～23 ℃的环境中，温度每升高1 ℃，生长猪对饲料中粗蛋白和总能的消化率分别提高0.24%和0.15%。但温度过高，会降低动物对营养物质的消化率。例如，热应激条件下，鹌鹑不仅采食量降低，而且干物质、有机物和粗蛋白质的表观消化率均降低。温度影响动物对营养物质的消化率的原因与温度影响消化道的排空速度、消化酶的活力、消化道微生物组成、消化酶的分泌及消化道上皮的绒毛有关。例如，热应激能够显著降低肉鸡肠道中双歧杆菌和乳酸杆菌的活菌数，增加梭菌和大肠杆菌的活菌数。

2. 对养分代谢的影响

不同的环境温度对动物养分代谢率的影响是不相同的。高温可使表观代谢能值升高，低温会导致代谢能值降低，但冷热应激均会导致能量存留率降低，这与冷热环境条件下，动物都需要提高代谢率来调节机体的产热和散热有关。例如，20 ℃时妊娠母猪对饲料中总能的代谢率为 77%，而在 12～14 ℃时代谢率为 74%。在高温条件下，动物对磷和钾吸收减少，且尿中钾排出增加。

3. 对养分利用率的影响

在温度适中区，饲料能量用于机体维持的比例最少，用于生产的能量最多，能量利用率最高。在冷应激区，饲料能量用于产热维持体温的比率增加，用于产品合成的比率减少，最终导致能量利用率降低。在热应激区，产热维持体温的能量需要减少，但因需增强代谢以促进散热，从而相应减少了用于生产的能量比率。有研究指出，热应激显著降低干物质消化率和蛋白质消化率。

三、对养分需要量的影响

动物处于冷热应激的情况下，对大部分养分的需要量均有所提高。动物处于冷应激时，为了保证生命活动正常，必须提高养分需要量以供氧化产热以维持体温恒定。相反，动物处于热应激条件下，会通过物理、行为、化学途径降低体温，同样需要消耗额外营养物质。

1. 能量

冷应激和热应激均影响动物的能量需要量。当动物处于冷应激状态下时，动物的采食量上升，以用于产热维持体温，可适当提高饲料能量浓度。在热应激状态下，动物采食量有所降低，可以通过添加脂肪的方式来提高饲料能量浓度，以弥补采食量降低导致的能量摄入不足，以防止动物生产性能下降。

（1）鸡　在舒适区之外，温度升高采食量降低，温度降低采食量上升，因而导致鸡对能量需要量的差异。产蛋鸡能量需要可按下式计算：

$$ME(\mathrm{kJ/d})=544BW^{0.75}(1.015)^{\Delta t}+23\Delta BW+8.66EE$$

式中：BW 为体重（kg）；ΔBW 为每天增重或失重（g）；EE 为蛋重（g），Δt 是与 25 ℃环境温度的差值（℃）。

（2）猪　环境温度在适中区以下每降低 1 ℃，生长育肥猪每天分别需增加 14～38 g 饲料以补偿热散失，维持体温。

猪在冷应激区的额外产热（E_H）可根据如下公式计算。根据饲料有效能值和能量利用率便可计算得出每天需额外提供的饲料量或提高饲料能量水平的程度。

$$E_H(\mathrm{kJ/g})=(1.31BW+95)(LCT-T_a)$$

式中：BW 为猪体重（kg），T_a 为环境温度（℃）

（3）牛　肉牛的维持净能（NE_m）需要可用按下式计算：

$$NE_m(\mathrm{MJ/d})=aBW^{0.75}$$

式中：a 在温度适中区为 0.322 2；当环境温度在临界温度以外时，每增加或减少 1 ℃，a 要相应减少或增加 0.002 93，或者维持代谢能减少或增加 0.91%。

2. 蛋白质和氨基酸

温热环境对动物蛋白质和氨基酸的需要量没有影响，也不影响氨基酸的利用率，但是温热环境会影响动物的采食量，采食量的变化导致摄入量的改变，这时需要根据动物摄入饲料的量来调节饲料中的蛋白质和氨基酸浓度，以确保动物能够摄入足量的蛋白质和氨基酸。冷应激时动物采食量增加，饲料蛋白质和氨基酸可保持不变。热应激时，采食量降低，鉴于蛋白质热增耗大，不可简单的通过提高饲料蛋白质水平来保障蛋白质或氨基酸的摄入量，可通过提高饲料必需氨基酸的量及氨基酸的平衡程度来提高动物氨基酸的摄入水平，弥补因为采食量的降低而导致的氨基酸摄入的不足。

3. 矿物质

矿物质不仅是动物机体的组成成分和平衡机体内环境的电解质，也是多种酶和激素的组成成分。热应激时，动物体内代谢增强，某些矿物质排泄增加，并可影响体内的电解质平衡，因而动物对矿物质需要量增加，需要提高饲料中矿物质的含量。例如，热应激会导致动物体内钠排出，降低钾的吸收，补充碳酸氢钠可缓解热应激。

4. 维生素

冷热应激均提高动物机体代谢率，并影响消化道中微生物的组成，从而影响微生物对某些维生素的合成，因而影响动物对维生素的需要量。动物在不同的温热环境下对维生素的需求量是不同的，如雏鸡在 32.5 ℃的环境下对硫胺素的需求量大约是 21 ℃的两倍；但是对其他的维生素影响不大。热应激时，动物体内的维生素 C 合成量不足以满足动物体的需要，饲料添加维生素 C 可缓解热应激。

5. 水

温热环境对动物的需水量影响很大。冷应激时，动物饮水量下降。热应激时，动物饮水量急剧增加，这主要是因为动物通过出汗、热喘息等方式散热的同时，使得体内水分大量散失。相同温度下，动物需水量受到空气湿度的影响，一般而言湿度高需水量少。

第三节　动物营养与环境保护

动物生产不可避免地导致养殖废弃物的产生。排放的废弃物超过环境的承载能力就会产生环境污染问题。随着人类对于畜产品需求量的不断提高，养殖业逐步向集约化、规模化和工厂化方向发展，导致粪污处理难题和环境污染问题日益严重，威胁到人类和动物的健康和福利。动物排放到环境中的有害物质包括粪便、尿液和有害气体等。粪便中常见的污染物包括氮、磷、钾、重金属、有害微生物、抗生素及药物残留等。有害气体包括氨气、甲烷及硫化氢等。粪便中的有机物在厌氧环境下还会发酵产生大量的含硫含氮化合物以及有害气体。因此，畜禽粪污问题已经成为制约畜牧业可持续发展的重要因素。在“绿水青山就是金山银山”的生态理念的指引下，我们不仅要了解动物生产对环境带来的潜在危害，同时更需要掌握如何通过营养调控途径来降低畜牧业生产对环境所带来的不利影响，做到人类畜牧生产与自然环境的和谐，将绿水青山留给子孙后代。

一、动物生产对环境的影响

1. 动物生产对大气的影响

在一定条件下，通过光化学分解和氧化、降水溶解、扩散和稀释、地面植被和土壤吸附等自净作用，可以使动物生产产生的恶臭、粉尘和微生物得到净化。然而，如果养殖场的规模过大、集约程度过高，污染物排放量剧增，就会超过大气的自净能力，这些污染物将会对人和动物造成危害。

(1)恶臭　畜禽粪便中的有机物在厌氧环境条件下腐败分解为氨、硫化氢、丙醇、硫醚及吲哚等有害气体。这些有害气体，不但产生恶臭味，污染周边的环境，同时也影响人的身体健康及动物的生长发育。一些有害气体具有刺激性和腐蚀性，能引起呼吸道炎症和黏膜损伤，且刺激中枢神经系统，产生厌恶感。如果长时间吸入会改变动物神经内分泌功能，降低代谢机能和免疫功能。

(2)尘埃和微生物　众多的有害微生物附植在畜牧场产生的粉尘上，并利用粉尘中营养物质，大大增强了微生物的活力和生存时间。在风的作用下，粉尘中的有害微生物可以传播30 km以上，扩大了其污染和危害范围，引起疫病的传播，给人和动物的健康造成威胁。尘埃污染恶化了猪场周围大气和环境的卫生状况，使大气可吸入颗粒物增加，造成人和动物呼吸道疾病、眼病发病率提高。

2. 动物生产对水源的影响

动物生产过程中排出的粪污和畜产品加工过程中产生的污水中含有大量重金属、病原微生物、寄生虫及有机物等，是水源污染物的重要来源。当这些污染物的排出量超过水的自净作用时，水质逐步变坏。水体的富营养化导致水体发黑变臭和水生动物由于溶解氧被耗尽而死亡。

3. 动物生产对土壤的影响

当畜禽排泄物超过土壤承载能力时，土壤中微生物不能完全消解污染物中的有机和无机成分，土壤理化性状就会发生相应的改变，同时粪污中的抗生素、铁、锌、铜及磷等沉积在土壤中，造成土壤污染。

二、保护环境的营养措施

1. 科学确定养分需要量

动物对营养物质的需要量直接关系到饲料配方的设计及营养物质的精准供应。当营养物质的供给超过动物实际营养需要时，不仅造成饲料资源的浪费和增加饲料成本，同时也会导致动物排泄量的增高，加大对环境的污染压力。动物对养分的需要量受到动物品种、饲养水平、环境条件及生长阶段等的影响。因此，在制定动物养分需要量用于指导饲料配方设计时需考虑以上因素。另外，不同饲料原料中的养分含量不仅差异大，而且动物对这些养分的消化利用率有较大差异。因此，不仅要测定各种饲料原料中的养分含量，而且还应确定它们在动物消化道中的消化利用率，这样才能准确地反映饲料原料的营养价值。总之，科学地确定动物的营养需要量和饲料原料的营养价值，以此指导饲料配制，做到精准营养和饲喂，就能提高饲料中营养物质利用率和确保动物生长性能，降低粪污的排泄。

2. 按理想蛋白模式配制日粮

在保证日粮氨基酸与能量满足需要的前提下，降低日粮粗蛋白质水平，是减少动物氮排泄量最有效的方法。合理使用工业合成氨基酸，使得这一方法成为现实可行的方法。研究表明，按照理想蛋白模式和可消化氨基酸体系来配制饲料，可将传统日粮粗蛋白水平降低 2%～4%。例如，Han 等(1995)在仔猪玉米-豆粕型日粮中添加 0.1%、0.2%和 0.4%的 *L*-赖氨酸，把粗蛋白水平从 18%降到 16%，并未影响仔猪平均日增重和饲料转化率，并使干物质排泄量分别下降 16.67%、22.15%和 16.30%，氮排泄量分别降低了 10.63%、17.71%和 14.00%，磷的排泄量分别降低了 14.69%、20.90%和 15.82%。

3. 合理使用添加剂

饲用酶制剂作为一类高效、无毒副作用和环保型的饲料添加剂，可以补充动物不足的内源消化酶和机体不能分泌的一些外源酶，促进养分的消化并改善肠道消化吸收环境，从而提高养分的消化率，改善动物的生产性能，降低粪污排放，减少动物生产带来的环境污染。例如，日粮中添加植酸酶，使氮的排泄量降低约 10%，磷的排泄量降低 40%左右；在含大麦或小麦的基础日粮中添加 β-葡聚糖酶和木聚糖酶，均可减少非淀粉多糖产生的黏性物，提高能量、磷和氨基酸的利用率。此外，酸化剂、益生菌、寡糖等功能性添加剂可通过提高肠道健康水平，提高动物对饲料中养分的消化利用率，从而降低粪污的排泄量。

4. 合理加工调制饲料

饲料生产过程中，通过采用合理的加工调制技术，可有效地降低或者消除抗营养因子，显著改善饲粮养分的可消化性，从而提高动物对饲料养分的消化吸收率。例如，通过膨化处理，可显著的提高谷物饲料中淀粉的糊化率，从而提高谷物饲料的适口性和可消化性。常见的加工调制方式还包括粉碎、发酵、制粒、挤压及蒸煮等。

本章小结

动物的环境是指动物机体所处的一切外界因素的总称，包括自然环境和人为环境。其中，自然环境包括温度、湿度、光照及空气等；人为环境包括畜禽栏舍、饲养设备及饲养管理制度等。动物营养与环境相互作用，一方面环境条件影响动物的营养需求、养分的消化吸收率；另外一方面，动物营养供给的精准性和可利用率是影响环境的重要因素。

温热环境是一切环境因素中与动物营养关系最为密切的外界环境因素。恒温动物通过物理调节、化学调节等方式来保持自身体温的恒定。根据动物对温热环境的反应，可以将温热环境划分为温度适中区(等热区)、热应激区和冷应激区。

温热环境是影响动物对养分消化利用的重要因素，也影响动物的养分需要量。动物在等热区的温热环境中最有利于其将营养物质用于生长和生产，冷热应激区均会限制动物有效利用营养物质用于生长和生产。

动物生产不可避免地产生粪污、粉尘等污染物，如果超过环境的承载能力就会导致环境的污染问题。动物生产产生的尿、粪便等经过微生物的发酵后，特别是厌氧发酵后，会产生大量恶臭气体，导致空气污染问题。因此，我们需要通过营养调控的方式来降低养殖污染物的排放，从而保护环境，主要措施有：科学确定养分需要量，按理想蛋白模式配制日粮，合理使用添加剂和合理加工调制饲料。

复习思考题

1. 简述什么是热平衡，以及热平衡调节的方式。
2. 简述温热环境对动物采食量和营养需要的影响。
3. 简述动物生产对环境的影响。
4. 简述保护环境的营养措施。

CHAPTER 12

第十二章 营养与动物健康及产品品质

营养物质不仅是动物生长发育和维持生命的物质基础，而且对动物机体健康和动物产品的形成与产品品质有着重要影响。传统动物营养学首要考虑的是如何将生产效益最大化，然而随着人类社会的进步和经济的发展，人们对于动物福利及动物产品的营养品质和人文品质越来越重视，唯生产效益的传统动物营养学理念正受到极大的冲击。现代动物营养学不仅要关注动物生产的效益，而且应当关注动物的福利与健康、产品品质与安全等。适宜的营养水平和营养物质来源可保障动物生产潜力的发挥，也可保障动物福利与机体健康以及动物产品品质的优良，对于实现动物生产的安全、高效、优质具有重要意义。

第一节　营养与动物健康

一、营养与肠道健康

（一）肠道健康概述

肠道是动物消化吸收营养物质的场所，也是动物机体重要的免疫器官。肠道通过其特殊结构将肠腔复杂的环境与动物机体的内环境隔离，既能有效地消化吸收肠腔中的营养物质，又能阻止肠腔中的毒素、微生物侵入体内，还能通过肠组织中淋巴组织分泌细胞因子、免疫球蛋白等来抑制病原体和炎症反应。因而，肠道健康在一定程度上决定了动物的整体机能和生产性能，改善肠道健康水平，对于健康养殖的发展具有重要意义。肠道健康主要涉及肠道组织形态、肠道通透性、肠道免疫功能、肠道微生物组成等多个方面。肠道黏膜作为动物重要的黏膜系统，其形态结构及功能的完整性是维护肠道健康的有效屏障。肠道屏障主要包括机械屏障、化学屏障、免疫屏障和微生物屏障，各屏障间相互联系，共同维护动物肠道健康。

(二)营养与肠道屏障

1. 营养与肠道机械屏障

肠道黏膜上皮细胞及细胞间的紧密连接结构构成了肠道机械屏障，又称为物理屏障。肠细胞类型包括吸收细胞、杯状细胞、柱状细胞等，这些细胞间通过紧密连接、黏附连接和缝隙连接来维持肠上皮细胞的正常结构和功能。紧密连接是细胞间最为常见和基本的组织结构形式，位于相邻细胞间，能有效阻止肠腔内有害物质通过细胞间隙进入机体；黏附连接起着细胞间黏附和细胞内信号传导的作用；缝隙连接是细胞间进行物质及信息交换的通道，对细胞增殖、分化具有重要作用。维持上皮细胞和细胞间各类连接蛋白的完整性对于保障肠道健康具有重要作用。

饲料中营养物质是确保肠道机械屏障的重要物质基础。绒毛高度、隐窝深度及它们间的比值是常用于评价肠道机械屏障的指标。绒毛高度变长，说明肠道消化吸收面积变大，营养物质可更好地被吸收利用。隐窝深度反应肠黏膜细胞的增值率和成熟度，变浅说明肠道上皮细胞增殖率加快，吸收功能增强。此外，紧密连接蛋白中的闭锁蛋白、闭合蛋白、闭合小环蛋白等在肠黏膜中的分布和表达情况反映了肠道的通透性，因而常被用于在基因或蛋白表达水平来评价肠道机械屏障功能。营养物质和营养来源对肠道机械屏障均有影响。谷氨酸、谷氨酰胺、天冬氨酸主要被动物肠道利用，是肠上皮细胞主要的能源物质，对肠道黏膜结构和功能的完整性至关重要，它们均可促进小肠绒毛生长，降低隐窝深度，提高紧密连接蛋白的表达。碳水化合物的种类及其来源，也是影响动物肠道机械屏障的重要因素。例如，壳寡糖能提高断奶猪小肠绒毛高度和紧密连接蛋白的表达，降低隐窝深度；甜菜渣来源的纤维素显著降低肉鸡十二指肠和回肠绒毛高度，而相同水平谷壳来源纤维素对该指标无显著影响，说明不同来源的纤维素对肠道机械屏障的影响存在差异。另外，维生素、脂肪酸、矿物元素等对动物肠道形态结构和通透性均有显著影响。例如，丁酸和中链脂肪酸可提高断奶猪小肠绒毛高度，降低隐窝深度，因而已被广泛地作为饲料添加剂应用到了生产中；维生素 A 和锌能提高肠道紧密连接蛋白表达，降低肠道通透性。

2. 营养与肠道化学屏障

覆盖于肠上皮细胞表面的液体组成了肠道化学屏障，这些液体包括黏膜中腺体和黏膜细胞分泌的黏液、消化液以及肠道微生物产生的抑菌物质等。杯状细胞分泌的黏液中含有糖蛋白和糖脂，可与病原微生物结合后随粪便排出，降低病原微生物的致病风险。肠道及其相关组织分泌的胃酸、消化酶、溶菌酶、胆汁、防御素、抗菌肽等也是化学屏障的重要组成成分。胃酸通过降低胃中 pH，抑制或者杀灭进入胃中的有害微生物，防止其进入后肠中定植。防御素、抗菌肽和溶菌酶也可杀灭有害微生物。胆汁中的胆汁酸和胆盐能与细菌内毒素结合或直接降解内毒素。消化液也可稀释内毒素，冲洗肠腔，抑制致病菌在肠上皮的黏附和定植。

杯状细胞数量、黏蛋白表达量等常被用于评价肠道化学屏障功能。碳水化合物、氨基酸、矿物元素、脂肪酸等可影响消化酶或胆汁分泌，或影响杯状细胞分泌黏液等，进而影响肠道化学屏障功能。例如，饲料添加苏氨酸可提高蛋鸡、肉鸡、肉鸭和猪肠道中杯状细胞数量。丁酸不仅可显著增加断奶猪小肠中杯状细胞数量，而且显著提高小肠中黏蛋白和糖蛋白含量。此外，功能性饲料添加剂植物精油或其活性成分可通过提高消化道黏液、胆汁酸的分泌量和增强消化酶活性，从而提高肠道化学屏障功能。

3. 营养与肠道免疫屏障

肠道是动物体内最大的免疫器官，承担着免疫防御和耐受饲料抗原的双重任务。肠道黏膜免疫系统包括黏膜相关淋巴组织和弥散性淋巴组织，这些肠道相关淋巴组织构成了动物机体最大的淋巴组织。黏膜相关淋巴组织主要包括固有层淋巴细胞和上皮内淋巴细胞，是免疫应答的传入淋巴区，是肠黏膜免疫的诱导和活化部位，负责抗原的摄取和转运。弥散性淋巴组织是免疫应答的传出淋巴区，是黏膜免疫的效应位点，被激活的淋巴细胞产生免疫细胞因子和免疫球蛋白。细胞因子包括各种白细胞介素、干扰素、肿瘤坏死因子等，在肠道炎症反应中发挥重要作用，缓解肠道炎症损伤。免疫球蛋白主要为分泌型免疫球蛋白 A，能中和病毒、毒素和酶等的生物活性抗原，与病原体的特异性抗原结合后形成抗原抗体复合物并刺激肠道黏液分泌，加速黏液在黏膜表面的移动，阻止病原体在肠黏膜表面黏附，从而保护黏膜。肠道免疫屏障是防止病原微生物附着、定植并防止肠道屏障损伤的重要防线。肠道抵抗病原微生物感染和非感染性疾病的能力与肠道免疫屏障密切相关，有效的肠道免疫屏障是保持肠道健康的重要条件。

肠黏膜分泌型免疫球蛋白 A 是肠道免疫屏障中重要的功能因子，通过检测其释放到肠黏膜表面的含量可反映肠道免疫屏障功能。此外，检测肠黏膜中各种白细胞介素、干扰素、肿瘤坏死因子等抗炎因子和促炎因子含量，也是评价肠道免疫屏障的重要指标。饲料中营养物质及饲料添加剂对动物免疫屏障功能有显著影响。饲料中添加谷氨酰胺能抑制肉鸡肠道淋巴细胞活性，提高肠道中免疫球蛋白 A 含量；添加适宜水平的苏氨酸和精氨酸可提高断奶猪分泌型免疫球蛋白 A 的分泌。在一定范围内，随着饲料中结构性碳水化合物（纤维素、半纤维素、木质素、不溶性果胶等）与非结构性碳水化合物（淀粉、可溶性糖和果胶等）比例的提高（22/38 至 34/26），肉兔肠黏膜白细胞介素 2 和分泌型免疫球蛋白 A 含量增高，白细胞介素 6 和肿瘤坏死因子 α 含量先降低后升高；适宜水平的壳寡糖能有效降低肠道的炎症反应。此外，在肉鸡饲料中添加益生菌（如枯草芽孢杆菌）能显著增加小肠中免疫球蛋白阳性细胞的含量和分泌型免疫球蛋白 A 的含量。

4. 营养与肠道微生物屏障

肠道微生物之间及微生物与宿主之间相互作用形成具有动态稳定性的微生态系统，是肠道抵御病原微生物感染，维护肠道健康的微生物屏障。肠道微生物有助于宿主体内营养物质的代谢和吸收，也可促进宿主肠道发育完善，还可通过竞争机体肠道黏膜上的黏附位点、分泌抗菌物质、增加黏液分泌来抑制致病菌的生长和定植，并参与黏膜免疫稳态的维持。因而，稳定的肠道菌群结构有利于肠道屏障功能的完整性，保障动物肠道健康和营养物质的消化吸收。

肠道微生物结构复杂，种类众多。评价肠道微生物结构和多样性的方法包括传统的平板计数法、实时荧光定量 PCR 法、变性梯度凝胶电泳法、16s rDNA 测序法等。饲粮中纤维素对肠道菌群影响较大，但不同纤维素类型对肠道微生物的影响结果有异，小麦麸纤维显著降低猪结肠中大肠杆菌数量，显著提高回肠中乳酸杆菌属和普氏菌属的丰度，而大豆纤维则显著提高回肠中瘤胃球属菌的丰度。饲料中添加壳寡糖可显著降低肉鸡回肠中大肠杆菌数量。饲料添加有机酸对断奶仔猪肠道中大肠杆菌、产气荚膜梭菌和金黄色葡萄球菌有显著抑制作用，但对乳酸杆菌无显著影响。丙酸和丁酸可降低肉鸡盲肠中沙门氏菌定植数量；丁酸钠可显著降低肉鸡肠道中大肠杆菌数量，显著增加乳酸杆菌数量。给 50 日龄断奶的小尾寒羊饲喂不同蛋白质水平的饲料(12%、14%、16%),结果显示饲喂14%蛋白质水平饲料的羔羊平均日增重最高,瘤胃组织发育最好,瘤胃发育趋于完善,瘤胃中有益微生物群落的相对丰度最高,瘤胃微生物区系结构得到改善。饲料粗蛋白质水平(20%)降低3%或6%,会提高断奶仔猪肠道中乳酸杆菌等有益菌的丰度,但有研究显示降低饲料粗蛋白质水平并不能改变育肥猪肠道菌群的丰度。此外,饲料中添加乳酸杆菌、双歧杆菌、地衣芽孢杆菌等益生菌均可改善动物肠道菌群结构,防止肠道致病菌的侵害。

二、营养与免疫功能

(一)免疫功能概述

免疫是指动物机体对自身和非自身成分的识别,并清除非自身成分,从而保持机体内外环境平衡的一种生理学反应。免疫系统是动物长期进化过程中形成的与机体内外"敌人"做斗争的防御系统,能对机体内的"非己"(如病原微生物、病毒、肿瘤细胞等抗原)成分产生免疫应答,以清除"非己",从而维持自身稳定。因而,免疫系统是动物执行免疫功能的组织机构,包括免疫器官、免疫细胞和免疫分子(图12-1)。免疫器官是淋巴细胞和其他免疫细胞发生、分化成熟、定居和增殖及产生免疫应答反应的场所,分为中枢免疫器官(骨髓、胸腺、法氏囊)和外周免疫器官(淋巴结、脾脏、哈德氏腺等)。参与免疫应答或与免疫应答有关的细胞被统称为免疫细胞。免疫细胞种类众多,分布于除中枢神经系统外的所有组织,其中T淋巴细胞、B淋巴细胞、自然杀伤细胞等在免疫应答过程中起到核心作用,吞噬细胞、树突状细胞在免疫应答中起到辅助作用,各种粒细胞、肥大细胞等也参与免疫应答。免疫细胞接受抗原刺激、产生增殖分化、对靶细胞形成攻击等一系列生物学反应过程中所依赖的膜蛋白和分泌性蛋白即为免疫分子,如细胞因子(白细胞介素、肿瘤坏死因子、干扰素、趋化因子等)、免疫球蛋白(IgA、IgG、IgM、IgE等)、补体等。免疫系统的功能具有两面性。积极的一面:①排斥外源性抗原,既包括抗感染作用,又包括排斥异种和同种异体移植物的作用;②识别和清除机体自身衰老损伤组织;③杀伤和清除异常突变细胞。消极的一面:如果免疫反应异常亢进,则会导致动物机体发生免疫损伤,甚至是死亡。

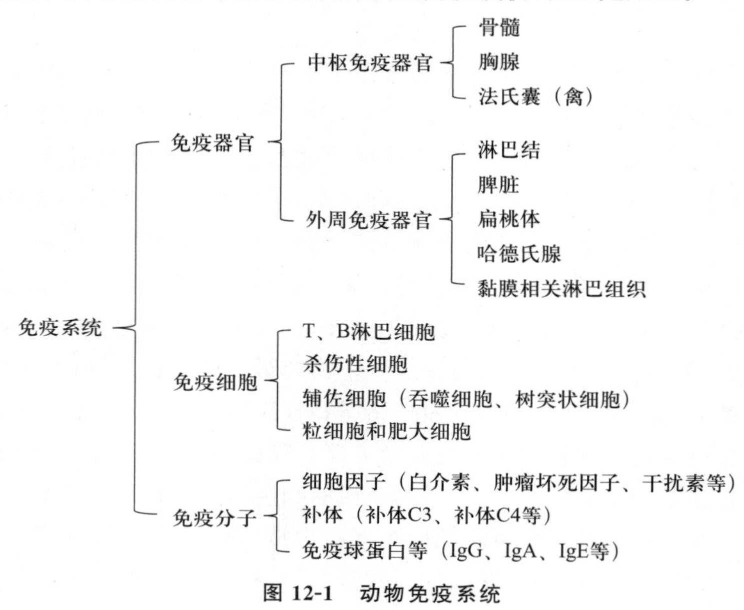

图12-1 动物免疫系统

免疫应答是免疫活性细胞识别抗原，产生应答（细胞的活化、增殖、分化等）并破坏和清除抗原的过程，按照特性分为非特异性免疫应答和特异性免疫应答。非特异性免疫应答也称先天性免疫应答，是机体长期进化过程中形成的无针对性的防御功能，能无选择性的清除各种病原体，应答迅速，在炎症早期即达高峰，能启动和协同特异性免疫应答。特异性免疫应答也称获得性免疫应答，是抗原刺激相应 T 细胞或者 B 细胞产生的应答，其特点在于：①特异性，即对被清除物选择的针对性；②习得性，即只能通过免疫系统与被清除物（抗原）相互作用后方能形成；③效应递增性，即在多次对同一抗原的清除过程中会逐渐增强。正常生理条件下，动物机体通过特异性和非特异性免疫应答，在补体蛋白的协同下维持机体的健康。

（二）免疫功能的营养调控

营养物质对动物免疫功能有重要影响，一方面影响免疫器官的生长发育，另一方面影响免疫细胞的增殖分化、免疫分子分泌及免疫应答。营养物质的过量和缺乏均会影响动物免疫功能。

1. 碳水化合物

纤维素可通过影响肠道微生物的组成和发酵特性，从而影响肠道中挥发性脂肪酸的含量和组成，进而影响白细胞介素、肿瘤坏死因子、趋化因子、分泌型免疫球蛋白 A 的分泌。许多低聚糖已经被开发应用于实际生产中，对畜禽免疫功能具有积极效应。例如，母猪饲料中添加壳寡糖不仅可提高其血清中免疫球蛋白 G、免疫球蛋白 A 和白细胞介素 6 的含量，还可提高其母乳和出生仔猪血清中白细胞介素 2 和白细胞介素 6 的含量；壳寡糖对肉鸡、断奶猪和生长育肥猪的免疫功能也具有有益作用。此外，甘露寡糖、黄芪多糖、酵母细胞壁多糖、果寡糖等通过影响白细胞介素分泌、免疫球蛋白分泌、补体水平、淋巴细胞增殖及转化、免疫器官发育的一个方面或多个方面，从而影响动物机体的免疫功能。

2. 氨基酸

苏氨酸是动物的必需氨基酸，是许多免疫因子的组成成分，可显著影响免疫功能。肉鸡上的研究显示，苏氨酸可提高肉鸡胸腺发育、淋巴细胞增殖、免疫球蛋白 G 的分泌及白细胞介素 6 的分泌。猪上的研究结果显示，苏氨酸可显著影响接种了猪繁殖与呼吸综合征弱毒苗的生长猪血清中免疫球蛋白 G、白细胞介素 10、白细胞介素 1β 和干扰素 γ 的含量。

精氨酸是一种多功能氨基酸，是猪的条件性必需氨基酸，其代谢产物一氧化氮和多胺是动物体内的重要信号分子，影响机体免疫功能。例如，育肥猪饲料中添加 1% 的精氨酸显著增加单核细胞数、淋巴细胞百分比和增殖活性、血清中免疫球蛋白 G 和白细胞介素 2 含量，显著降低中性粒细胞数和血清肿瘤坏死因子 α 水平，且明显提高脾脏中干扰素 γ 表达水平；肉鸡上研究结果显示，饲料中精氨酸不足会降低肉鸡脾脏、胸腺和法式囊指数，并且对血液中免疫球蛋白、白细胞介素、肿瘤坏死因子、干扰素含量有不利影响，而提高饲料中精氨酸含量对于免疫器官发育和机体免疫功能及抗病毒能力有提高作用。

谷氨酰胺是淋巴细胞和巨噬细胞重要的能量来源，并可增加淋巴细胞和巨噬细胞的分化，促进免疫细胞因子的产生和分泌，提高动物的免疫功能。例如，肉鸡饲料中添加谷氨酰胺可提高胸腺、法式囊和脾脏的发育或延缓它们的退化，提高淋巴细胞转化率和 T/B 淋巴细胞的增殖与分化，同时提高血液中免疫球蛋白、补体及抗炎细胞因子的含量；谷氨酰胺对断奶猪免疫器官发育、体液免疫功能及抗应激能力均有有益作用。

色氨酸是动物体内唯一通过非共价键与血清白蛋白结合的氨基酸。色氨酸通过其代谢产物影响动物机体的免疫功能。色氨酸的代谢产物 5-羟色胺可转化为褪黑激素。褪黑激素可通过刺激 T 淋巴细胞、单核细胞、自然杀伤细胞、巨噬细胞的活动来增强免疫应答,并刺激干扰素、白细胞介素、肿瘤坏死因子等免疫因子的产生。色氨酸也可在肠道微生物的作用下代谢为吲哚及其衍生物,进而诱导肠道上皮细胞紧密连接蛋白、黏蛋白、白细胞介素 10 表达,增强肠道免疫屏障功能,降低大肠杆菌等致病菌的黏附性。

蛋氨酸是动物的必需氨基酸,免疫系统对其的需要量较其他组织高。因此,蛋氨酸对动物的免疫功能有重要影响。饲料中蛋氨酸不足时,肉鸡胸腺、淋巴器官等免疫器官的发育不良,胸腺细胞凋亡增加,T 淋巴细胞成熟减慢,白细胞介素、免疫球蛋白等免疫因子分泌异常,最终导致机体免疫功能下降,而饲料中添加适量蛋氨酸可提高肉鸡免疫功能。

支链氨基酸(亮氨酸、异亮氨酸、缬氨酸)对动物的免疫功能具有重要的生理学意义。动物支链氨基酸摄入不足可导致胸腺、脾脏等免疫器官萎缩,淋巴组织受损。缬氨酸在免疫球蛋白中所占比重较其他氨基酸高,其可促进骨髓 T 细胞转化为成熟 T 细胞。且动物缺乏该氨基酸显著降低免疫球蛋白、补体 C3 水平。在母猪饲料中添加支链氨基酸可提高母猪血清中免疫球蛋白 G、免疫球蛋白 M 和补体的含量,且可通过母体效应提高仔猪血清中免疫球蛋白 G 含量。将支链氨基酸添加到断奶猪饲料中可提高小肠免疫球蛋白 A、免疫球蛋白 M 含量,从而增强肠道的免疫防御功能。

3. 维生素

维生素 A 作为“抗感染维生素”,对畜禽免疫功能有重要影响。维生素 A 缺乏后,免疫器官萎缩(如法氏囊、胸腺),B 淋巴细胞、T 淋巴细胞、杀伤细胞和吞噬细胞的功能下降,免疫分子分泌异常。而补充维生素 A 后能有效提高机体免疫功能。因而,为保障动物对病原微生物的抵抗能力及对不良环境条件的适应性,需给动物提供足量的维生素 A 以保障其正常免疫功能。

维生素 C 是一种高效抗氧化剂,也是动物机体维持正常免疫功能所必需的营养素,对于先天性免疫系统和获得性免疫系统均有支持作用。维生素 C 可增加吞噬细胞的趋化性和吞噬作用,提高巨噬细胞活性,增加树突状细胞数量,降低脾脏细胞分泌肿瘤坏死因子 α。维生素 C 还可高效地清除免疫器官和免疫细胞中过量的自由基,防止它们遭受氧化损伤,从而间接起到保护动物机体免疫功能的作用。有研究显示,胚胎第 15 天注射维生素 C 对肉鸡胸腺发育和免疫球蛋白 M 的分泌有显著的促进作用。

维生素 D 不仅对动物机体钙磷代谢有关键作用,而且对动物的免疫功能有调节作用,且具有提高机体抗病毒的能力。饲料中添加高剂量的维生素 D_3 可促进猪肠道黏膜 T 细胞的分化成熟,抑制炎症反应,从而提高仔猪抗病能力。流行病学调查数据显示,低维生素 D 水平与呼吸道病毒感染呈正相关。将登革热病毒暴露于 1,25-2-OH-VD_3 能显著降低其对淋巴瘤细胞的感染率,并显著降低感染细胞中促炎细胞因子(白细胞介素 1β、肿瘤坏死因子 α 等)的水平。另外,维生素 D3 可有效降低轮状病毒对猪的危害。

维生素 E 作为重要的抗氧化剂和免疫增强剂,对动物机体应对氧化应激和免疫应激均具有重要作用,被广泛应用于畜禽生产中。许多动物上的研究结果显示,维生素 E 可促进淋巴细胞增殖,增强自然杀伤细胞活力,提高抗体水平,降低炎症反应。例如,在母猪饲料中添加维生素 E 可提高母猪和仔猪血液中免疫球蛋白 G 含量。动物体内维生素 E 不足会导致动物免疫功能下降，生长发育受阻，甚至死亡。

B族维生素广泛参与动物体内的代谢活动，在维持皮肤健康、促进细胞生长和分裂等方面均有有益作用，同时可影响免疫功能。维生素 B_1 可抑制巨噬细胞释放细胞因子，起到抗炎作用；维生素 B_2（核黄素）可刺激免疫器官发育，提高异噬性白细胞数量，增强机体抗感染能力；维生素 B_3 影响巨噬细胞的功能，并间接影响T细胞的免疫应答；泛酸可作为免疫佐剂调节细胞因子的分泌，激活巨噬细胞的免疫应答；维生素 B_6 缺乏导致胸腺萎缩，影响淋巴细胞增殖和成熟；叶酸影响免疫细胞的增殖和凋亡以及免疫因子的表达，缺乏导致胸腺萎缩；维生素 B_{12} 与叶酸协同参与对动物机体免疫功能的调节。

4. *矿物元素*

锌是多种代谢酶的组成成分，在动物体内作用广泛，对动物免疫功能具有关键作用。锌在免疫器官发育、免疫细胞增殖分化、免疫因子合成分泌过程中均发挥作用。缺锌可导致动物胸腺、淋巴结、脾脏、法氏囊等萎缩，T淋巴细胞和B淋巴细胞减少，细胞因子分泌异常，从而导致机体免疫功能受损，而补充锌则可提高机体免疫功能。例如，家禽饲料中添加适宜水平的锌可提高法氏囊、胸腺和脾脏指数，并提高血清中免疫球蛋白含量；断奶仔猪饲料中添加锌对免疫器官指数、血清中免疫球蛋白和补体含量也有提高效果。

铜具有多种生物学功能，与氧的运输、超氧阴离子自由基的歧化、电子传递等密切相关，影响机体的免疫功能。铜的缺乏和过量都会损害动物免疫功能。缺乏铜会引起免疫器官病理损伤或免疫器官指数下降，B淋巴细胞和T淋巴细胞减少，白细胞和杀伤细胞数量减少，血清免疫球蛋白降低，而饲料铜含量过高会损害免疫器官，导致淋巴细胞凋亡，降低免疫球蛋白分泌。

铁是核酸还原酶和生物氧化过程中多种酶的组成成分，缺铁会影响这些酶的活性，从而影响DNA合成和细胞能量代谢及自由基产生，进而影响淋巴细胞增殖和免疫因子分泌及吞噬细胞的活性和杀伤能力。铁缺乏易发生于幼龄动物。缺铁时，动物抵抗病原微生物感染的能力降低，增加感染的风险，甚至是死亡。然而，铁过量会导致机体羟自由基增多，引起体内铁代谢相关活动紊乱，抑制免疫器官正常发育和功能，最后导致动物免疫功能下降。

硒是动物必需微量元素，主要以硒蛋白的形式在动物体内发挥重要的生理功能，对动物抗氧化功能和免疫功能有重要影响。硒可刺激白细胞活化，提高免疫细胞的活性，增加抗体和补体合成，增强机体细胞免疫和体液免疫。研究显示，缺硒动物的T淋巴细胞和B淋巴细胞增殖能力下降，血液中免疫球蛋白含量降低。在猪饲料中添加适宜水平硒不仅提高生长性能，而且可提高淋巴细胞转化率、血液免疫球蛋白水平和猪瘟抗体滴度。肉鸡饲料中添加适宜水平的酵母硒可提高T淋巴细胞转化率和新城疫抗体滴度。

锰能影响免疫器官细胞增殖，还可增强巨噬细胞的吞噬能力和免疫分子的分泌，从而增强动物机体的免疫功能。在肉鸡饲料中添加有机锰可显著提高巨噬细胞吞噬指数及血清免疫球蛋白A含量，对免疫球蛋白G和补体C4有提高的趋势。

5. *饲料添加剂*

酸化剂可以降低胃肠pH，对于降低断奶猪腹泻具有较好的效果，且对于提高断奶猪血液中免疫球蛋白含量有显著作用，对于肠道免疫也有积极的调节效果。益生菌对动物免疫功能具有有益作用，可促进淋巴细胞增殖及降低其凋亡，调节免疫球蛋白、白细胞因子（如白细胞介素10）等免疫因子分泌，进而提高动物免疫功能。

第二节 营养与畜产品品质

营养物质既作为动物体的组成成分，也作为形成畜产品的原料，还可影响动物机体的代谢过程。因此，饲料的营养组成与来源、饲料添加剂等会影响动物机体和畜产品的组成，进而影响动物产品的品质。

一、营养与肉品质

（一）肉品质概述

肌肉主要由肌纤维、肌内脂肪和结缔组织组成，其中肌纤维和肌内脂肪对肉品质影响较大。现代肉品质概念涉及肉的食用品质（eating quality）、营养品质（nutritional quality）、技术品质（technological quality）、卫生品质（hygienic quality）和人文品质（humane quality）。食用品质涉及色泽、嫩度、风味、多汁性等；营养品质涉及蛋白质含量及其氨基酸组成、肌内脂肪含量及其脂肪酸组成等；技术品质包括系水力、pH、结缔组织含量、脂肪酸饱和度等；卫生品质涉及微生物指标、肉的腐败与酸败程度、药物残留、重金属含量等；人文品质主要涉及动物福利情况，如饲养方式、屠宰方式等。在评价肉品质时，常用指标为 pH、肉色、嫩度（剪切力）、系水力、蒸煮损失、大理石纹、肌内脂肪等。肉色评定常用目测法和色差计法，目测法将肉色按照灰白到暗红分为 1～5 分，色差计法用色差仪测定肉的亮度值（$L*$）、红度值（$a*$）和黄度值（$b*$）。嫩度常用剪切力反应，用肌肉嫩度计即可测定，而大理石纹和肌内脂肪含量与嫩度正相关。系水力常用滴水损失间接反映。

（二）肉品质的营养调控

1. 蛋白质水平和氨基酸

饲料蛋白质水平提高，可降低猪背膘厚、肌内脂肪含量、大理石纹评分和 pH，提高滴水损失、剪切力和亮度值，其原因与肌肉中酵解型肌纤维含量降低，氧化型肌纤维含量提高有关。饲料中氨基酸水平和种类可显著影响肉品质。饲料赖氨酸浓度升高对增大猪眼肌面积有促进作用，其主要原因为提高了肌纤维直径，但同时降低了肌肉的肌内脂肪含量、多汁性和嫩度。育肥猪饲料中补充 1% 的精氨酸可提高肌内脂肪含量、嫩度、大理石纹评分，降低蒸煮损失、滴水损失，其原因可能与精氨酸提高肌肉抗氧化能力和促进酵解型肌纤维向氧化型肌纤维转化有关。另外，有证据显示，支链氨基酸、蛋氨酸、色氨酸、茶氨酸、β-丙氨酸等在不同程度上影响肉品质。

2. 能量水平

饲料能量水平显著影响猪的背膘厚、肌肉水分含量和肌内脂肪含量。与高能饲料相比，饲喂低能饲料的猪背膘厚和肌内脂肪含量降低，肌肉中水分含量升高。此外，降低能量水平有利于降低肌肉中糖原含量，这有利于宰后猪肉保持较好的肉色、较高的系水力和 pH，其原因在于降低肌肉中的糖原储备，可降低宰后肌肉的无氧酵解水平和乳酸的产量。

3. 脂肪及其来源

油脂影响肌内脂肪含量和脂肪的脂肪酸组成。共轭亚油酸显著影响动物机体的脂肪代谢，可降低背膘厚的同时提高肌内脂肪含量。饲料中添加丁酸对肌内脂肪含量、肌肉 pH、嫩度和肉色均有提高作用，其原因可能与丁酸提高肌肉中氧化型肌纤维的含量有关。饲料脂肪的脂肪酸组成对动物机体的脂肪酸组成有显著的影响。菜籽油中亚麻酸含量较高，可提高肌内脂肪中亚麻酸的含量，而动物油脂的饱和度高，可提高动物机体脂肪的饱和度，进而提高氧化稳定性。鱼油中多不饱和脂肪酸含量高，容易氧化且有鱼腥味，动物饲喂鱼油后脂肪中多不饱和脂肪酸含量增高，但具有鱼腥味。因此，不宜在动物上市前在其饲料中使用鱼油及鱼粉等。

4. 矿物元素

猪饲料中添加适宜水平的硒可提高动物机体抗氧化能力，进而提高肉品质。例如，在育肥猪饲料中添加有机硒（硒代蛋氨酸、酵母硒）可显著提高猪肉的红度值和系水力，同时显著降低猪肉亮度和滴水损失，使肉色得到改善，货架期延长。大量研究数据表明，有机铬不仅可改善胴体品质，而且对肉品质有提高作用，表现为提高 pH 和肉色，降低滴水损失和 PSE 肉（白肌肉）发生率。另外，铁和铜等也可影响肉品质。

5. 维生素

维生素 C、维生素 E 和维生素 D 均可显著影响肉质。维生素 C 和维生素 E 可通过提高肌肉的抗氧化能力，清除肌肉中的自由基，从而降低自由基造成的氧化损伤，进而提高肉色，降低滴水损失。在实际生产中，饲料添加维生素 E 是降低 PSE 肉发生率的有效手段。维生素 D 影响动物钙代谢，而宰后肌肉的熟化过程中钙及钙化蛋白酶系对肉质有重要影响。研究发现，猪上市前在其饲料中添加维生素 D 对于猪肉肉色、系水力和嫩度均有有益作用。

6. 功能性添加剂

胍基乙酸是一种氨基酸衍生物，大量研究表明其可提高肌肉中氧化型肌纤维的比例，降低肌纤维面积，进而降低滴水损失和剪切力。甜菜碱可降低畜禽皮下脂肪和腹腔脂肪的沉积，同时提高肌肉中风味物质肌苷酸和肌酸酐的含量。白藜芦醇、苹果多酚等多酚类植物提取物能提高肌肉抗氧化能力，也可影响肌肉中肌纤维类型，从而影响肉品质，普遍表现为降低滴水损失，提高肉色和 pH。

二、营养与蛋品质

（一）蛋品质概述

蛋品质是消费者关注的重要性状。在蛋的生产过程中，需要根据消费者的喜好，对蛋重、蛋黄颜色、蛋壳颜色、蛋黄比例等性状进行调控。这些性状受到环境条件、品种、营养水平等的影响。在评价蛋品质时，常用的指标包括蛋壳颜色、蛋黄颜色、蛋重、蛋壳厚度、蛋形指数、蛋黄比例、蛋白高度、哈氏单位、蛋黄脂肪酸组成和胆固醇含量等。蛋黄比例、蛋壳颜色、蛋形指数主要受到品种的影响，同时动物的健康状况、日龄、环境条件、营养条件等也在一定程度上影响蛋品质。蛋黄颜色受到饲料因素影响较大，是消费者十分关注的指标。蛋重受到日龄、品种、营养状况等的影响，是蛋分级的重要指标。蛋壳强度和蛋壳厚度密切相关，对蛋壳的破损率、种蛋的孵化率等影响大，也影响蛋的包装、运输。蛋白高度和哈氏单位密切相关，值越大说明蛋白黏稠度越好，蛋白品质越高。蛋黄中脂肪酸组成和胆固醇含量涉及蛋的营养品质，可通过饲料营养进行调控。

(二)蛋品质的营养调控

1. 蛋白质水平和氨基酸

饲料蛋白质水平可影响蛋重和蛋黄颜色,在一定范围内蛋白质水平提高则蛋重增加。蛋白质水平对蛋壳厚度、蛋白高度、哈氏单位的影响结果未出现规律性变化,其原因与蛋禽的日龄、品种和饲料配方的差异有关。适宜水平的蛋氨酸可提高开产蛋鸡的蛋壳厚度、强度和相对重,但对产蛋高峰期蛋鸡的蛋品质无显著影响。赖氨酸仅对蛋鸭和蛋鸡的蛋黄颜色有显著影响,对蛋形指数、蛋壳厚度、哈氏单位、蛋黄比例无显著影响。缬氨酸可提高蛋壳强度,但对蛋黄重、蛋白高度、蛋黄颜色和哈氏单位无显著影响。综合已有研究结果,通过改变饲料氨基酸水平来调控鸡蛋品质效果有限。

2. 能量水平

饲料能量水平对蛋黄粗脂肪和粗蛋白水平有较大影响,在一定范围内蛋黄粗蛋白水平随能量水平的提高而降低,粗脂肪水平随能量水平提高而提高。能量水平的提高也可提高蛋黄相对重量、蛋黄颜色。能量水平对其他蛋品质指标的影响结果有较大差异,这与能量的来源、蛋禽日龄与品种、饲养方式等有关。

3. 脂肪及其来源

蛋黄颜色与饲料中色素含量及动物对其的吸收率密切相关。色素一般为脂溶性有机物,其吸收和转运过程需溶解于脂肪中。因此,饲料中添加脂肪有利于色素的吸收,进而利于提高蛋黄颜色。蛋黄脂肪酸组成对饲料中脂肪酸组成较为敏感。例如,在饲料中添加 n-3 多不饱和脂肪酸发现,蛋黄中 n-3 多不饱和脂肪酸含量随添加水平的提高而提高。此外,脂肪来源对蛋黄中脂肪酸的沉积有较大影响。例如,球等鞭金藻和亚麻籽均富含 n-3 多不饱和脂肪酸,但亚麻籽(富集率约 6%)中 n-3 多不饱和脂肪酸富集到蛋黄中的效率远低于球等鞭金藻(富集率约 30%)。

4. 矿物元素

钙、磷是影响蛋壳品质的重要营养素。饲料中钙水平不足,蛋重、蛋壳厚、蛋壳强度、蛋壳比例均降低。在一定的饲料磷含量水平内,蛋壳强度随磷水平的提高而提高。另外,钙磷比例对蛋壳品质的影响不亚于钙或磷,钙磷比例过高或者过低都会对蛋壳厚度、蛋壳比例和蛋壳强度产生不利影响。锌和锰对蛋壳品质影响较大,且影响种蛋的孵化率。另有研究显示,有机锌和有机锰较无机锌和无机锰更加利于改善蛋壳品质。

5. 维生素

维生素 E 可提高蛋黄颜色和哈氏单位,其原因与维生素 E 具有较好的抗氧化性能有关,在产蛋后期和应激条件下表现出更好的效果。维生素 D 促进钙磷吸收,因而对蛋壳品质影响大。蛋鸡饲料中添加维生素 D_3 可显著提高蛋壳厚度、蛋壳强度、蛋壳重量及其比重。另外,饲料中添加维生素 D_3 的中间活性代谢物 25-羟基维生素 D_3 不仅可提高蛋壳厚度和强度,而且还可改善蛋壳颜色,降低暗斑蛋发生率。维生素 A 对蛋黄颜色有改善作用。维生素 C 对蛋白高度和蛋壳品质有改善作用。维生素 B_{12}、叶酸等 B 族维生素也是保障优良蛋品质的重要营养物质。

6. 功能性添加剂

低钙磷饲料中添加植酸酶可降低破蛋率。蛋鸡饲料中添加酸化剂可提高鸡蛋蛋壳强度和蛋白高度，其原因与其提高小肠中蛋白酶活性和促进肠道钙、磷的存留有关。苜蓿多糖可改善蛋壳颜色和蛋壳强度，对蛋白高度和哈氏单位亦有改善作用。大豆黄酮对于降低破蛋率，提高蛋壳强度和厚度具有显著作用。

三、营养与乳品质

（一）乳品质概述

乳是提供人类营养的重要畜产品，其中占主导的是牛乳。牛乳中含有100余种化学成分，其中主要包括水、蛋白质、脂肪、乳糖、矿物质、维生素和酶类（图12-2）。乳蛋白质营养价值高，可消化性好，氨基酸组成全面而均衡。乳脂肪中含有20多种脂肪酸，其中不饱和脂肪酸含量高。乳中的碳水化合物主要为乳糖。维生素和矿物元素在乳中种类丰富。因此，乳中营养物质组成全面，是一种优质的畜产品。乳的成分随饲养条件和加工过程而变化，据此导致了不同营养特征的乳。评价乳品质时，常用的指标包括乳蛋白率、乳脂率、乳糖率、总固形物含量、非脂固形物含量、体细胞数等，另外还包括特定蛋白质、脂肪酸、氨基酸、矿物质和维生素等含量。

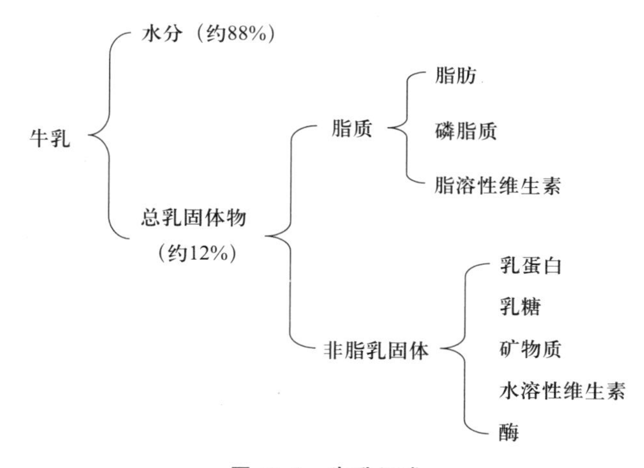

图12-2 牛乳组成

引自王加启，2006

（二）乳品质的营养调控

1. 蛋白质水平和氨基酸

饲料中蛋白质水平对乳蛋白含量和产乳量具有重要影响。饲料中蛋白质含量不足或者过瘤胃蛋白质含量（33%～40%为宜）过低，会导致乳蛋白含量降低。在饲料蛋白质已经满足产乳需要时，进一步提高蛋白质水平对于乳蛋白率无明显影响。氨基酸的含量和比例是影响产乳量的关键因素。例如，大豆粕较菜籽粕氨基酸组成更优，含大豆粕的饲料比含菜籽粕的饲料更利于提高乳产量。

2. 碳水化合物

饲喂适宜水平的非纤维碳水化合物既可提高乳脂率，又可提高乳蛋白率；但过度饲喂则对乳脂率和乳蛋白率产生不利影响。碳水化合物的加工也是影响乳品质的重要方面。经过破碎、压片、碾压处理的谷物能提高淀粉的瘤胃降解率，提高乳产量和乳蛋白率。乳脂是变化最大的乳成分，含量随淀粉和纤维素的比例而变化。淀粉含量提高，瘤胃发酵呈“高丙酸型”，产乳量提高，但乳脂率下降。乙酸产量对乳脂率影响大，若饲料中粗纤维的含量不足，则乙酸产量下降，乳脂率下降。

3. 脂肪

饲料中添加脂肪能提高产乳量，但常常导致乳蛋白率降低，其原因可能与脂肪添加后导致碳水化合物减少，从而影响微生物蛋白质的合成有关。例如，添加 0.45 kg 脂肪，乳产量提高 3.2 kg，但乳蛋白率降低 0.1%。不同来源脂肪的作用效果有异，植物性脂肪（大豆油、葵花籽油）会降低乳脂率；而惰性脂肪或过瘤胃保护脂肪可提高乳脂率。饲料添加油脂也可改变乳脂中脂肪酸的组成结构。例如，给奶牛补充菜籽油、大豆油、亚麻籽油、花生油，均可提高牛奶中共轭亚油酸的含量。在奶牛饲料中添加鱼油，牛奶中的二十二碳六烯酸（DHA）和二十碳五烯酸（EPA）的含量显著提高。

4. 矿物质

饲料中钙和磷不足，产奶量下降。牛奶中碘、铁、铜、锰、硒、钼、锌等微量元素含量受到饲料中相应元素含量的影响，提高饲料中这些元素的含量可在一定程度上相应地提高其在乳中的含量。保障饲料中足量的硒元素是降低乳中体细胞数及提高产奶量和乳蛋白率的有效手段。饲料铜也可影响奶中体细胞数。

5. 维生素

牛奶中脂溶性维生素含量与饲料中的含量有较密切的关系。在一定条件下，提高饲料中维生素 A、维生素 E、维生素 D 和维生素 C 的含量，可相应地提高牛奶中相应维生素含量。B 族维生素主要在瘤胃中经瘤胃微生物合成。因而饲料中 B 族维生素的含量对乳中相应维生素含量影响不明显。提高维生素 A、β-胡萝卜素和维生素 E 可降低牛奶中体细胞数量。

6. 功能性添加剂

饲料中添加牛至油和肉桂醛可提高牛奶中乳脂率和乳蛋白率，降低体细胞数。大豆异黄酮可提高奶牛产奶量和乳蛋白率。竹叶提取物能提高产奶量和乳脂率。半疏乙胺不仅提高奶牛产奶量，而且可提高乳脂率和乳蛋白率，降低乳体细胞数。

本章小结

营养物质不仅是动物生长发育和维持生命的物质基础，而且对动物机体健康和动物产品的形成与品质有重要影响。动物肠道不仅是消化吸收营养物质的场所，而且是动物机体最大的免疫器官。因此，保障肠道健康对于消化吸收营养物质和机体健康均有重要意义。肠道健康涉及肠道组织形态、肠道通透性、肠道免疫功能、肠道微生物组成，维持良好的肠道机械屏障、化学屏障、免疫屏障和微生物屏障是肠道健康的根本保障，对于动物的生长和生产至关重要。营养物质及功能性添加剂可影响肠道机械屏障、化学屏障、免疫屏障和微生物屏障的一个方面或多个方面，从而促进肠道修复与健康，进而保障动物生长。

免疫系统是动物长期进化过程中形成的与机体内外“敌人”做斗争的防御系统，能对机体内的“非己”（如病原微生物、病毒、肿瘤细胞等抗原）成分产生免疫应答，以清除“非己”，从而维持自身稳定。免疫系统组成包括免疫器官、免疫细胞和免疫分子，它们相互协同，“精诚合作”

确保动物良好的免疫功能。一些营养物质和非营养性添加剂不仅影响免疫器官的发育和免疫细胞的增殖分化，还影响免疫分子的分泌，从而影响动物机体的免疫应答。因此，合理的营养是确保动物正常免疫功能和动物健康不可忽视的方面。

肉、蛋、奶营养物质全面，含有丰富的蛋白质、脂肪、维生素、矿物质等。肉、蛋、奶的品质好坏不仅受到遗传(品种)因素的影响，而且较大程度地受饲料营养成分组成和来源、功能性添加剂的影响。因而，调整饲料营养成分组成和使用一些功能性添加剂不仅能提高肉、蛋、奶的产量，而且可提高产品品质，甚至生产出富含特定营养成分的功能性产品。

复习思考题

1. 名词解释：肠道机械屏障；肠道免疫屏障；肠道化学屏障；肠道微生物屏障；免疫；免疫应答。
2. 简述肠道屏障功能及营养对其的影响。
3. 简述免疫系统组成及营养对其的影响。
4. 简述肉品质的内涵及营养对其的影响。
5. 简述蛋品质的内涵及营养对其的影响。
6. 简述奶品质的内涵及营养对其的影响。

CHAPTER 13

第十三章 动物营养学常用试验技术

动物营养学是动物科学专业学生必修的一门学科基础课，具有较强的理论性，更具有较强的实践性和技术性，因此实验技术在该课程中占有重要地位。在专业建设和人才培养方面发挥着重要作用。通过动物营养学常用试验技术的学习，可以让学生更好地理解动物营养学的基本概念和理论知识，能够培养学生的实践动手能力、科研能力和创新能力，本章内容主要讲授动物营养方面的常用试验方法与技术，包括化学分析、消化试验、代谢试验、平衡试验、饲养及屠宰试验及其他常用的试验技术。

第一节　化学分析法

一、化学分析法的概念与内涵

化学分析是动物营养学中最基础、最常用的试验技术。主要是采用 pH 滴定、光谱、色谱、电泳等物理及化学分析方法，对饲料、动物组织、血液及动物排泄物中的某些养分进行定性或定量分析的方法。通过对某些养分进行化学分析，可以初步评定饲料的营养价值、动物营养状况，也可以为动物营养需要提供基础数据。

从分析的对象来看，可以分为：①饲料，分析饲料中养分含量，从而对饲料的营养价值做出初步的评定。②排泄物，包括粪、尿、呼出气、皮屑等。比如测定粪便中粗蛋白、粗纤维和粗脂肪等养分的含量，可用于饲料可消化养分及消化能的估计，或者了解动物对这些养分的消化能力；测定粪便中矿物质元素含量，可初步判断矿物质排泄与吸收情况。尿中含有各种无机及有机成分，是动物体新陈代谢的产物，通过对尿成分分析可了解体内代谢和机体营养状况是否正常。③动物组织和血液，包括组织中各种营养物质及其代谢产物和相关酶活性的测定。这是确定各种营养物质需要量的重要依据，也是评价机体维生素、微量元素等营养状况常采用的标识。结合饲养试验以及屠宰试验，可确定动物对各种营养物质的需要。常用于测定的组织有肝脏、肾脏、心脏、骨骼肌、毛发以及全血、血浆和血清等。④整体动物，对整体动物的养分进行测定，从而评价动物机体营养状况。

从分析养分的方法来看，可以进行概略养分分析，也可以测定纯养分含量。

二、概略养分分析

概略养分分析是1864年德国科学家Hanneberg提出的常规饲料分析方法，主要是测定或分析饲料及动物机体组织中的六大养分，即水分、粗蛋白、粗脂肪、粗纤维、粗灰分及无氮浸出物。概略养分分析法应用比较广泛，还可用于测定粪便中的养分。

概略养分分析法的优点主要是测定简单快速，且测定成本较低，能初步反映饲料营养价值，这也是该方法历史悠久，应用广泛，一直沿用至今的主要原因。但该分析方法指标较为简单，只有6项，不能满足现代营养学的需要；其次，分析的指标比较笼统。如粗纤维、无氮浸出物等，无严格的化学确定性和营养学意义，不能准确评定养分营养价值；还有就是误差比较大，如粗蛋白或无氮浸出物等试验误差较大，因而只能对饲料营养价值或机体营养状态进行初步的评价。

三、纯养分分析

所谓纯养分是指不能再进一步剖分的、具体明确所指的养分，比如维生素A、微量元素铁、赖氨酸、脂肪酸等。随着饲料工业以及营养学的发展，除了测定粗蛋白、粗脂肪、粗纤维、无氮浸出物、粗灰分等概略养分含量外，饲料中氨基酸、各种脂肪酸、糖、淀粉、矿物质、维生素等纯养分也纳入了分析的内容。另外，尿液中的代谢产物及动物组织和血液中测定的也都是纯养分。比如血液中功能酶和代谢产物，血清谷胱甘肽过氧化物酶、血清碱性磷酸酶和血清尿素氮等。

纯养分分析法测定准确，可深入了解饲料的营养特性，判定动物机体营养状况。但测定程序复杂、昂贵，因此合理的方式是概略分析和纯养分分析结合，既节约了成本与时间，又比较准确地对饲料或者动物机体营养状态进行了评价。

第二节　近红外光谱分析技术

近红外光谱(near infrared reflectance spectroscopy，NIR)分析技术是20世纪70年代兴起的一种对农产品及饲料的有机成分进行的快速分析技术，可以分析测定饲料及原料中的水分、粗蛋白、粗脂肪、氨基酸、淀粉、纤维素等养分含量。而随着计算机应用技术的普及，NIR技术已广泛应用于农业、食品、医疗等各个行业之中。我国2003年正式实施了国家标准GB/T 18868—2002，用近红外光谱方法快速测定饲料中水分、粗蛋白、粗纤维、粗脂肪、赖氨酸、蛋氨酸含量。NIR分析技术已逐渐得到大众的普遍接受和官方的认可。近红外光谱分析技术可应用于饲料生产全过程的品质控制。近年来，我国大型饲料集团公司几乎都采用近红外光谱分析手段进行饲料原料、半成品及成品料中常量成分、微量成分和真伪掺杂的分析。NIR分析技术能测定自然状态下样品各成分的含量，具有无污染、无前处理、无破坏性、在线检测及多组分同时测定等优点，在饲料领域获得了快速的发展。

一、NIR 技术测定原理

红外光谱的波长范围为 0.75～100 μm，它又分近红外(0.75～2.5 μm)、中红外(2.5～50 μm)和远红外(50～100 μm)。NIR 技术测定原理是有机物不同组分在近红外区各有不同的吸收图谱，饲料及原料中一般都含有蛋白质、脂肪、糖、淀粉和纤维等有机成分，它们在近红外区域有丰富的吸收光谱，每种成分都有特定的吸收特征，这些吸收特征为近红外光谱定性定量分析提供了依据。可以通过主成分分析，偏最小二乘法等方法，建立物质光谱与待测成分含量之间的线性或非线性模型，从而实现对待测成分的快速检测。

二、NIR 分析技术特点

1. 无破坏性、无污染

NIR 检测技术样品制备简单，对样品无破坏性，只需粉碎，无须称样，对样品无损耗，测定后仍可做它用。同时，NIR 检测技术也不需要任何化学试剂。与常规分析方法相比，既不会对环境造成污染，又可节约大量的试剂费用。

2. 测定快速

NIR 检测技术测定快速，需几秒钟或几分钟即可完成，且一次可完成多种成分的测定。

3. 多组分同时检测

多组分同时测定，是近红外技术得以大力推广的主要原因。在同一模式下，可以同时测定多种组分。比如在测配合饲料时，可以同时测定其蛋白质含量、水分含量、各种氨基酸含量等指标，这样大大简化了测定步骤。

4. 应用广泛

几乎适合各类样品分析，比如液体、固体和粉末等等。另外，还可以进行在线检测，生产中可以在生产流水线上装配近红外装置，对原料和成品及半成品进行连续在线检测，就可以及时监测原料及产品品质的变化，从而维持产品质量的稳定。

三、NIR 技术在饲料行业的应用

1. 常规组分的检测

NIR 在饲料检测中，最初多是用于饲草原料和谷物类原料中水分和蛋白质含量的检测，随后用于油料作物籽实的水分、蛋白质等的检测，都获得了满意的结果。现在近红外分析技术可以测定玉米、玉米蛋白粉、鱼粉、米糠、次粉、棉粕、豆粕、菜粕等原料中的水分、灰分、粗蛋白质、氨基酸等多种成分。由于测定速度快、效率高，大大节约了费用和时间。同时还可以随时跟踪检测载体的水分，保证使用之前载体的水分在内控指标范围之内，从而确保成品水分指标满足质量要求。除了测定这些常量组分外，维生素分子中含有的含氢基团使理论上应用 NIR 技术检测其含量成为可能。我国最先应用 NIR 检测了饲料中的维生素含量，李秋玫等预测了多维预混料中维生素 E 的含量，预测值和实测值相关性显著($R^2=0.985$)。

2. 可消化氨基酸及有效能的估测

中国农业大学丁丽敏团队运用 NIR 技术进行了大量的可消化氨基酸的测定工作，测定了鸡饲料中的真可消化氨基酸含量以及豆粕、玉米的真可消化氨基酸含量，均取得了较满意结果。运用 NIR 技术还可以预测牧草及饲料中消化能，Park 等对未干燥的饲草进行了消化性能的检测。XiccatoG. 等用 NIR 预测兔用混合饲料的总能和消化能，相关系数达 0.90。

3. 有毒、有害成分的测定

NIR 可用于测定饲料中抗营养因子的含量。比如可以测定饲料中棉酚、总葡萄糖苷、植酸磷等抗营养因子的含量。

第三节　消化试验

化学成分分析主要是对动物机体或饲料中的养分进行定性或定量的分析，饲料中养分含量高，并不能表明这种饲料的营养价值就一定高，关键在于是不是能被动物消化吸收。动物采食的饲料经消化后，一部分营养物质不能被吸收，随同消化道分泌物和脱落的肠壁细胞以粪便的形式排出体外。因此，准确测定饲料中可消化养分的含量具有重要意义，消化试验是动物营养学中常用的重要试验方法。

一、消化试验概念与目的

1. 消化试验概念

消化试验是将饲料饲喂给动物，准确测定动物每天的采食量与排粪量，并检测饲料及粪便中总能或各种养分的含量，计算出摄入与排出总能或养分的差值，从而计算出饲料消化能及养分消化率的试验。

2. 消化试验目的

进行消化试验的目的主要是测定饲料或饲料原料中养分的消化率和消化能。消化试验是评定饲料营养价值的重要方法。

3. 消化试验分类

消化试验分为体内消化试验、体外消化试验和尼龙袋法。体内消化试验根据其收粪方式不同可分为全收粪法和部分收粪法(指示剂法)。根据收粪的部位不同全收粪法又分为肛门收粪法和回肠末端收粪法。指示剂法也可分内源指示剂法和外源指示剂法。体外消化试验也称离体消化试验，又分为消化道消化液法和人工消化液法。具体见图 13-1。

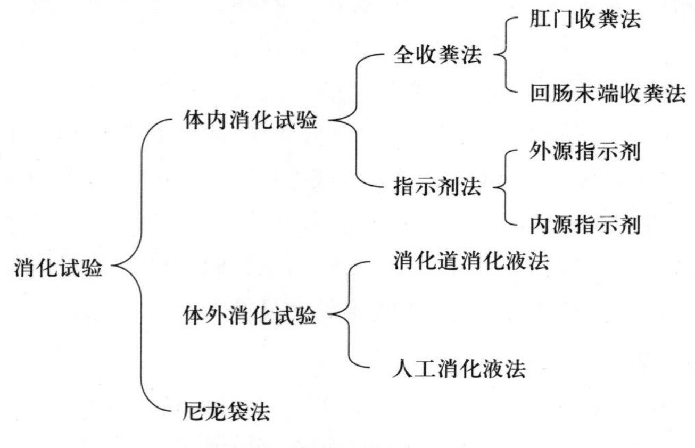

图 13-1　消化试验方法

二、体内消化试验

用动物测定饲料养分经过其消化道后的消化率常称体内消化试验。

(一)全收粪法

1. 肛门收粪法

即从肛门收集试验动物的全部粪便。

动物食入的某饲料养分含量减去粪中排出的该养分含量，即为可消化养分含量。消化率就是指饲料某养分的可消化养分含量占饲料中该养分含量的百分率，可用如下公式表示：

$$\text{饲料某养分消化率}=\frac{\text{食入饲料中某养分含量}-\text{粪中某养分含量}}{\text{食入饲料中某养分含量}}\times 100\%$$

但是按以上方法测得的养分消化率，严格意义上应称为表观消化率。这是由于粪中所排出的养分并非全部属于本身未被消化吸收的部分，还有一部分是来自消化道本身的产物，它包括消化器官所分泌的消化液的残余、消化道黏膜及上皮细胞脱落的残余和消化道微生物残体及产物等，这些产物常被称为粪代谢性产物。真消化率的概念可用以下公式表示：

$$\text{某养分真消化率}=\frac{\text{食入饲料中某养分}-(\text{粪中某养分}-\text{内源性某养分})}{\text{食入饲料中某养分}}\times 100\%$$

肛门收粪法的原则和方法如下：

(1)试验动物的准备和要求　一般选择健康有代表性的动物，常选用公畜，便于粪尿分开。选择试验动物的数量一般以 4～5 头为宜，动物数量过少，试验误差大，代表性差；动物过多，测值准确性虽略有提高，但费用和工作量都增加。家禽由于粪尿不能分开，因而一般不做消化试验而进行代谢试验。

(2)试验日粮　用于测试的饲料可以是全价配合饲料，也可以是单一饲料原料。如果是全价饲料，进行一次消化试验，即可直接算出养分消化率或者消化能。如果是单一的饲料原料，在测定其消化率时，动物很难采食够试验规定的饲料数量。所以，无法直接算出消化率，需要做二次消化试验，间接计算出某种原料的养分消化率或者消化能。具体是先配一个正常的基础饲料，测其消化率，然后用被测饲料顶替基础饲料的 20%～30%，再测其消化率。对适口性不好或喂多了有毒害的饲料，可少顶替一些，但不能低于 15%。被测饲料某养分或能量的消化率可按下式计算：

$$D=\frac{(A-B)}{F}\times 100\%+B$$

式中：D 为被测饲料养分消化率，A 为基础饲料养分消化率，B 为顶替后混合饲料养分消化率，F 为被测饲料养分占混合饲粮该养分的比例。

为了减少动物对先喂正常基础料，后喂顶替的混合料的不适应而带来的误差，可用两组动物进行交叉试验，参见表 13-1。

被测饲料取代基础饲料的比例大小，是影响测定准确度的重要因素，特别是测粗纤维、粗蛋白、粗脂肪高的饲料。取代比例过大，会造成第一、二次试验饲料中养分含量及比例差异太大；取代过少，被测饲料的代表性弱，都将影响结果的准确度。

表 13-1　交叉试验步骤示意

第 1 组		第 2 组	
第一次消化试验	基础日粮	预饲期 试验期	基础日粮＋被测饲料
5—7 天过渡期			
第二次消化试验	基础日粮＋被测饲料	试验期	基础日粮

要注意的是，被测饲料要一次备齐，按每日每头饲喂量称重分装，并取样供分析干物质和养分含量用。日饲喂量以动物能全部摄入为原则，一般为体重的 3%-5%。体重越大，饲喂量占体重的比例越小。

(3)试验步骤　试验分预备试验和正式试验两个阶段。预备试验的目的是让动物适应新的饲养环境、试验饲料，排空肠道原有的内容物，同时也熟悉动物的排粪规律，了解采食量。一般成年体重较小的动物以及幼龄动物的消化道排空快，试验时间较短。正式试验期收集粪便的天数以偶数为好，可避免动物排粪一天多一天少带来的误差。预饲期和试验期的长短大致规定见表 13-2。

表 13-2　不同种类动物的试验期

动物	预实期	正实期
牛、羊	10～14 d	10～14 d
马	7～10 d	8～10 d
猪	5～10 d	6～10 d

(4)粪的收集和处理　一般使用公畜进行试验，可在动物尾部系一集粪袋收集粪便，对于不宜采用收粪袋的动物可用消化柜或消化栏。试验动物的位置相对固定，使排出的粪能落在集粪盘或清洁的地面上，再收入粪桶。每天定时收集粪便并称重，混匀后按总重的 1/10～1/50 取样，每 100 克鲜粪加 10%的盐酸 10 mL，以避免粪中氨氮的损失。

2. 回肠末端取样法

此法是通过外科手术在回肠末端安装一瘘管收集食糜，或施以回一直肠吻合术，在肛门收集食糜，主要用于猪饲料氨基酸消化率的测定。经大量试验证明，此法比肛门收粪法准确，目前在很多国家已用于猪饲料氨基酸消化率的测定。由于受大肠和盲肠微生物的干扰，从肛门收取粪便所测得饲料氨基酸的消化率偏高 5%～10%。

对于家禽，由于消化道短，大肠和盲肠微生物影响较小，一般仍采用全收粪法。另一改进的方法是模仿真代谢能的测定，即将动物饥饿 36～40 h，强饲相当于体重 3%～5%的饲粮，然后收取 36～40 h 的粪便。因尿中所含氨基酸很少，一般不超过尿中含氮总量的 2%，测氨基酸消化率时可忽略不计。目前也有将鸡、鸭的盲肠切除后，测定饲料氨基酸的利用率的研究。但盲肠切除与否对大多数饲料氨基酸消化率的测值无明显影响，切除盲肠的必要性仍有待进一步证明。

(二)指示剂法

指示剂法的优点在于减少收集全部粪便带来的麻烦，省时省力，尤其是在收集全部粪便较困难的情况下，采用指示剂法更具优越性。用作指示剂的物质必须具有不为动物所消化吸收，而且能均匀分布和有很高的回收率的特点。根据指示剂的来源又分外源指示剂和内源指示剂。三氧化二铬(Cr_2O_3)是常采用的外源指示剂。内源指示剂一般采用 2 moL 或 4 moL HCl 不溶灰分，故又称为盐酸不溶灰分法。

1. 外源指示剂法

外源指示剂是加入饲粮中的指示物质。如用 Cr_2O_3 作指示剂，从预备试验期开始就将 Cr_2O_3 加入饲粮中混匀饲喂。指示剂法除每日只收集部分粪样外，其他与全收粪法相同。粪样收集期结束后将所有收集的粪样混匀，再取样分析粪中营养成分和 Cr_2O_3 含量。营养物质的消化率用下式计算：

$$\text{饲粮营养物质消化率}=100-(\frac{\text{饲粮中指示剂含量}/\%}{\text{粪中指示剂含量}/\%}\times\frac{\text{粪中养分含量}/\%}{\text{饲粮中养分含量}/\%})\times100\%$$

粪的干湿对计算无影响，但 Cr_2O_3 和营养物质含量必须来自同一粪样。外源指示剂法的缺点是很难找到回收率很理想的指示剂物质。Cr_2O_3 的回收率一般在 90%以上。为了达到一定的可靠程度，要求指示剂的回收率在 85%以上才有效。

2. 内源指示剂法

内源指示剂是指用饲粮或饲料自身所含有的不可消化吸收的物质作指示剂，如盐酸不溶灰分。内源指示剂可减少将指示剂混入饲粮(饲料)的麻烦，而且用此法测定饲料消化能和蛋白质消化率与全收粪法无显著差异。但是，由于此方法是测定饲料和粪中的盐酸不溶灰分，粪的收集绝不可污染含有不溶灰分的砂粒等杂质。

三、尼龙袋法

近年来提出的反刍动物蛋白质营养新体系，如美国的可代谢蛋白体系与英国的降解和未降解蛋白体系，都需测定饲料蛋白质在瘤胃的降解率。如采用十二指肠瘘管法测定其内容物的非氨氮和微生物氮，需用同位素进行双重标记以区分瘤胃微生物氮和过瘤胃饲料蛋白氮，难度较大。因此，一些研究者推出了“尼龙袋法”。

所谓“尼龙袋法”是将被测饲料装入一特制尼龙袋，经瘤胃瘘管放入瘤胃中(图 13-2 和图 13-3)。在营养物质降解后求其消失率。处理时间一般为 4～72 h，按不同时间将尼龙袋逐个放入，每批 2～4 个，用尼龙绳系于瘘管上。培养结束后，将尼龙袋取出，用温水(38～39 ℃)缓慢冲洗，直到水澄清为止，一般为 5～8 min，最后将尼龙袋从绳上取下，放入 65～70 ℃烘箱中烘至恒重，取出充分回潮后，称重，然后求出干物质和氮的降解率。

图 13-2　瘤胃瘘管

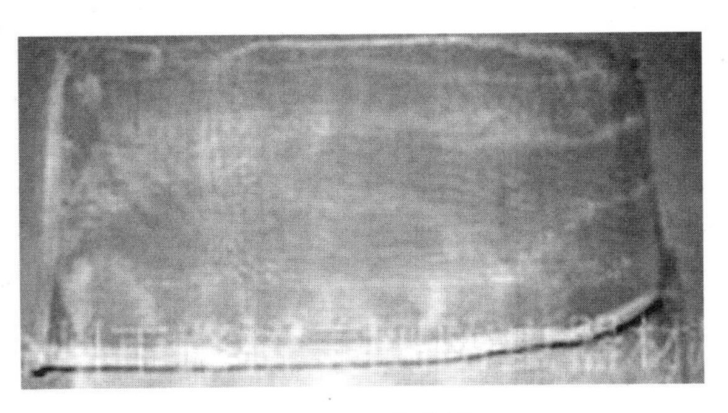

图 13-3　尼龙袋

待测饲料在瘤胃中不同时间降解率计算：$A=(B-C)/B\times100\%$

式中：A 为待测饲料的干物质瘤胃降解率（%），B 为样本中待测饲料干物质量（g），C 为残留物中待测饲料干物质量（g）。

例如氮的降解率为：氮降解率＝（袋中初始氮－孵育后氮）/袋中初始氮×100%

尼龙袋法的优点是简单易行，重现性好，试验期短，便于大批样品的研究和推广。瘤胃尼龙袋法已广泛应用于测定饲料的蛋白质和有机物的降解率，特别是氮的降解率。但尼龙袋法因为要安装瘘管，对动物造成较强应激；饲养瘘管动物费用也较高；同时由于来自总氮的估计误差、尼龙袋内残留物被微生物污染，导致低估了饲料蛋白质的降解率；由于体内瘤胃尼龙袋法受样品规格（颗粒大小）、尼龙袋的容积、孔径大小、培养时间、外排速度、洗涤温度及冲洗次数等多种因素影响。因此在实际测定中要求尼龙袋的通透性好，即网眼大小和密度要恰当；样品要有一定细度，便于瘤胃液作用充分发酵。同时由于饲料的降解速率并不一致，而且受外排速度的影响，在实际测定中，为掌握不同时间的降解情况，往往要测定多个时间点，以分析降解程度与时间的关系。

四、体外消化试验

体外消化试验也叫离体消化试验，是指模拟动物体内消化道的环境，在体外进行饲料的消化。因常规消化试验和指示剂法都要耗费大量人力、物力和时间；尼龙袋法虽有不少优点，但安装瘘管以及操作仍较麻烦，所以近二十年来离体消化试验发展迅速。按照消化液的来源，体外消化试验可分为消化道消化液法和人工消化液法。

（一）消化道消化液法

是指用安装瘘管的方法提取小肠液或瘤胃液，在试管内进行消化的方法，可分为人工瘤胃液法和猪小肠液法。

1. 人工瘤胃液法

人工瘤胃液法是用模拟反刍动物瘤胃微生态环境，进行养分消化的方法。由于本法模仿了瘤胃发酵，所以测定的结果有一定的可靠性和准确性，且因不需要活动物，可同时测定许多饲料，但由于微生物的种类和数量与体内瘤胃微生物有差异，因此，测定结果与活体测定有一定的差异。

2. 猪小肠液法

该法分两步。第一步模拟猪胃的消化环境，用胃蛋白酶的盐酸溶液处理饲料样品；第二步模拟小肠的消化环境，用小肠液或小肠冻干粉在中性溶液中做进一步孵育，最后将残渣视为不消化物。此法适于测定猪的配合饲料、能量饲料、粗饲料及植物性蛋白质饲料的干物质消化率。用此法测得的结果与全收粪法无显著差异。要求安装收取小肠液的瘘管位置，以离幽门 1.5～2 cm 为宜，因为此处小肠液中酶的活性最高。同时收取小肠液前，应饲喂日常的全价饲粮，测定结果较符合实际情况。

（二）人工消化液法

消化液不是来自动物消化道，而是采用合成的消化酶，模拟制成消化液。主要用于反刍动物饲料消化率以及瘤胃饲料蛋白质降解率的测定。消化率的测定仍分为两步，第一步是用纤维素分解酶制剂加盐酸溶液，第二步仍是胃蛋白酶加盐酸溶液，所以又称为“HC-纤维分解酶法”。

第四节　代谢试验

一、概念与目的

饲料的化学成分分析只能说明饲料中各种养分的含量，而不能表明它们能被动物消化利用的程度。消化试验反映养分被动物消化的程度，但不能反映养分被代谢和利用的情况。代谢试验是在消化试验的基础上，再增加尿液的收集，测定尿中排泄的养分和能量。代谢试验的目的一是测定饲料或原料的代谢能值，二是测定饲料的养分利用率。

家畜代谢试验是在消化试验的基础上，再增加收集尿液装置，其过程和要求与消化试验相同。家禽粪便与尿液难以分开，一般更适合做代谢试验。家禽代谢试验技术如下述。

二、家禽代谢试验

目前比较公认的家禽代谢试验方法还是采用 Sibbald 于 1976 年提出的快速测定方法，即饥饿、强饲、收集排泄物，然后称量饲料及排泄物的重量，并测定其总能及各种养分含量，从而计算出饲料代谢能及养分代谢率。家禽强饲法代谢试验的主要步骤与方法如下：

(一)鸡只的要求

选择健康、体重在 1.5～2.5 kg 的生长公鸡，每组鸡数量要大于 5 只。

(二)饲料的准备

用于测定的饲料可以是全价配合饲料，也可以是单一的饲料原料，全价饲料可以直接称量后强饲。单一饲料原料最好按 20%～50%(30%)的比例与基础配合饲料配合成新的饲料，分别进行二次代谢试验，从而间接算出饲料代谢能及养分代谢率。

(三)操作过程

1. 预试期

挑选健康 2 kg 左右的生长公鸡，在代谢笼中预试 4～6 d，以便使试验鸡适应新的环境，并熟悉鸡只的采食量。预试期饲喂全价饲料，自由饮水。

2. 正试期

(1)绝食　给试验鸡绝食 24～48 h，期间自由饮水。

(2)强饲　用强饲器给绝食 24～48 h 的生长公鸡强饲 2%～4%体重的待测饲料。

(3)排泄物的收集与处理　强饲结束后收集排泄物，前 24 h 收粪尿 6 次，后 12 h 收集 2 次。将每只鸡的粪便分别收集到称过重的烧杯或者托盘中，准确收集并记录每只鸡 36 h 的排泄物重量。收集称重后按每 100 g 鲜粪加几滴 10%硫酸，避免粪中氨氮损失，并将粪尿立即保存 0～4 ℃冰箱中。收集全部排泄物称重后，在 60～65 ℃烘干，称量每只鸡的风干排泄物重，粉碎过 40 目筛，测定水分后，封存待分析。

(四)结果计算

分别测定饲料中和排泄物中的总能和养分(DM、CP、Ca、P 等)含量，以测定饲料的代谢能和养分利用率。

1. 表观代谢能(AME)及真代谢能(TME)

$$AME(kcal/gDM)=(W_1\times E_1-W_2\times E_2)/1\,000/W_4$$

$$TME(kcal/gDM)=[W_1\times E_1-(W_2\times E_2-W_3\times E_3)]/1\,000/W_4$$

注:

W_1:强饲饲料原料风干样重(g)　　E_1:单位饲料原料的能值(kcal/g)

W_2:排泄物风干样重(g)　　E_2:48 h 排泄物的能值(kcal/g)

W_3:48 h 内源排泄物风干样重(g)　　E_3:48 h 内源排泄物的能值(kcal/g)

W_4:强饲饲料原料绝干样重(g)

2. 养分利用率

$$养分利用率=(W_1\times A_1-W_2\times A_2)/100\%/(W_1\times A_1)$$

$$养分真利用率=(W_1\times A_1-W_2\times A_2+W_3\times A_3)/100\%/(W_1\times A_1)$$

注:W_1、W_2、W_3 的含义同上,A_1、A_2、A_3 分别代表饲料、排泄物和内源排泄物中的某种养分(干物质、粗蛋白、AA)含量(%)。

第五节　平衡试验

研究营养物质食入量与排泄、沉积或产品间的数量平衡关系称为平衡试验。平衡试验一般用于估计动物对营养物质的需要和饲料营养物质的利用率,也是研究动物养分需要量的试验依据。平衡试验包括氮平衡、碳平衡和能量平衡试验。

一、氮平衡试验

氮平衡试验主要用于研究动物蛋白质的需要、饲料蛋白质的利用率以及饲料蛋白质质量的比较。通过饲料粪氮和尿氮的测定,算出机体沉积氮。

测定的方法与消化代谢试验相同。试验需在代谢笼(柜)中进行,粪尿分开收集。最好用公畜,以便于粪、尿的收集。

在消化试验的基础上收集尿液,测定尿中的含氮量,由氮的收支情况反映体内蛋白质的增减及蛋白质的有效性。

氮在体内的去向及有关计算公式

$$食入氮=粪氮+尿氮+沉积氮+皮屑$$

$$食入氮=粪氮+尿氮:等平衡,体蛋白质不增不减$$

$$食入氮>粪氮+尿氮:正平衡,体蛋白质沉积$$

$$食入氮<粪氮+尿氮:负平衡,体蛋白质分解$$

同时根据食入氮、粪氮和尿氮可以计算出:氮的消化率、沉积氮、氮的总利用率和氮的生物学价值。具体算法如下:

$$氮的消化率=(食入氮-粪氮)\div食入氮$$

沉积氮=食入氮-(粪氮+尿氮)

氮的总利用率=沉积氮÷食入氮

氮的生物学价值(BV)=沉积氮÷吸收氮

单胃动物体内氮的沉积除了受动物的性别、年龄和遗传因素的影响外,另一重要影响因素是饲粮蛋白质的数量和质量。通过氮平衡试验确定蛋白质的需要应注意的是,试验饲粮蛋白质水平能满足需要,必需氨基酸的数量足够、比例恰当以及其他营养物质适量,使动物能充分发挥遗传潜力。如果要测定某个饲料或饲粮蛋白质的利用率,则采用限食。原则是食入蛋白质(氨基酸)的量不超过或稍低于动物所需要的量。

二、碳平衡试验

碳平衡试验通过测定动物摄入碳和排泄碳来表示体内碳的沉积。

沉积碳=食入碳-(粪碳+尿碳+呼吸气体碳+肠道气体碳+离体产品碳)

其中呼吸气体碳主要是指二氧化碳,肠道气体碳主要是指甲烷,离体产品碳是指肉蛋奶畜产品中的碳。碳存在于蛋白质和脂肪中,因此结合氮沉积,可算出脂肪沉积量。生产中很少单独用碳平衡试验。

三、能量平衡试验

能量平衡试验用于研究机体能量代谢过程中的数量关系,从而确定动物对能量的需要和饲料能量的利用率。能量平衡试验也是研究能量代谢的方法。估计能量平衡的途径有两种:一种是根据摄入饲料能量的去向,分为粪、尿、脱落皮屑、毛、营养物质沉积(生长肥育)、产品(奶、蛋、毛)和维持生命活动的机体产热几个部分。只要取得各个组分的能值,能量的需要和各阶段利用率即可算出。除维持机体活动的产热外,其他组分的能值都可直接燃烧测定;另一种是通过碳、氮平衡,因动物能量的来源都是含碳和氮的有机物,只要知道了食入饲料碳、氮的去向,根据碳、氮化合物的产热(常数)也可估计出动物对能量的需要和饲料能量的利用率。

能量平衡试验根据动物机体产热估计方法的不同,常分为直接测热法和间接测热法。

(一)直接测热法

将动物置于一测热室中,直接测定机体产热。将食入饲料、粪、尿、脱落皮屑和甲烷(反刍动物)收集取样测其燃烧值。其他步骤同消化试验和氮平衡试验。根据一段时间(一般测定24 h)能量的收支情况,就可估计动物一个昼夜的能量需要和能量的利用率。

直接测热法原理很简单,但测热室(柜)的制作技术却很复杂,造价也很昂贵。世界上采用直接测热法测定机体产热的并不多。

(二)间接测热法

间接测热法是根据呼吸熵(RQ)的原理进行测定。因碳水化合物和脂肪在体内氧化产热与它们二者共同的RQ有一定的函数关系,所以,不管碳水化合物和脂肪各自氧化的比例如何,只要测得吸入O_2的消耗量和排出的CO_2的体积,就可求得RQ。表12-3为一定RQ值时,消耗1 L O_2或生成1 L或1 g CO_2相对应的产热量。O_2、CO_2和CH_4(反刍动物)可通过呼吸测热室(柜)测定。机体蛋白质分解的产热可从尿氮生成量推算。

表 12-3　不同的呼吸熵所对应的耗 O_2 和 CO_2 生成的产热量

RQ	kcal/L O_2	kcal/L CO_2	kcal/g CO_2
0.70	4.086	6.694	3.408
0.75	4.739	6.319	3.217
0.80	4.801	6.001	3.055
0.85	4.863	5.721	2.919
0.90	4.924	5.471	2.785
0.95	4.985	5.247	2.671
1.00	5.047	5.047	2.569

(三)碳、氮平衡法

碳、氮平衡试验用于估计动物对能量的需要或饲料能量的利用率，此法是根据食入饲粮碳、氮的去向，脂肪及蛋白质碳、氮的含量，及每克脂肪和每克蛋白质的产热量，去估计动物对能量的需要或饲料能量的沉积量。因此碳、氮平衡试验需要测定食入饲粮、粪、尿、CH_4 和 CO_2 的碳和氮的含量。因蛋白质平均含碳 52%，含氮 16%，每克蛋白质产热 23.8 kJ；而脂肪含碳 76.7%、氮为零，每克产热 39.7 kJ。知道了沉积能、粪能、尿能和甲烷能，根据能量收支平衡情况，就可算出畜体产热。采用此法是假设能量的沉积和分解只有脂肪和蛋白质。

第六节　饲养与屠宰试验

一、饲养试验

饲养试验是指在接近生产实际的条件下，通过给动物饲喂已知养分含量的饲料在一定试验期内，对其增重、产蛋、产奶、采食量、饲料转化率等生产性能指标进行测定，并可以进一步对组织及血液生化指标进行测定，来确定动物对养分的需要量或比较饲料或饲料添加剂的优劣。饲养试验得到的结果比单纯的消化试验和代谢试验更加可靠，因而饲养试验是动物营养研究中应用最广泛、使用最多的基本的综合试验。但饲养试验周期长，成本高，特别是试验条件难以控制，因而在进行饲养试验时，要根据试验目的，对试验方案进行科学的设计，并尽可能控制好试验条件，才可能得到准确的、有参考价值的试验结果。

(一)试验设计

试验设计是饲养试验最重要的一个环节，不同的试验目的，试验设计也不同。试验设计的主要作用是减少试验误差，提高试验的准确性。饲养试验多用单因子设计方法，多做两个小试验比做一个大的复因子试验容易控制条件，试验结果也更令人信服、可靠。在动物数量不多，体重差异较大的情况下，可采用配对试验设计，也可获得较满意的结果。

在试验设计时应遵循唯一差异、随机分组和重复数的原则。所谓唯一差异原则，就是除考察因素外，其他条件完全一致，比如试验动物遗传特性、性别、体重、年龄、健康、环境温度等都要尽量保持一致。随机分组原则，是指供试动物的分组、试验各组所处的场地位置等应随机化，而不是依靠试验者的主观安排。只有这样，才能减小系统误差。重复数原则是指试验中同一处理设置的试验单元数。在条件允许的情况下，重复数多些为好，以尽可能降低试验误差。

(二)试验动物

基于试验设计中“唯一差别”的原则,选择试验动物时,首先要遵循条件完全一致的原则,即动物各组之间的遗传因素、性别、年龄、体重和健康状况要保持一致。如果做母猪试验时,挑选动物的原则就是要求试验的母猪胎次、体重、产仔日期、健康状况等要保持一致,这样才能减小因为动物的原因而导致试验数据的误差。其次是数量足够,即要有足够的试验动物。从统计学范畴来讲,只有足够的数量,所得的数据才有代表性,试验时动物的重复数要尽可能多,猪鸡试验的重复数最好要在5个以上,只有这样才能提高试验的准确性,以达到预期目的。

(三)试验饲料

试验饲料是试验能否成功的关键,要根据试验目的配制试验饲料。如果考察的是营养水平,配制试验饲料时除了某种营养水平不同外,其他指标要完全相同。比如要研究不同蛋白质水平对猪生产性能和氮排放的影响,那配制试验饲料时,除了蛋白质水平不同外,各组试验饲料的能量、钙磷等其他指标要保持一致。如果试验是研究不同的营养素或添加剂的影响,那各组试验饲料即基础饲料要完全一致。只有这样才能减小由于试验饲料造成的误差,才能提高试验结果的准确性。

有时因为试验的需要还会配制纯合饲料或者半纯合饲料,所谓纯合饲料是指配制饲料时不用天然饲料,所有成分都是由纯的营养素组成,如合成氨基酸、纯化的淀粉、葡萄糖或蔗糖等。这样易于配制除被考察的营养因子外,其他营养物质都适量的试验饲料。但饲料全部由纯化物质组成,成本高昂。因此,为节省试验费用,常采用半纯合饲料,即采用部分天然饲料,部分纯化饲料。

另外,所有饲料原料应该一次备齐,做到原料一致,按照试验要求确定配制饲料的时间和次数,饲料应该存放在干燥阴凉处,如果天气炎热,则尽量保存在冻库中,做好记号。

(四)试验环境

试验环境是影响试验结果不可避免的因素,要尽量保持试验环境的一致性,尽量消除由于试验环境比如温度、湿度、气流速度、空气质量等对试验结果的影响。因为试验动物本身对环境温度等的变化较为敏感,对试验结果的影响是不可避免的。因此除了尽可能创造理想的试验条件外,在安排不同处理组试验动物时,要安排在圈舍不同的部位,如靠近门窗与中间、笼子的上下层以及通风避风处等不同位置。以降低试验误差。

(五)试验记录

准确记录试验指标也特别重要。不同的试验需要记录的指标也不相同,要根据试验目的,详细记录试验的各项指标,比如始重、末重、采食量是考察生产性能时必须要记录的指标。为了方便试验记录,最好制备详细的试验表格,包括试验动物分组情况、动物健康状况、每次称重的数据、每日采食量等。试验数据要尽可能准确,体重一般早上空腹称重,且每次称重都应该在同一个时间点。记录采食量时要扣除没有吃完和浪费在饲槽外的,尽量减小饲料的损失造成的试验误差。

二、屠宰试验

屠宰试验往往是伴随着饲养试验进行的,是在测定动物生产性能、粪尿及血液指标的基础上,为了进一步了解动物机体成分的变化和评定胴体品质,必须屠宰动物,以比较试验组与对照组的差异，故有时也称为比较屠宰试验。由于试验的目的和要求不同，屠宰的方式和测定的指标也不尽相同。

(一)屠宰试验的适用范围

(1)比较动物不同生长发育阶段体成分的变化，可以是总体成分，也可以是各组织器官的成分变化，需定期屠宰有代表性的动物。

(2)比较不同营养水平饲粮对动物体成分的影响，一般需要在生长试验的基础上获得更多、更详细的资料。例如，为了进一步了解饲粮营养水平对机体能量、蛋白质、脂肪、骨骼钙、磷以及肝、肌肉等组织器官中微量元素和维生素含量的影响，需在饲养试验基础上再进行屠宰试验。

(3)比较不同品种或品系的动物沉积蛋白质和脂肪的能力，常饲予不同品种或品系的生长动物同样的饲粮，然后进行屠宰分析。

(二)屠宰方法和测定指标

1. 屠宰方法

动物屠宰时可根据试验的要求或动物体型大小决定是否放血，对于大动物，若需进行胴体品质测定，或只需对组织器官取样分析，以放血屠宰为宜。试验动物也可不放血，先用药麻醉，再从血管或心脏注入凝血剂，然后剖腹清除消化道内容物。屠体经冷冻后粉碎。骨骼的粉碎较困难，样品中含的骨粒较粗，对灰分和粗蛋白的分析影响较大。较粗的骨粒不便分离时可再次进行粉碎。一般需粉碎 2～3 次。另外，机体实质器官含脂肪多，粉碎后的干燥样品难通过 40 目网筛也需进行再次粉碎。

屠宰试验最大缺点是耗费资金和人力，尤其是进行皮、骨、肉、脂肪分离。各种组织分离的纯度和标准也难掌握一致。

2. 测定指标

营养学上对屠体或组织主要进行氮(蛋白质)、能量、矿物元素及某些酶活性的测定。对胴体品质做检查测定常包括肌肉颜色、肌间脂肪、眼肌面积、背膘厚、胴体长、空体重及屠宰率等指标。一般用左侧胴体进行测定。为了解瘦肉(蛋白质)与脂肪的沉积比例，也常对左侧胴体进行皮、骨、肉、脂肪的分离。

案例分析：研究一种饲料添加剂对仔猪生长性能、养分消化、肠道微生物及肠道结构的影响。这个就需要做饲养试验和屠宰试验，根据试验目的，可进行如下指标的测定：①生长性能测定，包括日增重、采食量、料肉比、腹泻率；②养分消化率，包括干物质、粗蛋白、钙、磷等养分消化率；③消化酶活性，主要测定胃蛋白酶、胰蛋白酶活性以及胰淀粉酶活性；④消化道微生物，屠宰后取胃、十二指肠、空肠、回肠、盲肠、结肠部位，测定乳酸菌、大肠杆菌、双歧杆菌含量；⑤肠道结构，取十二指肠、空肠组织，测定绒毛高度与隐窝深度；⑥血液指标，包括常规血液指标、肝功能、免疫功能等指标。

第七节　其他试验技术

一、同位素示踪技术

随着核科学的发展和动物营养研究技术的进步，同位素示踪技术在动物营养中的应用也越来越广泛，同位素示踪技术主要用于营养物质的消化、吸收与代谢的研究。同位素示踪技术是通过测定添加物在动物体内的代谢、吸收、转运等一系列生物功能，研究被追踪元素在生物体内变化的规律，它既可以简单地研究生物对元素的吸收运转，也可以研究复杂的生理、生化过程。几十年来，应用同位素示踪技术对几十种矿物质成分在动物体内的吸收、转移和代谢进行了研究，包括磷、钙、碘、铁、钠、钾、锰、钴、铜、砷、硒等。例如，研究微量元素硒在体内各种组织中的分布情况，可注入同位素标记的硒，然后屠宰测定各种组织中同位素硒的含量，算出其分布的比例就可从吸收饲料硒的量而推知进入各组织中硒的量。也有学者用^{59}Fe研究了仔猪对铁的吸收利用情况。近年来^{15}N的应用更为广泛，可以用^{15}N标记干乳清喂猪，测定消化道中氮的吸收和内源性氮的分泌情况。

随着同位素质谱检测灵敏度和精确度的提高，其应用也日益广泛。目前可用于同位素标记的物质也日益增多，不但能标记单个元素（^{2}H、^{14}C、^{13}C、^{15}N、^{23}Mg、^{32}P、^{35}S、^{40}K、^{45}Ca、^{55}Fe、^{60}Co、^{65}Zn、^{132}I），而且可标记化合物（^{15}N－尿素、$CH_4{}^{14}COOH$ 等）和进行双标记（$^{15}NH_4{}^{14}CHCOOH$，$NH_4{}^{14}CH_4{}^{14}COOH$）。其中，$^{2}H$、$^{13}C$、$^{15}N$为稳定同位素。同位素示踪虽有其特有的优点，但仪器设备昂贵，技术复杂，在动物营养研究中还局限在一定范围内。

二、无菌操作技术

在动物营养研究中，由于微生物的干扰，使某些研究在常规条件下难以实现。如果能消除环境或动物消化道微生物的干扰，将有利于研究那些受微生物干扰而无法进行研究的营养问题。无菌操作技术是在人医上应用比较广泛且成熟的一项技术，比如将胎儿在无菌条件下剖腹取出，避免经阴道自然分娩引起的污染，然后在无菌环境中喂养等。无菌操作技术在动物研究中稍滞后一些，直到 1975 年，Cumocks 在猪胚胎移植过程中，采用了无菌净化技术，在畜牧生产中才越来越多地采用无菌操作技术。

无菌操作技术在动物营养领域中的应用，主要集中如下几个方面，一是在动物营养分子生物学研究中，比如进行 PCR 技术过程中有些需要灭菌。二是在饲料发酵过程中，要消除杂菌的干扰也需要灭菌。

三、外科造瘘技术

外科瘘管技术也是动物营养试验中比较重要的试验技术。营养研究中外科造瘘一般指在动物通常是腹部开一个口，并用一个管道（瘘管）与消化道某一部位相通，使消化道内容物能从管中排出体外，或者可通过瘘管向胃或消化道放入物体（如尼龙袋），或者可经消化道收取分泌物（如消化液）。进行瘘管试验的目的包括：①测定真消化率时，避免大肠微生物的干扰。②测定动态消化率或者降解率。

在本章第二节中已讨论到动物消化道微生物对饲料氨基酸消化吸收的影响，在测定猪氨基酸的消化率时，需在回肠末端安装瘘管，收取未经过大肠微生物作用的饲料残渣进行分析；在猪、禽的离体消化试验中，如采用小肠液作消化液，也需安装瘘管收集消化液；测定反刍动物瘤胃饲料蛋白质的降解率，也需在瘤胃或十二指肠安装瘘管。

常用的瘘管有 T 形和桥式两种，一般采用塑料或不锈钢制成，便于安装固定，也耐酸、碱和机械的碰撞。猪回肠末端安装 T 形瘘管如图 13-4 所示。

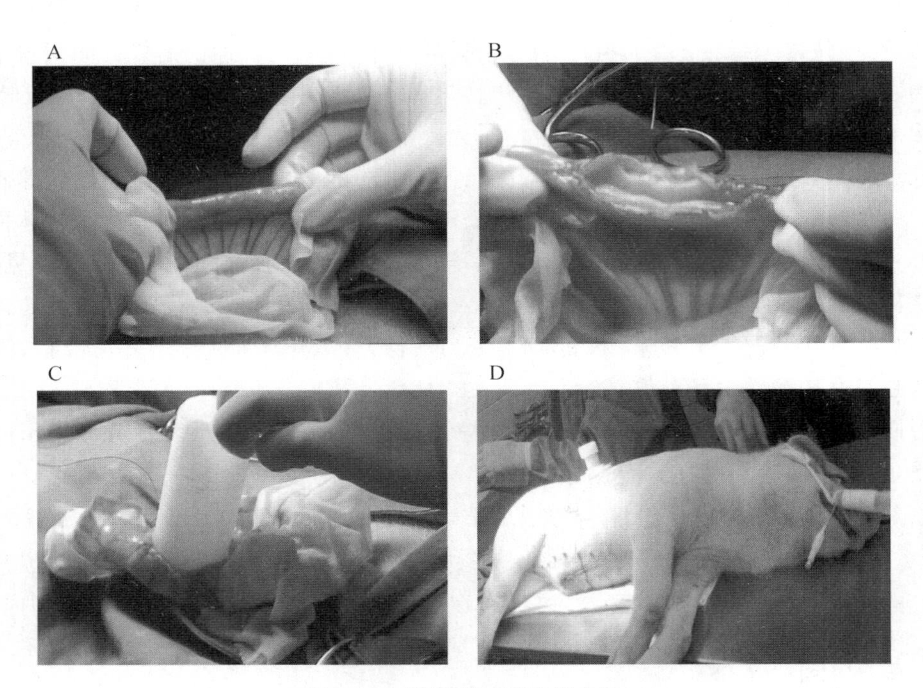

图 13-4 猪回肠 T 形瘘管安装

四、现代分子生物技术

随着现代分子生物技术的不断发展以及动物营养学研究的不断进步，营养代谢机理方面的研究正向基因、分子水平渗入。运用分子生物学技术来研究营养物质在机体内的生理生化作用、并阐述其分子机制，是未来动物营养学的发展趋势与发展方向。随着我国经济的高速发展和技术的进步，我国自主研发的高、精设备在分子生物技术试验中使用率越来越高，进一步反哺取得更多的研究成果，也促进了我们动物营养学科的发展。另外，开发生物发酵饲料以及新型饲料添加剂等也离不开分子生物学的研究手段，分子生物技术在动物营养上的应用将会越来越深入、越来越广泛。与动物营养研究密切相关的分子生物技术包括基因表达调控技术、基因工程技术、微生物发酵技术及蛋白质组学技术等。

(一)基因表达调控技术

营养与基因调控是分子营养研究中的重要内容，在分子水平上研究营养与基因表达、调控的关系，以从根本上阐明营养对机体的作用机制。应用最广泛的是 PCR 与 Western blotting 技术。

1. PCR 技术

聚合酶链式反应(PCR)是一种用于扩增特定的 DNA 片段的分子生物学技术，能将微量的 DNA 大幅增加。目前常用的荧光定量 PCR(Real-time PCR)技术是在 PCR 反应体系中加入荧光物质，通过检测系统对荧光信号进行实时检测，并对数据进行分析的方法。

2. Western blotting 技术

Western blotting 又称蛋白质免疫印迹技术，是利用抗原抗体特异性结合检测国标蛋的表达量。将电泳分离后的蛋白转移到固相载体 PVDF 膜上，然后利用特异性抗体检测特定抗原的一种蛋白质检测技术，目前已在蛋白表达水平检测、抗体活性检测和疾病诊断等方面广泛应用。

(二)基因工程技术

基因工程技术是指将一种生物体(供体)的基因与载体在体外进行重组,然后转入另一种生物体(受体)内,使之按照人们的意愿稳定遗传,表达出新产物或新性状。通过该技术可提高动物的生长速度、产毛量、改变乳的成分,改善肉质。比如通过外源基因在乳腺中的表达可改变乳汁的成分,提高乳汁的营养价值,如导入乳铁蛋白基因,提高乳铁蛋白在乳中的含量,弥补牛奶中铁含量的相对不足;导入溶菌酶基因可以降低乳中细菌的含量等。

(三)微生物发酵技术

发酵工程是现代生物工程的重要组成部分,可利用微生物手段生产符合人类生活所需的产品。发酵工程是采用现代工程技术手段,利用微生物的特定功能为人类生产有用的产品,使微生物资源得到不断的开发。发酵工程在饲料领域也得到了高度认可和广泛应用,例如利用微生物发酵工程开发新型饲料添加剂;以微生物发酵技术同传统固体发酵技术相结合形成的生产固体发酵饲料。微生物发酵技术的应用达到了节约粮食、减缓人畜争粮、饲料开源节流的目的。

(四)肠道菌群多样性研究技术

应用于肠道菌群多样性研究的分子生物学技术主要有16S rDNA序列分析技术(DGGE、TGGE、PCR-SSCP、T-RFLP)等。16SrDNA为原核生物核糖体16S rRNA的编码序列,大小约1500 bp,其分子质量适中,结构与功能保守。该技术应用原理:PCR扩增目的基因组DNA,回收扩增的16SrDNA片段,然后连接至克隆载体,进行测序。目前,16SrDNA序列分析技术被广泛应用于微生物多样性的研究。16S rDNA序列测定被用于细菌分型鉴定、发现和描述新的细菌种类,尤其是表型鉴定难以确定的细菌。其中的变性梯度凝胶电泳(DGGE)技术于1993年被应用于分子微生物生态学领域,该技术是一种含有梯度变性剂的聚丙烯酰胺凝胶电泳,是可以将序列不同但片段长短相同的DNA分开的分子生物学技术。DGGE图谱中的每条条带代表一种微生物,条带越多,微生物种类越多,条带亮度代表微生物组成的差异。因此,可通过分析图谱上的条带数目、位置和丰度了解微生物的组成和构成比例等生物信息。

(五)蛋白质组学技术

随着动物营养学向着分子方向纵深发展,各种新型组学技术(如转录组学、宏基因组学、蛋白质和代谢组学等)开始应用到分子营养学中。蛋白质组学是其中具有代表性的一种技术,蛋白质组学指的是运用分子生物学先进的科学仪器和技术手段,对生物体细胞或组织中的蛋白质进行鉴定,并分析当研究对象处于不同生长阶段或生理环境中蛋白质所发生的一系列变化,进而探讨研究环境和自身因素的改变对细胞代谢、蛋白质功能、互作及对机体整体代谢的影响,力求在蛋白质水平上解释生命的现象和本质。

蛋白质组学技术在动物营养研究中的应用主要集中在揭示动物生长发育规律和营养元素作用的分子机制和调控机理方面,另外,该技术在营养学中还能为某些营养代谢关键调控靶点的发现提供很好的数据支持。蛋白质组学技术对系统地理解蛋白质相关功能、解析生理过程、鉴定发现,验证分子生物标志物等生命科学研究具有重要意义。高通量蛋白质分离技术、大规模蛋白质鉴定技术和生物信息学技术等是定量蛋白质组学的关键技术。

本章小结

化学分析是动物营养学中最基础、最常用的试验技术。主要是对饲料、动物组织及动物排泄物的某些成分进行定性、定量分析。通过有关化学成分的测定，可以判定动物营养状况、以及评定饲料的营养价值、为动物营养需要提供基础数据。

消化试验是将饲料饲喂给动物，准确测定动物每天的采食量与排粪量，并检测饲料及粪便中总能或各种养分的含量，计算出摄入与排出总能或养分的差值，从而计算出饲料消化能及养分消化率的试验。消化试验可分为体内消化试验(全收粪法和指示剂法)、尼龙袋法和体外消化试验(消化道消化液法和人工消化液法)。通过消化试验来评定饲料中各种养分的消化率，是评定饲料营养价值的重要方法。

代谢试验是在消化试验的基础上，再增加尿液的收集，测定尿中排泄的养分和能量。该试验可准确测定饲料中可消化(可利用)养分的含量，也是评定饲料营养价值的重要方法。代谢试验的目的一是测定饲料或原料的代谢能值，二是测定饲料的养分利用率。家畜代谢试验是在消化试验的基础上，再增加尿液收集装置，其过程与要求与消化试验相同。家禽粪便与尿液难以分开，一般更适合做代谢试验。

研究营养物质食入量与排泄、沉积或产品间的数量平衡关系的试验称为平衡试验。通过平衡试验，测得营养物质的食入、排泄和沉积的数量，进而估计营养物质的需要量和饲料营养物质的利用率。平衡试验可以分为物质平衡试验与能量平衡试验，而物质平衡试验又包括碳、氮平衡试验。

饲养试验是指在接近生产实际的条件下，通过给动物饲喂一定含量的营养物质、饲料或饲料添加剂，在一定试验期内，对其增重、产蛋、产奶、采食量、饲料转化率等生产性能指标进行测定，并可以进一步对组织及血液生化指标进行测定，来确定动物对养分的需要量或比较饲料或饲料添加剂的优劣。饲养试验得到的结果比单纯的消化试验和代谢试验更加可靠，因而饲养试验是动物营养研究中应用最广泛、使用最多的基本的综合试验。屠宰试验往往是伴随着饲养试验进行，是在测定动物生产性能、粪尿及血液指标的基础上，为了进一步了解动物机体成分的变化和评定胴体品质，必须屠宰动物，以比较试验组与对照组的差异，故有时也称为比较屠宰试验。由于试验的目的和要求不同，屠宰的方式和测定的指标也不尽相同。

同位素示踪技术、无菌操作技术、外科瘘管技术、现代分子生物技术也是在动物营养研究中应用比较广泛的技术。

复习思考题

1. 概略养分分析方法主要内容，比较概略养分分析和纯养分分析法方法的优缺点。

2. 简述消化试验的主要方法和简要操作过程。

3. 某饲粮消化试验结果为，饲料 CF 含量 40%，粪中 CF 含量 40%，饲料指示剂含量 3%，粪中指示剂含量 6%，请计算 CF 消化率。

4. 为什么要做代谢试验？简述进行鸡代谢试验的步骤。

5. 简述平衡试验的原理、分类及其内容。

6. 试验中主要存在的困难有哪些？

CHAPTER 14

第十四章 动物营养需要与饲养标准

生产优质的饲料产品除了挑选合适的原料和加工工艺外，选择精准的饲养标准，以满足动物营养需要的饲料配方技术也至关重要。饲养标准是动物营养学家公布的研究成果，加上饲料营养价值评定方面的成果，按动物种类总结成一套系统、简明、实用的表册式配套资料，供生产和科学研究应用。

饲养标准规定了不同动物品种、不同生理阶段，不同生产用途的畜禽所需的各项营养物质的数量。国际上饲养标准很多，最具权威、应用最多的是美国国家研究会(NRC)标准。我国地域辽阔，动物品种、饲料资源均有自身的特点，且土地、气候、畜牧业生产水平差异也较大。因此，我们国家也颁布了一系列自己的动物饲养标准。我国的饲养标准是美国 NRC 标准和我国国情相结合的产物。本章主要简要介绍动物营养需要的概念、营养需要量的研究方法，饲养标准的内容、基本特性与应用，以及主要养殖动物的饲养标准。

第一节 动物营养需要

一、营养需要的概念

营养需要也称营养需要量，是指动物在最适宜环境条件下，正常、健康生长或达到理想生产成绩时对各种营养物质种类和数量的最低要求，简称“需要”。营养需要量是一个群体平均值，不包括一切可能增加需要量而设定的保险系数。

制定这种营养需要是为了使营养物质定额具有更广泛的参考价值。因为在最适宜的环境条件下，同品种或同种动物在不同地区或不同国家对特定营养物质需要量没有明显差异，这样就使营养需要量在世界范围内可以相互借用和参考。为了保证相互借用和参考的可靠性及经济有效地饲养动物，营养物质的定额按最低需要量给出。同时，对一些有毒有害的微量营养素，也给出耐受量和中毒量。

营养需要中规定的营养物质定额一般不适宜直接在动物生产中应用，需要根据具体条件，适当考虑一定程度的保险系数。动物生产的实际环境条件一般均较难达到制定营养需要所规定的条件要求。因此，应用营养需要中的定额时，认真考虑和把握保险系数的数值含义十分重要。

二、确定营养需要量的指标

动物所需要的营养物质包括碳水化合物、蛋白质、脂肪、矿物元素、维生素及水分，动物采食这些营养物质后，其效果的好坏可以通过一些指标表现出来。常用的确定动物营养需要量的指标主要包括生产性能指标、生理生化指标以及其他指标。根据不同的指标确定的营养需要量不同，生产上往往多个不同指标，综合确定。

（一）生产性能指标

生产性能与生产实际紧密结合，方便实用，是确定营养需要量最常用的指标。生产性能又可包括生长性能（采食量、日增重和料重比）、繁殖性能（总产仔数、产活仔数、初生窝重、断奶窝重等）、产蛋性能（采食量、蛋重、产蛋率和料蛋比）、产乳性能（采食量、日产乳量）等。如果实际生产性能与预期的生产性能相吻合，则对应的营养物质摄入量即为营养需要量。用生产性能初步确定营养需要量，但不能反映营养物质的摄入对动物体组成及畜产品质量的影响。

（二）生理生化指标

生理生化指标包括血液生化指标、组织器官养分含量、消化道消化酶活性、血液及肝脏中抗氧化指标及免疫指标等。比如确定蛋鸡钙、磷需要量时，除了测定产蛋性能外，还需要测定血液中钙磷含量、骨骼及蛋壳中灰分、钙磷含量、骨骼强度及蛋壳质量等指标。

（三）其他指标

除了生产性能、生理生化指标外，有时候还需要根据具体情况采用其他指标来确定动物营养需要量。比如确定单胃动物氨基酸需要量时，除了考虑日增重外，还需要考虑瘦肉率等指标。考虑猪钙磷需要量时，除了考虑生产性能及生理生化指标外，还需要考虑环境中氮磷的排放量等。

三、动物营养需要量的研究方法

畜禽生理活动包括维持、生长、肥育、妊娠、产蛋、产奶、产毛、役用等多方面。任何畜禽在任何时候都至少处于一种生理状态（即维持状态），常常同时处于两种（如维持和妊娠）或三种（如维持和生长、肥育）生理状态。畜禽的营养需要即是满足各项生理活动需要的总和。因此，畜禽营养需要量可从生理活动角度分为维持需要和生产需要两部分。生产需要又可细分为生长、肥育、妊娠、产蛋、产奶、产毛和役用等各项需要。

确定畜禽营养需要量的方法可归为两类：综合法和析因法

（一）综合法

综合法根据“维持需要和生产需要”统一的原理，采用饲养试验、代谢试验及生物学方法笼统确定某种畜禽在特定生理阶段、生产水平下对某一养分的总需要量。如用饲养试验确定猪饲料中适宜食盐水平，结果见表14-1。综合考虑日增重和饲料增重这两个指标，则适宜的食盐水平为0.2%～0.3%。

表 14-1　高铜饲料中食盐水平对猪生产性能的影响

食盐(%)	0.30	0.35	0.40	0.45	0.50
平均日采食量(kg)	1548.75	1572.9	1632.6	1652.6	1688.6
平均日增重(g)	591.5	602.3	632.8	635.6	637.7
饲料/增重	2.62	2.61	2.58	2.60	2.65

综合法是研究营养需要量最常用的方法，可直接测知动物对养分的总需要量，常用于研究妊娠母猪等动物的营养需要，其结果可用于指导生产。但综合法不能解析出构成总需要量的各项组分，即不能把维持和生产需要部分分开，因而难于总结变异规律。

(二)析因法

析因法就是根据“维持需要和生产需要”分开的基本原理，分别测定维持需要和生产需要，各项需要之和即为畜禽的营养总需要量。可概括为：

养分总需要量＝维持需要＋生产需要

详细剖析为：$R=\alpha W^{b}+cX+dY+eZ+\cdots$

式中：R—某养分的总需要量；

W—自然体重；

W^{b}—代谢体重；

α—常数，即每千克代谢体重的需要量；

X,Y,Z—代表不同产品中某养分的含量；

c,d,e—分别代表饲料养分转化为产品养分的利用率。

按此公式，可以推算任一体重、任一生理阶段、任一生产水平下畜禽的养分需要量。应用析因法时，关键要掌握公式中的各项参数。

析因法比综合法更科学、合理，但所确定的需要量一般低于综合法。析因法原则上适用于推算任何体重和任一生产内容时畜禽对各种养分的需要量，但在实际应用中由于某一生理阶段的生产内容受多种因素干扰，且饲料养分转化为产品的利用率难于准确测定，因此大多数情况下仍采用综合法确定。如妊娠母畜的营养需要多采用综合法确定。再如维生素、矿物元素在体内代谢复杂，利用率难于准确测定，因而也采用综合法确定。

总之，在实际应用中，综合法和析因法都可用来确定需要量，并且两种方法相互渗透，使确定的需要量更为准确，如用综合法时常常借用析因法的原则和参数。随着方法的改进和资料的积累，析因法将会发挥更大的作用。

第二节　饲养标准

一、饲养标准的概念

饲养标准是根据大量动物饲养试验和生产实践的总结，结合饲料营养价值评定方面的结果，确定各种特定动物(不同种类、性别、年龄、体重、生理状况、生产目的、生产水平和环境条件)每天应给予的各种营养成分的数量，或日粮中应含有的各种营养成分的最低数量，把这些数据规定为动物从事正常生产所必须达到的基本营养标准，这种特定动物的营养定额就称为饲养标准。饲养标准一般是经动物营养学家制定，总结成一套系统、简明、实用的表册式资料，由有关权威机构定期或不定期颁布发行。

饲养标准是动物营养和饲料科学领域大量科学试验研究成果的客观概括和总结，所列数据都是以高度可信的、规范的重复试验资料为基础，体现了本领域的最新研究进展和生产实践经验。因此，颁布的饲养标准具有科学性、先进性、权威性、可变化性、条件性和局限性等特点。

二、饲养标准的种类和内容

(一)饲养标准的种类

根据动物营养和饲料科学的最新研究成果和进展，现行饲养标准以不同动物为基础并结合不同的生理阶段、生产目的、生产水平等因素分类制定。现在已经制定并颁布了猪、禽、奶牛、肉牛、绵羊、山羊等动物的饲养标准或营养需要，并在养殖业和饲料工业中得到了广泛应用，对促进科学、安全、高效养殖起到了重要的推动作用，创造了显著的经济、环境和社会效益。

目前可参考的饲养标准主要有我国国家标准、美国国家研究会(NRC)标准、英国农业研究委员会(ARC)标准、以及日本、澳大利亚等国家颁布的饲养标准。另外，也可以参考一些著名育种公司颁布的饲养标准。

(二)饲养标准的组成与内容

饲养标准一般可由六个部分组成，即序言、研究综述、营养定额、饲料营养价值用表、典型饲料配方和参考文献。

1. 序言

主要包括说明制定和修订饲养标准的意义和必要性、饲养标准所涉及的内容、饲养标准利用研究资料的情况等内容。修订饲养标准还要说明本次修订的主要变化和与前一版显著不同的地方。

2. 研究综述

主要总结到目前为止最新的有关研究资料。一般是按能量、蛋白质、脂肪、碳水化合物、水、矿物质、维生素等营养物质的种类，以专题的形式进行详细和深入的总结概括。综述是体现饲养标准制定或修订后的科学性和先进性的基本依据，也是制定营养定额的基础。

3. 营养定额

是饲养标准营养指标数量化的具体体现，是应用饲养标准时的主要参考部分。营养定额一般是以表格的形式列出每一个营养指标的具体数值，以方便查找和参考。

4. 饲料营养价值用表

列出常用饲料的常规营养成分，部分或全部列出维生素、矿物元素含量。不同饲养标准还不同程度列出蛋白质、氨基酸、磷等可消化或可利用程度方面的资料。饲料营养价值表与饲养标准配套使用。我国饲料营养价值表一直在更新，现也更新至2020年第31版的《中国饲料成分及营养价值表》。

5. 典型饲料配方

是给应用者在设计饲料配方时提供具体的、有参考价值的饲料配方设计。通过典型饲料配方指导,可以使应用者得到如何设计符合饲养标准要求的实际饲料配方的启发。

6. 参考文献

详细列出了制定或修订饲养标准所涉及的可靠资料来源及与营养定额数值有关的文献,以便查阅。

三、饲养标准的指标体系

饲养标准的指标体系包括能量指标体系、蛋白质指标体系、氨基酸指标体系等,除以上指标以外,还包括采食量、纤维素、脂肪酸、维生素、矿物元素、非营养素指标等体系。不同饲养标准或营养需要除了在制定能量、蛋白质和氨基酸定额时采用的指标体系有所不同以外,其他指标所采用的体系基本相同。在确定营养指标的种类上,不同国家和地区则差异较大。

(一)能量指标体系

常用消化能(DE)、代谢能(ME)或净能(NE)作为饲养标准中的能量指标。不同种类动物因消化代谢生理或饲粮结构的不同采用的能量指标体系有所不同,同一种动物不同国家或地区的用的能量指标体系也有差别。家禽常用 ME,世界各国比较一致。猪的能量体系各国不完全相同,美国、加拿大等国用 DE,也用 ME,NRC(2012)第十一版《猪的营养需要》也列出了猪的 NE 需要量;欧洲各国多用 ME,也有给出 DE;我国目前仍以 DE 为主,部分使用 ME。反刍动物多用 NE,也有部分用 DE、ME,例如奶牛采用产奶 NE,肉牛采用增重 NE,肉羊采用 DE、ME。部分饲养标准也标出了可消化总养分(TDN)、饲料单位、淀粉价等。随着科技水平的提升及研究成果的突飞猛进,以后动物饲料标准中有效能体系会选择准确性更高的 NE。

(二)蛋白质指标体系

蛋白质指标也是饲养标准的一个重要指标,它用于反映动物对总氮的需要,常用粗蛋白(CP)和可消化粗蛋白(DCP)表示。我国以猪、禽等为主的单胃动物,主要用于反映对真蛋白质的需要,常用 CP 表示蛋白质定额,反刍动物通常 CP 和 DCP 都标出。中国奶牛饲养标准(NY/T34—2004)标出了粗蛋白、可消化粗蛋白、小肠可消化粗蛋白 3 个指标;美国 NRC(2001)奶牛饲养标准标出了代谢蛋白质(MP)、瘤胃微生物蛋白(MCP)、瘤胃降解蛋白(RCP)、过瘤胃蛋白(RUP)等指标;美国 NRC(2016)肉牛饲养标准则以代谢蛋白质(MP)作为蛋白质指标;英国的新蛋白质体系将蛋白质需要量分为瘤胃可降解蛋白(rumen degraded protein,RDP)和瘤胃非降解蛋白(rumen undegraded protein,RUP)。

(三)氨基酸指标体系

氨基酸指标主要用于反映动物对蛋白质质量的要求。大多数饲养标准主要列出必需氨基酸(EAA),少部分列出非必需氨基酸,而且不同饲养标准,不同生理阶段的动物列出的 EAA 指标种数不同。当前,多数饲养标准采用总必需氨基酸含量体系表示氨基酸定量需要,按理想蛋白质考虑时,也用到非必需氨基酸或非必需氮。NRC 和 ARC 猪的营养需要中,全部必需氨基酸指标均列出,同时列出部分非必需氨基酸。现行 NRC(2012)第十一版《猪的营养需要》不仅列出了总氨基酸需要量,还列出了真回肠可消化氨基酸和表观回肠可消化氨基酸需要量。

(四)其他营养指标

不同种类饲养标准,不同国家和地区的饲养标准列出的指标多少不同。

(1)采食量　一般饲养标准根据饲粮风干物质重量按动物维持、生长或生产所需的能量多少列出采食的数量。

(2)脂肪酸　饲养标准中一般列出必需脂肪酸中亚油酸需要量,部分饲养标准列出了饲料原料脂肪酸组成,例如 NRC(2012)第十一版《猪的营养需要》。

(3)维生素　一般列出脂溶性维生素(维生素 A、维生素 D、维生素 K、维生素 E)和水溶性维生素(B 族维生素和维生素 C)的需要量。反刍动物一般只列出部分或全部脂溶性维生素,非反刍动物则脂溶性和水溶性维生素都部分或全部列出。

(4)矿物元素　按常量元素和微量元素的顺序列出。常量元素一般列出钙、磷、钾等的需要量,有的饲养标准还列出了有效磷指标。微量元素中一般列出铁、锌、铜、锰、碘、硒的需要量。

(5)非营养素指标　指为保证或改善饲料品质,改善和促进动物生产性能,保证动物健康,提高饲料利用率而使用的饲料添加剂。传统"标准"不包括这类指标,随着动物营养和饲料科学研究不断深入,非营养性物质不断广泛地在饲料工业和动物生产中应用。NRC 第十一版《猪的营养需要》已对部分非营养性添加物质的使用提出了指导意见。

四、饲养标准数值的表示方法

饲养标准表达方式有所不同,大体上有以下几种表示方法。

(1)按单位饲粮中营养物质浓度表示　饲养标准中一般按特定水分含量给出风干饲粮基础浓度,如 NRC(2012)版饲养标准中按 90%的干物质浓度给出营养指标定额;2004 版中国猪营养需要则按 88%干物质浓度给出营养指标定额。根据给定的干物质浓度,用相对单位浓度表示营养需要,对动物饲养、饲粮配合、饲料工业生产全价配合饲料十分方便。多数饲养标准都列出按这种方式表示的营养浓度。例如我国肉脂型生长育肥猪的饲养标准,体重为 5～8 kg 仔猪饲粮中需要粗蛋白 21%,消化能 13.8 MJ/kg,赖氨酸 1.34%,钙 0.86%,非植酸磷 0.42%。不同饲养标准,表示饲粮营养需要的方法基本相同,能量用"MJ/kg"或"Mcal/kg"表示,粗蛋白、氨基酸、常量元素用百分数表示,维生素用国际单位"IU/kg"或"mg/kg"。

(2)按单个动物每天需要量表示　单个动物每天的需要量是结合单位饲粮中营养物质浓度和动物采食量计算所得的结果,明确给出每头动物每天对各种营养物质所需要的绝对数量。用这种方法表示动物的营养需要,对动物生产者估计饲料配制和饲喂量非常方便和适用。多数猪、禽和反刍动物的饲养标准均以这种方式列出各种营养物质的确切需要量。例如,NRC(2012)版饲养标准中体重在 25～50 kg 阶段的生长猪,每天每头需要钙 9.87 g,总磷 8.47 g,赖氨酸 14.8 g。

(3)按单位能量浓度表示　这种表示法列出了单位能量浓度推荐的营养物质组成,有利于衡量动物采食的营养物质是否平衡。例如我国鸡饲养标准((NY/T 33－2004))采用了这种表示方法,比如 8 周龄以前的生长蛋鸡饲粮,每兆焦 ME 需要 15.95 gCP(即蛋白质能量比)。

(4)按体重或代谢体重表示　此表示法在析因法估计营养需要或动态调整营养需要中比较常用。按维持加生长或生产制定营养需要标准也采用这种表示方式。反刍动物饲养标准多采用这种方式表示营养需要，例如产奶母牛维持的粗蛋白质需要是4.6 g/$W^{0.75}$，钙、磷、食盐的维特需要分别是每100 kg体重6 g、4.5 g和3 g。

（5）按生产力表示　即动物生产单位产品（肉、奶、蛋等）所需要的营养物质数量，例如奶牛每产1 kg标准奶需要CP58 g。母猪带仔10～12头，每天需要DE66.9 MJ。反刍动物饲养标准还可能有其他表示方法，如NRC奶牛的营养需要中，能量常列出可消化总养分（TDN），我国奶牛饲养标准中能量指标列出了奶牛能量单位（NND）等。

第三节　饲养标准的应用

饲养标准是确切衡量动物对营养物质客观要求的尺度，是动物饲养的准则。它可使动物饲养者做到心中有数，不盲目饲养。但饲养标准并不能保证饲养者能合理饲养好所有动物。饲养标准有其基本特性，因此，在应用饲养标准时，对饲养标准要正确理解，灵活应用。既要看到饲养标准先进性和科学性，也要重视饲养标准的条件性和局限性。

一、饲养标准的基本特性

（1）饲养标准的科学性和先进性　饲养标准或营养需要是以动物营养和饲料科学理论为基础，以最新科学研究和生产实践研究结果为依据，真实客观地反映了动物维持和生产对饲粮营养物质的客观需求，是理论与实践的结合。具有高度科学性和广泛实用性的饲养标准中所涉及的营养数据指标均是来源于大量可信度高的、规范的重复试验。对重复实验资料不多的部分营养指标，在“标准”或“需要”中均有说明。表明“标准”是实事求是、严密认真科学工作的成果。

（2）饲养标准的权威性　饲养标准中基础数据来源的科学性和先进性是体现标准权威性的基础。而且饲养标准均是由有关权威机构定期或不定期颁布发行，也体现了标准的权威性。饲养标准中的基础数据来源于营养学家和生产者大量生产研究成果的总结，所得到的数据资料须经过有关专家组严格审定，最后提交至权威部门进行颁布，体现了饲养标准的较高的严谨性和权威性。

（3）饲养标准的可变化性　随着科学技术不断发展、动物生产水平的不断提高，饲养标准或营养需要也需要不断更新以实现最大化生产效率。因此，饲养标准应当是与时俱进的。另一方面，饲养标准主要指导饲养者合理提供营养物质，饲养者必须结合动物的生理状态、饲养环境、生产水平等因素适当调整营养供给，灵活运用，才能保证经济高效饲养。总之，适当调整饲养标准的目的是使设定的营养定额尽可能满足动物对营养物质的客观需求。

（4）饲养标准的条件性和局限性　饲养标准中基础数据来源条件决定了标准的条件性，饲养标准中基础数据是根据特定的动物、特定的环境条件、特定的生理阶段或生理状态而获得的，因此数据的产生就具有条件性，这也决定了标准使用的局限性。实际生产条件变化多样性，如个体差异、不同的环境条件、不同的饲粮品质、不同的市场经济形势等因素都会不同程度地影响动物的饲养和营养需要量。因此，饲养标准都只在一定条件下、一定范围内适用，不能无条件生搬硬套“标准”。应对“标准”中的营养定额酌情进行适当调整，才能避免其局限性，增强实用性。

二、饲养标准的作用

(1)提高动物生产效率　饲养标准的科学性和先进性，不仅是保证动物适宜、快速生长和高产的技术基础，而且是确保动物平衡摄入营养物质，避免因摄入营养物质不平衡而增加代谢负担，甚至罹病，为动物生长和生产提供良好体内外环境的重要条件。

饲养实践证明，在饲养标准指导下饲养动物，生长动物显著提高生长速度，生产动物产品的动物显著提高动物产品产量。与传统的用经验饲养动物相比，生产效率和动物产品产量提高1倍以上。在现代化的动物生产中，生长肥育猪的饲养周期已可以缩短到160～180 d以内。产蛋鸡的产蛋能力已基本接近产蛋的遗传生理极限。

(2)提高饲料资源利用效率　利用饲养标准指导饲养动物，不但合理满足了动物的营养需要，而且显著节约饲料，减少浪费。用传统饲养方法养两头育肥猪耗用的能量饲料，仅通过添加少量饼(粕)生产成配合饲料后即可饲养三头育肥猪而不需要额外增加能量饲料，大大提高了饲料资源的利用效率。

(3)推动动物生产发展　饲养标准指导动物生产的高度灵活性，使动物饲养者在复杂多变的动物生产环境中，始终能做到把握好动物生产的主动权，同时通过适宜控制动物生产性能，合理利用饲料，达到始终保证适宜生产效益的目的，也提高了生产者适应生产形势变化的能力，激励饲养者发展动物生产的积极性。一些经济和科学技术比较发达的国家和地区，动物饲养量减少，动物产品产量反而增加，明显体现了充分利用饲养标准指导和发展动物生产的作用。

(4)提高科学养殖水平　饲养标准除了指导饲养者向动物合理供给营养，也具有帮助饲养者计划和组织饲料供给，科学决策发展规模，提高科学饲养动物的能力。

三、应用饲养标准的基本原则

饲养标准是制定生产计划、组织饲料供给、设计饲粮配方、生产平衡饲粮、对动物实行标准化饲养管理的技术指南和科学依据。因此，应用任何一个饲养标准，要充分注意以下基本原则，以促进动物高效安全生产。

(1)选用合适的饲养标准　饲养标准都是有条件性和局限性的，是特定的动物在一定生产阶段具体的营养定额。因此所选用的饲养标准要尽可能和目标动物保持一致，重点把握饲养标准所要求的条件与应用对象实际条件的差异，尽可能选择最适合应用对象的饲养标准。例如给我国地方黑猪配制饲料，应考虑我国地方猪与外种猪的生产水平、生理代谢差异，要尽可能选用地方猪的饲养标准，若选用NRC猪的营养需要则不符合我国地方猪种的营养需要量。除了动物遗传特性以外，绝大多数情况下均可以通过合理设定保险系数，适当调整饲料营养物质配比或增减营养水平，使饲养标准规定的营养定额适合应用对象的实际情况。

(2)灵活使用饲养标准　饲养标准规定的营养定额一般只对具有广泛或比较广泛的共同基础的动物饲养有应用价值，对共同基础小的动物饲养则只有指导意义。要使饲养标准规定的营养定额变得可行，必须根据具体情况对营养定额进行适当调整。选用按营养需要原则制定的饲养标准，一般都要增加营养定额。选用按“营养供给量”原则制定的“标准”，营养定额增加的幅度一般比较小，甚至不增加。选用按“营养推荐量”原则制定的“标准”，营养定额可适当增加。

(3)饲养标准与效益的统一性　应用饲养标准规定的营养定额，不能只强调满足动物对营养物质的客观要求，而不考虑饲料生产成本。必须贯彻营养、效益（包括经济、社会和生态等效益）相统一的原则。饲养标准中规定的营养定额实际上显示了动物的营养平衡模式，按此模式向动物供给营养，可使动物有效利用饲料中的营养物质。在饲料或动物产品的市场价格变化的情况下，可以通过改变饲料的营养浓度，不改变平衡，而达到既不浪费饲料中的营养物质又实现调节动物产品的量和质的目的，从而体现饲养标准与效益统一性原则。只有注意饲养标准的适合性和应用定额的灵活性，才能做到饲养标准与实际生产的统一，获得良好的结果。

第四节　主要养殖动物的饲养标准

一、猪饲养标准

（一）中国猪饲养标准

我国先后在 1987 年、2004 年及 2020 年颁布了中国猪饲养标准。

（1）猪饲养标准 NY/T65－1987　本标准是我国于 1987 年颁布的第一个中国猪饲养标准，该标准将我国猪品种分为瘦肉型和肉脂型两个类型，瘦肉型猪分为 1～5 kg、5～10 kg、10～20 kg、20～60 kg、60～90 kg 五个生长阶段。标准中的粗蛋白指标是国内饲养试验结果的总结，氨基酸中给出了赖氨酸、蛋氨酸＋胱氨酸、精氨酸和异亮氨酸等 5 个氨基酸数据，维生素和矿物质基本参考了 NRC 数据。肉脂型猪分为 20～35 kg、35～60 kg、60～90 kg 三个生长阶段。是对国内饲养试验结果和生产数据的总结。1987 年版的猪饲养标准对我国当时养猪业的发展做出了重要的贡献。

（2）猪饲养标准 NY/T65－2004　猪饲养标准 NY/T65－1987 颁布后，经过近 20 年的发展，随着猪品种的改良及科技的进步，我们养猪业发生了翻天覆地的变化，急需制订出新的饲养标准。我国 1999 年成立了由中国农业大学、四川农业大学、中国农科院畜牧研究所及广东省农科院畜牧研究所等单位参加的专家委员会，制订出了修订版的猪饲养标准，并于 2004 年 9 月 1 日发布，即中国猪饲养标准（NY/T65－2004）。新版猪饲养标准也是分为瘦肉型和肉脂型两类，瘦肉型猪是指瘦肉占胴体体重的 56％以上，胴体膘厚 2.4 cm 以上，体长大于胸围 15 cm 以上。肉脂型猪指瘦肉占胴体体重的 56％以下，胴体膘厚 2.4 cm 以下。将 1987 年版标准中的 1～5 kg、5～10 kg、10～20 kg 三阶段改为 3～8 kg、8～20 kg 两个阶段。

（3）《仔猪、生长育肥猪配合饲料》团体标准　随着我国饲料工业发展迅速，近几年饲料产量居全球第一，但饲料资源长期短缺，特别是蛋白饲料原料的进口依赖度接近 80％，成为制约我国饲料工业和养殖业发展的瓶颈。同时，饲料利用效率不高，不仅增加动物代谢负担，而且导致养分大量过度排放，带来了比较突出的环境污染问题，长此以往将成为环境治理的一大难题。为切实减少饲料原料特别是蛋白质饲料原料的消耗，有效破解养殖业的环境约束因素，建立可持续发展的产业体系，中国饲料工业协会联合国内动物营养领域专家及大型饲料企业，在 2018 年共同起草了《仔猪、生长育肥猪配合饲料》（表 14-2）、《蛋鸡、肉鸡配合饲料》两项团体标准。

两项团体标准增设了粗蛋白质、总磷上限值，下调了部分指标的下限值，增加了限制性氨基酸品种，重新划分了动物生长阶段。新标准在全行业全面推行后，养殖业豆粕年消耗量有望降低约 1 100 万 t，带动减少大豆需求约 1 400 万 t，对于保障我国饲料和养殖业蛋白原料供给和提高利用效率，将发挥积极作用，有利于提升我国饲料工业水平，促进高质量发展。

表 14-2 《仔猪、生长育肥猪配合饲料》团体标准

项目	仔猪配合饲料		生长肥育猪配合饲料			
	3～10 kg	10～25 kg	25～50 kg	50～75 kg	75～100 kg	>100 kg
粗蛋白/%	17～20	15～18	14～16	13～15	11～13	10～12.5
赖氨酸/%≥	1.4	1.2	0.98	0.87	0.75	0.65
蛋氨酸/%≥	0.39	0.34	0.27	0.24	0.21	0.18
苏氨酸/%≥	0.87	0.74	0.58	0.54	0.47	0.38
色氨酸/%≥	0.24	0.2	0.17	0.15	0.13	0.11
缬氨酸/%≥	0.9	0.77	0.63	0.56	0.48	0.42
粗纤维/%≤	5	6	8	8	10	10
粗灰分/%≤	7	7	8	8	9	9
钙/%	0.5～0.8	0.6～0.9	0.6～0.9	0.55～0.8	0.5～0.8	0.5～0.8
总磷/%	0.5～0.75	0.45～0.7	0.4～0.65	0.3～0.6	0.25～0.55	0.2～0.5
氯化钠/%	0.3～1	0.3～1	0.3～0.8	0.3～0.8	0.3～0.8	0.3～0.8

注①总磷的含量已经考虑了植酸酶的使用。

②表中蛋氨酸的含量可以是蛋氨酸＋蛋氨酸羟基类似物及其盐折算为蛋氨酸的含量，如使用蛋氨酸羟基类似物及其盐，应在产品标签中标注折算其蛋氨酸系数。

(4)猪营养需要量 GB/T639235—2020　国家标准《猪营养需要量》(GB/T 39235—2020)由中华人民共和国国家市场监督管理总局、中华人民共和国国家标准化管理委员会发布，于2021年6月1日开始实施。新标准由中国农业大学、四川农业大学、广东省农业科学院动物科学研究所、重庆市畜牧科学院、中国农业科学院北京畜牧兽医研究所、东北农业大学、全国畜牧总站等单位起草，规定了瘦肉型猪、脂肪型猪和肉脂型猪的营养需要量。

和2004版猪饲养标准相比，《猪营养需要量》(GB/T 39235—2020)突出中国的养殖特点，涵盖了瘦肉型者、脂肪型者和肉脂型者的营养需要；精细阶段划分，满足精准营养需求；以先进养殖理念为主导，兼顾我国饲养和配种习惯，首次较为详细给出了后备母猪和后备公猪的营养需要；并注重环保和精准营养。

(二)美国 NRC 猪饲养标准

美国国家科学研究委员会(简称 NRC)自1998年出版第十版《猪营养需要》以来，时隔14年之后，于2012年推出了第十一版《猪营养需要》，也称 NRC 猪饲养标准(2012)。新版的 NRC 猪营养需要和1998年版相比，主要是猪生长阶段的划分发生了变化，1998年版的生猪从3～5 kg开始，到最后阶段的80～120 kg；而2012版从5～7 kg开始，最后阶段延伸到了100～135 kg，这样的变化更符合生产实际。二是新版中未提供粗蛋白水平，只有氨基酸水平。三是微量元素需要量发生变化，怀孕、哺乳母猪和种公猪微量元素需要量都大幅增加。

二、鸡饲养标准

(一)中国鸡饲养标准

1. 鸡饲养标准(NY/T33—2004)

中国《鸡的饲养标准》(1986)是我国第一个鸡饲养标准，而随着我国家禽生产和饲料工业

的蓬勃发展，并逐步走向现代化和高效益的发展阶段，因而迫切需要代表最新营养研究水平和成果的“鸡的营养需要”的指导。以我国1986以来在各营养素需要量方面的研究结果为主，并适当参考国外有关研究成果，同时考虑我国肉鸡和蛋鸡饲养业的生产实践，且氨基酸数据确定时使用了理想氨基酸模型，制定出了我国鸡饲养标准（NY/T33－2004）。该标准列出了我国蛋用鸡、肉用鸡、黄羽肉鸡的营养需要量。该标准中分别给出了蛋用鸡、肉用鸡和黄羽肉鸡在不同阶段对代谢能、粗蛋白质、必需氨基酸、常量矿物元素、微量元素、亚油酸和维生素的需要量。

2.《蛋鸡、肉鸡配合饲料》团体标准（2018）

我国蛋鸡和黄羽肉鸡数量位居世界第一，白羽肉鸡位居世界第二，但产业发展导致的问题也越来越严峻。一方面，对饲料资源的需求大大超过了国内的供应能力，需要大量进口国外饲料资源，形成了我国养殖业发展对国际饲料资源市场的严重依赖。另一方面，养殖废弃物排放成为环境污染中的主要来源。

《蛋鸡、肉鸡配合饲料》团体标准（2018）由中国饲料工业协会批准发布，于2018年11月1日起实施。新标准在全行业全面推行后，养殖业豆粕年消耗量降低约1 100万t，带动减少大豆需求约1 400万t，对保障我国饲料和养殖业蛋白原料供给和提高利用效率发挥积极作用，有利于提升我国饲料工业水平，破解养殖业环境约束，建立可持续发展的产业体系。

团体标准的变化主要是：①设定了粗蛋白质上限值，增加了限制性氨基酸苏氨酸指标；②降低了总磷下限和上限值；③增加了我国特色养殖品种黄羽肉鸡的相关指标。具体见表14-3至表14-4。

3.黄羽肉鸡的营养需要量（NY/T 3645－2020）

当前我国黄羽肉鸡年出栏约40亿只，大约占肉鸡总出栏量的1/2。按照其生长速度和出栏时间，主要分为快速型、中速型和慢速型三大类。以前黄羽肉鸡标准主要是针对中速型黄羽肉鸡饲养制定的，并没有考虑其他两种类型的营养需要以及公母分开饲养的实际。同时，我国黄羽肉鸡饲料来源千差万别，非常规饲料使用非常普遍，不同饲料氨基酸消化率差异很大，总氨基酸需要量标准是已不能适应生产需求，无法准确反映黄羽肉鸡氨基酸实际需要。为此，由广东省农业科学院动物科学研究所为牵头单位起草了我国乃至全球唯一一个黄羽肉鸡的营养需要量标准（NY/T 3645－2020）。

新标准则细分了不同品种类型、不同性别黄羽肉鸡商品代营养需要量，并建立营养需要量预测模型；和欧美国家一致，采用了氮校正代谢能。新标准还补充了真可利用氨基酸需要量、真可利用氨基酸/氮校正代谢能比值、增加常用油脂产品的特性与有效能值，同时建立了84种常用饲料原料、15种饲用油脂、氨基酸添加剂、矿物质等的化学成分及营养价值数据库，能更加精准、科学地指导生产。

（二）美国NRC鸡饲养标准

美国NRC鸡饲养标准美国自从1994年颁布实施后，至今还没有更新，NRC（1994）建议了蛋鸡和肉鸡各阶段营养需要量，能量与蛋白质指标分别采用的是代谢能和粗蛋白体系，也是饲料配方的重要参考依据。

表 14-3　蛋鸡、白羽肉鸡配合饲料主要营养成分指标

项目	蛋鸡[2]								白羽肉鸡			
	育雏期			育成期		开产前期	产蛋期		生长前期		生长中期	生长后期
	0～2周龄	2～6周龄	0～6周龄	6～12周龄	12～16周龄	16周龄～<5%产蛋率	高峰期	产蛋后期	0～10日龄	10～21日龄	21～35日龄	>35日龄
粗蛋白/%	19～22	17～19	18～20	15～17	14～16	16～17	15～17.5	13～15	21～23	20～22	18～21	16～19
赖氨酸/%≥	1.00	0.80	0.85	0.66	0.45	0.60	0.65	0.60	1.20	1.00	0.90	0.80
蛋氨酸/%≥	0.40	0.30	0.32	0.27	0.20	0.30	0.32	0.30	0.50	0.40	0.35	0.30
苏氨酸/%≥	0.65	0.50	0.55	0.45	0.30	0.40	0.45	0.40	0.80	0.68	0.62	0.55
粗纤维/%≤	5.0	6.0	6.0	8.0	8.0	7.0	7.0	7.0	5.0	7.0	7.0	7.0
粗灰分/%≤	8.0	8.0	8.0	9.0	10.0	13.0	15.0	15.0	8.0	8.0	8.0	8.0
钙/%	0.6～1.0	0.6～1.0	0.6～1.0	0.6～1.0	0.6～1.0	2.0～3.0	3.0～4.2	3.5～4.5	0.7～1.1	0.7～1.1	0.7～1.0	0.6～1.0
总磷[1]/%	0.4～0.7	0.4～0.7	0.4～0.7	0.35～0.75	0.30～0.75	0.35～0.60	0.35～0.60	0.30～0.50	0.50～0.75	0.45～0.75	0.40～0.70	0.35～0.65
氯化钠/%	0.30～0.80	0.30～0.80	0.30～0.80	0.30～0.80	0.30～0.80	0.30～0.80	0.30～0.80	0.30～0.80	0.30～0.80	0.30～0.80	0.30～0.80	0.30～0.80

注①总磷含量已经考虑了植酸酶的使用。②育雏期分为两个阶段的，选用0－2周龄、3－6周龄指标。育雏期只有一个阶段的，选用0－6周龄指标。

表 14-4 黄羽肉鸡配合饲料主要营养成分指标

项目	快速型黄羽肉鸡			中速型黄羽肉鸡			慢速型黄羽肉鸡			
	0～21 日龄	21～42 日龄	＞42 日龄	0～30 日龄	30～60 日龄	＞60 日龄	0～30 日龄	30～60 日龄	60～90 日龄	＞90 日龄
粗蛋白/%	20～22	18～20	16～18	19～21	17～19	15～17	18～20.5	15～18	14～17	13～16
赖氨酸/%≥	1.00	0.90	0.80	0.95	0.85	0.75	0.90	0.75	0.70	0.65
蛋氨酸/%≥	0.40	0.35	0.30	0.36	0.32	0.28	0.32	0.30	0.28	0.26
苏氨酸/%≥	0.65	0.60	0.55	0.60	0.50	0.45	0.50	0.45	0.40	0.35
粗纤维/%≤	6.0	7.0	7.0	6.0	7.0	7.0	6.0	7.0	7.0	7.0
粗灰分/%≤	8.0	8.0	8.0	8.0	8.0	8.0	8.0	8.0	8.0	8.0
钙/%	0.8～1.2	0.7～1.2	0.6～1.2	0.8～1.1	0.7～1.1	0.6～1.0	0.8～1.1	0.6～1.1	0.5～1.0	0.5～1.0
总磷/%	0.45～0.75	0.40～0.70	0.40～0.70	0.45～0.75	0.40～0.70	0.40～0.70	0.45～0.75	0.40～0.70	0.40～0.70	0.30～0.60
氯化钠/%	0.30～0.80	0.30～0.80	0.30～0.80	0.30～0.80	0.30～0.80	0.30～0.80	0.30～0.80	0.30～0.80	0.30～0.80	0.30～0.80

注:总磷含量已经考虑了植酸酶的使用。

三、牛饲养标准

(一)奶牛饲养标准

(1)中国奶牛饲养标准(NY/T34－2004)　由中华人民共和国农业部于2004年8月25日颁布,9月1日实施。

相比于猪与鸡营养需要与饲养标准,中国奶牛饲养标准较为复杂。我国1986年首次制定了奶牛饲养标准,当时采用的是粗蛋白体系,新版本中重点修订新蛋白质体系,将粗蛋白质体系更换为较系统的小肠蛋白质营养新体系,也保留了粗蛋白质的参数,在2004版标准中,共有12个项目,即能量体系、饲料产奶净能值的测算、成年母牛的能量需要、生长牛的能量需要、奶牛小肠蛋白质营养体系、蛋白质的营养需要量、饲料的能量、各种牛的营养需要表、奶牛常用饲料的成分与营养价值表。

(2)美国NRC(2001)奶牛饲养标准　美国NRC(2001)奶牛饲养标准是美国NRC奶牛营养需要量第六次修订版,汇集了当时奶牛营养学研究的最新成果,补充了奶牛干物质摄取量、饲料能量的评价、代谢蛋白质(MP)和氨基酸需要量的部分内容。

(二)肉牛饲养标准

(1)中国肉牛饲养标准(NY/T815－2004)　由中国农业科学院畜牧研究所、中国农业大学等单位专家起草,由中华人民共和国农业部于2004年颁布实施。本标准规定了肉牛对饲粮干物质进食量、净能、小肠可消化粗蛋白、矿物元素及维生素需要量标准。

(2)美国NRC(2016)肉牛饲养标准　美国国家科学院-工程院-医学科学院组织编撰的《肉牛营养需要》(第8次修订版)于2016年正式出版。本版本是在第7次修订版基础上根据过去16年来肉牛营养研究的最新成果制定的。2018年中国农业大学肉牛研究中心孟庆翔等主译出版。

四、肉羊饲养标准

中国肉羊饲养标准(NY/T816—2004)由中国农业科学院畜牧研究所及内蒙古畜牧科学院联合起草制定。主要是制定了肉用绵羊和山羊对日粮干物质采食量、消化能、代谢能、粗蛋白、维生素、矿物质等每日需要量值,主要适用于以产肉为主,产毛、绒为辅而饲养的绵羊和肉羊品种。而随着我国养羊业生产性能的提高及科研发展,我国中国农业科学院畜牧研究所、内蒙古自治区农牧科学院、河北农业大学等6家科研院所起草制定了中国肉羊营养需要量(NY/T 816－2020),以替代肉羊饲养标准(NY/T 816－2004)。与2004版肉羊饲养标准相比,2020版的标准名称改为“肉羊营养需要量”,新标准修改了肉用绵羊和肉用山羊的营养需要量,增加了净能、可消化蛋白质、代谢蛋白质、净蛋白质、中性洗涤纤维、酸性洗涤纤维等术语和定义。删除了总能和粗蛋白质术语和定义。

本章小结

营养需要是指动物在最适宜环境条件下,正常、健康生长或达到理想生产成绩对各种营养物质种类和数量的最低要求,简称“需要”。营养需要量是一个群体平均值,不包括一切可能增加需要量而设定的保险系数。

畜禽营养需要量的研究方法可归纳为两类:即综合法和析因法。综合法是根据“维持需要和生产需要”统一的原理,采用饲养试验、代谢试验及生物学方法笼统确定某种畜禽在特定生理阶段、生产水平下对某一养分的总需要量。析因法是根据“维持需要和生产需要”分开的原理,分别测定维持需要和生产需要,各项需要之和即为畜禽的营养总需要量。析因法比综合法更科学、合理。在实际应用中,综合法和析因法都可用来确定需要量,并且两种方法相互结合,使确定的需要量更为准确。随着方法的改进和资料的积累,析因法将会发挥更大的作用。

饲养标准是根据大量饲养实验结果和动物生产实践的经验总结,对各种特定动物所需要的各种营养物质的定额做出的规定,这种系统的营养定额及有关资料统称为饲养标准。

饲养标准主要内容包括六个组成部分,即序言、研究综述、营养定额、饲料营养价值、典型饲粮配方和参考文献。饲养标准的指标体系有:能量指标体系,蛋白质指标体系,氨基酸指标体系,除以上指标以外,还包括以下营养指标:采食量、脂肪酸、维生素、矿物元素、非营养素指标。饲养标准是动物饲养的准则,具有科学性和先进性、权威性、可变化性、条件性和局限性等特点。生产上常常应用的猪、鸡、牛、羊等动物饲养标准可参考我国及美国 NRC 发布的适合特定动物的饲养标准。

复习思考题

1. 什么是营养需要、饲养标准的概念?
2. 动物营养需要量的研究方法及其特点?制定营养需要与饲养标准有什么意义?
3. 什么是饲养标准?饲养标准包括哪些内容?
4. 饲养标准的指标体系和指标种类包括哪些?
5. 饲养标准的基本特性是什么?
6. 如何合理利用饲养标准?为什么不能照搬营养需要与饲养标准?
7. 当前我国实际生产中参考的主要饲养标准包括哪些?按动物种类进行简述。

CHAPTER 15

第十五章 维持与生长育肥的营养需要

动物要首先满足自身生存的需要(维持需要)后，才能将多余的能量和其他养分用于生产。维持是动物最基本的生命活动，维持需要是确定动物营养需要的重要前提。生长发育是动物生命过程中的重要阶段，是动物机体细胞数量增多和组织器官体积增大，整体体积及重量增加的过程，也是物质积累的过程，同时是进行畜牧生产、获得畜产品的主要途径。因此，科学地、准确地确定生长育肥动物的营养需要，对提高生产效率具有重要的意义。本章主要介绍动物维持营养需要的概念，确定维持营养需要的基本方法及影响维持需要的因素。并重点介绍动物生长发育和机体养分沉积规律，确定生长育肥动物的营养需要。

第一节　维持需要的概念及意义

一、维持和维持需要

(一)维持

维持是健康动物生存过程中的一种基本状态。动物保持维持状态时，其体重保持不变、体内营养物质的种类和数量保持恒定，分解代谢和合成代谢处于动态平衡状态。成年休闲空怀的役畜、非配种季节的成年种公畜、成年空怀干奶期奶牛、休产母鸡都可以近似地看作一种维持状态。而对于生长动物或有产品产出的动物来讲，即使动物的分解、合成代谢的能力保持不变，也不能完全保证体成分之间的比例保持一成不变。例如，产毛动物的产毛特性不受身体所处状态的干扰，维持或处于维持水平之下，甚至绝食状态，依旧产毛，因此体内蛋白质、脂肪等物质的比例会发生相应改变。

(二)维持需要

维持需要是指动物在维持状态下对能量、蛋白质、氨基酸、矿物元素、维生素等各种养分的需要。动物的维持需要不用于生长和生产动物产品，仅仅维持生命的基本代谢过程，能够补充营养素在周转代谢过程中的损失以及满足必要的活动需要所需的各种养分。维持需要是基础代谢营养需要和自由活动营养需要两者之和。

二、维持需要的意义

(一)维持需要在动物营养需要研究中的理论意义

在动物营养需要研究中，维持需要研究是一项最基础的研究，是测定动物营养需要的基础。使人类了解不同动物或同一类动物在不同的生长状态下的营养需求，为更进一步探索动物营养需求的规律奠定基础。研究维持需要使得更进一步了解动物代谢特点及规律成为可能，进一步阐明不同动物在维持需要的状态下营养物质的利用情况，提高营养物质的利用率。

(二)维持需要在指导动物生产中的实际意义

在动物生产中，维持需要属于非生产需要，但又是必不可少的部分，是动物进行生产的前提。动物只有在满足维持需要的基础上，多余的养分才用于生产。只有维持需要与生产需要两者之间处于合理的水平，才能使生产效率最大化。表 15-1 表明，动物摄入的 ME(代谢能)等于其维持需要的 ME 时，维持所占比例为 100%，生产需要占比 0%；当摄入的 ME 大于其维持需要的 ME 时，用于生产部分所占的比例增大，相应的用于维持需要比例减少。在现代动物生产中，为了能够增加生产效益，一般在动物生产允许的合理范围内，选择适当增加饲料投入的方法使得用于维持的营养需要相对降低，相应地增加了用于生产的养分比例，以此来获取更多的利润。因为在现代动物生产中，饲料成本占据了动物饲养成本的一半以上，是制约生产效益的主要因素。降低维持的饲料成本，将饲料成本向生产需要倾斜，才能制定出能够提高经济收益的生产计划和较为科学的经济技术指标。

表 15-1 畜禽能量摄入与生产之间的关系

种类	体重/kg	摄入 ME/(MJ/d)	产品/(MJ/d)	维持需要 ME/(MJ/d)	维持占/(%)	生产占/(%)
猪	200	19.65	0	19.65	100	0
猪	50	17.14	10.03	7.11	41	59
鸡	2	0.42	0	0.42	100	0
鸡	2	0.67	0.25	0.42	63	37
奶牛	500	33.02	0	33.02	100	0
奶牛	500	71.48	38.46	33.02	46	54
奶牛	500	109.93	76.91	33.02	30	70

第二节 动物维持状态下的营养需要

一、维持的能量需要

(一)有关定义

1. 基础代谢

指在适宜的环境条件下，健康正常动物在空腹、绝对安静及放松状态时，维持自身生存所必要的最低限度的能量代谢。此时的能量消耗仅用于维持生命最基本的活动。动物的基础代谢与其体重有关。大量的试验研究表明，动物每日的基础代谢（BM）与动物的体重（W）的0.75次方成正比，即：

$$BM = aW^{0.75}$$

式中：$W^{0.75}$ 代谢体重；a代表每千克代谢体重每日消耗的净能。

各种成年动物的a比较一致，为 292.88 kJ/$W^{0.75}$，即 $BM = 292.88\ W^{0.75}$

2. 绝食代谢

又称为饥饿代谢或空腹代谢，是指动物绝食一段时间后，达到空腹状态，此时测得的能量代谢称为绝食代谢。绝食代谢的水平一般比基础代谢稍高。

测定绝食代谢需要符合以下的条件：

(1)动物身体机能健康良好，环境温度适宜，营养水平良好。

(2)动物处于饥饿和空腹状态。对此条件，实际测定绝食代谢过程中常依据不同情况选择不同指标作为测定依据。

①以甲烷产量作为空腹状态的一个依据，这种测定方法用于反刍动物较为合适。因为反刍动物甲烷的产量与瘤胃中饲料的留存量相关。瘤胃中饲料越多，产生甲烷越多。当甲烷产量稳定且产量最低时，这一最低甲烷产量即为动物胃肠道营养物质处于最低水平时的产量，但当动物采食之后又会继续上升，因而用其来反应反刍动物的空腹状态比较合理。

②选用脂肪代谢的呼吸熵（RQ值）作为空腹代谢的依据。不同种类的动物，由于其身体的营养代谢特点不同，营养物质代谢的呼吸熵也不同。在绝食状态下，机体主要是通过脂肪代谢提供能量，这一测定方法可适用于肉食动物或杂食动物，尤其是杂食动物，当其刚采食后，机体主要以消耗碳水化合物为主，此时呼吸熵接近于1；采食经过一段时间后，呼吸熵降低到0.707，此时的状态说明动物机体开始动用脂肪，动物此时处于绝食空腹的状态。

③消化道处于吸收后状态的标准化。不同动物的消化特点各有差异，采食之后达到空腹状态的时间亦不同，除了反刍动物比较难以界定，达到空腹状态所需的时间较长（至少120 h以上），其余的动物处于空腹状态的时间较容易确定。不同动物有不同规定，猪采食之后达到空腹的时间为72～96 h，禽类需要48 h，大鼠19 h，兔60 h，人的时间较短，为12～14 h。

(3)动物处于安静且全身放松的状态。这种状态相对于动物来说难以达到，当动物处于饥饿状态时，出于本能反应会四处寻觅食物，所以很难做到全身放松，而且躺卧放松的动物比站立放松的动物更难达到这种要求。因此在实际测定的过程中，可以允许动物有一定的自由活动，情绪安定自然即可。也有人认为这种方式测得数据的误差较大，建议在晚间动物停止采食，处于安静躺卧状态下进行测定。通常在实际测定过程中的绝食代谢或基础代谢与理论要求存在一定差异，而且不同的测定者依据的测定条件也存在差异，所以严格区分不同测定对象需要的测定方法很有必要，且测定结果的使用术语需要与其对应，一般人的测定采用基础代谢，其他动物以绝食代谢较为合适。

3. 随意活动

随意活动系指动物维持生存所进行的一切有意识的活动。主要是指在绝食代谢的基础上，动物为了维持生存所必需进行的活动。通常情况下，实际生产中测定的维持代谢与测定人员在实验条件下测定的绝食代谢还有一定的差距，主要是由于在实际生产中动物的活动量较大，但是活动量增加的程度往往难以测定。一般在确定生产条件下的维持能量需要时，活动量增减的量占绝食代谢的百分数表示。猪、禽等活动量稍大的动物，可以在绝食代谢的基础上增加50%来满足维持需要，牛、羊等可以增加20%～30%。活动量会随着动物种类和其所处状态而发生变化。例如，动物是否处于应激状态、舍饲或放牧等，舍饲动物猪、牛、羊活动量增加20%，放牧增加25%～50%，公畜在此基础上另加15%，处于应激条件下的动物可增加100%甚至更高。

(二)绝食代谢的表示及测定方法

(1)绝食代谢的表示方法　由于动物个体和品种的差异，绝食代谢产生热量相差较大，从体型小的小鼠到大体型的大象，绝食代谢产热相差105～106倍之多，因此计算绝食代谢产热一般不宜用个体产热量评判。表15-2为各种动物的绝食代谢产热及不同表示方法，可看出不同动物之间用单位体重计算产热量，物种间差异较大，用单位体表面积表示，也无规律可循。经过大量分析发现，采用单位代谢体重表示各种成年动物绝食代谢产热是一种较为准确的方法。不同动物绝食代谢产热可以用下列公式近似计算：

$$绝食代谢/(kJ/d)=300\times BW^{0.75}$$

对不同种类或同一种类的不同个体，考虑到它们之间的差异，需要在计算的基础上另做调整。例如，绵羊或山羊要在此平均值的基础上降低15%，公牛比母牛要高15%。

以上绝食代谢的测定方法只适用于成年动物，不适用于生长动物。生长动物随着年龄的增加，单位代谢体重的绝食代谢产热量减少，一般幼龄动物的单位代谢体重产热高于成年动物，如小牛从388.74 kJ减少到成年的300 kJ左右。

表15-2　各种动物的绝食代谢产热及不同表示方法

动物	体重/kg	总产热/(kJ/d)	单位体重产热/(kJ/kg)	单位面积产热 ME/(kJ/m²)	单位代谢体重产热/kJ
小鼠	0.10	51.83	518.30	2 693.59	293.02
大白鼠	0.29	117.46	405.03	2 991.31	296.78
珍珠鸡	1.00	290.09	290.09	3 223.20	293.02
产蛋鸡	2.00	499.93	249.97	3 491.14	297.20
猪	100.00	9 200.18	92.00	4 672.40	293.02
奶牛	500.00	34 100.00	68.00	7 000.00	320.00
公牛	1 000.00	52 000.04	52.00	5 643.00	293.02
育肥牛	482.00	32 411.72	67.24	5 738.72	315.17
绵羊	50.00	4 301.22	86.02	3 599.82	228.65
山羊	36.00	3 344.00	92.89	3 367.41	227.39
大象	3 672.00	204 820.00	55.78	9 303.47	434.40
狗	10.00	1 700.01	170.00	4 038.30	297.20

(2)绝食代谢的测定方法　通常使用直接测热和间接测热两种方法测定绝食代谢。

①直接测热法。主要根据能量守恒定律直接进行测定。使用测热器直接测定动物处于绝食代谢的状态下扩散到周围环境中的热量，进一步计算出动物的代谢产热量，即为绝食代谢产热。一般采用的时间范围为24 h，使用电子自动记录测定。

②间接测热法。这种方法不再测定动物绝食状态下扩散到周围环境中的热量，而是基于动物体内营养物质完全被氧化分解的共同特点和反应物、生成物与自由能三者之间的变化关系，以热化学原理为依托，计算动物在某特定环境条件下的代谢产热量。可以用碳氮平衡法或RQ测定法测定反应物、生成物的量。

(三)维持能量需要的测定方法

1. 根据基础代谢计算

$$维持能量需要=基础代谢+随意活动消耗$$

因随意活动消耗是按基础代谢的一定比例(20%～50%)计算，因此维持能量需要也可表示为：

$$维持能量需要=基础代谢\times(120\%\sim150\%)$$
$$=292.88W^{0.75}\times(120\%\sim150\%)$$

若用代谢能或消化能表示维持能量需要，则需考虑能量之间的转化系数。由消化能转化为代谢能和由代谢能转化为净能的系数：反刍动物分别为82%和50%～60%，猪分别为96%和70%。集约化条件下的动物活动量相对较易评定，但其他条件下的动物活动量较难准确评定。一些成年动物的维持能量需要见表15-3。

表15-3　不同成年动物的维持能量需要

动物	绝食代谢/(kJ/kgBW$^{0.75}$)	活动量增加/%	NEm/(kJ/kg BW$^{0.75}$)	MEm→NEm效率/%	MEm/(kJ/kg BW$^{0.75}$)	DEm→MEm效率/%	DEm/(KJ/kg BW$^{0.75}$)
空怀母猪(国内)	300.00	—	322.23	80	415.91	—	—
母猪	300.00	20	360.00	80	450.00	96	468.75
种公猪	300.00	45	435.00	80	543.75	96	566.41
轻型蛋鸡	300.00	35	405.00	80	506.25	—	
重型蛋鸡	300.00	25	375.00	80	468.75	—	
奶牛	300.00	15	345.00	68	507.35	82	618.72
种公牛	300.00	25	375.00	68	551.47	82	672.52
母绵羊	255.00	15	293.25	68	431.25	82	525.91
公绵羊	255.00	25	318.75	68	468.75	82	571.65
鼠	300.00	23	369.00	80	461.25	96	480.69

引自(ARC 1980、NRC 1994、NRC 2001和中国奶牛饲养标准2004)。

2. 比较屠宰实验法

顾名思义这种方法需要将动物进行屠宰之后测定。为了降低测定误差，测定的动物需体重、体况相近。平均分为两组，一组用于测定能量含量，另一组在特定条件下进行饲喂，间隔一段时间后屠宰，同样测定该组的能量值，前后两组能量的差值与日粮提供的能量进行比较，超出部分的能量即为用于维持的能量。

3. 回归方法

研究表明,采食动物的绝食代谢要高于绝食动物,因此如果将绝食代谢、活动量、生产部分三部分单独评定难以符合生产需要的标准,同时也为评定维持能量需要增加难度。

营养需要是维持需要和生产需要两者之和,因而可用 $y=a+bx$ 模型来计算实际生产条件下动物的维持需要,函数中 y 表示动物摄入能量,x 代表产品量,a 代表维持能量需要,b 代表单位产品能。通过饲养实验可得到采食不同能量和相应动物产品能信息,从而得到 a,b 数值。由于回归法存在一定局限性,拟定回归方式的资料要求全面,可以覆盖到从维持到不同生产水平,从而获得更精确的数据。

不同种类动物产出不同产品,其营养成分也存在差异,因此可以将上述公式中 x 进行剖分,析因式如下:

$$y=a+b_1x_1+b_2x_2+b_3x_3+\cdots$$

在无产品产出的情况下,式中 x 项全部为 0,a 同样代表维持需要。

二、维持蛋白质、氨基酸需要

处于维持状态的动物,仍不断从粪、尿和体表排泄含氮物质,包括内源尿氮(EUN)、代谢粪氮(MFN)和体表氮损失三部分。这是动物处于维持状态时消耗的氮。

(一)概念

(1)内源尿氮(EUN)　动物在维持正常的生命活动过程中,机体必要的最低限度体蛋白净分解代谢经尿中排出的氮。是评定维持蛋白质需要的重要组成部分。

动物机体内蛋白质的代谢一直处于动态的平衡状态,蛋白质在各种酶的作用下被分解成氨基酸,后者一部分用于体蛋白的合成,另一部分被机体氧化分解产生尿素或尿酸,并主要经尿液排出体外。内源尿氮中还包括肌肉中肌酸分解成的肌酸酐氮,因此内源尿氮并不能完全反应体蛋白质净分解的程度,只能在某种意义上说明动物在无氮日粮下,尿素氮存在的最低稳定值,说明动物此时处于基础氮代谢状态。正常饲喂的动物,尿素氮中除了包含内源尿氮,还包括外源尿氮。外源尿氮是由于日粮中的蛋白质因不符合体蛋白合成的要求而直接被氧化分解,最终随尿液排出的部分。

(2)代谢粪氮(MFN)　动物采食无氮饲粮时,经粪中排出的氮叫代谢粪氮。主要来源于脱落的消化道上皮细胞和胃肠道分泌的消化酶等含氮物质,也包括部分体内蛋白质氧化分解经尿素循环进入消化道的氮。代谢粪氮的排出量随采食量的升高而升高,也与饲料品质有关,品质越好,代谢粪氮排出量越少。

(3)体表氮损失　动物处于基础氮代谢的条件下,经皮肤表面损失的氮。主要指皮肤在新陈代谢过程中,由于皮肤的表皮细胞和毛发衰老脱落时,包含在其中的氮。具有汗腺的动物,机体内蛋白质代谢的终产物,也会有少部分随皮肤排泄到外界。体表氮损失的量与动物大小、年龄,环境等因素有关,测定基础氮代谢时,因体表损失氮极少,可忽略不计。所以,维持蛋白质需要即为内源尿氮与代谢粪氮之和乘以蛋白质转化系数 6.25,即:

$$维持蛋白质需要=(内源尿氮+代谢粪氮)\times 6.25$$

(二)基础氮代谢的评定

(1)无氮饲粮法 基础氮代谢的常用评定方法为无氮饲粮法。即饲喂动物无氮饲粮,分别测定内源尿氮和代谢粪氮的量。动物采食无氮饲粮一段时间后,粪和尿中氮含量降低到最低水平,并趋于稳定,此时的粪氮即为代谢粪氮,尿氮即为内源尿氮。用这种方法评定成年动物蛋白质维持需要或评定饲料蛋白质的生物学价值,对结果的准确度影响不大,但用于评定生长动物维持蛋白质需要则可能偏低。因为生长动物基础氮代谢水平较成年动物更高,一部分氮需用于体蛋白沉积。另外,在反刍动物评定中,瘤胃和盲肠微生物对代谢粪氮影响较大。因此,有人提出采用总的体组织维持氮需要代替内源尿氮加代谢粪氮的评定方法更合适。

(2)用基础代谢来估计 大量试验证明,内源尿氮和基础代谢有关,每消耗 1 kJ 净能,内源尿氮排出量:猪为 0.48 mg,反刍家畜为 0.36 mg。代谢粪氮和内源尿氮也存在稳定的比例关系,猪、鸡的代谢粪氮为其内源尿氮的 40%,兔为 60%,反刍动物中牛羊为 80%。因此可根据基础代谢来估计内源尿氮和代谢粪氮的量。最后再根据蛋白质的生物学价值即可计算每天的维持所需粗蛋白的量。

(3)用氮平衡和饲养试验来测定 维持蛋白质需要也可以用氮平衡和饲养试验来测定,这是早期评定维持蛋白质需要的方法。

(三)维持的蛋白质、氨基酸需要的测定方法

(1)按照基础氮代谢估计维持需要 基础氮代谢是内源尿氮、代谢粪氮和体表氮损失的总和。基础氮代谢中氮的损失从某一层面反映出动物对饲料氮供给的基本需求,即维持氮需要,而且是净氮维持需要。将基础氮代谢的量转换为粗蛋白质,除以饲料蛋白质用于维持的生物学价值,再除以饲料蛋白质的消化率,就可以得到维持的粗蛋白质需要。因此想要获得维持的粗蛋白质需要,基础氮代谢的量、饲料蛋白用于维持的生物学价值、饲料蛋白质的消化率三个条件是必要的,具体可以参考下面的公式进行计算:

$$R=6.25\times[(MFN\times DMI)+(EUN\times BW^{0.75})+SLN\times BW^{0.75}]/(BV\times TD)$$

该公式中:

R 为维持的粗蛋白质需要(g/d),MFN 为代谢粪氮(g/kg. d),以干物质为基础,

DMI 为食入干物质量(kg/d),EUN 为内源尿氮(g/kg. d),SLN 为体表氮损失(g/kg. d),BW 为动物的体重(kg),BV 为蛋白质的生物学价值,TD 为真实消化率。

例如,一头体重 100 kg 的猪,每日每千克体重内源尿氮排泄量为 150 mg,每日采食 3 kg 干物质,每采食 1 kg 干物质排泄的代谢粪氮是 1.5 g,体表氮损失为每日每千克代谢体重 0.018 g,真消化率为 80%,蛋白质用于维持的生物学价值为 0.55,则每日维持粗蛋白需要量计算如下:

内源尿氮总排泄量 $EUN=150\times100^{0.75}=4.74(g/d)$

代谢粪氮总排泄量 $MFN=1.50\times3=4.5(g/d)$

体表氮损失 $SLN=0.018\times100^{0.75}=0.57(g/d)$

净蛋白质维持需要量 $TPm=6.25\times(EUN+MFN+SLN)=61.3(g/d)$

维持粗蛋白需要量 $CPm=TPm/(BV\times TD)=61.3/(80\%\times0.55)=139.3(g/d)$

有研究者对特种野猪的基础氮代谢和维持蛋白质需要进行研究,并且给出了维持蛋白质需要量的计算公式。研究选用了体重接近 45 kg 的特种野猪 6 头,采用代谢笼单笼饲养,采用

无氮饲粮测定代谢粪氮、内源尿氮、体表氮损失，及内源氨基酸损失规律，结果如表 15-4 所示。

表 15-4　特种野猪的代谢粪氮、内源尿氮、体表氮损失

项目	检测值
体重/kg	44.17±2.53
代谢体重/kg	17.11±0.73
DMI/(kg/d)	1.2±0.00
排粪量/(g/d)	81.10±5.60
排尿量/(g/d)	1 053.40±227.45
皮屑、毛/(g/d)	6.6±0.30
粪中粗蛋白质含量/%	11.49±0.06
尿中粗蛋白质含量/%	2.56±0.58
皮屑、毛中粗蛋白质含量/%	38.38±0.61
代谢粪氮	1.243±0.087
内源尿氮	0.205±0.005
体表氮损失	0.024±0.001

表 15-5 列出了一些畜禽维持的蛋白质需要，在应用上面的公式确定维持的粗蛋白质需要时，有两个特殊的情况需要主要：一是用真消化蛋白质满足基础氮代谢需要时，供给和维持蛋白质需要之间是保持一致的，直接通过计算即可；二是用表观消化蛋白质满足维持蛋白质需要时，由于蛋白质的消化率往往被偏低估计，所以在估计维持的蛋白质需要时，基础氮代谢中的代谢粪氮用 0.4 倍计算，可以弥补估计偏低造成的损失。

表 15-5　部分畜禽维持的蛋白质需要

动物	基础氮代谢/($mg/kgBW^{0.75}$)	净蛋白质/($g/kgBW^{0.75}$)	消化蛋白质/($g/kgBW^{0.75}$)	粗蛋白质/($g/kgBW^{0.75}$)
育肥猪	155～275	0.97～1.72	1.76～3.13	2.20～3.91
小猪	192～320	1.20～2.00	2.18～3.64	2.63～4.39
公猪	340	2.13	3.87	4.72
母猪	176	1.19	2.00	2.54
肉鸡	195～338	1.22～2.22	1.88～3.25	2.29～3.96
蛋鸡	173～276	1.08～1.73	1.96～3.14	2.39～3.83
奶牛	250	1.56	2.60	3.71
山羊	280	1.75	2.92	4.17
绵羊	260	1.63	2.72	3.89

(2)饲养实验估计蛋白质维持需要　这是早期评定维持蛋白质需要的方法。(该方法通过饲喂动物适宜的蛋白质和能量，使动物处于一种稳定的状态，在这种状态下动物既不失重也不产生产品，此时蛋白质的供给量即为维持需要量。)研究动物维持的蛋白质需要不仅能够了解动物满足自身需求对蛋白质的最低需要量，还有助于平衡维持需要与和生产需要两者之间的关系，尽可能降低维持需要在动物生产中的比例，使更多的蛋白质物质用于动物生产(曹宁坤，

2018)。此法对试验动物要求较高:动物必须健康、且实验前蛋白质营养状况良好。

(3)维持的氨基酸需要　动物处于维持代谢状态时,对氨基酸的需求不尽相同,机体不同的组织器官也会因为周转代谢的不同而造成维持氨基酸需要的不同。下表15-6列出的是肉仔鸡的维持氨基酸需要量。

表 15-6　肉仔鸡维持氨基酸需要量要换成权威点的数据

项目	氨基酸维持需要($mg.kg^{-0.75}.D^{-1}$)
天冬氨酸 Asp	262.22
苏氨酸 Thr	154.33
丝氨酸 Ser	230.47
谷氨酸 Glu	355.78
甘氨酸 Gly	297.97
丙氨酸 Ala	176.68
胱氨酸 Cys	142.04
缬氨酸 Val	215.11
蛋氨酸 Met	56.00
异亮氨酸 Ile	156.72
亮氨酸 Leu	265.30
酪氨酸 Tyr	108.24
苯丙氨酸 Phe	142.04
赖氨酸 Lys	149.21
组氨酸 His	69.65
精氨酸 Arg	234.23
脯氨酸 Pro	261.20
色氨酸 Trp	25.95

三、维持的矿物元素、维生素需要

(一)维持的矿物元素需要

体内矿物元素在代谢过程中同样存在内源损失。内源矿物质周转代谢的主要特点是循环利用率高,代谢损耗量低。不同动物内源矿物质的损失量不同,幼猪内源钙23 mg/日/kg体重,20 kg以上的生长育肥猪内源钙的损失量则为32 mg/日/kg体重,磷每天损失20 mg/日/kg体重。在满足维持需要的过程中钙的利用率对于仔猪而言可达到65%,之后的肥育期会有所下降,约为50%;磷的利用率也会从仔猪的80%左右下降到育肥猪的60%左右。对钠而言,维持需要为1.2 mg/日/kg体重。生长牛每天每千克损失的内源钙、磷、钠、镁分别为16 mg、24 mg、11 mg、4 mg。成年牛每天每千克体重损失钙磷为每天22～26 g,钠7～9 g、镁11～13 g。

(二)维持的维生素需要

一般而言,单胃动物和反刍动物都需要从饲料中获取脂溶性维生素。成年反刍动物的胃肠道中微生物能合成大量的水溶性维生素,基本满足一般生产条件下反刍动物的需要。集约化、工厂化的饲养条件会提高动物对维生素的需要量。另外,一般而言随着动物日龄的增加,对维生素的需要量会逐渐降低。

第三节　影响动物维持需要的因素

动物的维持需要容易受到众多因素的影响,包括畜禽的种类、品种、年龄、体重、自由活动的程度、饲养水平与体况、饲料组成与饲喂技术、温热环境、生产性能、生理状态等等。下面主要来阐述动物的影响、饲料组成和饲养技术影响、环境的影响。

一、动物本身

影响维持需要的动物因素包括种类、品种、年龄、性别、皮毛类型、健康状况等。例如,牛的维持需要比体型较小的禽类高出数十倍,蛋鸡维持需要比肉鸡高出10%～15%,产奶牛比肉牛高出10%～20%。同一动物,处于不同的生长阶段用于维持需要也有很大差异。例如,20 kg 以上的猪的维持需要与2～9 kg 的哺乳仔猪相差大概15%。在温度较低的条件下,毛数量多的动物要比皮毛稀疏的动物用于维持的能量少,活动量大的动物比活动量小的动物的维持需要多。

二、饲粮组成与饲养技术

饲料的热增耗就是影响维持需要的一个重要因素。蛋白质饲粮具有热增耗高的特点,会增加动物的维持需要。饲料各组分的变化引起代谢率的变化,最终影响维持的能量需要。例如,秸秆饲料与含氮量相同的干草类饲料相比,前者产生的代谢粪氮更多,用于维持的总氮需要也相应增加。

另外,动物维持需要也会因饲养方式的不同而改变。例如,当给牛过量饲喂日粮时,日粮流经瘤胃的速度加快或在瘤胃中快速发酵使瘤胃 pH 降低,降低饲料的消化率,相应增加了维持需要。与其他时间相比,傍晚给鸡投喂日粮,使鸡在夜间进行消化代谢,可提高饲料养分用于生产的比例,相应地降低维持需要。

三、环境

环境因素是影响维持需要的重要因素,其中环境温度是其中的重要方面,被广泛研究。环境温度的高低影响动物本身的产热和体温,也与体内营养物质代谢强度有高度相关性,温度变化10 ℃会引起营养物质代谢的强度提高2倍左右。环境温度过高或过低均会增加维持需要。例如,当环境温度升高10 ℃时,绵羊的耗氧量增加41%,牛的耗氧量增加62%。母猪在低于临界温度时,为了满足正常的维持需要,会增加 ME 的摄入,温度每下降1～2 ℃时,ME 摄入相应增加418.6 kJ。处于生长期的猪,环境温度低于适温时,采食量升高,环境温度每下降1 ℃增加25 g 采食量。

第四节　动物生长的生理基础

一、生长的定义

生长是极其复杂的生命现象。从物理的角度看，生长是动物体尺的增长和体重的增加；从生理的角度看，则是机体细胞的增殖和增大，以及组织器官的发育和功能的日趋完善；从生物化学的角度看，生长是机体通过同化作用进行物质（蛋白质、脂肪、矿物质和水分等）的积累过程。

育肥指肉用畜禽生长后期经强化饲养而使蛋白质和脂肪在动物机体内快速沉积的过程。随着人们对健康生活方式的不断追求，人们对瘦肉的需求日益增加，因此生长育肥不但要求动物有最佳的生长速度，还需要降低脂肪沉积。

二、生长的一般规律

动物的生长育肥不仅在“量”上有明显的规律性，而且在“质”上，即生长的内容上也有特定的规律性，揭示这些规律是确定动物不同生长阶段营养需要的基础。

（一）整体的生长

机体体尺的增大与体重的增加密切相关。体重体现了家畜的生长速度，是衡量家畜生长速度最简单、最基本而且最具有经济意义的指标，因此一般以体重反映整体的变化规律。图15-1是动物的绝对生长模式，总的变化特点是：慢-快-慢。生长的转折点在动物的性成熟期间，处于转折点之前的体重逐日升高，在转折点之后体重呈现出趋于稳定的趋势。如图15-2所示，相对生长速度曲线的横坐标是体重的千克数，纵坐标是增重与体重的比例的对数。是一条下降的直线。相对生长速度随着体重的增加而下降，表明随着动物年龄的增加，体重的增长速率减慢，生长强度减慢。从生产的角度分析，越小的动物产出产品效率越高，从营养方面考虑，其需要的养分的浓度也就愈大。

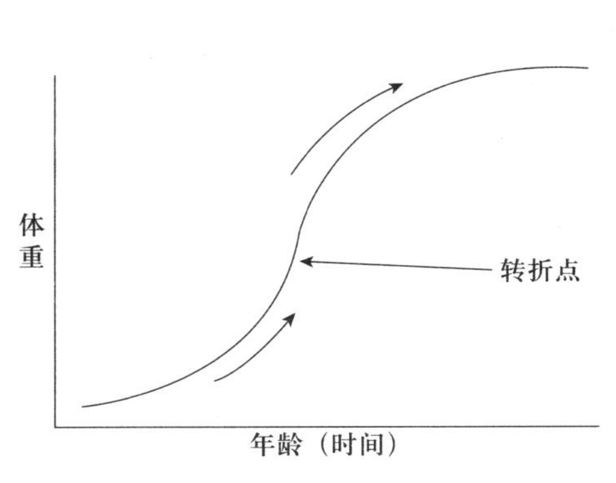

图15-1　绝对生长模式

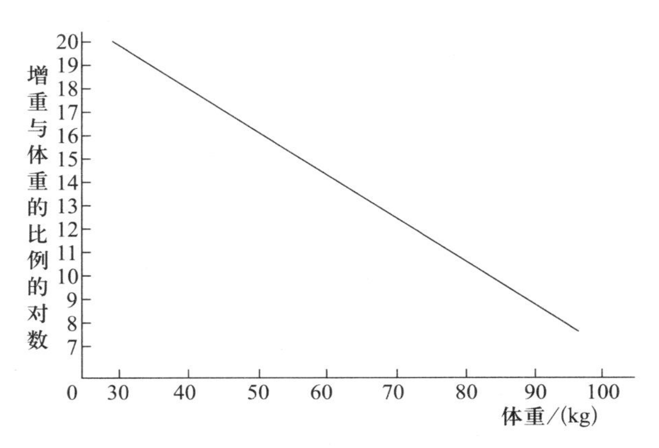

图15-2　相对生长曲线（引自Kirchgessner M.，1987）

(二)局部生长

整体生长是机体各个组织器官生长发育的总和,主要包括骨骼、肌肉组织和脂肪组织的增长。动物各组织器官的生长发育时期和速度各异。从胚胎时期开始,最先达到发育完善的是神经组织,其次是骨骼系统,再次是肌肉组织,最后为脂肪组织。从图 15-3 可以了解到早熟品种和营养充足的动物生长发育速度较快,器官发育完成较早,但骨骼、肌肉和脂肪生长发育的先后顺序依旧没有改变。

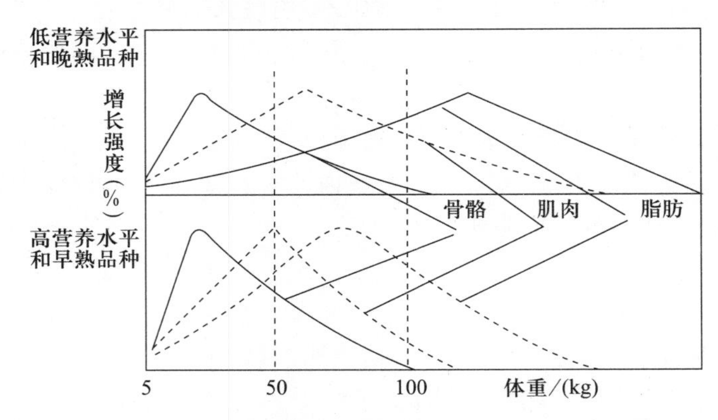

图 15-3 猪机体组织的生长发育顺序与增长强度(引自 Kirchgessner M. ,1987)

(三)机体化学成分的变化

动物所处的年龄不同,不仅组织器官的生长发育速度有差别,而且其中所含的化学物质(如水分、粗脂肪、粗蛋白、粗灰分等)的数量和比例也不尽相同。表 15-7 和表 15-8 中列出了不同动物生长期机体化学成分和能量的变化情况,规律如下:机体水分的含量随着年龄的增加、体重的增大而呈现下降的趋势,粗脂肪、粗灰分则随年龄增长而不断升高。动物机体粗蛋白的含量变化并无特定规律性。例如,猪机体中粗蛋白含量随周龄增长有下降的趋势,而肉鸡则有升高的趋势,牛羊等反刍类动物的蛋白质变化量不明显。机体生长的后期,脂肪沉积增加,水分含量则相应降低。对于机体内粗灰分的比例而言,随着周(月)龄的增长,绵羊呈明显上升的趋势,而猪有下降趋势,肉鸡的变化幅度则不大。

表 15-7 动物不同年龄和体重的增重成分及能值的含量(%)

	活重(kg)	年龄	增重成分/(%)和能值/(MJ/kg)				
			水分	粗蛋白质	粗脂肪	粗灰分	能值
肉鸡[①]	0.038	1 日	74.5	16.0	5.3	4.2	6.11
	0.300	2 周	69.1	17.0	10.4	3.5	8.12
	1.315	5 周	67.2	19.1	10.2	3.5	8.29
	1.600	6 周	63.7	20.4	11.9	4.0	9.08
猪[①]	15	7 周	70.4	16.0	9.5	3.7	7.58
	40	11 周	65.7	16.5	14.1	3.5	9.52
	80	18 周	58.0	15.6	23.2	3.1	12.92
	120	24 周	50.4	14.1	32.7	2.7	16.34

续表 15-7

	活重(kg)	年龄	增重成分/(%)和能值/(MJ/kg)				
			水分	粗蛋白质	粗脂肪	粗灰分	能值
绵羊[②]	9	1.2 月	57.9	15.3	24.8	2.2	13.9
	34	6.5 月	48.0	16.3	32.4	3.1	16.49
	59	19.9 月	25.1	15.9	52.8	6.3	20.8
牛[②]	10	1.3 月	67	19.0	8.4	—	7.83
	210	10.6 月	59.4	16.5	18.9	—	11.39
	450	32.4 月	55.2	20.9	18.7	—	12.35

注:①引自 Kirchgessner M. (1987),②引自 Mcdonald P. (1988).

表 15-8　不同体重猪主要化学成分含量　%

日龄(体重)	水分/%	蛋白质/%	灰分/%	脂肪/%
出生	79.95	16.25	4.06	2.45
25 d	70.67	16.56	3.06	9.74
45 kg	66.76	14.94	3.12	16.16
68 kg	56.07	14.03	2.85	29.08
90 kg	53.99	14.48	2.66	28.54
114 kg	51.28	13.37	2.75	32.14
136 kg	42.48	11.63	2.06	42.64

(四)肌肉组织化学成分含量的变化

构成肌肉组织的主要物质是水分和蛋白质,脂肪含量较少。机体中的水分含量会随年龄增长有下降的趋势,而蛋白质和粗脂肪会在后期沉积,有上升的趋势。表 15-9 列出了不同周龄猪肌肉组织中化学成分含量。

表 15-9　不同周龄猪肌肉组织化学成分含量　%

年龄(周)	水分/%	脂/%	蛋白质及其他/%
出生	81.5	1.9	16.6
4	75.7	4.3	19.9
8	76.2	4.7	19.0
16	75.7	3.4	20.9
20	74.4	4.0	21.6
28	71.8	5.6	22.6

三、影响生长育肥的因素

动物的生长受动物品种、性别、营养水平、活动量、饲料种类、外界温度、是否去势等众多因素的影响。

(一)动物因素

动物品种(品系)、性别及阉割与否是影响生长育肥的内在因素。通常而言,瘦肉型猪种的生长速度较中国地方脂肪型猪种快;在同样饲养情况下,未去势公猪较阉公猪“瘦”。品种(大、中、小型)和性别不同的牛,在不同体重情况下,日沉积能量均有差异。随着体重增加,各种牛日沉积能量均增加,但小型牛日沉积能量最多,其次为中型牛,大型牛最少;母牛大于阉牛,公牛最少,即瘦肉沉积比例最大(图 15-4)。对于家禽来讲,性别因素对机体产生的影响较小,但雄禽的生长速度要高于雌性,机体瘦肉沉积也较高。

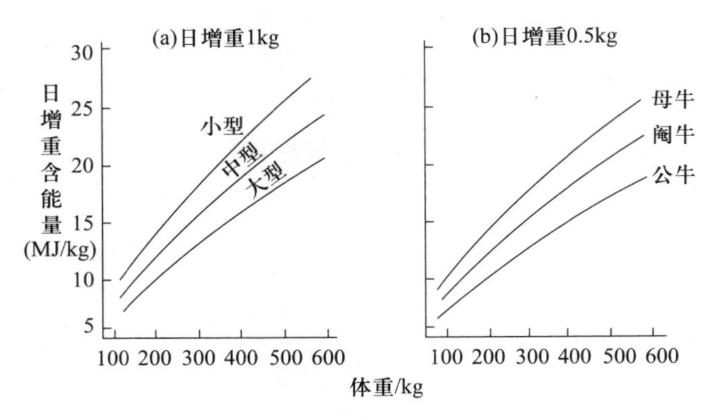

图 15-4 体型(品种)和性别不同日沉积能量的差异

(二)营养水平

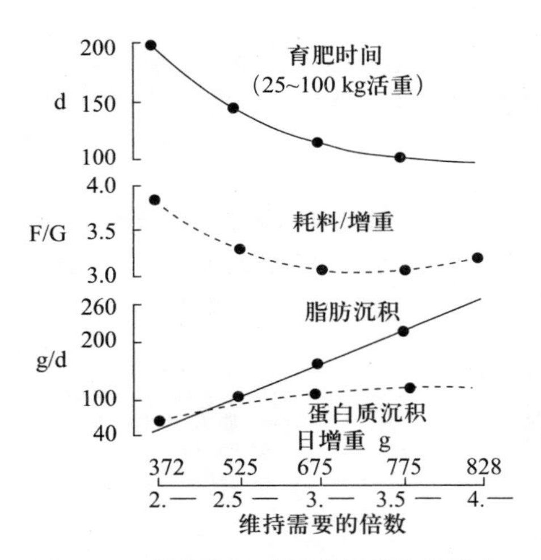

图 15-5 营养水平对猪肥育成绩的影响

引自 Kirchgessner M. ,1987

营养水平是制约动物生长发育速度的直接因素。营养物质缺乏不仅导致动物的生长发育缓慢,而且可能导致营养缺乏症的产生。除此之外,各种营养物质之间的比例,也影响着生长发育和机体的组成。图 15-5 表明,在维持需要 3~3.5 的营养水平时,猪的耗料/增重最小,低于或超过这个水平都会造成饲料报酬下降;营养水平在 3.5~4 倍维持需要时,属于高水平营养,此时的蛋白质沉积速率下降,但脂肪沉积速率一直处于上升水平,耗料/增重比变高,说明饲料转化效率下降。由图也可看出,营养水平过低对猪的生长速度、蛋白质沉积、耗料/增重比均产生负面影响。

饲喂蛋白质、氨基酸与能量的比例不合适,同样不利于动物机体发育生长。在生长发育前期,蛋白质、氨基酸供给量低于正常水平时,对动物的影响较大,尤其是瘦肉型猪。例如,对于 20~45 kg 的猪而言,当日粮中的能量水平分别为维持需要的 2.5 倍和 3.6 倍时,赖氨酸水平相应从 0.2% 上升到 1%,日增重和胴体的蛋白质水平会随着赖氨酸水平的升高而升高。

(三)环境因素

环境温度、湿度、气流、饲养密度(每个动物所占的面积和空间)及空气清洁度也会影响动物生长速度和机体组成。

(1)环境温度　环境温度对动物生长的影响较大,过高或过低均对动物生长育肥有不利影响。具体表现为影响采食量,或增加维持需要,最终将降低蛋白质和脂肪的沉积而使生长速度下降。高温主要影响肥育期动物的生长,而幼龄动物由于体温调节机能发育不完善,对低温的抵抗能力较差,容易受到低温应激的影响。例如,对于 50 kg 的猪,环境温度在临界温度上限之上 1 ℃时,采食量将减少约 5%,日增重将减少约 7.5%。对于 10 kg 的仔猪,环境温度比临界温度下限每低 1 ℃,仔猪每天将增加 5 g 的耗料量。

(2)湿度、气流、密度及空气清洁度　畜禽舍内的空气湿度、清洁度、气流、饲养密度也是影响动物生长速度和健康的重要因素。一般认为生长育肥猪舍的相对湿度以 45%～75%为宜。调查研究显示,在超过动物适宜饲养密度的圈舍内,每增加 1 头猪,可导致采食量降低 1.2%,日增重随之下降 0.95%。

(四)母体效应

母体效应主要影响动物的初生重及之后的生长发育。初生重对日后的生长速度影响较大。从表 15-10 中可看出,初生重越小,断奶成活率越低;母畜的哺乳能力、带仔头数、体况、泌乳力、健康状况等因素都会对仔猪的生长情况产生影响。

表 15-10　仔猪初生重与断奶时的成活率

初生重/kg	出生活仔数/头	所占比例/%	断奶活仔数/头	成活率/%
≤1.0	28	4.44	18	64.29
1.1	30	4.75	25	83.33
1.2	46	7.29	40	86.70
1.3	81	12.84	75	92.59
1.4	102	16.16	97	95.10
1.5	95	15.06	91	95.79
1.6	89	14.11	84	94.38
1.7	67	10.62	65	97.10
1.8	58	9.19	57	98.28
1.9	17	2.69	16	94.12
≥2.0	18	2.85	18	100
合计	631	100	589	93.34

(五)激素水平

复杂的生命代谢过程中,环境、营养水平等众多因素影响动物生长的过程中都直接或间接通过影响动物的内分泌系统来实现的。动物的生长受到促生长激素轴的调控。生长激素轴是由生长激素释放因子(GRF)、生长激素(GH)和胰岛素样生长因子(IGF)构成的,其中生长激素在调控整个机体生长发育过程中发挥着非常重要的作用。动物的生长轴是由下丘脑-垂体-靶器官等释放的激素及其受体组成的神经内分泌系统。下丘脑可分泌生长激素释放因子和生长抑制激素(GIH),两者协调共同调节生长激素的分泌。生长激素与其受体结合后,诱导肝细胞产生胰岛素样生长因子 I(IGF-I),后者对动物机体的多种组织均有调节作用,促进蛋白合成、细胞增殖,进而促进机体骨骼、内脏、肌肉等组织器官的生长发育。

第五节　生长育肥的营养需要

动物生长育肥的营养需要量，主要决定于其体重、日增重以及育肥动物对饲粮能量和其他营养物质的利用效率等。因此，按照动物生长发育的规律及其主要影响因素，研究制定生长育肥动物的营养需要具有重要意义。确定动物营养需要的方法主要有两种，分别是综合法和析因法。综合法只是关注动物对营养的总需求，而不用分别计算其生长、维持各个部分的营养需求。析因法更有利于建立动态模型，将营养需求进行拆分，有利于对动物需要进行预测。

一、能量需要

对于生长育肥动物来讲，所摄取的能量主要用于维持生命活动、各组织器官的发育和机体脂肪、蛋白质的沉积。能量需要可通过生长实验、平衡实验及屠宰实验，并根据综合法或析因法的原理确定。

(一)综合法

综合法主要通过生长实验，也常结合屠宰实验，以不同能量水平的饲料饲喂动物，以最大日增重、最优饲料利用率和胴体品质时的能量水平作为适宜能量需要量。在研究中也常将能量需要与蛋白质需要相结合，以确定较为适宜的能量蛋白质比例。能量需要可表示为每千克饲料中 DE(猪常用)、ME(禽常用)或 NE(反刍动物常用)的量，也可以表示为每头动物每日需要量。

(二)析因法

析因法主要从维持和增重的角度进行剖析，研究在一定条件下蛋白质和脂肪的沉积规律，以及沉积单位重量的蛋白质和脂肪所需要的能量。以实验数据为基础，建立回归模型来评定特定动物在特定时期沉积蛋白质和脂肪所需的能量，加上维持所需能量即为总的能量需要。净能、代谢能、消化能之间可以依据转化系数进行相互转化，就可以将代谢能、消化能一并求出。析因法估计能量需要的公式表示如下：

$$ME=ME_m+\frac{NE_f}{K_f}+\frac{NE_p}{K_p}$$

式中：ME_m 是维持所需代谢能，NE_f 和 NE_p 分别为脂肪沉积和蛋白质沉积所需净能，K_f 和 K_p 分别为 ME 转化为 NE_f 和 NE_p 的效率(系数)。不同的动物，各种能量间的转化效率不同。

(三)生长育肥猪的能量需要

在实际的测定过程中由于采用析因法会将总的能量进行剖分，加大了测定的难度，所以我国一般采用综合法。

以 NRC(2012)猪的能量需要为例，介绍析因法的计算过程。猪的能量需要一般采用代谢能(ME)进行计算。计算公式如下：

$$ME=ME_m+ME_{pr}+ME_f+ME_{Hc}$$

计算公式中：ME_m、ME_{pr}、ME_f、ME_{Hc} 分别代表维持、蛋白质沉积、脂肪沉积和温度变化

(超过最适温度下限)的 ME 需要。公式中的每一项都可以按照以下的方法分项进行估计。

ME_m 可以按照每千克代谢体重需要 444 kJME 计算。

MEpr 可以按照每沉积 1 g 蛋白质平均需要 44.35 kJME 计算。

MEf 可以按照每沉积 1 g 脂肪平均需要 52.3 kJME 计算。

MEHc(kJ)=[(0.313×W+22.71)×(TC−T)]×4.184(TC 为最适温度下限，对于 20 kg 以上的生长育肥猪来讲该温度为 18～20 ℃；T 为环境温度)。

此外，还可按下面公式对处于不同体重不同日增重的动物的蛋白质沉积量和脂肪沉积量进行估计。这样就可以计算任一阶段的沉积蛋白质、脂肪所需要的 ME。

$$ME_{pr}\,[(\mathrm{kJ/d})]=\frac{NE_{pr}}{K_{pr}}=\frac{Pr\times 22.6}{0.56}$$

$$Pr=5.73BW^{0.75}-0.1513BW^{1.5}+0.1100\Delta BW$$

$$ME_f\,[\mathrm{kJ/(d)}]=\frac{NE_f}{K_f}=\frac{f\times 39.0}{0.74}$$

$$f=-141.42+2.6454BW+0.2921\Delta BW$$

公式中：BW 为体重(kg)，ΔBW 为日增重，Pr 为日沉积蛋白质的质量(g)，f 为日沉积脂肪的量，NE_{pr} 为日沉积蛋白质所需要的净能，NE_f 日沉积脂肪所需要的净能，K_{pr} 为 ME 用于蛋白质沉积转化为 NE 的效率，K_f 为 ME 用于脂肪沉积转化为 NE 的效率。表 15-11 是按照该方法估计的不同体重、不同日增重时维持加生长的总能量需要。

表 15-11 生长肥育猪不同体重、日增重的维持及总的 ME 需要(MJ/d)

活重(kg)	30	40	50	60	70	80	90	100
维持需要	6.74	8.08	9.30	10.43	11.56	12.50	13.47	14.39
总的需要								
日增重(g)								
400	13.4	16.3						
500	15.4	18.3	20.9	23.4				
600	17.3	20.2	22.9	25.4	27.7	29.9	32.0	
700	19.3	22.2	24.9	27.4	29.7	31.9	34.0	36.6
800		24.2	26.9	29.4	31.7	33.9	36.0	38.0
900			28.9	31.3	33.7	35.9	38.0	39.9
1000					35.7	37.9	39.9	

对于 5～25 kg 重量范围内的仔猪，每千克代谢体重的维持需要量比生长肥育猪高，MEm 的估算公式与生长肥育猪不同，公式为：

$$ME_m=(754-5.9W+0.025BW^2)\cdot BW^{0.75}$$

按照以上公式计算出的 5～20 kg 的仔猪每 $\mathrm{kgBW}^{0.75}$ 的维持对 ME 的需要为 725～645 kJ。每克脂肪沉积需要 ME 为 42～52 kJ，转化为 NE 的效率(K_f)为 0.95～0.75；每克蛋白质沉积需要 ME 为 45 kJ，转化为 NE 的效率(K_p)为 0.5 左右。因此，每千克增重大约需要 ME 是

22～25 MJ，ME 转化为 NE 的平均效率为 0.7。表 15-12 是按照上述参数推算出来的仔猪代谢能(ME)需要。

表 15-12　每头仔猪不同体重和日增重的 ME 需要　　单位：MJ/d

日增重(g/d)	体重(kg)			
	5～10	10～15	15～20	20～25
100	2.6	—	—	—
200	4.3	5.2	6.0	—
300	6.0	7.1	8.0	9.0
400	—	8.9	10.0	11.2
500	—	—	12.0	13.3
600	—	—	—	15.5

我国对瘦肉型生长肥育猪每日每头的饲粮消化能和代谢能摄入量要求如表 15-13。

表 15-13　瘦肉型生长肥育猪每日每头能量需要量(自由采食，88%干物质)

体重 BW，kg	3～8	8～20	20～35	35～60	60～90
饲料消化能摄入量 DE，MJ/d(Mcal/d)	4.21 (1.005)	10.06 (2.405)	19.15 (4.575)	25.44 (6.080)	33.48 (8.000)
饲料代谢能摄入量 ME，MJ/d(Mcal/d)	4.04 (0.965)	9.66 (2.310)	18.39 (4.390)	24.43 (5.835)	32.15 (7.675)

后备猪在育成期的能量需要与生长肥育猪有一定的不同。这与后备猪在 60 kg 左右时采取限制饲喂的方式，以降低日增重，保障骨骼和生殖系统发育。在 NRC(2012)的标准中，猪在 135 kg 之前是不需要限饲的，但公母分开，母猪的日采食量比公猪要低 8%，相较于生长育肥猪低 3%。而德国的标准则有不同，从体重为 30 kg 时就开始进行逐渐限饲，90 kg 体重时限饲的量达到最大。详述见表 15-14。

表 15-14　后备母猪的适宜日增重　　单位：g/d

体重/kg	中国小型	中国大型	德国
10～20	320		
20～35	380	400	
35～60	360	480	600
60～90		440	700
90～120			500

(四)生长育肥牛的能量需要

生长育肥牛能量需要的确定一般按析因法进行，即用维持加增重的方法确定。增重能值估计直接测定增重 NE。牛的不同品种之间体型的差异较大，不同品种的牛一般不会使用同一个公式。在德国的能量计算系统中，对生长育肥牛进行界定，体重 160 kg 以上和以下的部分分别采用不同的公式。

体重在 60～160 kg 之间的牛采用以下公式：

$$ME(MJ)=0.46(MJ)\cdot BW^{0.75}+\frac{NE_g(MJ)}{0.68}$$

其中 0.46 为 kg$BW^{0.75}$ 的维持需要，NE_g 为增重净能，0.68 为 ME 转化为 NEg 的效率。

对于 160 kg 以上的牛虽然也会按照以上的公式进行估算，但是 0.46 值发生改变，一般范围在 0.45～0.5 MJME。0.68 也有所改变，随饲粮性质的不同而发生变化，一般在 0.4～0.5 之间变化。

后备母牛在 130 kg 开始进行限制饲喂。此时母牛的日增重低于生长肥育牛 10%左右，之后日增重继续下降，在体重 600 kg 时，日增重低于生长育肥牛的 50%左右。

我国奶牛的饲养标准（1980）对生长母牛增重的净能需要进行估计，并非按照脂肪、蛋白质沉积量进行计算，而是采用了体增重、体重和沉积净能的回归公式进行计算。具体的计算公式如下：

$$\text{增重的净能沉积(MJ)}=\frac{\text{增重(kg)}\times[1.5+0.0045\times\text{体重(kg)}]}{1-0.30\times\text{增重(kg)}}\times 4.184(MJ)$$

$$\text{维持净能(MJ)}=0.53BW^{0.67}\times 110\%$$

（五）生长鸡的能量需要

肉用鸡相较于蛋鸡，生长发育速度较快，所以饲喂的日粮具有高能量、高蛋白的特点。我国应用综合法测定生长鸡的能量需求。表 15-15 为我国黄羽肉鸡不同生长阶段的能量需要。

表 15-15 黄羽肉鸡饲粮能量需要量（自由采食，以 88%干物质计算）

	快速型黄羽肉鸡							
	公	母	公	母	公	母		
生长阶段	1～21 日龄		22～42 日龄		≥43 日龄			
代谢能（ME）MJ/kg(kal/kg)	12.38 (2 960)	12.38 (2 960)	12.81 (3 063)	12.81 (3 063)	13.20 (3 155)	13.20 (3 155)		
	中速型黄羽肉鸡							
	公	母	公	母	公	母		
生长阶段	1～30 日龄		31～60 日龄		≥61 日龄			
代谢能（ME）MJ/kg(kal/kg)	12.38 (2 960)	12.38 (2 960)	12.60 (3 011)	12.60 (3 011)	12.82 (3 063)	12.82 (3 063)		
	慢速型黄羽肉鸡							
	公	母	公	母	公	母	公	母
生长阶段	1～30 日龄		31～60 日龄		61～90 日龄		≥91 日龄	
代谢能（ME）MJ/kg(kal/kg)	12.38 (2 960)	12.38 (2 960)	12.60 (3 011)	12.60 (3 011)	12.60 (3 011)	12.60 (3 011)	12.82 (3 063)	12.82 (3 063)

引自 2020 中华人民共和国农业行业标准——黄羽肉鸡营养需要量

二、蛋白质、氨基酸需要

动物对蛋白质的需要实际上是对氨基酸的需要，日粮中粗蛋白质会随着饲料中氨基酸的变化而发生变化。在动物营养学的发展过程中，猪和禽类一般采用可利用氨基酸体系，反刍动物由于特殊的瘤胃结构，一般采用瘤胃降解与未降解蛋白质体系。因此确定动物维持加生长(或产奶、产蛋)的净蛋白质和氨基酸需要以及氨基酸模式，比确定粗蛋白质需要量更重要。

动物对蛋白质的需要，可以采用综合法通过饲养试验和氮平衡试验确定；也可用析因法测定维持和生长(蛋白质沉积)的蛋白质需要。动物肌肉组织发育的时间越早，产生的瘦肉率越高，所需要的粗蛋白与氨基酸的比例也就越高。

用析因法测定蛋白质的需要量，需分别测定用于维持和生长的粗蛋白质，采用的公式如下：

$$CP(g/d)=\frac{CP_m+CP_g}{NPU}$$

其中 CP 为总的蛋白质需要，CP_m 和 CP_g 分别是用于维持和生长的蛋白质需要，NPU 为净蛋白质的利用率。

根据各种动物一定体重和日增重的蛋白质(或氮)沉积量和维持需要量，就可估计总的净蛋白和粗蛋白(CP)需要量。

氨基酸的需要量可采用析因法先确定维持和沉积的单个氨基酸的需要量。一般先求得赖氨酸需要量，再根据氨基酸平衡模式，进而推算出各个氨基酸的需要量。一般表示为每日需要量，同时也可根据动物每日采食饲料的量和 DE 或 ME 折算成每千克饲料的百分含量。

(一)生长育肥猪蛋白质、氨基酸需要

NRC(2012)中确定蛋白质氨基酸的方法为：用回肠标准可消化(standardized ileal digestibility，SID)氨基酸来表示，估算 20～135 kg 生长育肥猪 SID 氨基酸和氮的需要量(表 15-16)。

SID 赖氨酸需要量＝肠道内源赖氨酸损失＋体表损失赖氨酸＋蛋白质沉积赖氨酸

回肠内源赖氨酸损失估计为每千克采食的干物质饲料 0.417 g，假设 88%的饲料干物质，大肠损失占回肠内源损失的 10%。

肠道内源赖氨酸损失(g/d)＝采食量×0.417×0.88×1.1

体表损失赖氨酸(g/d)＝0.0045×$BW^{0.75}$

蛋白沉积赖氨酸(g/d)＝蛋白沉积中的赖氨酸/[0.75＋0.002×(最大蛋白沉积－147.7)]×(1＋0.0547＋0.002215×BW)

体重低于 20 kg 的仔猪，NRC(2012)推荐的公式为：

SID 赖氨酸需要量(%)＝1.871－0.22×lnBW

表 15-16　NRC(2012)仔猪和生长育肥猪日粮氨基酸需要量(自由采食,90%DM)

体重/kg	5～7	7～11	11～25	25～50	50～75	75～100	100～135
				以真回肠可消化氨基酸为基础/%			
精氨酸	0.68	0.61	0.56	0.45	0.39	0.33	0.28
组氨酸	0.52	0.46	0.42	0.34	0.29	0.25	0.21
异亮氨酸	0.77	0.69	0.63	0.51	0.45	0.39	0.33
亮氨酸	1.50	1.35	1.23	0.99	0.85	0.74	0.62
赖氨酸	1.50	1.35	1.23	0.98	0.85	0.73	0.61
蛋氨酸	0.43	0.39	0.36	0.28	0.24	0.21	0.18
蛋氨酸＋胱氨酸	0.82	0.74	0.68	0.55	0.48	0.42	0.36
苯丙氨酸	0.88	0.79	0.72	0.59	0.51	0.44	0.37
苯丙氨酸＋酪氨酸	1.38	1.25	1.14	0.92	0.80	0.69	0.58
苏氨酸	0.88	0.79	0.73	0.59	0.52	0.46	0.40
色氨酸	0.25	0.22	0.20	0.17	0.15	0.13	0.11
缬氨酸	0.95	0.86	0.78	0.64	0.55	0.48	0.41
总氮	3.10	2.80	2.56	2.11	1.84	1.61	1.37
				以表观回肠可消化氨基酸为基础/%			
精氨酸	0.64	0.57	0.51	0.41	0.34	0.29	0.24
组氨酸	0.49	0.44	0.40	0.32	0.27	0.24	0.19
异亮氨酸	0.74	0.66	0.60	0.49	0.42	0.36	0.30
亮氨酸	1.45	1.30	1.18	0.94	0.81	0.69	0.57
赖氨酸	1.45	1.31	1.19	0.94	0.81	0.69	0.57
蛋氨酸	0.42	0.38	0.34	0.27	0.23	0.20	0.16
蛋氨酸＋胱氨酸	0.79	0.71	0.65	0.53	0.46	0.40	0.33
苯丙氨酸	0.85	0.76	0.69	0.56	0.48	0.41	0.34
苯丙氨酸＋酪氨酸	1.32	1.19	1.08	0.87	0.75	0.65	0.54
苏氨酸	0.81	0.73	0.67	0.54	0.47	0.41	0.35
色氨酸	0.23	0.21	0.19	0.16	0.13	0.12	0.10
缬氨酸	0.89	0.80	0.73	0.59	0.51	0.44	0.36
总氮	2.84	2.55	2.32	1.88	1.62	1.40	1.16
				以总氨基酸为基础/%			
精氨酸	0.75	0.68	0.62	0.50	0.44	0.38	0.32
组氨酸	0.58	0.53	0.48	0.39	0.34	0.30	0.25
异亮氨酸	0.88	0.79	0.73	0.59	0.52	0.45	0.39
亮氨酸	1.71	1.54	1.41	1.13	0.98	0.85	0.71
赖氨酸	1.70	1.53	1.40	1.12	0.97	0.84	0.71
蛋氨酸	0.49	0.44	0.40	0.32	0.28	0.25	0.21
蛋氨酸＋胱氨酸	0.96	0.87	0.79	0.65	0.57	0.50	0.43
苯丙氨酸	1.01	0.91	0.83	0.68	0.59	0.51	0.43
苯丙氨酸＋酪氨酸	1.60	1.44	1.32	1.08	0.94	0.82	0.70
苏氨酸	1.05	0.95	0.87	0.72	0.64	0.56	0.49
色氨酸	0.28	0.25	0.23	0.19	0.17	0.15	0.13
缬氨酸	1.10	1.00	0.91	0.75	0.65	0.57	0.49
总氮	3.63	3.29	3.02	2.51	2.20	1.94	1.67

不同国家规定氨基酸和蛋白质的需要量，会由于各国实验条件的差异或研究过程中使用日粮的不同而有差别。表 15-17 为中国猪营养需要量(2020)标准的瘦肉型仔猪和生长育肥猪饲粮氨基酸需要量。

表 15-17　瘦肉型仔猪和生长育肥猪饲粮氨基酸需要量

项目	体重(BW)/kg					
	3～8	>8～25	>25～50	>50～75	>75～100	>100～120
粗蛋白质	21.0	18.5	16.0	15.0	13.5	11.3
赖氨酸 Lys	1.42	1.22	0.97	0.81	0.70	0.60
蛋氨酸 Met	0.41	0.35	0.29	0.23	0.20	0.17
蛋氨酸＋半胱氨酸 Met＋Cys	0.78	0.67	0.55	0.47	0.40	0.35
苏氨酸 Thr	0.84	0.72	0.60	0.51	0.45	0.38
色氨酸 Trp	0.24	0.21	0.17	0.14	0.12	0.10
异亮氨酸 Ile	0.72	0.63	0.50	0.43	0.37	0.32
亮氨酸 Leu	1.42	1.22	0.98	0.82	0.71	0.61
缬氨酸 Val	0.89	0.77	0.65	0.54	0.49	0.42
精氨酸 Arg	0.64	0.55	0.45	0.37	0.32	0.28
组氨酸 His	0.48	0.41	0.33	0.28	0.24	0.20
苯丙氨酸 Phe	0.84	0.72	0.57	0.49	0.42	0.37
苯丙氨酸＋酪氨酸 Phe＋Tyr	1.32	1.13	0.90	0.73	0.67	0.58

注：以标准回肠可消化基础计算。

引自中华人民共和国国家标准-猪营养需要量(2020)。

我国蛋白质饲料缺乏，并且一些蛋白质饲料中的蛋白质品质较差，因而使用可消化氨基酸体系更为科学。在实际生产过程中，如果添加了赖氨酸、蛋氨酸等合成氨基酸，粗蛋白水平可在原来的基础上降低 2%～3%，补充第一、第二限制性氨基酸对于提高饲料中氨基酸和蛋白质的利用效率非常有效。目前在生产中应用较为广泛的合成氨基酸有 4 种，分别为赖氨酸、蛋氨酸、亮氨酸、苏氨酸。以上几种氨基酸是动物最容易缺乏的氨基酸，另外异亮氨酸、精氨酸也较容易缺乏。

(二)生长育肥牛蛋白质、氨基酸需要

目前一些国家的反刍动物蛋白质需要采用新的蛋白质体系。英国的蛋白质测定体系采用 RDP 和 UDP，该测定体系将蛋白质需要剖分为两部分。

例如：一头体重 200 kg 的小公牛，日增重 750 g，每千克增重含有蛋白质 160 g，维持所需蛋白质为每千克代谢体重 2.19 g，皮屑损失为每千克代谢体重 0.112 5 g，每天需要的代谢能为 43 MJ，现分别计算 RDP、UDP 的需要。

$$RDP = 8.34 \times 43 = 358.6 \text{ g}$$

$$UDP = \frac{TP - (RDP \times 0.8 \times 0.8 \times 0.85)}{0.8 \times 0.85}$$

其中：TP 为动物日需蛋白质的量，分子中的 0.8、0.8、0.85 分别是瘤胃微生物蛋白质中真蛋白含量、生物学价值和消化率，分母中 0.8 和 0.85 分别为饲料蛋白质转化为体蛋白的生物学价值和消化率。

TP 可以由以下公式进行估计：

$$TP = \text{维持所需蛋白} + \text{皮屑损失蛋白} + \text{增长蛋白质}$$
$$= 2.19 \times 200^{0.75} + 0.1125 \times 200^{0.75} + 0.75 \times 160$$
$$= 242.5(g)$$

$$UDP = \frac{242.5 - (358.6 \times 0.8 \times 0.8 \times 0.85)}{0.8 \times 0.85} = 69.7(g)$$

所以 RDP 需要量为 358.6 g，UDP 需要量为 69.7 g。

美国的 NRC 体系则是测定降解食入蛋白质 DIP 和未降解食入蛋白质 UIP，该方法采用“吸收蛋白质”体系，大概的原理与英国的方法类似。该体系将进食的粗蛋白质分为 DIP、UIP 和 IIP（不可消化的食入蛋白质），前两者是在瘤胃中能够消化的部分，后者是不能消化的部分，该部分主要来自饲料中酸性洗涤不溶氮（ADIN）。

（三）生长鸡的蛋白质、氨基酸需要

生长鸡蛋白质氨基酸的需要可以采用综合法、析因法两种方法进行测定，而我国采用综合法。由于肉鸡的生长发育速度较快，相比于生长期的蛋鸡，肉鸡的蛋白质氨基酸需要更高。对于种用鸡，为了防止过肥会 4 周左右进行限制饲喂。家禽的第一限制性氨基酸为蛋氨酸，其次为赖氨酸，需要在日粮中额外添加。

用析因法估计生长肉鸡蛋白质需要可采用下列公式：

$$CP(g/d) = [BW \times 0.0016 + \Delta BW \times 0.21 + \Delta BW \times 0.04 \times 0.82] \div 0.6$$

该公式中 CP 为每日所需要的粗蛋白量（g），BW 为体重（g），ΔBW 为日增重（g），0.0016 为每克体重的维持需要粗蛋白质的百分比，0.21 为每克增重所含粗蛋白质的百分比（从第一周龄的 17%上升到第七周龄的 25%），0.04 为每克增重羽毛占的百分比（1～3 周龄平均为 0.04，4～7 周龄平均为 0.07）。0.82 是羽毛中含有粗蛋白质的比例，0.6 为维持和生长平均的 NPU。从生长鸡的角度来说，保持其日粮中能量和氨基酸水平的适宜比例十分重要。表 15-18 是我国和 NRC（1994）生长鸡的蛋白质和氨基酸需要。

表 15-18　我国和 NRC（1994）生长鸡的蛋白质和氨基酸需要差异

营养指标	中国（2020）			NRC（1994）		
生长阶段	0～3 周龄	3～6 周龄	7～周龄	0～3 周龄	3～6 周龄	6～8 周龄
粗蛋白%	21.5	20.0	18.0	23	20.0	18.0
精氨酸%	1.20	1.12	1.01	1.25	1.10	1.00
甘氨酸＋丝氨酸%	1.24	1.10	0.96	1.25	1.14	0.97
组氨酸%	0.35	0.32	0.27	0.35	0.32	0.27
异亮氨酸%	0.81	0.75	0.63	0.80	0.73	0.62
亮氨酸%	1.26	1.05	0.94	1.20	1.09	0.93

续表 15-18

营养指标	中国(2020)			NRC(1994)		
生长阶段	0～3 周龄	3～6 周龄	7～周龄	0～3 周龄	3～6 周龄	6～8 周龄
赖氨酸%	1.15	1.00	0.87	1.10	1.00	0.85
蛋氨酸+胱氨酸%	0.91	0.76	0.65	0.90	0.72	0.60
苯丙氨酸%	0.71	0.66	0.58	0.72	0.65	0.56
脯氨酸%	0.58	0.54	0.47	0.60	0.55	0.46
苏氨酸%	0.81	0.72	0.68	0.80	0.74	0.68
色氨酸%	0.21	0.18	0.17	0.20	0.18	0.16
缬氨酸%	0.85	0.74	0.64	0.90	0.82	0.20

三、矿物元素需要

矿物元素在生长动物发育的过程中发挥重要的作用，是必不可少的一部分。动物机体中较容易缺乏、在日粮中添加量较高的两种元素是钙、磷。生长动物的肌肉组织和脂肪组织不断发生变化，骨骼也在迅速发育。其中，骨骼和牙齿中的钙磷约占机体总钙磷含量的70%。生长发育中的动物对钙磷两种元素的需求量很大，缺乏会对动物机体产生较大的影响。对于育肥动物，只需骨骼的发育与最大生长速度相契合；对于种畜或乳用动物，则需要有一定的钙化速度。一般情况下，当日粮中的钙、磷含量能够满足动物的需求时，此含量即为动物钙、磷需求量。

可采用平衡实验测定动物钙磷的需求量。动物钙磷的需要量取决于其生长速度和动物本身的体重。由于生长中动物的骨骼在不断发育，而且更新速度较快，会有较大的内源损失。因此机体钙磷的净需要量应该是机体沉积的钙磷与内源损失量的总和。可用如下的公式进行计算：总的需要=(沉留量+内源损失)/利用率=净需要/利用率。

其中内源损失的测定方法为：同位素示踪技术。利用率取决于饲料中钙、磷的存在形式和溶解特性。适当的钙磷比例、肠道的酸性环境、饲粮中适宜的脂肪等条件都可使钙、磷的吸收速度加快，另外足够的维生素 D 也有助于钙磷的吸收和利用。动物性来源钙、磷的利用率要高于植物性来源，谷物及其副产品、油饼类饲料中植酸磷的含量大概为60%～75%，动物利用植酸磷的效率较低，一般只有15%～50%。因此在生产实践中为了缓解此种情况，会使用无机钙磷。添加的钙磷比例一般为(1.5～2)∶1。表 15-19 是不同组别饲粮钙、磷水平对猪骨成分的影响。

表 15-19　不同组别饲粮钙、磷水平对猪骨成分的影响　　%

组成/%	1	2	3
饲粮钙	0.77	0.78	0.77
饲粮磷	0.18	0.33	0.59
股骨和肱骨灰分	48.18	57.35	59.64
股骨和肱骨含钙	18.35	21.93	22.70
股骨和肱骨含磷	8.69	10.58	10.82

由于测定钙、磷的过程较为复杂，而且需要量的标准各不相同，内源损失不易测定。因此，一般给出的钙、磷的需要量都标明了估计值的利用率。表 15-20 为仔猪及生长育肥猪每日钙、磷的沉积、内源损失、利用率及需要量，表 15-21 为 NRC(2012)推荐的生长育肥猪每天钙、磷需要量。

表 15-20 仔猪及生长育肥猪每日钙、磷的沉积、内源损失、利用率及需要量

体重阶段/kg	钙					磷				
	沉积/g	内源损失/g	净需要/g	利用率/g	总需要/g	沉积/g	内源损失/g	净需要/g	利用率/%	总需要/g
1.3	1.3	0.04	1.34	85 a	1.5 a	1	0.02	1.02	85 a	1.2 a
5	3	0.2	3.2	80 b	4 b	1.9	0.1	2	80 b	2.5 b
10	4.5	0.3	4.8	80 c	6 c	2.8	0.2	3	75 c	4 c
20	6	0.6	6.6	65 c	10 c	3.6	0.1	4	55 c	7 c
50	7	1.6	8.6	60 c	15 c	4.2	1.0	5	50 c	10 c
100	7	3.2	10	55 c	18 c	4.2	2.0	6	50 c	12 c

注：a. 母猪奶；b. 母猪奶加补饲料；c. 以谷物、豆饼和无机磷组成的饲粮。
引自 English P. R. et al，1988

表 15-21 NRC(2012)推荐的生长育肥猪每天钙、磷需要量

体重范围/kg	5～7	7～11	11～25	25～50	50～75	75～100	100～135
总钙/%	0.85	0.8	0.7	0.66	0.59	0.52	0.46
STTD 磷/%	0.45	0.4	0.33	0.31	0.27	0.24	0.21
ATTD 磷/%	0.41	0.36	0.29	0.26	0.23	0.21	0.18
总磷/%	0.7	0.65	0.6	0.56	0.52	0.47	0.43

注：STTD 为全消化道标准可消化磷，ATTD 为全消化道表观可消化磷。

除钙、磷之外，其他矿物质元素的需要量较少，测定时采用屠宰实验和生长实验相结合，从组织中的含量、生长效应、功能酶的活性等几个方面综合进行评估。并且微量元素在饲粮中的添加量一般不会引起中毒，所以将饲料中的添加量忽略不计。表 15-22 是生长育肥猪对矿物质元素的需要量。

表 15-22 NRC(2012)自由采食生长猪饲粮矿物质需要量

体重范围/kg	5～7	7～11	11～25	25～50	50～75	75～100	100～135
Na/%	0.4	0.35	0.28	0.1	0.1	0.1	0.1
Cl/%	0.5	0.45	0.32	0.08	0.08	0.08	0.08
mg/%	0.04	0.04	0.04	0.04	0.04	0.04	0.04
K/%	0.3	0.28	0.26	0.23	0.19	0.17	0.17
Cu/(mg/kg)	6	6	5	4	3.5	3	3
I/(mg/kg)	0.14	0.14	0.14	0.14	0.14	0.14	0.14
Fe/(mg/kg)	100	100	100	60	50	40	40
Mn/(mg/kg)	4	4	3	2	2	2	2
Se/(mg/kg)	0.3	0.3	0.25	0.2	0.15	0.15	0.15
Zn/(mg/kg)	100	100	80	60	50	50	50

四、维生素需要

测定维生素的需要量主要是通过饲养实验来评定的。脂溶性维生素需要在动物的日粮中额外提供，对于单胃动物和反刍动物同样适用，尤其是消化功能尚未发育完善的幼龄动物。在太阳照射充足的情况下，对于一般的生产性能条件下的动物而言，不需要日粮额外供应维生素D。成年家畜不需要日粮提供维生素K，因为其肠道可以自行合成。另外，成年反刍动物由于机体能够合成全部的水溶性维生素，所以通常也不需要额外补给。给动物饲喂青绿饲料时，维生素的额外添加量可以适当降低。动物每千克饲料所需要的维生素含量会随着年龄的增长有所下降。

由于维生素的需要量在评定过程中存在各种不确定的因素，例如不同来源维生素的效价差异、饲料加工储存的差异、动物饲养条件的差异等，会影响维生素的需要量，因此各国公布的标准存在较大差异。商业产品在推荐维生素的需要量时考虑到诸多因素的影响，其推荐量一般都远远大于需要量。此外，在实际生产的过程中，一般不再考虑饲料本身的维生素含量。表15-23列出了瘦肉型仔猪和生长育肥猪饲粮维生素需要量。表15-24列出了黄羽肉鸡饲粮维生素需要量。

表 15-23　瘦肉型仔猪和生长育肥猪饲粮维生素需要量

项目	体重(BW)/kg					
	3～8	>8～25	>25～50	>50～75	>75～100	>100～120
水溶性维生素(IU/kg)						
A	2 550	2 050	1 550	1 450	1 350	1 350
D_3	250	220	190	170	160	160
E	22	20	18	16	14	14
K(mg/kg)	0.60	0.60	0.50	0.50	0.50	0.50
脂溶性维生素(mg/kg)						
硫胺素	2.00	1.80	1.60	1.50	1.50	1.50
核黄素	5.00	4.00	3.00	2.50	2.00	2.00
烟酸	25.00	20.00	15.00	12.00	10.00	10.00
泛酸	16.00	13.00	10.00	9.00	8.00	8.00
吡哆醇	2.50	2.00	1.50	1.20	1.00	1.00
生物素	0.10	0.09	0.08	0.08	0.07	0.07
叶酸	0.50	0.45	0.40	0.35	0.30	0.30
维生素 B_{12}	25.00	20.00	15.00	10.00	6.00	6.00
胆碱	0.60	0.55	0.50	0.45	0.40	0.40

引自中华人民共和国国家标准-猪营养需要量，2020。

表 15-24　黄羽肉鸡饲粮维生素需要量

项目	1～21 日龄			22～42 日龄			≥43 日龄		
	快速	中速	慢速	快速	中速	慢速	快速	中速	慢速
A	12 000	12 000	12 000	9 000	9 000	9 000	6 000	6 000	6 000
D_3	600	600	600	500	500	500	500	500	500
E	45	45	45	35	35	35	25	25	25
K(mg/kg)	2.5	2.5	2.5	2.2	2.2	2.2	1.7	1.7	1.7
硫胺素	2.4	2.4	2.4	2.3	2.3	2.3	1.0	1.0	1.0
核黄素	5.0	5.0	5.0	5.0	5.0	5.0	4.0	4.0	4.0
烟酸	42	42	42	35	35	35	20	20	20
泛酸	12	12	121	10	10	10	8	8	8
吡哆醇	2.8	2.8	2.8	2.4	2.4	2.4	0.6	0.6	0.6
生物素	0.12	0.12	0.12	0.10	0.10	0.10	0.02	0.02	0.02
叶酸	1.0	1.0	1.0	0.7	0.7	0.7	0.3	0.3	0.3
维生素 B_{12}	16	16	16	15	15	15	8	8	8
胆碱	1 300	1 300	1 300	1 000	1 000	1 000	750	750	750

引自中华人民共和国-黄羽肉鸡营养需要量，2020。

本章小结

维持是健康动物生存过程中的一种基本状态。动物保持维持状态时，其体重保持不变、体内营养物质的种类和数量保持恒定，分解代谢和合成代谢处于动态平衡。维持需要是指动物在维持状态下对各种养分的需要，即对能量、蛋白质、矿物质和维生素等的需要。维持的能量需要是指维持状态下动物对能量的需要，主要用于基础代谢、自由运动及体温调节的能量消耗。动物处于维持状态时消耗的氮主要包括：内源尿氮（EUN）、代谢粪氮（MFN）和体表损失氮三部分，这是确定动物维蛋白质需要的基本依据。

影响动物维持需要的主要因素包括：动物（种类、品种、年龄、性别、健康状况、活动能力、皮毛类型等）、饲粮组成和饲养、随意活动量以及气候环境等。

生长是极其复杂的生命现象。从物理的角度看，生长是动物体尺的增长和体重的增加；从生理的角度看，则是机体细胞的增殖和增大，以及组织器官的发育和功能的日趋完善；从生物化学的角度看，生长是机体通过同化作用进行物质（蛋白质、脂肪、矿物质和水分等）的积累过程。动物的绝对生长表现为：生长早期绝对增重较小，然后增重逐渐增大，达一定年龄后又逐步下降；相对生长却是在幼龄时期速度较快，而后期逐渐减缓直至停止生长。机体局部生长规律为：最早达到发育完善的是神经组织，其次是骨骼系统、肌肉组织、最后为脂肪组织。动物机体水分的含量随着年龄的增加和体重的增大而呈现下降的趋势，粗脂肪、粗灰分则有相反的变化规律，随年龄增长不断升高。动物的生长主要受动物本身、营养水平、外界环境等众多因素的影响。

能量需要可采用综合法或析因法的原理确定。综合法主要通过生长实验，也常与屠宰实验相结合，饲喂动物不同能量水平的饲料，以最大日增重、最优饲料利用率和胴体品质时的能量水平作为适宜的能量需要量。析因法主要从维持和增重的角度进行剖析，研究在一定条件下蛋白质和脂肪的沉积规律，以及沉积单位重量的蛋白质和脂肪所需要的能量。

动物对蛋白质的需要可采用综合法通过饲养试验和氮平衡试验确定；也可用析因法测定维持和生长(蛋白质沉积)的蛋白质需要。动物对氨基酸的需要同样用析因法，先确定维持和沉积的单个氨基酸的需要。一般是先测定赖氨酸的需要，然后根据维持和沉积的蛋白质的氨基酸模式，推算出其他各个氨基酸的需要，维持加上沉积即为氨基酸的总需要量。

常量矿物元素需要可用平衡实验测定。微量矿物元素需要量主要通过饲养试验和屠宰试验，根据生长反应、血液或组织含量及功能酶的活性等指标进行综合评定。维生素的需要主要通过饲养试验评定。

复习思考题

1. 维持需要的概念及意义？
2. 测定基础代谢的方法有哪些？
3. 绝食代谢的测定方法？
4. 维持需要的能量包括几部分？
5. 影响动物维持需要的因素？
6. 生长的定义是什么？生长的一般规律？
7. 影响生长的因素有哪些？
8. 确定生长育肥动物营养需要的方法有那两种？析因法将生长育肥猪的能量需要剖分为哪几个部分？
9. 有一头体重 75 kg 的生长育肥猪，假定所供给的饲料的蛋白质的消化率为 89%，生物学价值为 75%，试问该猪每天需要从饲料获得多少粗蛋白质？

HAPTER 16

第十六章 繁殖的营养需要

繁殖是动物种族繁衍的重要生理机能。母畜的繁殖周期可分为后备期、配种期、妊娠期、哺乳期和空怀期五个阶段。每一阶段的生理特点和营养要求各不相同。因此,应根据不同生理阶段特点,分别供给适宜的营养。本章重点讲述母畜妊娠期、哺乳期的营养需要特点及营养需要量,并简要介绍公畜的营养需要特点。

第一节 妊娠的营养需要

一、繁殖周期中母畜及胎儿的营养生理规律

繁殖周期中母畜的性成熟、性功能的形成、卵子的生成、受精过程、胚胎发育、幼畜初生重等均受营养因素的影响。因此,生产上必须根据母畜及胎儿的营养生理规律提供合理营养,以保证和提高动物的繁殖性能。

(一)母畜的营养生理规律

1. 母畜体重的变化规律

繁殖周期中母畜体重变化的基本特点:一般情况下,配种到分娩母畜体重有净增加,哺乳期减少,且母畜体重随胎次的增加而增加(图 16-1)。营养水平高低直接影响母畜繁殖周期中的体重变化。在高营养水平条件下,母猪妊娠期体重增重越多,哺乳期失重越多,增重与失重变化就越明显;在低营养水平条件下,增重与失重均较小,净增重较高(表 16-1)。其他繁殖周期中母畜体重的变化也符合此规律。

2. 妊娠期间母体营养需求特点和增重内容

(1)妊娠期间母体营养需求特点　母畜自身贮备的大量营养物质除用于分娩后恢复自身健康外,还用于乳腺发育及营养贮备,为泌乳做准备。同时,胎儿正常生长发育也需要大量营

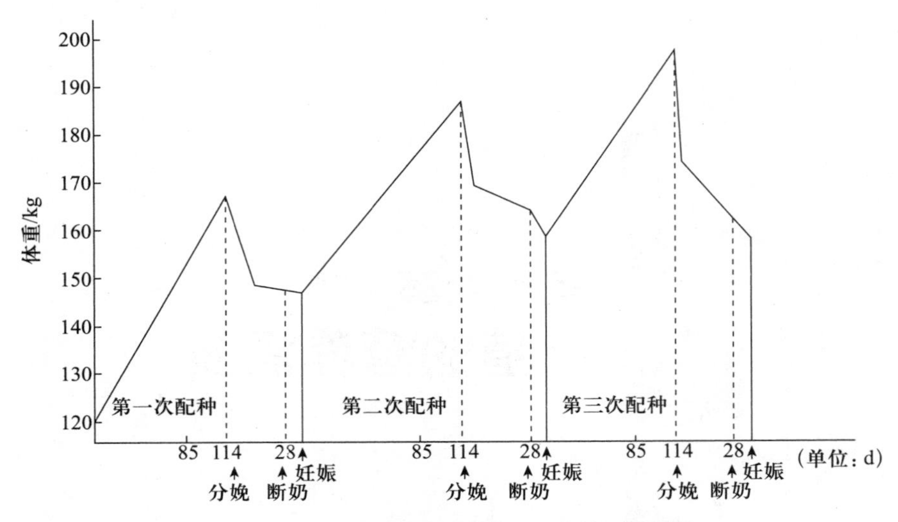

图 16-1 不同胎次对妊娠期间母体体重的影响

表 16-1 母猪妊娠期营养水平对体重的影响 kg

营养水平	配种体重	产后体重	妊娠期增重	断奶体重	哺乳期失重	净增重
高	230.2	284.1	53.9	235.8	48.3	5.6
低	229.7	249.8	20.1	242.2	7.4	12.7

注:高、低营养水平的饲喂量分别为每千克体重 18 g/d 和 8.7 g/d。

养物质,妊娠前期胎儿生长缓慢,营养供应要适量,否则影响组织器官的形成;妊娠后期胎儿生长发育迅速,营养供应要充足。

(2)增重内容　妊娠期间母体营养物质的沉积和子宫及其内容物的增长共同组成母体的增重。妊娠期间,母体贮存大量营养物质为泌乳做准备。随妊娠的进行,营养物质在子宫及其内容物(胎儿、胎衣、胎水)的沉积增加,子宫变大,胎衣和胎水迅速增长(图 16-2)。

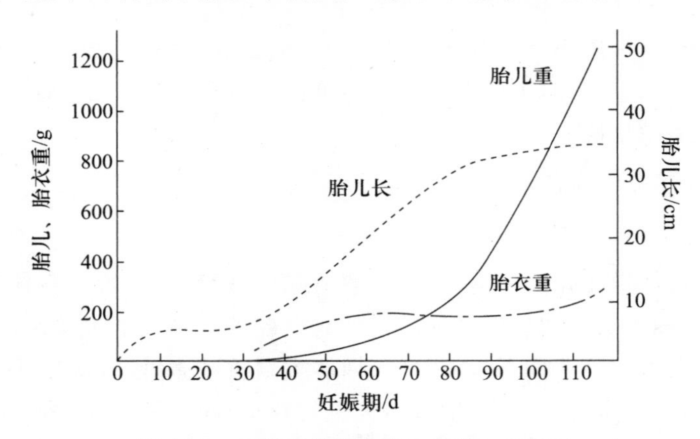

图 16-2 妊娠期间胎儿和胎衣的生长情况

3. 孕期合成代谢

妊娠母猪饲喂与空怀母猪相等营养水平的饲料时,妊娠母猪除能保证其胎儿和乳腺组织生长外，母体本身的增重高于空怀母猪。这表明，在同等营养水平下，妊娠母猪比空怀母猪具有更强的沉积营养物质能力，这种现象称为“孕期合成代谢”。孕期合成代谢的机理是：生长激素、甲状腺素等激素分泌增加，体内新陈代谢加快。因此，妊娠期间营养需要的确定应该考虑母畜的孕期合成代谢能力。

(二)胎儿的营养生理规律

(1)胎儿的增长规律　胎重增长的特点：前期慢，后期快，尤其妊娠最后的 1/4 期内胎重增长了 2/3(图 16-2)。因此，在生产实践中，母畜妊娠后期注意充足的营养供给。

(2)胎儿体化学成分的变化　胎儿体化学成分变化的基本特点：随着胎龄的增加，水分含量逐渐减少，能量、蛋白质以及矿物质逐渐增多，如超过一半以上的能量、蛋白质和矿物质是在妊娠最后的 1/4 期沉积在胎儿体内。

二、营养与动物繁殖的关系

繁殖周期中母畜的初情期、排卵数、受胎率、胚胎存活率、胎儿生长发育、乳腺发育、断奶发情间隔等均受营养因素的影响。营养是母畜发挥繁殖性能的基础条件，营养不足可引起母畜性成熟延迟、卵子少且质量差、受孕率低、流产、胎儿发育迟缓等繁殖障碍问题。因此，科学利用营养手段提高动物繁殖成绩，有利于促进畜牧业发展，服务“三农”，助力乡村振兴。

(一)营养对初情期的影响

初情期与动物种类和品种密切相关，同一品种动物生长越快的初情期越早。

不同品种母猪初情期有所差异，一般为 5～6 月龄，地方早熟猪种为 3～4 月龄，培育及其杂交品种 4～6 月龄，引入大型猪种的平均初情日龄为 200 d。适宜的营养水平可使后备母猪初情期适时出现，过低或过高的营养水平都会推迟初情期。因此，对于后备猪必须适当进行营养干预，保持体况适中即不过瘦或过肥。对于体况较差的成年经产母猪，其营养水平可短期(10～14 d)内供给高于维持需要 60%～100%的饲料，以保证体况恢复和促进排卵。

牛、羊等反刍动物初情期与其体重或体格大小的关系较大，与年龄关系较小。一般营养条件下，牛因体重变动幅度较大，初情期通常在 6～8 月龄，体重达到其成年体重的 35%～70%。羊初情期在 5～10 月龄，体重达到其成年体重的 60%左右。因此，在不同营养水平条件下，反刍动物繁殖性能将出现明显差异，通过营养水平的调控，可有效地控制反刍动物初情期的出现。

(二)营养对排卵数的影响

营养水平通过调控促性腺激素(促黄体生成激素和促卵泡成熟激素)的分泌，从而影响母畜的排卵数。饲料净能水平对后备母猪卵巢重、卵母细胞数量及卵母细胞等级的影响，如表 16-2 所示。低能组的大卵泡个数、卵母细胞数、A 级和 B 级卵母细胞比例都低于中能和高能组，C 级卵泡数多于中能和高能组。因此，生产上后备母猪采用“催情补饲”或“短期优饲”的方法，供给较高的能量水平(高于维持需要的 30%～100%)，增加排卵数。配种前 10～14 d，实行短期优饲，能提高促性腺激素水平，促进排卵。此方法对体况差、产仔数高、泌乳力强以及在泌乳期严重失重的母猪效果更佳。

蛋白质、维生素和矿物质等的缺乏也会影响母畜的排卵数。蛋白质缺乏引起母畜排卵数减少，造成母畜繁殖障碍乃至不孕，尤其对青年母畜影响更为突出。维生素 E 的缺乏降低猪、牛、羊和家禽的繁殖力，严重的引起持久性不育。钙、磷和锰等矿物质的缺乏抑制其排卵，减少排卵数，干扰动物的正常繁殖过程。

表 16-2 饲料能量水平对母猪排卵数的影响

项目	营养水平			标准误差	P 值
	低能	中能	高能		
样本数	6	6	6		
促卵泡素脉冲频率数	1.0	1.6	1.8	0.4	0.09
促黄体素脉冲频率数	1.4[b]	2.1[a]	2.7[a]	0.9	<0.05
大卵泡个数	19.8[b]	25.2[a]	26.7[a]	1.9	<0.05
卵母细胞个数	13.8[c]	30.1[a]	19.9[b]	2.9	<0.01
卵母细胞等级					
A 级	18.41[b]	23.83[a]	19.55[b]	1.78	<0.01
B 级	30.59[b]	36.86[a]	30.83[b]	2.01	<0.01
C 级	51.00[a]	40.31[b]	49.62[a]	3.29	<0.01

注：A 级，5 层卵丘细胞紧密包裹；B 级，5 层以下卵丘细胞包裹，卵丘完整，无裸露的透明带；C 级，裸卵，有极少或无卵丘细胞包裹。

（三）营养对胚胎存活率的影响

营养水平通过影响卵泡发育和卵母细胞质量，从而影响妊娠早期胚胎成活率。饲料营养水平对后备母猪胚胎重量、胚胎长度、活胚胎数、胚胎存活率和着床后胚胎存活率的影响如表 16-3 所示，营养水平对上述指标无显著影响，因此，提高营养水平不一定会改变活胚数和胚胎重量。妊娠母羊在配种前及排卵前后的营养水平对胚胎成活率起着关键作用，营养水平过高或过低都会严重妨碍胚胎的生存和生长。在限制母羊能量摄入时，体况差的青年及老年母羊受到的危害最大，延缓胚胎的发育；妊娠早期营养水平过高，则会引起血浆黄体酮浓度下降，也会影响胚胎的发育，甚至引起死亡。

表 16-3 受精第一周后不同营养水平对高产母猪妊娠 27 d 胚胎性状的影响

性状	对照组(2 kg/d)	高营养水平组(4 kg/d)	P 值
胚胎重量/g	0.84±0.16	0.92±0.20	0.10
胚胎长度/mm	20.5±1.2	20.8±1.0	0.46
活胚胎数/个	20.5±2.1	20.5±3.2	0.88
胚胎存活率/%	84.0±11.0	87.0±9.0	0.37
着床后胚胎存活率/%	97.0±7.0	97.0±3.0	0.62

引自朱勇文，2011

蛋白质、纤维素和维生素等营养物质可调控妊娠母猪早期胚胎成活率。饲料中添加精氨酸能够促进妊娠母猪胎盘的生长和血管的发育，增加胚胎成活率，提高母猪繁殖性能。精氨酸还可促进动物机体生殖激素、胰岛素、催乳素等多种激素的分泌，维持妊娠过程，调节胎儿发育。适宜饲料纤维水平可以提高母猪繁殖性能，减少动物胚胎死亡率和提高卵母细胞质量。维生素 A、维生素 E、铁、碘、锌等微量养分对胚胎成活率也具有重要影响。

(四)营养对胎儿生长发育的影响

妊娠后期,需要大量的营养物质保障胎儿的快速发育。妊娠后期饲料能量主要用于胎儿的生长,妊娠后期胎儿的沉积能量占了总沉积能量的72%。适当提高妊娠后期饲料能量浓度,可促进胎儿生长。但应该注意,维持合理的能量浓度可降低对乳腺发育的副作用,也可防止胎儿过大,降低分娩时难产机率,提高成活率。同时,妊娠后期胎儿生长速度加快,对蛋白质的需求也急剧增加,母猪妊娠0～70 d,每头胎猪体组织蛋白质每天增加0.25 g,妊娠70～114 d每头胎猪体组织蛋白质每天增加4.63 g。妊娠早期饲料蛋白质水平可能无法满足胎儿的快速生长需要。饲料蛋白质供给不足将导致胎盘和子宫内的营养物质减少,引起胎猪宫内发育迟缓,降低仔猪后期的生长性能。因此,妊娠后期适当提高蛋白的摄入对胎儿生长发育至关重要。

(五)营养对乳腺发育的影响

妊娠期内,母猪乳腺的发育呈先慢后快的特点,几乎所有乳腺组织实质部分的发育在妊娠后期完成。根据妊娠期母畜乳腺发育规律提供合理营养,保证乳腺发育,是提高泌乳性能的关键。

母猪妊娠阶段适宜的饲料能量水平是乳腺发育的基础条件,能量摄入不足时,乳腺发育不理想,泌乳期产乳量下降。然而,能量摄入过高,母猪分娩时肥胖,则降低母猪哺乳期采食量,抑制母猪乳腺分泌组织的发育,加剧母猪哺乳期的体重损失。

妊娠后期乳腺发育和胚胎生长的双重需要,使得蛋白质的需要量急剧增加。母猪在妊娠0～80 d,单独一个乳腺实质组织中的蛋白质每天增加量约为0.14 g,妊娠80～114 d每天增加量约为3.41 g。

(六)营养对断奶发情间隔的影响

母畜断奶发情间隔是衡量动物繁殖性能的重要指标,缩短断奶发情间隔有利于提高母畜的繁殖效率。动物分娩时的生理状态及哺乳期营养水平是影响产后断奶发情间隔的主要因素。提高哺乳期饲料能量水平可缩短发情间隔,增加受胎率。

奶牛在产后4～8周需保障其能量供给,若无法满足营养需求,则极易导致奶牛体况下降,产后断奶发情间隔增加。若产后85 d未配种受胎,则无法实现一年一胎,降低繁殖效率。

三、妊娠母畜的营养需要

(一)妊娠母畜的能量需要

妊娠母畜的能量需要包括母体本身的维持、胎儿生长发育和妊娠产物的需要。妊娠母畜能量供给不足引起持久性低血糖,减少促性腺激素的分泌,引发卵巢功能紊乱,危害母体和胎儿健康。

(1)妊娠母猪　根据猪的产肉特点和外形特征,我国《猪营养需要量》(GB/T 39235－2020)分别制定了瘦肉型、脂肪型和肉脂型母猪能量需要量。

瘦肉型初产母猪妊娠0～90 d对消化能、代谢能和净能的需要分别是29.76 MJ/d、28.58 MJ/d和21.74 MJ/d,妊娠90 d～分娩对消化能、代谢能和净能的需要分别是37.07 MJ/d、35.62 MJ/d和27.09 MJ/d。

脂肪型初产母猪妊娠0～90 d对消化能、代谢能和净能的需要分别是19.46 MJ/d、18.68 MJ/d和14.19 MJ/d,妊娠90 d～分娩对消化能、代谢能和净能的需要分别是25.03 MJ/d、24.03 MJ/d、

18.26 MJ/d。

肉脂型初产母猪妊娠0～90 d对消化能、代谢能和净能的需要分别是24.24 MJ/d、23.27 MJ/d和17.68 MJ/d，妊娠90 d～分娩对消化能、代谢能和净能的需要分别是31.47 MJ/d、30.21 MJ/d、22.96 MJ/d。

(2)妊娠母牛　我国《奶牛饲养标准》(NY/T 34－2004)规定：适宜环境温度拴系饲养条件下成年妊娠母牛的维持需要为绝食代谢产热量(kJ)＝$293W^{0.75}$，自由运动时在原维持需要量基础上增加了20%。生长青年母牛，在维持的基础上，第一个泌乳期增加20%，第二个泌乳期增加10%。奶牛妊娠第6、7、8和9月，每天在维持基础上增加4.18 MJ、7.11 MJ、12.55 MJ和20.92 MJ产奶净能。

我国《肉牛饲养标准》(NY/T 815－2004)规定繁殖母牛妊娠净能校正为维持净能的计算公式为：NEc＝Gw×(0.197 69×t－11.761 22)。NEc为妊娠净能需要量，单位为兆焦每天(MJ/d)；Gw为胚胎增重，单位为千克每天(kg/d)；t为妊娠天数。不同妊娠天数(t)、不同体重母牛的胎日增重(Gw)计算公式为：Gw＝(0.008 79×t－0.854 5)×(0.143 9＋0.000 355 8×LBW)。式中：Gw为胎日增重，单位为千克(kg)；LBW为活重，单位为千克(kg)；t为妊娠天数。

(3)妊娠母羊　我国《羊饲养标准》(NY/T 816－2004)规定，妊娠母绵羊能量需要量分为妊娠前期和后期，体重从40 kg到70 kg，每10 kg为一档，40 kg体重妊娠前期和后期的能量需要量分别为10.46 MJ/d、12.55 MJ/d；70 kg前期和后期能量需要量为14.23 MJ/d、17.57 MJ/d。产双羔时每个羊羔每日的妊娠能量需要增加2.38 MJ。配种体重为10 kg的肉用山羊，妊娠前期代谢能需要量为3.94 MJ/d；中期，6.19 MJ/d；后期，7.0 MJ/d。

(二)妊娠母畜的蛋白质需要

妊娠母畜对蛋白质的需要受维持需要及母体及胎儿蛋白质的沉积需要的影响。

(1)妊娠母猪　根据猪的产肉特点和外形特征，我国《猪营养需要量》(GB/T 39235－2020)分别制定了瘦肉型、脂肪型和肉脂型母猪蛋白质需要量。

瘦肉型母猪第1胎妊娠0～90 d、90 d～分娩对粗蛋白质的需要分别是13.1%和16.0%；第2胎妊娠0～90 d、90 d～分娩对粗蛋白质的需要分别是11.6%和14.0%；第3胎妊娠0～90 d、90 d～分娩对粗蛋白质的需要分别是10.8%和12.9%；第4胎及以上妊娠0～90 d、90 d～分娩对粗蛋白质的需要分别是9.6%和11.4%。

脂肪型母猪第1胎、第2胎及以上，妊娠期对粗蛋白质的需要分别是15.0%和15.50%。

肉脂型母猪第1胎妊娠0～90 d、90 d～分娩对粗蛋白质的需要分别为12.0%和14.5%；第2胎及以上妊娠0～90 d、90 d～分娩对粗蛋白质的需要分别为10.5%和12.0%。

(2)妊娠母牛　我国《奶牛饲养标准》(NY/T 34－2004)将妊娠母牛的蛋白质需要分为可消化粗蛋白质和小肠可消化粗蛋白质。妊娠的可消化粗蛋白质需要量：妊娠6、7、8、9个月，可消化粗蛋白质的需要量分别为50 g/d、84 g/d、132 g/d、194 g/d；小肠可消化粗蛋白质需要量分别为43 g/d、73 g/d、115 g/d、169 g/d。

(3)妊娠母羊　我国《羊饲养标准》(NY/T 816－2004)规定，妊娠母绵羊粗蛋白质需要量分为妊娠前期和后期，体重从40 kg到70 kg，每10 kg为一档。40 kg体重妊娠前期和后期的粗蛋白质需要量分别为116 g/d、146 g/d；70 kg前期和后期粗蛋白质需要量为141 g/d、186 g/d。产双羔时妊娠母羊每日粗蛋白质需要增加20～40 g。配种体重为10 kg的肉用山羊，妊娠前期粗蛋白质需要量为55 g/d；中期，97 g/d；后期，124 g/d。

(三)妊娠母畜的矿物质需要

矿物质的需要包括对常量元素和微量元素的需要,主要是钙、磷、钠、氯、铁、锌、铜、锰、碘、硒等。生产上应根据《饲料和饲料添加剂管理条例》的有关规定,合理使用饲料添加剂,提高饲料和养殖产品质量安全水平,保护生态环境,促进饲料产业和养殖业持续健康发展。

瘦肉型、脂肪型和肉脂型母猪矿物质需要量如表16-4所示。我国《肉牛饲养标准》(NY/T 815—2004)建议妊娠母牛饲料矿物质含量(以日粮干物质计)为:钴0.10 mg/kg、铜10 mg/kg、碘0.50 mg/kg、铁50 mg/kg、锰40 mg/kg、硒0.10 mg/kg、锌30 mg/kg。

表16-4 妊娠母猪饲料矿物质需要量(以88%干物质为计算基础)

指标	瘦肉型妊娠母猪	脂肪型妊娠母猪	肉脂型妊娠母猪
钾/%	0.20	0.16	0.18
钠/%	0.23	0.12	0.14
氯/%	0.18	0.10	0.11
镁/%	0.06	0.04	0.05
铁/(mg/kg)	80	70	75
铜/(mg/kg)	5.0	5.0	5.0
锰/(mg/kg)	23.00	20.00	22.00
锌/(mg/kg)	45	50	50
碘/(mg/kg)	0.37	0.25	0.30
硒/(mg/kg)	0.15	0.20	0.20

(四)妊娠母畜的维生素需要

维生素需要包括脂溶性维生素和水溶性维生素。瘦肉型、脂肪型和肉脂型母猪维生素需要量如表16-5所示。

表16-5 妊娠母猪饲料维生素需要量(以88%干物质为计算基础)

项目	瘦肉型妊娠母猪	脂肪型妊娠母猪	肉脂型妊娠母猪
维生素A/(IU/kg)	4 000	3 600	3 800
维生素D_3/(IU/kg)	800	450	480
维生素E/(IU/kg)	44	25	28
维生素K/(mg/kg)	0.30	0.30	0.30
硫胺素/(mg/kg)	1.35	1.00	1.25
核黄素/(mg/kg)	3.98	3.50	3.75
烟酸/(mg/kg)	11.00	9.00	10.00
泛酸/(mg/kg)	13.00	11.00	12.00
吡哆醇/(mg/kg)	1.25	1.10	1.20
生物素/(mg/kg)	0.21	0.19	0.20
叶酸/(mg/kg)	1.37	1.20	1.30
维生素B_{12}/(μg/kg)	16	14	15
胆碱/(g/kg)	1.23	1.15	1.20

第二节　泌乳的营养需要

一、乳的成分及影响因素

(一)各种动物乳的成分

乳是一种由一系列不同种类的化学分子构成的复杂生物液态物，其主要成分为水、乳蛋白质、乳脂肪、乳糖、维生素、无机元素和酶等。牛奶营养全面易吸收，但我国乳制品产量和人均消费量偏低，当代畜牧兽医专业大学生应以提高国民科学消费乳制品观念为己任，增加牛奶产量，提高乳品质，降低牛奶的生产成本。

(1)乳蛋白质　乳中含氮化合物95%为真蛋白质，其余5%由尿素、氨、尿酸、肌酐和肌酸等非蛋白含氮化合物组成。乳蛋白主要由酪蛋白和乳清蛋白组成。酪蛋白是乳中含量最高的蛋白质，反刍动物乳中占82%～86%，单胃动物乳中占52%～80%。酪蛋白具有防治动物骨质疏松与佝偻病、促进动物体外受精、治疗缺铁性贫血和缺镁性神经炎等多种生理功效。乳清蛋白质是指溶解分散在乳清中的蛋白，约占乳蛋白质的18%～20%，由β-乳球蛋白、α-乳白蛋白、免疫球蛋白和乳铁蛋白等组成。β-乳球蛋白，支链氨基酸含量极高，具有促进蛋白质合成和减少蛋白质分解的作用。α-乳白蛋白是必需氨基酸和支链氨基酸的极好来源，具有抗癌功能。免疫球蛋白主要存在于初乳中，对幼畜免疫系统的发育有不可替代的作用。乳铁蛋白可消灭或抑制细菌，促进正常细胞生长，提高免疫力。

(2)乳脂肪　乳脂肪约占乳脂类的97%～99%，它是由一个甘油分子和3个脂肪酸分子组成的甘油三酸酯的混合物，以脂肪球的形式分散于乳浆中形成乳浊液，是乳的主要成分之一。脂肪中98%～99%是甘油三酯，还含有约1%的磷脂和少量的甾醇、游离脂肪酸以及脂溶性维生素等。乳脂肪含有人类必需的脂肪酸和磷脂，也是脂溶性维生素的重要来源，其中维生素A和胡萝卜素含量很高。乳脂肪提供的热量约占牛乳总热量的一半，所含的卵磷脂能提高大脑的工作效率。因而乳脂肪是一种营养价值较高的脂肪。

乳脂的脂肪酸组成随动物种类不同而有差异(表16-6)，猪等单胃动物乳脂中短链脂肪酸含量很低，C2～C6脂肪酸在猪乳中仅为痕量，而在牛、羊等反刍动物乳脂肪中占5.2%～6.7%。驼乳中链脂肪酸(C8～C12)所占比例也很低，仅为1.4%，显著低于人乳和其他家畜乳。但棕榈油酸(C16:1)的含量则明显高于人乳和其他家畜乳。马乳和驴乳饱和脂肪酸占总脂肪酸的比例较低(37%～48%)，而牛、羊乳和驼乳饱和脂肪酸所占比例较高(55%～68%)。

(3)乳糖　乳糖是哺乳动物乳汁中主要的碳水化合物，是由葡萄糖和半乳糖组成的双糖。牛乳乳糖含量为4.6%～4.7%，人乳乳糖含量为6%～8%。乳糖的甜度是蔗糖的1/5。乳糖是人类和哺乳动物乳腺合成的特有化合物。在婴幼儿生长发育过程中，乳糖不仅可以提供能量，还参与大脑的发育进程。利用乳糖焦糖化温度较低(蔗糖163 ℃。葡萄糖154.5 ℃，乳糖仅129.5 ℃)的特点，可使得某些特殊的焙烤食品，在较低的烘烤温度下获得较深的黄色至焦糖色泽。此外，乳汁中还含有其他多糖，其中主要是低聚糖，具有抗原活性和促进肠道益生菌生长的作用。

(4)维生素　乳中含有维持动物机体正常新陈代谢所必需的各类维生素，分为脂溶性维生素和水溶性维生素两类，前者包括维生素 A、维生素 D、维生素 E、维生素 K 等，后者为维生素 C 和 B 族维生素。乳中 B 族维生素含量变化很大，主要受到饲料中豆类、粗饲料比例的影响。随着泌乳期的延长，母乳中的维生素 A 含量呈下降趋势，维生素 C 含量呈上升趋势，水果蔬菜摄入量大大增加也会使母乳中维生素 C 含量升高。

(5)矿物元素　乳中大部分矿物元素与有机酸结合成盐，全部溶解在乳清中，其含量约为 0.70%～0.75%。动物种类不同，乳中含有的常量矿物元素（钙、磷、钾、钠、氯、硫和镁）和微量矿物质元素（铁、铜、锰、锌、碘、硒和钴等）含量有所差异。

表 16-6　部分家畜乳的脂肪酸组成　%

名称	牛乳	水牛乳	山羊乳	驼乳	马乳	驴乳
丁酸 C4:0	3.7	3.8	3.8	0.8	—	0.3
己酸 C6:0	2.4	1.4	2.9	0.4	—	0.7
辛酸 C8:0	1.5	0.9	3.4	0.3	3.1	0.8
癸酸 C10:0	3.2	1.5	8.5	0.4	7.8	3.1
月桂酸 C12:0	3.6	2.1	4.9	0.7	8.6	2.3
肉豆蔻酸 C14:0	11.1	9.4	10.6	11.0	8.1	3.2
棕榈酸酸 C16:0	28.3	26.6	21.5	29.1	19.5	24.9
硬脂酸 C18:0	11.8	16.3	9.4	12.4	1.2	1.7
饱和脂肪酸合计	66.8	64.0	68.7	55.6	48.3	37.1
肉豆蔻油酸 C14:1	0.9	0.9	2.1	1.5	—	—
棕榈油酸 C16:1	1.6	2.2	1.3	10.1	5.8	5.5
油酸 C18:1	23.0	26.5	20.1	24.5	20.5	33.4
单不饱和脂肪酸	25.5	30.1	24.2	36.3	27.7	38.9
亚油酸酸 C18:2	2.5	2.7	3.1	3.1	10.3	21.2
亚麻酸 C18:3	0.9	1.8	1.0	1.4	8.4	2.7
多不饱和脂肪酸	3.4	4.5	4.7	4.5	18.7	23.9
不饱和脂肪酸	28.9	34.6	28.9	40.8	46.4	62.9

(二)影响乳成分的因素

(1)不同品种奶牛乳成分含量　奶牛品种的差异决定了乳的成分（表 16-7）。一般而言，产奶量越低，乳的品质越高。同一品种的不同品系间的乳成分含量也存在较大差异（表 16-8）。

表 16-7　不同品种奶牛的乳成分及其含量变化

成分	荷斯坦牛	更塞牛	爱尔夏牛	短角牛
蛋白质/%	3.28	3.57	3.38	3.32
脂肪/%	3.46	4.49	3.69	3.53
乳糖/%	4.46	4.62	4.57	4.51
非脂固形物/%	8.61	9.08	8.82	8.74
灰分/%	0.75	0.77	0.70	0.76
钙/%	0.11	0.13	0.12	0.12
磷/%	0.09	0.10	0.09	0.10
平均产量/(kg/泌乳期)	5 371	3 901	4 789	5 622

表 16-8 相同品种不同品系奶牛乳成分及其含量的变化 %

成分	荷斯坦牛	更塞牛	爱尔夏牛	短角牛
脂肪	3.3～3.7	4.3～4.9	3.3～3.7	3.4～3.8
非脂固形物	8.4～8.8	8.8～9.3	8.7～8.9	8.6～9.3
蛋白质	3.2～3.4	3.4～3.7	3.3～3.5	3.2～3.4
乳糖	4.3～4.6	4.6～4.7	4.3～4.6	4.4～4.6

(2)同一泌乳周期不同泌乳阶段的乳成分含量　初乳是母畜正常分娩后最初几天分泌的乳汁，3～5 d 后转为常乳。初乳的成分与常乳大不相同。初乳中除糖类物质(如乳糖)、短链脂肪(C4～C10)和 C18:0 低于常乳外，其他成分(如脂蛋白、免疫球蛋白、维生素)含量均高于常乳。

在同一泌乳周期内，牛乳成分变化规律一般为泌乳前期(21～100 d)乳蛋白和无脂固形物含量低，且随着时间增加而逐渐上升，在泌乳中期(100～200 d)与泌乳后期(200～300 d)趋于稳定。

(3)不同胎次奶牛的乳成分含量　不同胎次(年龄)奶牛乳成分含量具有明显差异，随着胎次增加，乳脂率、乳蛋白率、乳固形物含量、脂蛋比均呈现先增高后下降的趋势。乳脂含量、乳固形物含量和脂蛋比在第 2 胎次达到最高；而乳蛋白含量在第 3 胎次最高；乳糖含量随着胎次的增加呈现先下降，下降到第 3 胎次达到最低，而后又逐渐上升(表 16-9)。

表 16-9 奶牛不同胎次乳成分含量变化

胎次	乳蛋白率/%	乳脂率/%	乳糖率/%	乳固形物含量/%	脂蛋比
1	3.30 ± 0.005^{a}	3.67 ± 0.011^{a}	4.96 ± 0.003^{a}	12.39 ± 0.014^{a}	1.12 ± 0.003^{a}
2	3.35 ± 0.005^{b}	3.79 ± 0.012^{b}	4.86 ± 0.003^{b}	12.51 ± 0.016^{b}	1.13 ± 0.004^{b}
3	3.35 ± 0.006^{b}	3.77 ± 0.016^{bc}	4.84 ± 0.004^{c}	12.43 ± 0.020^{a}	1.13 ± 0.005^{ab}
4	3.30 ± 0.011^{a}	3.72 ± 0.026^{ac}	4.86 ± 0.007^{b}	12.37 ± 0.033^{a}	1.13 ± 0.008^{ab}
5	3.25 ± 0.025^{c}	3.62 ± 0.059^{a}	4.86 ± 0.016^{bc}	12.13 ± 0.075^{c}	1.12 ± 0.017^{ab}

注：同行数据后的不同小写字母表示不同胎次间差异显著。

(4)营养对乳成分含量的影响　详见本节第四条(营养对泌乳的影响)。

(三)标准乳

乳脂含量与乳干物质含量呈高度正相关，是牛乳质量的重要指标之一。由于个体差异，牛所产乳的乳脂含量并不相同，因此，当比较不同状态下乳的质量和计算不同条件下产乳的营养需要时，可先将不同乳脂含量的乳加以校正，再进行比较。国际上将不同乳脂率的乳校正到含乳脂 4%的标准状态，校正后含乳脂 4%的乳称为乳脂校正乳(FCM)。校正公式如下：

$$FCM = 0.4M + 15F \cdot M$$

式中，FCM 为乳脂校正乳量(kg)；M 为非标准乳量(kg)；F 为非标准乳的含脂量(kg)。

现举例比较如下：

甲牛头胎泌乳量 4 600 千克，乳脂率 3.5%；乙牛头胎泌乳量 4 300 千克，乳脂率 3.8%。

代入上述公式计算为：

甲牛：FCM(kg)=0.4×4 600+15×4 600×3.5%=4 225 kg

乙牛：FCM(kg)=0.4×4 300+15×4 600×3.8%=4 171 kg

二、乳的形成

(一)乳脂的形成

(1)乳中脂肪酸的来源　乳脂是由脂肪酸与甘油结合而成，其中脂肪酸的来源主要有两种途径，为乳腺上皮细胞内合成或从血液中直接获取。

(2)脂肪酸的合成　乳腺脂肪酸的合成随动物种类不同而存在差异。在反刍动物中，乳脂合成的主要碳源是乙酸（瘤胃中约40%～70%的乙酸被乳腺利用合成乳脂）和β-羟丁酸（乳腺中60%的脂肪酸来自β-羟丁酸）。胞液中的乙酸由乙酰CoA合成酶催化直接生成乙酰CoA，进一步合成脂肪酸。β-羟丁酸需先活化为CoA衍生物，然后以完整的β-羟基丁酸作为引物结合到脂肪酸中。脂肪酸合成的最初4个碳原子一半来源于β-羟丁酸，另一半由乙酸提供。

在非反刍动物乳腺细胞中，来自血液中的葡萄糖在胞质中酵解产生丙酮酸。丙酮酸进入线粒体后，一部分氧化脱羧直接生成乙酰CoA，另一部分与草酰乙酸缩合生成柠檬酸，并在柠檬酸裂解酶的作用下，分解为乙酰CoA和草酰乙酸。乙酰CoA可直接用于合成脂肪酸，草酰乙酸通过三羧酸循环生成NADPH（还原型辅酶Ⅱ），参与脂肪酸的合成。反刍动物胞液中柠檬酸裂解酶的活性极低，因而不能利用葡萄糖合成脂肪酸。

(3)甘油的来源　甘油主要是由葡萄糖酵解产生，其余部分来自血浆中的甘油乳糜微粒和前β-脂蛋白中甘油三酯的水解。

(4)乳脂的生产　单胃动物1～14碳脂肪酸主要在乳腺中合成，16碳脂肪酸一半来自乳腺的合成，一半来自血液的运输，而高于16碳的脂肪酸主要从饲料中获得；反刍动物主要利用乙酸和丁酸转化为乙酰CoA和丁酰CoA，通过从头合成途径合成脂肪酸。乳脂肪在乳腺分泌细胞内合成后，逐步形成脂小滴，以乳脂球的形式储存在乳腺腺泡腔中。

(二)乳糖的合成

乳糖由哺乳动物乳腺以葡萄糖为原料，通过乳糖合成酶催化，在乳腺上皮细胞中合成。催化乳糖合成的一系列酶促反应如下：

$$\text{葡萄糖}+\text{三磷酸腺苷(ATP)}\xrightarrow{\text{己糖激酶}}\text{葡萄糖}-6-\text{磷酸}+\text{二磷酸腺苷(ADP)}$$

$$\text{葡萄糖}-6-\text{磷酸}\xrightarrow{\text{葡萄糖磷酸变位酶}}\text{葡萄糖}-1-\text{磷酸}$$

$$\text{葡萄糖}-1-\text{磷酸}+\text{三磷酸尿苷(UTP)}\xrightarrow{\text{二磷酸尿苷(UDP)}-\text{葡萄糖焦磷酸化酶}}\text{UDP}-\text{葡萄糖}+\text{PP}$$

$$\text{UDP}-\text{葡萄糖}\xrightarrow{\text{UDP}-\text{半乳糖}-4\text{差向酶}}\text{UDP}-\text{半乳糖}$$

$$\text{UDP}-\text{半乳糖}+\text{葡萄糖}\xrightarrow{\text{乳糖合成酶}}\text{乳糖}+\text{UDP}$$

(三)乳蛋白的合成

乳中的蛋白质，主要来源于饲粮降解和瘤胃发酵产生的氨基酸和非蛋白氮的合成。根据来源可将乳蛋白分为两类：一类是乳腺中合成的蛋白质，是由乳腺上皮细胞从血清中吸收的氨基酸和葡萄糖转化的氨基酸合成而来，包括酪蛋白、β-乳球蛋白、α-乳清蛋白；另一类是由血液中蛋白质转移而来，主要有免疫球蛋白和血清蛋白。

(1)乳腺中合成的蛋白质　乳腺是由多个小导管和腺泡构成的蛋白质合成及储存场所。90%以上的乳蛋白是在乳腺中利用氨基酸合成的，其合成过程与其他组织合成蛋白质的过程相同。合成蛋白质的必需氨基酸全部来自乳腺上皮细胞从血清中的吸收，非必需氨基酸由乳腺中葡萄糖、乙酸、必需氨基酸转化。其中，精氨酸和鸟氨酸是乳腺合成其他氨基酸最主要的氮源。

(2)乳中的血液蛋白质　牛乳中5%～10%的乳蛋白质，是由血液中两种蛋白质组成。一种是血清蛋白，存在于牛乳乳清中，主要为α-乳白蛋白和β-乳球蛋白。另一种是免疫球蛋白，是初乳中重要的功能性蛋白，初乳中的免疫球蛋白大部分来自血液。牛初乳中含有的免疫球蛋白主要为IgG、IgA、IgM、IgD、IgE五种，其中IgG是动物体最重要和含量最高的免疫球蛋白，占免疫球蛋白总量的85%～90%。

(四)乳中的矿物元素和维生素

乳中的矿物元素和维生素均来自血液。牛乳中常量元素有钾、钠、钙、镁等，微量元素有锌、铁、铜、锰等。乳腺对收矿物元素的吸收具有很大的选择性，因而乳中各矿物元素含量不同。牛乳中主要有维生素A，维生素B、维生素C、维生素E，乳的种类不同，维生素的含量也会不同，在初乳中维生素E的含量最高，常乳中则是维生素A含量最高。

三、泌乳的营养需要

现今主要采用分别测定母畜维持需要与泌乳需要的析因研究法评估泌乳动物营养需要量。根据泌乳动物的种类、生理阶段、生产目的不同，泌乳所需的能量、蛋白质、矿物质、维生素等物质需求量不同。

(一)能量需要

1. 泌乳母牛

泌乳母牛的营养需要大多通过析因法确定，即分别研究维持和生产需要。奶牛在泌乳期的不同阶段所处的生产状态不同，除了产奶以外，还包括体重的增减和妊娠，因此，奶牛的能量需要是维持、产奶、增重或失重、妊娠等多项需要之和。

(1)泌乳母牛的维持能量需要　母牛泌乳期的维持能量需要一般占总需要量的75%～80%。妊娠期间的肉牛因其自身代谢规律的个体差异，导致其能量需要会有一定的变化。母牛在泌乳的早期、中期和后期，对能量的需要也各不相同。根据奶牛饲养标准(NY/T 34—2004)规定，适宜环境温度拴系饲养奶牛的绝食代谢产热量(kJ)＝293 $W^{0.75}$，自由运动可增加20%的能量，即356 $W^{0.75}$ kJ。由于在第一个和第二个泌乳期奶牛自身的生长发育尚未完成，故维持能量需要须在上述基础之上适当增加，即第一个泌乳期增加20%，第二个泌乳期增加10%；放牧运动时，维持能量需要显著增加，运动能量需要见表16-10。

表 16-10　泌乳母牛水平行走的维持能量需要量

行走距离/km	行走速度/(m/s)	
	1 m/s	1.5 m/s
1	364 $W^{0.75}$	368 $W^{0.75}$
2	372 $W^{0.75}$	377 $W^{0.75}$
3	381 $W^{0.75}$	385 $W^{0.75}$
4	393 $W^{0.75}$	398 $W^{0.75}$
5	406 $W^{0.75}$	418 $W^{0.75}$

(2)泌乳母牛产奶的能量需要　根据我国《奶牛饲养标准》的规定，奶牛每生产 1 kg 标准乳(乳脂率 4.0%、乳蛋白 3.4%)需要 3 138 kJ 产奶净能、85 g 饲料粗蛋白，则干物质的采集量应增加 0.4～0.45 kg。

产奶的能量需要＝牛奶能量含量×产奶量

牛奶的能量含量(kJ/kg)＝750.00＋387.98×乳脂率＋163.97×乳蛋白率＋55.02×乳糖率

牛奶的能量含量(kJ/kg)＝1 433.65＋415.30×乳脂率

牛奶的能量含量(kJ/kg)＝166.19＋249.16×乳总干物质率

(3)泌乳期奶牛不同生理阶段的能量补充　泌乳初期阶段，母牛因能量摄入不足，须动用体内贮存的能量去满足产奶需要。在此期间，应防止过度减重。

奶牛的最高日产奶量出现的时间不一致，当食欲恢复后，可采用引导饲养，供给量稍高于需要量。

奶牛妊娠的代谢能利用效率较低，妊娠第 6、7、8、9 月时，每天在维持基础上增加 4.18 MJ、7.11 MJ、12.55 MJ 和 20.92 MJ 产奶净能。妊娠第 6 个月如未干奶，还需加上产奶需要，每千克标准乳需供给产奶净能 3.14 kJ。

2. 泌乳母猪

泌乳母猪可根据维持需要、哺育仔猪数、泌乳量、猪乳化学成分和营养物质形成乳的利用效率来确定其能量需要量。现代高产母猪具有瘦肉率高、体脂水平低、窝产仔数多、泌乳增加、采食量低等特点。因此，高产母猪更易遭受营养应激，应充分满足其哺乳阶段的营养需要。

我国《猪营养需要量》(GB/T 39235－2020)分别制定了瘦肉型、脂肪型和肉脂型泌乳母猪能量需要量(表 16-11)。

表 16-11　泌乳母猪能量需要　MJ/d

营养水平	配种体重	消化能	代谢能	净能
瘦肉型泌乳母猪	第 1 胎	69.04	71.13	52.51
	第 2 胎	82.84	85.35	63.01
	第 3 胎及以上	89.75	92.47	68.28
脂肪型泌乳母猪	第 1 胎	39.96	38.36	29.15
	第 2 胎及以上	46.27	44.42	33.76
肉脂型泌乳母猪	第 1 胎	56.92	54.64	41.50
	第 2 胎及以上	71.15	68.30	51.91

(二)蛋白质需要

1. 泌乳母牛

(1)泌乳母牛维持和增重的蛋白质需要　泌乳母牛的蛋白质需要,国际上通用的标准均以粗蛋白和可消化粗蛋白表示。泌乳所需蛋白质是分泌的乳蛋白除以摄入蛋白的泌乳转化效率,其计算方法与能量需要相似。根据以往研究结果表明,泌乳母牛的维持净蛋白质消耗为 $2.1\ BW^{0.75}$(g),维持粗蛋白需要为 $4\ BW^{0.75}$(g),可消化粗蛋白需要量为 $3\ BW^{0.75}$(g)。我国奶牛饲养标准(2004)规定泌乳母牛用于维持需要的可消化粗蛋白需要量为 $3\ BW^{0.75}$(g),200 kg 体重以下的生长牛为 $2.3\ BW^{0.75}$(g)。

(2)泌乳母牛产奶对粗蛋白和可消化蛋白的需要　产奶对粗蛋白和可消化蛋白的需要可直接根据母牛泌乳量和乳蛋白质含量计算,乳蛋白含量可直接测得,或按每千克标准奶含蛋白质 34 g 计算,或直接根据乳脂率推算。

我国奶牛饲养标准(NY/T 34－2004)已采用小肠可消化粗蛋白质作为泌乳母牛蛋白质需要的最终指标,可消化粗蛋白质仅作为参考指标,其计算公式如下:

产奶的可消化粗蛋白质需要量＝牛奶的蛋白量/0.60

产奶的小肠可消化粗蛋白质需要量＝牛奶的蛋白量/0.70

(3)泌乳母牛对降解蛋白和非降解蛋白的需要　近些年来,世界各国相继提出了新的蛋白质体系,我国奶牛饲养标准(NY/T 34－2004)也对新蛋白质体系进行了系统说明。

新蛋白质体系:反刍动物对于蛋白质的需要有瘤胃降解蛋白和非降解蛋白,含氮物质包含非蛋白质含氮物与真蛋白。非蛋白氮(100%降解)和真蛋白被降解的部分共同合成微生物蛋白,在瘤胃内合成微生物体,未降解的真蛋白与微生物体进入消化道下段,主要在小肠被消化和吸收,为动物提供营养物质。因而,动物的蛋白质需要来源于瘤胃降解蛋白和非降解蛋白。

现以体重 700 kg,日产奶 30 kg(乳脂率 4.5%、乳蛋白 3.5%)的泌乳母牛为例,按我国奶牛饲养标准(NY/T 34－2004)中所建议的有关参数计算奶牛对降解蛋白和非降解蛋白的需要量。

①根据该牛的每日能量需要量(包含维持和产奶需要)计算瘤胃微生物蛋白的产量。

奶牛能量需要量(NND/d)＝15.43(维持)＋30(产奶)＝45.43

瘤胃微生物蛋白(g/d)＝45.43×38＝1 726.34

式中,38 为每 NND 可产生的微生物蛋白的克数。

②根据微生物蛋白产量计算饲粮降解蛋白需要量。

降解蛋白需要量(g/d)＝1 726.34/0.9＝1 918

式中,0.9 为瘤胃微生物对降解蛋白的利用率。

③根据该牛的每日蛋白质需要总量计算非降解蛋白质需要量。

每日净蛋白需要总量(g)＝$2.1\times700^{0.75}$＋30×34＝1305.79

蛋白微生物(来自未降解蛋白)已提供的净蛋白(g/d)＝1 726.34×0.8×0.7×0.7＝676.72

式中,0.8 为微生物粗蛋白中真蛋白的比例;0.7 分别为微生物真蛋白的消化率和可消化蛋白的利用率。

非降解净蛋白需要量(g/d)＝需要总量－降解蛋白需要量

＝1 305.79－676.72＝629.59

饲粮中非降解蛋白需要量(g/d)＝629.59/0.65×0.65＝1 490.15

式中，0.65 分别为饲粮中非降解蛋白的消耗率和可消化蛋白的利用率。

计算结果表明：该牛日降解蛋白质需要量为 1 918 g，非降解蛋白需要量为 1 490 g。

2. 泌乳母猪

我国《猪营养需要量》(GB/T 39235－2020)分别制定了瘦肉型、脂肪型和肉脂型泌乳母猪粗蛋白的需要量。

瘦肉型泌乳母猪第 1 胎，仔猪日增重 180 g/d、220 g/d 和 260 g/d 对粗蛋白质的需要量分别是 16.50%、17.00%和 18.00%；第 2 胎及以上，仔猪日增重 180 g/d、220 g/d 和 260 g/d 对粗蛋白质的需要量分别是 17.00%、17.00%和 18.00%。

脂肪型泌乳母猪第 1 胎对粗蛋白需要量(以 88%干物质为计算基础)为 15.00%；第 2 胎对粗蛋白的需要量为 15.50%。

肉脂型泌乳母猪第 1 胎对粗蛋白需要量(以 88%干物质为计算基础)为 15.50%；第 2 胎及以上对粗蛋白的需要量为 16.00%。

(三)矿物质需要

乳中含有灰分 0.4%～1.0%。由于动物种类不同，灰分中含有的矿物元素含量有所差异(表 16-12)。泌乳母畜从乳中分泌出大量矿物质，如日泌乳 30 kg 的奶牛，每天可从乳中分泌出钙 35.7 g，磷 25.2 g，钠 21.6 g，氯 41.1 g。日泌乳 5 kg 的母猪，每日可从乳中分泌出钙 8.9 g、磷 6.8 g、钠 2.9 g、氯 3.8 g。因此，为母畜提供所需的矿物元素是保障母畜正常泌乳的必要条件。但需要注意矿物元素之间及矿物元素与其他营养物质的比例关系。

表 16-12　几种动物乳中矿物质含量　　g/kg

动物	钙	磷	钠	氯	铁	钾	镁
奶牛	1.19	0.84	0.63	1.37	0.01	1.48	0.14
猪	1.77	1.36	0.58	0.76	0.03	0.79	0.10
绵羊	1.74	1.29	0.64	1.30	0.03	0.81	0.09
山羊	1.28	1.03	0.79	1.14	0.03	1.45	0.13
马	0.88	0.58	0.10	0.31	0.01	0.87	0.08

1. 常量元素需要

泌乳母畜对矿物元素的需要量，是根据维持、泌乳、妊娠和生长所需矿物元素的总和确定。

(1)钙和磷　NRC(2001)提出，非泌乳奶牛每日维持需要的可吸收钙为 0.015 4 g/kg，泌乳奶牛为 0.031 g；生长牛每日增重需要可吸收钙的量(g/d)为：$9.8 \times MW^{0.22} \times BW^{-0.22} \times WG$，式中，MW 为奶牛成年体重估计值(kg)，BW＝奶牛当前体重(kg)，WG＝体增重(kg)。泌乳母牛饲粮中钙的吸收率在 35%～38%之间。因此，NRC(2001)提出了泌乳母牛钙和磷每日总需要的计算公式。

成年母牛钙的维持需要量(g/d)＝(0.015 4BW)/0.38

泌乳母牛钙的总需要量(g/d)＝(0.015 4BW＋1.22FCM)/0.38

泌乳母牛磷的维持需要量(g/d)＝(0.014 3BW)/0.5

泌乳母牛磷的总需要量(g/d)=(0.014 3BW+0.99FCM)/0.5

式中,BW是活体重(kg);FCM是标准奶产量(kg/d)。

按上述公式计算体重为700 kg,日泌乳35 kg(标准奶)的泌乳牛每日饲粮钙的总需要量为140.7 g,磷的总需要量为89.3 g。

我国奶牛饲养标准(2004)中规定泌乳牛按100 kg体重需要6 g钙和4.5 g磷,每千克标准乳需要4.5 g钙和3 g磷;生长牛按100 kg体重需要6 g钙和4.5 g磷,每千克增重需要20 g钙和13 g磷。

(2)钠、氯、钾、镁、硫　奶牛用于维持的可吸收钠需要量为每100 kg体重1.5 g,可吸收氯为每100 kg体重2.25 g。奶牛用于产奶的可吸收钠和氯需要量分别为0.65 g和1.15 g。因此,必须为母畜提供适量食盐,以保证母畜对可吸收钠和氯的维持及泌乳需要。奶牛的食盐供给可按钠占饲料干物质0.18%,或氯化钠占饲料干物质的0.45%供给。

奶牛钾的需要量为饲料干物质的0.8%。当气温升高时,饲料钾的含量应增加至1.2%。

奶牛对无机镁的吸收率为28%~49%,在生产中,镁的供给量为每千克饲料含0.25~0.30 g,或占饲料干物质的0.1%~0.15%。

奶牛对硫的需要量一般占饲料干物质的0.1%或0.2%(饲喂尿素时),反刍动物饲料中氮硫比一般为15∶1。

2. 微量元素

我国奶牛饲养标准(2004)推荐产奶牛饲料干物质中微量元素的含量为:镁0.2%、钾0.9%、钠0.18%、氯0.25%、硫0.2%、铁15 mg/kg、钴0.1 mg/kg、铜10 mg/kg、锰12 mg/kg、锌40 mg/kg、碘0.4 mg/kg、硒0.1 mg/kg。干牛奶饲粮干物质中微量元素的含量为:镁0.16%、钾0.6%、钠0.10%、氯0.20%、硫0.16%、铁15 mg/kg、钴0.1 mg/kg、铜10 mg/kg、锰12 mg/kg、锌40 mg/kg、碘0.25 mg/kg、硒0.1 mg/kg。

(四)维生素需要

奶牛自身无法合成维生素A、维生素D和维生素E,因此,需在其饲料中添加适宜含量的维生素A、维生素D和维生素E。研究表明,在应激或高产条件下,奶牛自身合成的B族维生素无法满足维持及泌乳需要,因此,饲料中应补充适量B族维生素(如胆碱、生物素、维生素B_{12}等)满足维持及泌乳所需。

奶牛的维生素A来源主要由胡萝卜素转化而来,但转化的效率较低,因此,牛乳中含有较多胡萝卜素。NRC(2001)建议成年奶牛维生素A需要量为110 IU/kg BW,我国奶牛饲养标准(2004)中,维生素A的需要量为43 IU/kg BW,产奶前120 d需提高至76 IU/kg BW。

四、营养对泌乳的影响

泌乳动物的健康、泌乳量和乳成分受饲料营养因素的影响,这些因素包括能量水平、蛋白质水平、饲料精粗料比例、脂肪含量与性质、纤维来源和有效纤维等。

(一)能量水平

在生产中奶牛产奶量和产奶效率,受现期和前期饲料能量水平共同的影响。用能量水平为饲养标准的62%、100%、146%饲粮饲喂生长期奶牛,低能量水平虽然延迟产犊年龄,但产奶量逐胎上升,产奶效率也高,甚至高于高能量水平组(表16-13)。而奶牛生长期采用高能饲料，易造成乳房脂肪沉积过多，影响分泌组织增生，导致以后产奶量低、生产年限短和产奶效率低。

表 16-13　乳牛生长期营养水平对产奶的影响

胎次	营养水平/%					
	62		100		146	
	标准奶/kg	产奶效率/%	标准奶/kg	产奶效率/%	标准奶/kg	产奶效率/%
1	4 010	53	4 120	50	4 185	48
2	4 672	53	4 767	53	4 424	47
3	4 981	53	5 088	55	4 882	50
4	5 288	54	5 027	52	4 852	49
5	5 631	55	5 700	58	4 872	47
6	5 626	55	5 180	52	5 114	49

注：产奶效率为单位代谢体重的相对产奶量。

(二)蛋白水平

蛋白质是维持动物生长、繁殖、泌乳等活动的重要营养物质。长期饲喂低营养水平日粮，会导致蛋白质水平的不足，进而降低奶产量和乳蛋白含量。泌乳期的母畜尤其是泌乳前期的高产母畜需动用大量的蛋白质来满足乳腺泌乳的需要。乳腺利用游离氨基酸合成 90%以上的乳蛋白，包括酪蛋白、α-乳清蛋白和 β-乳球蛋白或直接吸收血液中的蛋白质合成免疫球蛋白(如 lgG、lgM、lgA)。但哺乳动物动员肌肉中体蛋白质合成的能力有限，通常会出现能量负平衡，不利于泌乳潜力的发挥。因此，蛋白水平对哺乳动物的产奶性能有着显著影响，即在适宜范围内适当提高饲料蛋白水平可显著提高母畜产奶量、乳蛋白和乳脂率等泌乳指标。在动物生产实践中，可通过额外补充必需氨基酸或提高饲料中非降解优质蛋白质比例等营养措施提高蛋白水平，进而使母畜的泌乳性能发挥到最大。精料中蛋白水平的不同对泌乳水牛泌乳量、乳成分含量的影响见表 16-14。

表 16-14　精料不同蛋白质水平对泌乳水牛泌乳量和乳成分的影响

项目	高蛋白质组	中蛋白质组	低蛋白质组	超低蛋白质组
平均泌乳量/kg	5.05±0.72	5.04±1.57	3.77±0.91	3.63±0.92
比重/(g/m^3)	1.024 8±0.001 2	1.025 1±0.000 5	1.024 2±0.002 1	1.025 0±0.001 2
脂肪/(g/m^3)	6.75±1.42	6.80±0.20	4.84±1.04	5.64±0.46
蛋白/(g/m^3)	4.33±0.64	4.36±0.35	3.76±0.33	3.90±0.37
总固形物/(g/m^3)	16.93±1.75	16.95±0.32	14.68±1.33	15.73±0.42
非脂乳固体/(g/m^3)	10.99±0.55	10.99±0.26	10.25±0.51	10.74±0.35
乳糖/(g/m^3)	5.71±0.18	5.64±0.31	5.51±0.88	5.89±0.15

(三)饲料中精粗比例

奶牛饲粮中的精粗比例可影响瘤胃发酵，精饲料比例过高，导致物质代谢紊乱，抑制瘤胃发酵，降低乳脂率，增加饲养成本。奶牛饲粮中精料占40%～60%、粗纤维15%～17%、酸性洗涤纤维19%～21%和中性洗涤纤维25%～28%较为适宜。饲料中适宜精粗比例对于改善奶牛生产性能有积极作用(表16-15)。

表16-15　饲料不同精粗比对奶牛的生产性能的影响

精料/%：粗料/%	30：70	50：50	65：35
产奶量/(kg/d)	15.04	17.47	19.30
标准乳脂率校正奶产量/(kg/d)	15.39	18.74	20.27
乳脂率/%	3.89	4.41	4.34
乳蛋白率/%	3.37	3.56	3.66

(四)脂肪水平与质量

泌乳母猪饲料中添加脂肪可以提高猪乳中乳脂含量，而乳中必需脂肪酸的组成依赖于饲料中对应脂肪酸的供给量。泌乳母猪补充必需脂肪酸有利于提高哺乳仔猪的生长发育和母猪后续的繁殖性能。奶牛饲料中补充脂肪可提高奶牛的产奶量，补偿高产奶牛高峰期能量的负平衡。提高饲料脂肪含量或用脂肪代替部分精料可有效地改善奶牛的能量供应，提高泌乳性能。一般认为，脂肪酸提供代谢能在16%时，对产奶效果最佳。添加油脂提高产奶量主要是由于增加了有效能的摄入和饲料脂肪酸可被乳腺直接利用。此外，饲料中必需脂肪酸水平能够显著提高乳中亚油酸和α-亚麻酸的含量。

第三节　繁殖公畜的营养需要

一、种公畜营养生理特点

公畜的性欲和精液质量与饲料营养水平有密切关系，种公畜的营养需要是目前营养研究工作的难点。我国老一辈畜牧科学家在公畜营养需要的研究中，不断追求科技进步，打破西方技术壁垒，缩小同欧美国家的技术领先优势，为实现国家富强做出了突出成绩。

种公畜的营养需要不是从消耗的产物来确定，而是从动物繁殖性能出发，例如，以精液中干物质含量计算，公猪配种一次为7.5～10 g，公牛仅0.5 g，公绵羊仅0.12～0.18 g，又如，公绵羊每次配种的热能消耗仅比休闲时高15%。因此，按种公畜的射精量、精液成分以及按配种时的热能消耗来估算公畜的营养需要没有实际意义。此外，在生产中，种公畜饲料中各种营养成分，都影响着其精液品质。能量供给不足，对成年公畜的睾丸及附属器官造成影响；反之，能量供应过多，则会造成种公畜过肥，其危害性更为严重。饲料中蛋白质的缺乏，会导致公畜精子形成减少，其中饲料中必需氨基酸的含量，对种公畜精液品质起到决定性作用。矿物质元素可对种公畜生精器官及精细胞造成影响，饲料缺乏钙和磷，会引起睾丸病理变化，精子发育不良；锰不足可引起睾丸生殖腺上皮细胞退化；锌不足可使精细胞发育受阻并影响睾酮水平；缺硒时公牛睾丸、附睾重量均小于正常，精子成熟度差。维生素含量与动物种类和精子的代谢及活力有关，适量的维生素含量可以减少异常精子的比例。

二、种公畜的营养需要

(一)能量需要

(1)公猪　能量是保证机体正常生命活动的首要营养因子，后备公猪饲料中能量供应不足时，睾丸和附属性器官的发育将受到影响，性成熟推迟，初情期射精量减少。然而，饲料中能量水平过高亦会降低后备公猪的性活动。能量对成年公猪繁殖性能亦同等重要。成年公猪能量供应不足，会导致睾丸和其他性器官的机能减弱，性欲降低，睾丸生精能力被抑制或损害，精液浓度低，精子活力弱等危害。尽管在提高种公猪饲料能量水平后，可促使公猪性机能恢复，但这种恢复需要一个较长的过程，一般来说为 30～40 d。其次，种公猪能量供应也不宜过高，否则会降低甚至丧失其配种能力。

我国《猪营养需要量》(GB/T 39235－2020)建议瘦肉型成年种用公猪(体重为 130～170 kg)对消化能、代谢能和净能需要(以 88%干物质为计算基础)分别是 33.63 MJ/d、32.35 MJ/d 和 24.88 MJ/d。脂肪型成年种用公猪对消化能、代谢能和净能需要(以 88%干物质为计算基础)分别是 27.24 MJ/d、26.15 MJ/d 和 19.87 MJ/d。

(2)公牛　牛瘤胃可产生大量的甲烷气体，且饲料类型对消化能转化为代谢能及代谢能转化为净能的效率影响较大，因此，牛饲养标准中的能量营养通常采用净能体系。即使用英国农业与食品研究委员会的代谢能体系，实际上也是净能体系，只不过用代谢能表示动物的能量需求。

《奶牛饲养标准》(NY/T 34－2004)规定，种公牛的能量需要量(用产奶净能、MJ)＝$0.398 \times W^{0.75}$。

生长育肥牛维持净能需要量公式为：$NEm = 322 \times LBW^{0.75}$。

式中：NEm 为维持净能，单位为千焦每天(kJ/d)；LBW 为活重，单位为千克(kg)。

该公式适用于等热区、舍饲、有轻微活动和无应激环境。当气温低于 12 ℃时，每降低 1 ℃，维持能量需要增加 1%。

(3)公羊　能量对公羊的繁殖性能十分重要，在非配种期，公羊能量摄入不足时，无法满足正常生命活动的需要，导致生殖系统发育不正常；能量摄入过剩时，不能完全被机体消耗利用的能量转换为脂肪储存于体内，导致脂肪沉积过量从而降低繁殖机能。在配种期，公羊对能量的摄入较低时，导致体型偏瘦，生殖机能减退，性欲降低；能量摄入较高时，导致性欲下降，影响配种。成年种公羊能量缺乏引起的生殖机能下降会随着能量摄入增加而改善，而育成公羊的能量缺乏症状是不可逆的。此外，不同时期的公羊对能量需求具有很大差异，非配种期公羊的能量消耗较低，配种期公羊的能量消耗较高，因此，在配种期适度增大公羊能量摄入量是保证各项指标正常、配种顺利进行的重要前提。NRC(2007)规定，绵羊每日维持能量需要量为每千克代谢体重($W^{0.75}$)0.3 MJ。

(二)蛋白质需要

(1)公猪　高质量精液的获取，与种公猪具备强健的体魄和旺盛的性欲有着密切的关系，即应当使饲料中蛋白质水平得到保证。年龄、体重、采精频率等显著影响种公猪氨基酸和蛋白质的需要量。氨基酸平衡是种猪产生高品质精液的保障，饲喂粗蛋白水平 13%(赖氨酸：苏氨酸：色氨酸：精氨酸＝100：76：38：120)的饲料，种公猪繁殖性能与粗蛋白水平 17%(赖氨酸：苏氨酸:色氨酸:精氨酸=100:50:20:104)相似或更好。饲料中蛋白质不足时会显著降低种公猪性欲、射精量、精液品质及精子的存活时间等。依据我国《猪营养需要量》(GB/T 39235—2020)建议瘦肉型成年种用公猪粗蛋白需要量(以88%干物质为计算基础)为15.0%。脂肪型种用公猪粗蛋白需要量(以88%干物质为计算基础)为14.0%。

(2)公牛　反刍动物瘤胃存在大量微生物,具有转化氨为氨基酸补充蛋白质的功能。缺乏蛋白质时种公牛射精量和精子数目急剧下降,而蛋白质水平过高不仅会增加饲料成本,还会使精液品质有所下降。实际上,种公牛对于蛋白质的需要就是对其中各类氨基酸的需要。不同饲料氨基酸含量有所差异,对精液品质的影响也参差不齐。动物精液中天冬氨酸、丝氨酸、苏氨酸、赖氨酸等含量与精子密度、活力、冻后顶体完整性呈显著正相关,上述氨基酸在动物性蛋白中的含量远高于植物性蛋白。我国奶牛饲养标准(2004)以保证采精和种用体况为基础,建议可消化粗蛋白需要量(g)和小肠可消化粗蛋白需要量(g)分别为$4\times W^{0.75}$和$3.3\times W^{0.75}$(W为种用个体体重),以体重1 000 kg为例,即需要量分别为711.3 g/d和586.8 g/d。

(3)公羊　羊为季节性发情动物,一年中种公羊处于两种生理状态,即配种期和非配种期。配种期应当依据采精强度与种畜体况调整饲料中蛋白质含量。建议提供的最佳饲草为:苜蓿、花生秸和胡萝卜等,精饲料为玉米、豆粕和骨粉等。实际生产中饲草与精料进行合理搭配,能够提高配种期公羊的精子数量和精液品质,从而快速完成配种任务。当配种任务强度大时,可以适当混合动物性蛋白于精饲料中饲喂种公羊,可以显著提高精子密度。非配种前期,公羊处于恢复期,此时饲料应当维持配种期时的组成,待公羊体况恢复后再饲喂低蛋白水平的非配种期饲料。

(三)矿物质需要

我国《猪营养需要量》(GB/T 39235—2020)建议瘦肉型成年种用公猪矿物元素需要为:钾0.20%、钠0.15%、氯0.12%、镁0.04%、铁80 mg/kg、铜5.0 mg/kg、锰20.00 mg/kg、锌50 mg/kg、碘0.14 mg/kg、硒0.30 mg/kg。脂肪型公猪矿物质需要为:钾0.19%、钠0.13%、氯0.12%、镁0.04%、铁70 mg/kg、铜5.0 mg/kg、锰15.00 mg/kg、锌50 mg/kg、碘0.20 mg/kg、硒0.30 mg/kg。《奶牛饲养标准》(NY/T 34—2004)建议种公牛矿物元素需要为:钙32 g~69 g、磷24 g~52 g。

(四)维生素需要

瘦肉型、脂肪型和肉脂型种用公猪维生素需要量见表16-16。

《奶牛饲养标准》(NY/T 34—2004)建议种公牛维生素需要为:维生素A 21~59 KIU、胡萝卜素53~148 mg。

表16-16　种用成年公猪维生素需要量

项目	瘦肉型种用公猪	脂肪型种用公猪	肉脂型种用公猪
维生素A/(IU/kg)	4 000	2 000	1 700
维生素D_3/(IU/kg)	800	200	200
维生素E/(IU/kg)	80	30	15
维生素K/(mg/kg)	0.50	0.30	0.30
硫胺素/(mg/kg)	0.90	1.00	1.00
核黄素/(mg/kg)	3.80	2.50	3.00

续表 16-16

项目	瘦肉型种用公猪	脂肪型种用公猪	肉脂型种用公猪
烟酸/(mg/kg)	10.00	12.00	15.00
泛酸/(mg/kg)	12.00	10.00	10.00
吡哆醇/(mg/kg)	1.20	1.00	1.50
生物素/(mg/kg)	0.20	0.08	0.08
叶酸/(mg/kg)	1.30	0.30	0.30
维生素 B_{12}/(μg/kg)	16	12	15
胆碱/(g/kg)	1.30	0.60	0.50
亚油酸/(%)	0.10	0.10	0.10

本章小结

动物繁殖性能决定了动物的生产水平，合理的营养供给是动物发挥最大繁殖性能的根本保障。母畜根据繁殖周期分为妊娠期、哺乳期和空怀期，每个阶段的生理特点和营养需要各不相同。

营养水平影响母畜初情期、受胎率、胚胎成活率、胎儿的生长以及产后发情的间隔时间。提高哺乳期能量蛋白质水平可缩短发情间隔。

妊娠母畜的能量需要包括母体本身的维持、胎儿生长发育和妊娠产物的需要。妊娠母畜对蛋白质的需要受维持需要及母体及胎儿蛋白质的沉积需要的影响。其蛋白质需要可按析因法确定。矿物质的需要包括对常量元素和微量元素的需要，主要是钙、磷、钠、氯、铁、锌、铜、锰、碘、硒等。维生素需要包括脂溶性维生素和水溶性维生素。

各种动物乳成分包括乳蛋白、乳脂肪、乳糖、维生素及矿物元素。乳成分不仅受动物品种、胎次及泌乳期的影响，营养也影响乳成分。泌乳动物的营养需要包括能量需要、蛋白质需要、矿物质需要及维生素需要。奶牛的能量需要是维持、产奶、增重或失重、妊娠等多项需要之和。泌乳母猪可根据维持需要、哺育仔猪数、泌乳量、猪乳化学成分和营养物质形成乳的利用效率来确定其能量需要量。

种公畜营养生理特点决定了种公畜的营养需要不可能从消耗的产物来确定，应基本相当于或稍高于维持需要。公畜能量的需要是维持、配种活动、精液生成需要的总和。为避免体重过度增加，通常对成年公猪的采食量进行限制。

复习思考题

1. 孕期合成代谢、短期优饲、标准乳的概念是什么？
2. 降低妊娠母猪早期胚胎死亡率的营养措施有哪些？
3. 简述妊娠母畜的营养需要特点。
4. 简述影响泌乳的因素。
5. 简述种公畜营养需要特点。

CHAPTER 17

第十七章 产蛋与产毛的营养需要

产蛋与产毛是动物生产中的重要环节，蛋重、产蛋率及产毛量均受到营养的调控。产蛋的营养需要既关系到养禽的生产效益，又关系到禽种的繁衍。毛的生长发育有其特殊规律，对营养物质的需要亦有其特殊性，可通过营养的途径提高毛的产量和质量。本章主要介绍蛋的组成、蛋形成生理、营养对蛋形成的影响、产蛋的营养需要；毛的结构、形成以及产毛的营养需要。

第一节 产蛋的营养需要

一、蛋的成分

（一）全蛋的成分

禽蛋主要由蛋壳、蛋清和蛋黄三部分组成。主要禽蛋的组成成分见表17-1。

表17-1 禽蛋的组成成分

种类	蛋重/g	蛋壳/%	蛋清/%	蛋黄/%	水分*/%	蛋白质*/%	脂类*/%	糖类*/%	灰分*/%	能量*/kJ
鸡蛋	40～60	10～12	45～60	26～33	73.6	12.8	11.8	1.0	0.8	400
鸭蛋	60～90	11～13	45～58	28～35	69.7	13.7	14.4	1.2	1.0	640
鹅蛋	160～180	11～13	45～58	32～35	70.6	14.0	13.0	1.2	1.2	1 470

注：*为去壳蛋成分。

（二）蛋壳的成分

蛋壳由94%～97%的无机物和3%～6%的有机物构成。无机物中主要成分是碳酸钙，还含有少量的碳酸镁、磷酸钙及磷酸镁。有机物中主要成分是蛋白质，属于胶原蛋白。蛋壳从外到内由蛋壳外膜、真壳和蛋壳内膜组成。蛋壳外膜是一种无色、透明且具有光泽的可溶性蛋白质。真壳由乳头或海绵体组成。蛋壳内膜分内外两层，内层称为蛋白膜，外层称为内壳膜。蛋壳内膜主要由角蛋白质和少量的糖类组成。蛋壳的组成成分见表 17-2。

表 17-2 蛋壳的组成成分 %

种类	有机成分	碳酸钙	碳酸镁	磷酸钙及磷酸镁
鸡蛋	3.2	93.0	1.0	2.8
鸭蛋	4.3	94.4	0.5	0.8
鹅蛋	3.5	95.3	0.7	0.5

(三)蛋清的成分

蛋清由外向内分别是外层、中间层、内层及最内层。蛋清的组成成分见表 17-3。蛋清包含多种蛋白质，主要为糖蛋白质。目前已从蛋清中分离出近 40 种不同的蛋白质，其中含量较多的蛋白质有 12 种。

表 17-3 蛋清的组成成分 %

种类	水分	蛋白质	脂类	葡萄糖	矿物质
鸡蛋	87.3～88.6	10.8～11.6	极少	0.10～0.50	0.6～0.8
鸭蛋	87.0	11.5	0.03	—	0.8

(四)蛋黄的成分

蛋黄由蛋黄膜、蛋黄内容物和胚盘三部分组成。蛋黄的组成成分见表 17-4。蛋黄含水约 50%，其余大部分是脂肪和蛋白质。蛋黄干物质中脂肪所占比例最大。蛋黄中的蛋白质主要是脂蛋白，其中包括 65%低密度脂蛋白、16%高密度脂蛋白、10%卵黄球蛋白和 4%卵黄高磷蛋白。蛋黄中的微量元素和维生素在胚胎发育过程中具有重要作用。

表 17-4 蛋黄的组成成分

种类	能量/MJ	水分/g	脂肪/g	蛋白质/g	碳水化合物/g	灰分/g
鸡蛋	1.372	51.5	28.2	15.2	3.4	1.7
鸭蛋	1.582	44.9	33.8	14.5	4.0	2.8
鹅蛋	1.356	50.1	26.4	15.5	6.2	1.8

二、产蛋的营养需要

(一)产蛋禽的能量需要

1. 析因法

产蛋禽的能量需要主要包括维持、产蛋和体增重的能量需要，可采用析因法确定产蛋禽的能量需要。

(1)维持的能量需要

根据代谢体重估计维持的代谢能需要：$MEm=K_1BW^{0.75}$

式中：K_1：每千克代谢体重代谢能的需要（kJ/kg），$BW^{0.75}$：代谢体重（kg）。

（2）产蛋的能量需要

根据蛋重、蛋的能量含量和产蛋率计算产蛋的代谢能需要：$MEe=K_2W_0E_0/ke$

式中：K_2：产蛋率，W_0：每枚蛋的总重量（kg），E_0：蛋的能量含量（kJ/kg），Ke：产蛋代谢能转化为净能的效率。

（3）体增重的能量需要

体增重的代谢能需要：$MEg=E_1Wc/K_4$

式中：E_1：体增重的能量含量（kJ/kg），Wc：每天体增重的变化量（kg），K_4：代谢能转化为净能的效率。

（4）产蛋禽能量的总需要

产蛋禽能量的总需要：$ME=MEm+MEe\pm MEg$

式中：MEm：维持的代谢能需要，MEe：产蛋的代谢能需要，MEg：体增重的代谢能需要。

按析因法估计产蛋禽能量需要的计算分为以下两种情况。

①成年产蛋禽在产蛋期无体重变化的能量需要

例：笼养鸡的体重 2 kg、产蛋率为 90%时的代谢能需要。

一只成年母鸡每千克代谢体重的基础代谢能量需要为 0.36 MJ/d，2 kg 重的产蛋鸡基础代谢为 0.36×(2)0.75=0.61 MJ/d，以 0.8 作为代谢能用于维持和生产的综合利用率，笼养方式在基础代谢需要的基础上增加 37%。

则 MEm=756×1.37=1 035.7 kJ/d

一枚重 50 g～60 g 的蛋含净能约 293～377 kJ，以 55 g 蛋重含净能约 355 kJ，产蛋率按 90%计算，用于产蛋的代谢能效率按 0.80 计算。

则一枚鸡蛋约需代谢能 MEe=0.9×0.055×355/0.055/0.8=399.4 kJ/d。

能量总需要量 ME=MEm+MEe=1 035.7 kJ/d+399.4 kJ/d=1 435.1 kJ/d

即笼养鸡的体重 2 kg、产蛋率为 90%时的代谢能总需要量为 1 435.1 kJ/d。

②产蛋禽在产蛋期体重有变化的能量需要

例：平养肉用种鸡的体重为 2.5 kg、产蛋率为 80%和日增重 7 g 时的代谢能需要。

维持的代谢能 MEm=0.43×2.50.75×1.5（活动量）=1.28 MJ/d。

产蛋的代谢能 MEe=0.44×0.8（产蛋率）=0.36 MJ/d。

肉种鸡此时平均每天增重 7 g。以增重中含 18%蛋白质和 15%脂肪计，1 g 蛋白质可提供能量 16.7 kJ，则沉积在蛋白质中的能量为 7×0.18×16.7=21 kJ。1 g 脂肪可提供能量 37.6 kJ，则沉积脂肪的能量为 7×0.15×37.6=39 kJ，代谢能用于增重的效率约为 0.72。

MEo=(21 kJ+39 kJ)÷0.72=83.33 kJ/d=0.083 MJ/d

则总的代谢能 ME=MEm+MEe±MEo=1.28 MJ/d+0.36 MJ/d+0.083 MJ/d=1.723 MJ/d

2. 综合法

通过能量梯度饲料试验，以产蛋率、料蛋比、产蛋量等作为反应指标，通过折线或者二次曲线拟合等方法确定蛋鸡的最佳能量摄入量即为能量需要量。美国 NRC(1994)和我国《鸡饲养标准》(NY/T 33—2004)都应用综合法来确定蛋鸡的能量需要。

3. 我国《鸡饲养标准》(NY/T 33—2004)公布的产蛋鸡开产至高峰期、高峰后期及肉用种鸡产蛋期代谢能的需要量分别为 11.29 MJ/kg、10.87 MJ/kg 和 11.70 MJ/kg

影响产蛋能量需要的主要因素:①环境温度可影响家禽机体内能量代谢的强度,当环境温度低时,家禽机体代谢速率加快,需要从饲料中获得更多的能量以产生足够的热能来维持正常体温。环境温度超过 30 ℃时,则每升高 1 ℃,每天采食量下降 2.5 g~4.0 g,由于采食量的下降使各种营养物质不能满足机体需要,导致生产水平下降。②饲料组成影响能量利用效率,碳水化合物、脂肪和蛋白质是家禽主要能量来源,其中碳水化合物的体增热比脂肪体增热高,在饲料中添加部分脂肪代替碳水化合物供给能量可降低热增耗,提高能量利用效率;③体重小的家禽能量需要较少,体重大的家禽需要的能量相对较多,如体重 1.5 kg 的母鸡,每天需要代谢能 0.740 MJ,而体重 2.5 kg 的母鸡则需要 1.083 MJ。④家禽产蛋率不同,能量需要不同,如体重为 2.0 kg 的母鸡,日产蛋率 60%时,每天需要代谢能 1.22 MJ,而日产蛋率 90%时,则每天需要代谢能 1.38 MJ。

(二)产蛋的蛋白质和氨基酸需要

1. 蛋白质的需要

采用析因法,蛋白质的需要包括维持、产蛋、体组织和羽毛的生长。

蛋白质的总需要=维持需要+产蛋需要+体沉积的需要

(1)产蛋的维持需要　根据成年产蛋家禽内源氮的日排泄量估算:

维持蛋白质需要(g/d)=6.25 KBW0.75/kJ

式中:K:单位代谢体重内源氮排泄量(g/kg),BW0.75:代谢体重(kg),kJ:饲料粗蛋白质转化为体蛋白质的效率。

(2)产蛋的蛋白质需要　根据蛋中的蛋白质含量和产蛋率确定:

产蛋的蛋白质需要(g/d)=WeCiKm/Kn

式中:We:每枚蛋的重量(g),Ci 为蛋中蛋白质含量(%),Km:产蛋率,Kn:饲料蛋白质在蛋中的沉积效率。

(3)产蛋的体组织和羽毛生长的蛋白质需要　依据每天的蛋白质沉积量确定:

体组织蛋白质沉积需要(g/d)=G·C/Kp

式中:G:日增重(g/d),C:体组织中蛋白质含量(%),Kp:体组织蛋白质沉积效率。

例:一只母鸡体重 1.5 kg、产蛋率 70%、每日增重 4.3 g 产蛋前期蛋白质总需要。

鸡蛋中粗蛋白质含量按 11.6%计算。

蛋白质总需要量采用析因法的过程为:

维持粗蛋白质需要 CPm=6.25×0.201×1.50.75/0.55=3.1 g/d

增重粗蛋白质需要 CPg=4.3×18%/0.5=1.55 g

产蛋粗蛋白质需要 CPe=56×11.6%×70%/0.5=9.1 g/d

因此,总粗蛋白质需要量=3.1+9.1+1.55=13.75 g/d

在产蛋前期鸡的体重以 1.5 kg 计,鸡内源氮的损失约为每千克代谢体重 0.201 g/d,内源氮的排泄量约为 $0.201\times1.5^{0.75}=0.273$ g/d。维持生命活动消耗的蛋白质为 0.273×6.25=

1.71 g/d。产蛋鸡将饲料蛋白质转化为体内蛋白质的效率约为0.55，维持的蛋白质需要为3.1 g/d。饲粮蛋白质沉积为蛋中蛋白质的效率以0.5计，一枚56 g重的鸡蛋含蛋白质6.5 g，产一枚蛋的蛋白质需要为6.5÷0.5=13.0 g。以产蛋率70%计，每天产蛋的蛋白质需要为13.0×70%=9.1 g/d。产蛋鸡在36周龄时体重达到1.8 kg，21周龄时的体重约为1.35 kg，在105天中体重增加为0.45 kg，平均日增重为4.3 g。如果增重中含蛋白质18%，则日沉积蛋白质约为0.77 g，体增重沉积蛋白质的效率以0.5计，体增重的蛋白质日消耗量为1.55 g。产蛋前期蛋白质总需要为13.75 g/d。

综合法也常被用于测定蛋禽的蛋白质需要量。通过粗蛋白梯度饲料试验，以产蛋率、料蛋比、产蛋量等作为反应指标，通过折线或者二次曲线拟合等方法确定蛋鸡的最佳粗蛋白质摄入量即为蛋白质需要量。美国NRC(1994)和我国《鸡饲养标准》(NY/T 33－2004)都应用综合法来确定蛋鸡的蛋白质需要。

我国《鸡饲养标准》(NY/T 33－2004)公布的产蛋期产蛋鸡开产至高峰期、高峰后期及肉用种鸡开产至高峰期、高峰后期蛋白质的需要量分别为16.5%、15.5%、17%和16%。影响蛋白质需要量的因素有蛋禽的品种、体型、环境温度、生产阶段等。例如，①体型大的家禽比体型小的家禽的维持需要多。体重2.5 kg的鸡比体重1.5 kg的鸡每天多需要2 g维持蛋白质；②环境温度主要通过影响采食量影响蛋禽产蛋的蛋白质需要量，一般在夏季提高蛋能比，在冬季降低蛋能比；③产蛋率越高的家禽蛋白质的需要量也越多。

2. 氨基酸的需要

产蛋家禽的必需氨基酸有蛋氨酸、赖氨酸、色氨酸、精氨酸、组氨酸、异亮氨酸、亮氨酸、苯丙氨酸、缬氨酸和苏氨酸，其中蛋氨酸、赖氨酸、色氨酸通常为家禽常用饲料的限制性氨基酸。

(1)根据析因法以维持、产蛋、体组织和羽毛生长为基础确定氨基酸的需要量　产蛋需要的氨基酸需要根据蛋中氨基酸的含量和饲料中氨基酸转化为蛋中氨基酸的效率进行计算。饲料氨基酸用于产蛋的效率一般为0.55～0.88，受年龄、产蛋量、饲料组成及饲料中必需氨基酸的含量等因素的影响。全蛋中赖氨酸的含量为7.9 g/kg，每产1 kg蛋饲料中赖氨酸的需要量为7.9÷0.85=9.3 g。产蛋鸡赖氨酸需要量可用下列方程估计：

$$L = 9.5\,E + 60\,W$$

式中：L：可应用赖氨酸(mg/g)；E：产蛋量(g/d)；W：体重(kg)。

氨基酸的维持需要可用60 W估计。可采用类似的方法估测蛋氨酸、色氨酸和异亮氨酸。

(2)采用综合法确定氨基酸的需要量　采用饲养试验，根据产蛋率、产蛋量、孵化率以及生化指标确定氨基酸的需要量。但实际生产中无法单独地估计每只蛋鸡的氨基酸需要量，一般按照平均产蛋率来进行氨基酸需要量的确定。当产蛋率从90%下降至55%时，氨基酸需要量和其他养分需要量也相应下降。饲粮蛋白质的浓度可从170 g/kg降至约150 g/kg。

我国《鸡饲养标准》(NY/T 33－2004)推荐的产蛋鸡和肉用种鸡产蛋期氨基酸需要量见表17-5。

表 17-5　产蛋鸡和肉用种鸡产蛋期氨基酸需要量　　%

种类	产蛋鸡		肉用种鸡
	开产～高峰（产蛋率＞85%）	高峰后期（产蛋率＜85%）	开产～高峰期（产蛋率＞65%）
赖氨酸	0.75	0.70	0.80
蛋氨酸	0.34	0.32	0.34
蛋氨酸＋胱氨酸	0.65	0.56	0.64
苏氨酸	0.55	0.50	0.55
色氨酸	0.16	0.15	0.17
精氨酸	0.76	0.69	0.90
亮氨酸	1.02	0.98	0.86
异亮氨酸	0.72	0.66	0.58
苯丙氨酸	0.58	0.52	0.51
苯丙氨酸＋酪氨酸	1.08	1.06	0.85
组氨酸	0.25	0.23	0.24
缬氨酸	0.59	0.54	0.66
甘氨酸＋丝氨酸	0.57	0.48	0.57

(三)产蛋的矿物质需要

确定产蛋禽对矿物质需要的方法包括平衡试验、饲养试验、析因法估算。

(1)钙的需要　产蛋禽钙的需要量由维持需要量和产蛋需要量组成。产蛋禽对钙的需要量是非产蛋禽的4～5倍，保证钙的供给非常重要。蛋壳品质的好坏直接关系到禽蛋破损率的高低，从而影响蛋禽的经济效益。饲粮中缺乏钙还会导致软壳蛋、薄壳蛋。因此，产蛋禽饲料必须含有足够的钙，且钙可以被充分吸收利用。当产蛋鸡饲粮中的钙为3.6%时，蛋壳中80%的钙由饲料提供，20%的钙由骨组织提供；当饲粮中的钙为1.9%时，30%～40%的钙由骨组织提供。高温环境降低家禽采食量，饲料中钙的含量应当相应增加；低温环境增加家禽采食量，饲粮中钙的含量应当相应减少。磷是影响钙利用的主要元素。因而，饲料中钙、磷比例很重要。饲料中维生素D的含量也是影响蛋禽对钙吸收的因素之一，缺乏维生素D时会严重影响饲料中钙的吸收，导致产软壳蛋、产蛋率和孵化率下降。我国鸡的《鸡饲养标准》(NY/T 33—2004)推荐的产蛋鸡产蛋期钙的需要量为3.5%。

(2)磷的需要　磷在鸡蛋中含量丰富。60 g左右鸡蛋的蛋黄中约含有磷98 mg，蛋壳中含磷约20 mg，蛋清中含磷约3.8 g。饲粮缺乏磷可导致蛋禽骨骼去矿化，而高水平的磷会干扰肠道对钙的吸收，导致蛋壳质量下降。如果磷含量低，过早补充钙会对肾脏产生负面影响，但蛋禽生长早期如果没有提前补充钙源，钙代谢和骨钙储存会受到长期的负面影响。维生素D能促进钙、磷的吸收和利用。我国《鸡饲养标准》(NY/T 33—2004)推荐蛋鸡总磷的需要为0.6%，非植酸磷需要量为0.32%。

(3)钠、钾、氯的需要　钠、钾、氯在维持体内酸碱平衡和蛋壳形成中具有重要作用。另外，钾和钠在蛋清中含量丰富，每枚鸡蛋中钾含量约为64 mg，钠含量约为61 mg。由于家禽饲粮中含有丰富的钾，一般不在饲粮中额外添加钾。我国《鸡饲养标准》(NY/T 32—2004)中蛋鸡对氯和钠的推荐需要量均为 0.15%，肉用种鸡对钠和氯的推荐需要量均为 0.18%。

(4)微量元素的需要　微量元素不仅是蛋的组成成分，而且对蛋的品质，特别是蛋壳的品质会产生重要影响。例如，每枚鸡蛋含铁、锌和硒约分别为 1.1 mg、0.7 mg 和 10 μg；锰的缺乏会导致蛋壳变薄，产蛋量和孵化率降低。产蛋家禽和种禽对微量元素的需要量可根据产蛋量、微量元素在蛋中的沉积量、蛋的孵化率等指标进行评定。蛋鸡所产蛋作为商品，主要考虑产蛋量和蛋壳的质量。饲粮微量元素能否满足需要，应根据饲料微量元素含量和利用率进行考虑。我国《鸡饲养标准》(NY/T 33－2004)推荐的产蛋鸡和肉用种鸡产蛋期的主要微量元素需要量见表 17-6。

表 17-6　产蛋鸡和肉用种鸡产蛋期的主要微量元素需要量　mg/kg

种类	铁	铜	锰	锌	碘	硒
产蛋鸡	60	8	60	80	0.35	0.30
肉用种鸡	80	8	100	80	1.00	0.30

(四)产蛋的维生素需要

1. 产蛋禽维生素需要量

产蛋禽维生素需要量采用蛋禽的生产性能和繁殖性能作为指标，采用综合法通过维生素梯度饲养试验估算。我国《鸡饲养标准》(NY/T 33－2004)推荐的产蛋鸡和肉用种鸡产蛋期维生素的需要量见表 17-7。

表 17-7　产蛋鸡和肉用种鸡产蛋期维生素的需要量

种类	产蛋鸡	肉用种鸡
维生素 A/(IU/kg)	8 000	12 000
维生素 D/(IU/kg)	1 600	2 400
维生素 E/(IU/kg)	5	30
维生素 K/(mg/kg)	0.5	1.5
维生素 B_1/(mg/kg)	0.8	2.0
维生素 B_2/(mg/kg)	2.5	9
泛酸/(mg/kg)	2.2	12
尼克酸/(mg/kg)	20	35
维生素 B_6/(mg/kg)	3	4.5
生物素/(mg/kg)	0.10	0.20
叶酸/(mg/kg)	0.25	1.2
维生素 B_{12}/(mg/kg)	0.004	0.012
胆碱/(mg/kg)	500	500

2. 影响产蛋禽维生素需要量的因素

影响产蛋禽维生素需要量的因素：①不同品种或品系对维生素的需要量有差异，新品系由于生产性能高，对维生素的需要量也高；②高温环境下，由于家禽采食量降低，需要提高维生素的浓度；③饲料中含有的某些抗营养因子会影响维生素的吸收利用，如亚麻饼/粕中含有吡哆醇的拮抗物，需要增加吡哆醇使用量。

(五)水的需要

水的供给量和水的质量对产蛋禽的产蛋性能影响很大。供水量不足会使产蛋率严重下降。家禽对于水的需要量一般认为料：水＝1：2，实际生产中采用不间断供水可保证供水量。水中的亚硝酸盐含量高可导致产蛋鸡腹泻、产蛋率和孵化率下降。水中的病原微生物是产蛋禽疾病的重要传染源，可引起产蛋量下降。因此，为产蛋禽提供充足、清洁、卫生的饮水非常必要。

第二节　产毛的营养需要

一、毛的成分与形成

(一)毛的结构和成分

1. 毛的结构

毛是动物皮肤的衍生物，由真皮层的毛囊发育而成。羊毛的形态学构造分为三个部分，即毛干、毛根和毛球。毛干是指毛纤维长出皮肤表面，肉眼可见的部分。毛根是指毛纤维着生于皮肤内的部分。毛球是指毛纤维的生发点和基部。

羊毛的组织学结构可分为三层：覆盖在毛干外面的鳞片层，组成毛纤维主体的皮质层和处于毛纤维中心的髓质层(无髓毛和部分两型毛不具有髓质层)。鳞片层是毛纤维最外层的细胞组织结构，呈鱼鳞状覆盖整个纤维，是最重要的保护层。皮质层由皮质细胞和细胞间质组成，是羊毛纤维的重要组成部分，占羊毛总体积的75%～90%。皮质层比例愈大，羊毛愈细，反之羊毛愈粗。

2. 毛成分

毛的化学组成随纤维种类不同而差别很大。毛的主要成分为角蛋白质，并含少量脂肪和矿物质。毛角蛋白质含20种左右的α-氨基酸，这些氨基酸以酰胺键方式连接成肽链，肽链的横向交联键(二硫键、盐键和氢键)将多条肽链连接成网状大分子结构。化学结构决定毛的特性。如毛纤维大分子长链受外力拉伸时由α螺旋形过渡到β伸展型，外力解除后又恢复到α型，则其外观表现为毛的伸长变形和回弹性优良。山羊绒毛化学组成与细毛绵羊品种相似。绒毛纤维角蛋白质中α-角蛋白质、β-角蛋白质和γ-角蛋白质含量分别为8.48%～62.25%、9.86%～13.70%和25.45%～31.14%。绒毛纤维角蛋白质中含硫量高达3.39%。

(二)毛的形成

1. 毛纤维的形成

毛纤维由毛囊原始体发育而成。在胚胎发育的第57 d至70 d，皮肤表皮生发层出现原始体，原始体从周围血管获得营养物质使细胞增殖而形成毛囊。毛囊管状物下端与毛乳头相连形成毛球。毛球围绕着毛乳头并与其紧密相连，从中获取营养物质，使毛球内的细胞不断增殖，促使毛纤维的生长。毛乳头由结缔组织构成，是毛纤维的营养器官，其中含有密集的毛细血管网和神经末梢。毛乳头对毛生长具有决定作用。随着血液进入毛乳头的营养物质渗透到毛球内，保证了毛球细胞的营养。新细胞急剧增生，从毛鞘的生发层继续向上生长，并在毛球上部逐渐角化。不断通过角质化的细胞沿毛鞘增长形成毛纤维伸向体表，伴随毛囊周期性有规律运动，穿过表皮伸出体外，共需 30 d～40 d。毛囊原始体能否发育成毛纤维，主要取决于饲养管理条件。

2. 毛囊

毛囊在皮肤上成群分布，皮肤毛囊性状对羊毛产量和质量起决定性作用。毛囊分为初生毛囊和次生毛囊。初生毛囊有汗腺、皮脂腺和竖毛肌，而次生毛囊只有皮脂腺。毛纤维数量由次生毛囊决定。

二、产毛的营养需要

(一)产毛的能量需要

产毛的能量需要主要包括维持、体重变化以及产毛的需要。即：

$$E_t = E_m + E_g + E_w$$

式中：E_t 为产毛动物总的能量需要；E_m 为维持能量需要；E_g 为体重变化的能量需要；E_w 为产毛的能量需要。

(1)维持能量需要　维持能量需要可根据代谢体重估计，即：

$$E_m = K_m W^{0.75}$$

E_m 分别用 NE、ME、DE 和总可消化养分(TDN)表示，绵羊的维持能量需要的 K_m 值分别为 0.234(kJ/d)、0.410(kJ/d)、0.498(kJ/d)和 0.027(kg/d)。

(2)体重变化能量需要　体重变化的能量需要可根据代谢体重和体增重估计，绵羊的估计方程为：$E_g = K_g W^{0.75}(1 + k\Delta W)$

E_g 用 ME、DE 和 TDN 表示时，绵羊体重变化的能量需要的 K_g 分别为 0.469(kJ/d)、0.577(kJ/d)和 0.029(kg/d)；k 值分别为 5.3、5.5 和 5.1。ΔW 为体重变化(kg/d)。

(3)产毛的能量需要　产毛的能量需要包括合成毛消耗的能量和毛含有的能量。每克净干毛含能量 22.18 kJ～24.27 kJ。氨基酸合成角蛋白质所需的能量在羊生理和生产需要能量中所占比例很小。体重 40 kg 的绵羊每天仅需 430 kJ 的能量就能维持 20 g 的净毛生长，相当于其基础代谢能量的 9%。毛兔年产毛量为 800 g 时，每产 1 g 净毛约需消化能 711.28 kJ。美利奴羊平均每产 1 g 净干毛需代谢能 628.024 kJ。

(二)蛋白质和氨基酸

羊毛的主要成分是角蛋白质。适当提高饲粮中粗蛋白质水平能改善羊毛质量。过瘤胃蛋白有助于绵羊在低质量饲粮的情况下提高羊毛产量。

胱氨酸和半胱氨酸是羊毛角蛋白质合成的限制性氨基酸。除含硫氨基酸外，其他氨基酸对羊毛生长也有影响。如赖氨酸、亮氨酸或异亮氨酸不足，羊毛生长显著下降。饲粮中添加赖氨酸促进毛囊的生长。饲粮中不含赖氨酸时，不仅羊毛生长受到抑制，而且毛纤维长度与纤维直径的比率也发生改变。

(三)矿物质

羊毛生长受钙、磷、硫、铜、硒、锌、铁、碘、钴和锰等矿物质影响。钙和磷对于产毛动物至关重要,绵羊和绒山羊理想的饲粮钙磷比为 1.5∶1。

硫元素的营养生理功能主要是通过其在体内参与形成含硫有机物实现,参与体内的糖类、脂肪和蛋白质代谢。含硫有机物可促进与蛋白质和能量代谢有关的谷胱甘肽和辅酶 A 的合成,促进羊毛角蛋白质的角质化过程。0.6%的无水硫酸钠可显著提高羊毛强度,0.8%的无水硫酸钠可显著增加山羊肩甲和体侧的毛绒长度。硫源选择中有机硫以蛋氨酸、胱氨酸形式添加,无机硫使用硫酸钠。

铜对毛产量和毛品质有明显的影响。羊缺乏铜可引起产毛量下降、毛丧失弯曲、有色毛褪色或变色、纤维强度降低及产量下降,还可引起铁代谢紊乱,出现贫血。酪氨酸酶是酪氨酸转化为黑色素的关键酶与限制酶,且酪氨酸酶是一种含铜的酶。因此,铜含量的多少会直接影响毛纤维色素颗粒的颜色、数量及其在皮质层细胞内的分布情况。一只羊每日需铜约 15 mg。生产中需注意铜、硫和钼之间的平衡,低钼高铜会引起中毒。常用的铜源有碳酸铜、硫酸铜和氯化铜等。

绵羊补硒有利于羊毛的生长,硒的需要为 0.10 mg/kg。绵羊纳米硒的适宜添加水平为 3 g/d。

锌能维持羊毛的正常生长发育。缺锌羊皮肤角化不完全、脱毛、毛易碎断和缺乏弯曲。成年绵羊和羔羊锌需要量为 40 mg/kg(按干物质计算)。常用的锌源有氧化锌、硫酸锌和碳酸锌等。

铁对动物毛品质有影响。酪氨酸转化为黑色素的催化酶需要铁为辅助因子。缺铁毛的光泽下降及质量变差。饲粮中铁的含量要达到 30 mg/kg。常用的铁盐有硫酸亚铁、碳酸亚铁和三氯化铁等。

钴缺乏的绵羊产毛量降低,毛变脆易断裂,失去纺织价值。每天每头绵羊需钴约 1 mg。常用的钴盐有醋酸钴、碳酸钴和硫酸钴。

锰的缺乏也会影响毛的形成和毛的质量。需要量为 60～130 mg/d。常用的有硫酸锰、碳酸锰和氧化锰等。

(四)维生素

放牧的条件下,羊的瘤胃中能合成足够的 B 族维生素、维生素 C 和维生素 K,所以很少发生维生素的缺乏问题。舍饲的情况下,维生素较易缺乏,必须注意给羊提供维生素 A、维生素 D 和维生素 E。缺乏维生素既可以通过影响毛囊的代谢而直接影响羊毛生长,也可以通过对采食量和整体代谢的影响而间接影响羊毛生长。维生素 A 的作用机制是其可结合蛋白和受体存在于动物的毛囊中,影响角细胞增殖与角化。绵羊补饲维生素 A,羊毛的长度、直径及强度都会显著增加。维生素 B_1 和维生素 B_6 通过参与蛋氨酸的代谢影响毛纤维的生长。生物素的缺乏会导致羊毛褪色和脱毛。绒山羊维生素的供给量:维生素 A 3 500 IU/d～11 000 IU/d,维生素 D 250 IU/d～1 500 IU/d,维生素 E 5 IU/d～100 IU/d。

本章小结

产蛋是雌禽的繁殖表现。禽蛋的蛋重、产蛋量及蛋成分受营养的影响。本章重点讲述蛋的成分,产蛋禽的能量、蛋白质、氨基酸、矿物质、维生素和水的需要,以及产蛋的营养需要及其影响因素。

羊毛生长速度受营养水平的影响。根据毛的生长发育对营养需求的特点,合理供给营养是充分发挥产毛遗传潜力，提高毛的产量和质量的重要条件。本章主要介绍毛的结构、成分、形成以及产毛的能量、蛋白质、氨基酸、矿物质和维生素的需要。

复习思考题

1. 如何确定产蛋的能量需要？
2. 影响产蛋能量需要的主要因素有哪些？
3. 如何确定产蛋的蛋白质需要？
4. 影响产蛋蛋白质需要的主要因素有哪些？
5. 简述毛的主要结构与成分。
6. 简述影响毛形成和质量的主要营养因素。

参考文献

[1]陈代文,余冰．动物营养学[M].4 版．北京:中国农业出版社．2020.

[2]陈代文．动物营养与饲料科学[M].2 版．北京:中国农业出版社,2015.

[3]陈杰．家畜生理学[M].4 版．北京:中国农业出版社．2010.

[4]陈晓蓉,徐晨．组织学与胚胎学[M].2 版．合肥:中国科学技术大学出版社,2014(2):64.

[5]冯仰廉．反刍动物营养学[M]. 北京:科学出版社,2004.

[6]代航,杨海明,王志跃,等．饲粮维生素 A 对扬州鹅种蛋品质和抗氧化性能的影响[J]. 动物营养学报,2019,31(5):2152-2158.

[7]付辑光,高艳霞,李妍,等．饲粮铜水平对奶牛生产性能、养分表观消化率及血清生化指标的影响[J]. 动物营养学报,2018,30(8):3005-3016.

[8]郝洋洋,张修修,王玉,等．有机锌和有机锰对蛋种母鸡生产性能、蛋品质、抗氧化能力和免疫功能的影响[J]. 动物营养学报,2018,30(12):4931-4938.

[9]康乐,穆雅东,张克英,等．不同钙水平饲粮添加维生素 D3 对产蛋后期蛋鸡生产性能、蛋品质、胫骨质量和血浆钙磷代谢的影响[J]. 动物营养学报,2018,30(10):3889-3898.

[10]呙于明．动物营养研究进展[M]. 北京:中国农业大学出版社,2016.

[11]兰云贤．动物饲养标准．重庆:西南师范大学出版社,2007.

[12]李胜利．奶牛营养学[M]. 北京:科学出版社,2020.

[13]李春艳．免疫学基础[M]. 北京:科学出版社,2018.

[14]林智鑫,周嘉鑫,陈立圳,等．饲粮精氨酸水平对肉仔鸡免疫功能及其抗 FAdV-4 影响的研究[J]. 畜牧兽医学报,2020,51(04):772-782.

[15]刘玉兰,肖勘．天然维生素 E 和合成维生素 E 在猪营养中的研究进展[J]. 动物营养学报,2020,32(06):2449-2453.

[16]刘建新．反刍动物营养生理[M]. 北京:中国农业出版社,2019.

[17]卢德勋．系统动物营养学[M]．北京：中国农业出版社，2016.

[18]陆壮，何晓芳，张林，等．环境温湿度对肉鸡营养物质代谢的影响及调控机制[J]．动物营养学报，2017，29(9)：3021-3026.

[19]计成．动物营养学[M]．北京：高等教育出版社，2008.

[20]孟庆翔，周振明，吴浩主译．肉牛营养需要(第十一次修订版)．北京：科学出版社，2016.

[21]倪可德，阎素梅，郝俊玺，等．农畜矿物质营养[M]．上海：上海科学技术文献出版社，1995.

[22]石静，王宝维，葛文华，等．饲粮锌添加水平对产蛋期种鹅繁殖性能、蛋品质及血清生化、抗氧化、激素指标的影响[J]．动物营养学报，2019，31(05)：2144-2151.

[23]宋晓雯，朱风华，王利华，等．饲粮能量水平对育成期崂山奶山羊生长性能和血清生化指标的影响[J]．动物营养学报，2016，28(2)：609-617.

[24]王建华，戈新，张宝珣，等．不同能量蛋白水平日粮对崂山奶山羊消化代谢的影响[J]．中国饲料 2011，1：5-7.

[25]王安，单安山．维生素与现代动物生产．北京：科学出版社，2007.

[26]王镜岩，朱圣庚，徐长法等．《生物化学》．3 版．北京：高等教育出版社，2013.

[27]王镜岩，朱圣庚，徐长法．生物化学[M]．3 版．北京：高等教育出版社，2002.

[28]王若军，李德发，杨文军，等．日粮中添加浓缩大豆磷脂对肉鸡生产性能的影响[J]．饲料工业，1999，7(20)：8-10.

[29]王雪，闫素梅．多不饱和脂肪酸对动物脂类代谢的调节作用与机制[J]．动物营养学报，2019，31(6)：2471-2478.

[30]王加启．现代奶牛养殖科学[M]．北京：中国农业出版社，2006.

[31]伍国耀．动物营养学原理[M]．北京：科学出版社，2019.

[32]吴晋强．动物营养学[M]．3 版．合肥：安徽科学技术出版社，2010.

[33]姚军虎．动物营养与饲料．北京：中国农业出版社，2001.

[34]杨凤．动物营养学[M]．4 版．北京：中国农业出版社．2010.

[35]杨博，马永喜，沈水宝．脂类在饲料行业中应用的新思考[J]．动物营养学报，2019，31(11)：4901-4908.

[36]杨汉春．动物免疫学[M]．3 版．北京：中国农业大学出版社，2020.

[37]印遇龙，阳成波，敖志刚主译．猪营养需要(第十一次修订版)．科学出版社，2014.

[38]尹靖东，动物肌肉生物学与肉品科学[M]．北京：中国农业大学出版社，2011.

[39]张英杰．动物分子营养学[M]．北京：中国农业大学出版社，2012.

[40]张宏福．动物营养参数与饲养标准．中国农业出版社，2010.

[41]赵国琦．草食动物营养学[M]．北京：中国农业出版社，2015.

[42]郑溜丰，彭健．中枢神经系统整合外周信号调节采食量的分子机制[J]．动物营养学报，2013，25(10)：2212-2221.

[43]周安国，陈代文．动物营养学[M]．3 版．北京：中国农业出版社，2010.

[44]中华人民共和国农业行业标准．肉羊营养需要量．中国标准出版社，2020.

[45]中华人民共和国农业行业标准．肉牛饲养标准．中国标准出版社，2004.

[46]中华人民共和国农业行业标准．奶牛饲养标准．中国标准出版社,2004.
[47]中华人民共和国农业行业标准-黄羽肉鸡营养需要量,2020.
[48]中华人民共和国国家标准-猪营养需要量,2020.
[49] Hou,Y. Q. and Wu G. 2017. Nutritionally nonessential amino acids: a misnomer in nutritional sciences. Adv. Nutr. 8:137-139.
[50]Jordi J,Herzog B,et al. Specific amino acids inhibit food intake via the area postrema or vagal afferents[J]. J Physiol,2013,591(22):5611-5621.
[51]Morton GJ,Cummings DE,Baskin D G et al. Central nervous system control of food intake and body weight[J]. Nature,2006,443(7109):289-295.
[52]Song SZ,Wu JP,Zhao SG,et al. The effect of periodic energy restriction on growth performance,serum biochemical indices,and meat quality in sheep [J]. Journal of Animal Science,2018,96(10):4251-4263.